视野
电子电气
科技丛书

WIRELESS TRANSCEIVER DESIGN:
MASTERING THE DESIGN OF MODERN WIRELESS EQUIPMENT AND SYSTEMS
(SECOND EDITION)

无线收发器设计指南
现代无线设备与系统篇
（原书第2版）

[以色列] 阿里埃勒·卢扎托（Ariel Luzzatto）
[以色列] 莫蒂·赫瑞汀（Motti Haridim） 著
闫娜 程加力 陈波 高建军 译

清华大学出版社
北 京

Wireless Transceiver Design: Mastering the Design of Modern Wireless Equipment and Systems, 2nd Edition

Ariel Luzzatto, Motti Haridim

ISBN: 9781118937402

图书在版编目(CIP)数据

无线收发器设计指南：现代无线设备与系统篇（原书第 2 版)/(以色列)阿里埃勒·卢扎托（Ariel Luzzatto），(以色列)莫蒂·赫瑞汀(Motti Haridim)著；闫娜等译.—北京：清华大学出版社，2019(2024.7 重印) （新视野电子电气科技丛书）

书名原文：Wireless Transceiver Design：Mastering the Design of Modern Wireless Equipment and Systems，2nd Edition

ISBN 978-7-302-51079-6

Ⅰ．①无…　Ⅱ．①阿…　②莫…　③闫…　Ⅲ．①无线电台－设计－指南　Ⅳ．①TN924-62

中国版本图书馆 CIP 数据核字(2018)第 195606 号

责任编辑：曾　珊　李　晔
封面设计：傅瑞学
责任校对：李建庄
责任印制：丛怀宇

出版发行：清华大学出版社
　　网　　　址：https://www.tup.com.cn，https://www.wqxuetang.com
　　地　　　址：北京清华大学学研大厦 A 座　　　　　　邮　　编：100084
　　社　总　机：010-83470000　　　　　　　　　　　邮　　购：010-62786544
　　投稿与读者服务：010-62776969，c-service@tup.tsinghua.edu.cn
　　质量反馈：010-62772015，zhiliang@tup.tsinghua.edu.cn
　　课件下载：https://www.tup.com.cn，010-83470236
印 装 者：三河市龙大印装有限公司
经　　销：全国新华书店
开　　本：185mm×260mm　　　印　张：20.75　　　　　字　　数：502 千字
版　　次：2019 年 2 月第 1 版　　　　　　　　　　　印　　次：2024 年 7 月第 7 次印刷
定　　价：99.00 元

产品编号：073813-01

推荐语

本书以接近实际工程应用为目的，对射频相关的基本概念和理论做了详细而全面的介绍，帮助初学者建立对射频知识的全面了解。书中配备大量的练习以及习题解答，有助于读者对于这些概念的深入理解和应用，为学习者提供了必要的指导。

——曾晓洋，国家杰出青年科学基金获得者，长江学者特聘教授，复旦大学教授

本书系统地讲述了射频系统的基本概念、各种收发器架构的优缺点，以及射频系统中所涉及的各个关键模块，能够帮助读者由浅入深地学习射频相关的基础知识；同时结合各类习题，进一步融会贯通，为无线收发器系统设计提供理论及实践指导，对高年级本科生及研究生的学习具有较高的参考价值。

——闵昊，上海坤锐电子科技有限公司董事长，复旦大学教授

该书由从事射频领域相关工作多年的业界精英和学术界教授合作而成，理论分析严谨且实用性强，对于研究生和职场工程师来说都是一部不可多得的好书。

——唐万春，南京师范大学教授

与同类图书相比，本书的突出特点是重视实践！作者从事相关工作三十余年，具有丰富的实践经验，在设计各种结构时能够充分考虑各种电路寄生效应，这能给工程师设计实际电路时带来很好的指导。

——王经卓，淮海工学院电子工程学院院长

这本书为有经验的无线电和通信工程师提供全面、独立、易于理解的现代无线调制解调器和收发器设计的理论和实际指导。章节安排非常适合教师教学，同时也有很多实践经验的介绍。

——郭裕顺，杭州电子科技大学教授

原书的两位作者均从事无线收发器设计相关工作多年，基于实际教学和实践完成了这本教程。因此，其非常适合作为通信工程、电子信息工程和微电子等专业本科生及研究生的教材，也适合作为从事射频系统、射频集成电路和无线系统设计工程技术人员的参考用书。

——孙玲，南通大学教授

译者序

    无线收发系统是现代无线通信系统的关键单元电路,无线通信与移动互联网技术的迅速发展,一方面不断推动无线收发器向高集成度、低功耗和高性价比的方向发展,另一方面又对无线收发器提出了更高的技术要求,无线收发器已经成为无线通信系统中最具有挑战性的单元电路之一。

    本书作者 Ariel Luzzatto 博士在无线通信领域拥有 35 年的研发工作经验,目前担任 L&L 科技有限公司 CEO,同时是以色列几所学术机构的讲师。Motti Haridim 先生目前是以色列霍隆理工学院(Holon Institute of Technology)教授,他在通信、电磁波传播、光通信领域发表了 100 多篇学术论文。自从 2007 年本书出版以来,被业界认为是无线通信领域不可多得的优秀参考书籍,深受广大读者好评。10 年来,由于无线通信领域的快速发展,涌现出了很多新技术,作者在第 1 版基础上修订和更新了部分内容,完成了第 2 版的内容。为了进一步促进我国无线通信技术的发展,得益于清华大学出版社的大力支持和鼓励,我们决定翻译出版这本著作。

    该书从工程实际应用的角度出发,详细分析了各种不同无线收发系统的特性,深入浅出,通俗易懂,不仅可以作为广大工程技术人员的参考书,也可以作为高等院校相关专业的教材。为尊重原著,书中电路图沿用了原版书的原图符号,未改为国标符号;另外,章节编排及坐标图也沿用了原文形式,未做标准化处理。

    复旦大学微电子学院专用集成电路与系统国家重点实验室和华东师范大学信息学院部分研究生也对本书的翻译工作做出了贡献,在此表示衷心的感谢! 尽管大家在无线通信领域都有一定的工作、研究经验,但翻译过程没有想象的那么顺利,我们都因此收获颇丰。

    也许本书作者打算在第一时间与作者分享他的最新成果,因此本书中有些地方还有进一步改进的空间,甚至还有一些疏漏。在翻译过程中,我们已经修改了多处比较明显的欠妥之处。由于译者水平有限,书中可能会有一些有待改进之处,恳请大家在阅读过程中发现问题后不吝指教,向我们反馈,非常感谢! 我们的联系方式:yanna@fudan.edu.cn.

    最后还要感谢清华大学出版社对本书翻译工作的大力支持,感谢各位编辑在翻译和审校等环节的辛勤付出。

译者

2018 年 10 月

前 言

随着大规模射频(RF)半导体技术的发展,世界正在真真正正地走向无线。几乎所有我们曾经看到的连接着插头和电线的东西,现在渐渐都变成了无线连接。无论是出于管理的目的,还是出于建立系统的目的,抑或是为了连接大型系统,成为系统的一部分,越来越多的商业产品也都兼容了无线网连接功能。无线技术、协议、物理层、频段和应用的数量正在爆炸式增长。现在,商业价格合理的、低电流消耗的千兆赫兹采样 AD 转换电路越来越多,而且其信号处理速率在不断提高,计算能力也在不断增强,这使得收发机环路中越来越多的硬件 RF 模块被替换为相应的软件算法。然而,无论是怎样的实现方式,从架构的角度来看,RF 模块、环路结构以及射频系统级的设计基本没有发生什么变化。因此,我们见证着一个特殊的信号处理领域的发展,在这个领域中,不仅需要对 RF 设计技术有着系统级、子系统级和模块级的深刻理解和娴熟技巧,同时需要在特定的与 RF 紧密相关的信号处理领域拥有着前沿的了解和先进的技术。这种发展引发了对该领域的专家的需求,一般我们称这些专家为"信号处理导向性射频工程师"或"射频导向性信号处理工程师"。当然,现在仍然存在着一些无法用软件实现的 RF 模块,它们会继续以硬件的形式存在着。故本书将同时兼顾基于硬件的设计方法和全数字的设计技术,如直接 RF 采样(Direct RF Sampling,DRFS)技术。此外,对于那些我们认为现成组件可用或适合于信号处理的模块,我们将主要关注其系统级设计,只有对那些我们认为将一直以硬件形式保留的特殊功能模块,才对其进行详细的硬件设计讨论。

致老师

本书是 2007 年出版的第 1 版《无线收发器设计》的面向教学的演进,旨在成为教师、三年级和四年级本科工程学生、研究生和研发工程师使用的指导教材。

本书是作者根据其广泛的教学经验编写而成的,其内容很好地适应了教学目标,特别是有效地帮助了老师进行相关课程的备课。

本书包括大量充分的练习和例子,帮助大家在学习的路上建立信心。附录提供了在实际中使用过的、典型的、格式合适的两小时考试试卷,学习过该书的学生应该可以轻松应对。

为了提供一个非常友好的、"不客气"的和自我评价的指南,这本以教学为导向的教科书在每个主要章节的主体中都包含详细的启发式解释以及最终的适用结果和详细的例子。这些启发式解释和示例可以让读者彻底了解和感受所涉及的机制,帮助其建立信心,使学生正确使用适用的结果和公式(仍然不强求他们深入到复杂的数学演算中)并协助教师保持讨论畅通无阻。书中也提供了详细的数学证明和公式以及更加复杂艰深的讨论。但是,为了让理论在实践和教育中得到更好的使用,它们不是本书必须阅读的内容,而是以附录的方式放到了全书的末尾,以便让感兴趣的读者在需要的时候了解细节。

从教师的角度来看,上述结构有助于从不同层次的深度准备课程,从基本的理解出发,让教师在需要的时候选择性地"放大"与深入课程。

最后两章包括了相关背景主题的基本理论和有用的提示,帮助补充知识的漏洞,为教师和学生减少了了解新学科或补充知识漏洞时巨大的搜索资料任务与时间。

关于作者

Ariel Luzzatto 拥有超过 35 年的研发经验,主要设计商业和工业通信与射频产品。Ariel 是摩托罗拉以色列有限公司的首席科学家。截至 2009 年,他担任 L&L 科学有限公司的首席执行官,以及以色列几所主要学术机构的通信电路和系统讲师。他拥有博士学位和应用数学硕士学位,以及电子工程理学学士学位,均来自特拉维夫(Tel Aviv)大学。

Motti Haridim 拥有以色列理工学院(Technion, Israel Institute of Technology, Haifa)博士学位,是以色列霍隆理工学院(Holon Institute of Technology, HIT)电气工程专业的教授。他的研究方向和成就主要集中在通信系统的物理层,包括光通信、射频通信、天线和电磁辐射等。他在天线、辐射、射频通信和光通信的理论和应用方面拥有 100 多篇技术性论文。自 2014 年起,他担任 HIT 学术发展副总裁。

致谢

作者想要感谢加迪·希拉齐(Gadi Shirazi)先生作为共同撰稿人的贡献,2007 年是他与 Ariel Luzzatto 博士合作出版了本书第 1 版。

目 录

第 1 章　简介 ……………………………………………………………………… 1

1.1　射频系统 ……………………………………………………………………… 1

1.1.1　射频系统的概念 ……………………………………………………… 1

1.1.2　频谱 …………………………………………………………………… 2

1.1.3　蜂窝的概念 …………………………………………………………… 2

1.2　无线系统和技术的详细概述 ………………………………………………… 3

1.2.1　系统类型 ……………………………………………………………… 3

1.2.2　无线网络架构 ………………………………………………………… 4

1.2.3　无线局域网 …………………………………………………………… 9

1.2.4　无线广域网 …………………………………………………………… 11

1.2.5　访问方式 ……………………………………………………………… 16

1.2.6　发射接收机制 ………………………………………………………… 20

参考文献 ……………………………………………………………………………… 21

第 2 章　收发机架构 ……………………………………………………………… 23

2.1　接收机架构 …………………………………………………………………… 23

2.2　超外差接收机 ………………………………………………………………… 24

2.2.1　定义及工作原理 ……………………………………………………… 24

2.2.2　优缺点 ………………………………………………………………… 28

2.2.3　中频频率的选择 ……………………………………………………… 28

2.3　直接变频接收机 ……………………………………………………………… 29

2.3.1　定义及工作原理 ……………………………………………………… 29

2.3.2　优缺点 ………………………………………………………………… 30

2.4　直接射频采样接收机 ………………………………………………………… 30

2.4.1　定义及工作原理 ……………………………………………………… 30

2.4.2　直接射频采样中 I 和 Q 信道的恢复 ………………………………… 33

2.5　发射机系统 …………………………………………………………………… 35

2.6　两次变频发射机 ……………………………………………………………… 35

2.6.1　定义及工作原理 ……………………………………………………… 35

2.6.2　优缺点 ………………………………………………………………… 37

2.7　直接发射机 …………………………………………………………………… 38

2.7.1　定义及工作原理 ……………………………………………………… 38

2.7.2　优缺点 …………………………………………………………… 38

2.8　直接射频采样发射机 ………………………………………………… 39

2.9　收发机架构 …………………………………………………………… 42

2.10　全双工/半双工架构 ………………………………………………… 42

2.11　时分架构 …………………………………………………………… 43

2.12　习题详解 …………………………………………………………… 44

2.13　等式背后的理论 …………………………………………………… 48

2.13.1　直接射频采样发射机 …………………………………… 48

2.13.2　采样理论 ………………………………………………… 49

参考文献 …………………………………………………………………… 50

第3章　接收机系统 ……………………………………………………… 52

3.1　灵敏度 ………………………………………………………………… 53

3.1.1　灵敏度是什么 …………………………………………… 53

3.1.2　中间灵敏度 ……………………………………………… 56

3.1.3　灵敏度的测量 …………………………………………… 60

3.2　同信道抑制 …………………………………………………………… 62

3.2.1　定义及工作原理 ………………………………………… 62

3.2.2　同信道抑制的测量 ……………………………………… 62

3.3　选择性 ………………………………………………………………… 63

3.3.1　定义及工作原理 ………………………………………… 63

3.3.2　选择性的测量 …………………………………………… 69

3.4　阻塞 …………………………………………………………………… 70

3.4.1　定义及工作原理 ………………………………………… 70

3.4.2　阻塞的测量 ……………………………………………… 72

3.5　互调抑制 ……………………………………………………………… 72

3.5.1　定义及工作原理 ………………………………………… 72

3.5.2　互调的测量 ……………………………………………… 76

3.6　镜像抑制 ……………………………………………………………… 77

3.6.1　定义及工作原理 ………………………………………… 77

3.6.2　镜像抑制的测量 ………………………………………… 79

3.7　半中频抑制 …………………………………………………………… 80

3.7.1　定义及工作原理 ………………………………………… 80

3.7.2　半中频抑制的测量 ……………………………………… 83

3.8　动态范围 ……………………………………………………………… 83

3.8.1　定义及工作原理 ………………………………………… 83

3.8.2　动态范围的测量 ………………………………………… 83

3.9　双工灵敏度劣化 ……………………………………………………… 84

3.9.1　定义及工作原理 ………………………………………… 84

3.9.2　双工灵敏度恶化的测量 ………………………………… 86

3.10 其余双工杂散 ···························· 87

3.11 其他接收机干扰 ························· 88

3.12 习题详解 ······························· 90

3.13 公式背后的理论 ························· 102

    3.13.1 灵敏度 ··························· 103

    3.13.2 同信道抑制 ······················ 104

    3.13.3 选择性 ··························· 104

    3.13.4 互调 ···························· 105

    3.13.5 镜像抑制 ························· 105

    3.13.6 半 IF 抑制 ························ 106

    3.13.7 双工器机制 ······················ 107

    3.13.8 双工灵敏度劣化 ··················· 109

3.14 直接 RF 采样接收机的延伸 ··············· 110

    3.14.1 ADC 噪声因子 ···················· 110

    3.14.2 DRFS 接收机中的信噪比,选择性和阻塞 ····· 112

    3.14.3 关于量化噪声的提示 ··············· 115

参考文献 ····································· 116

第 4 章 发射机 ································ 118

4.1 峰均比 ······························· 119

    4.1.1 定义及工作原理 ··················· 119

    4.1.2 峰均比的测量 ······················ 122

4.2 射频功率放大器的非线性 ·················· 122

    4.2.1 什么是射频功率放大器的非线性 ······· 122

    4.2.2 功率放大器的三阶主导特性 ·········· 125

    4.2.3 功率放大器的四阶主导特性 ·········· 127

    4.2.4 功率放大器输出的带内频谱图 ········ 129

    4.2.5 功率放大器的模拟方法 ············· 131

    4.2.6 N 阶互调失真 ···················· 132

    4.2.7 N 阶输入截点 ···················· 138

4.3 发射机技术规范 ························· 140

    4.3.1 频谱罩 ···························· 140

    4.3.2 误差矢量幅度 ······················ 140

    4.3.3 相邻信道功率比 ··················· 142

    4.3.4 功率放大器(PA)效率 ··············· 143

    4.3.5 发射机瞬态 ······················· 143

    4.3.6 空间辐射 ·························· 144

    4.3.7 传导辐射 ·························· 144

4.4 增强技术 ······························ 146

    4.4.1 线性化技术 ······················· 146

4.4.2 包络跟踪供应 ··· 149
4.5 习题详解 ··· 150
4.6 方程式相关理论 ··· 158
4.6.1 准静态射频信号的峰均比计算 ································· 158
4.6.2 功放非线性的分析模型 ································· 160
4.6.3 功放非线性对数字调制的影响 ································· 163
4.6.4 功放非线性对频谱形状的影响 ································· 164
4.6.5 功率放大器的非线性表征 ································· 168
参考文献 ··· 171

第 5 章 综合器 ··· 173
5.1 整数 N 分频综合器 ································· 173
5.2 分数 N 综合器 ································· 182
5.2.1 定义及工作原理 ································· 182
5.2.2 示例：双计数分数 N 综合器 ································· 184
5.3 直接数字综合器 ································· 185
5.4 整数 N/DDS 混合频率综合器 ································· 187
5.5 习题详解 ································· 188
5.6 公式背后的原理 ································· 194
参考文献 ··· 200

第 6 章 振荡器 ··· 201
6.1 低功耗自限幅振荡器 ································· 202
6.1.1 定义及工作原理 ································· 202
6.1.2 实际电路 ································· 205
6.2 基于分布式谐振器的振荡器 ································· 213
6.3 习题详解 ································· 216
6.4 方程基础理论 ································· 227
6.4.1 通用 π 型结构滤波器分析 ································· 227
6.4.2 Leeson 方程 ································· 229
6.4.3 谐振传输线的集总等效电路 ································· 236
6.4.4 压控振荡器 ································· 238
参考文献 ··· 238

第 7 章 RF 模块 ··· 240
7.1 天线 ································· 240
7.1.1 天线的定义 ································· 240
7.1.2 天线的工作原理 ································· 240
7.1.3 天线的基本参数 ································· 241
7.1.4 天线阵列 ································· 244
7.1.5 智能天线 ································· 244

      7.1.6   天线类型 ··· 245

      7.1.7   习题详解 ··· 247

  7.2 低噪声放大器 ·· 248

      7.2.1   定义及工作原理 ·· 248

      7.2.2   两端口网络的噪声(经典方法) ····························· 249

      7.2.3   LNA 的拓扑结构 ·· 252

  7.3 滤波器 ·· 255

      7.3.1   滤波器设计 ··· 257

      7.3.2   滤波器系列 ··· 258

      7.3.3   滤波器类型 ··· 259

      7.3.4   滤波器技术 ··· 260

  7.4 功率放大器 ··· 261

      7.4.1   放大器分类 ··· 262

      7.4.2   设计 ··· 264

  7.5 混频器 ·· 270

      7.5.1   性能测量 ·· 271

      7.5.2   混频器的种类 ··· 271

      7.5.3   MOSFET 混频器 ··· 272

      7.5.4   双极型混频器 ··· 273

  参考文献 ·· 274

第 8 章 备注 ··· 276

  8.1 射频信道 ··· 276

      8.1.1   大尺度衰落和小尺度衰落 ······································· 276

      8.1.2   衰落余量 ·· 278

      8.1.3   衰落分类 ·· 278

      8.1.4   多普勒效应 ··· 279

  8.2 噪声 ··· 280

      8.2.1   热噪声 ·· 280

      8.2.2   信噪比 ·· 281

      8.2.3   噪声因子和噪声系数 ··· 281

  8.3 传输 ··· 282

      8.3.1   对数标度 ·· 282

      8.3.2   Friis 公式 ·· 283

      8.3.3   双径模型 ·· 283

  8.4 路径损耗 ··· 284

  8.5 调制 ··· 284

      8.5.1   幅度调制 ·· 284

      8.5.2   频率调制 ·· 285

      8.5.3   建模载波相位噪声为窄带 FM ······················· 287

8.6　多输入和多输出 ……………………………………………………………… 288

参考文献 …………………………………………………………………………… 290

附录　附加测试 ………………………………………………………………………… 291

测试 1 ……………………………………………………………………………… 291

测试 2 ……………………………………………………………………………… 292

术语表 …………………………………………………………………………………… 295

第1章

简　介

1.1　射频系统

射频(RF)系统是我们日常生活中的重要组成部分。射频系统为多种应用场景提供无线连接，例如短程车/门开启装置和无线耳机，以及中程数字系统，如用于计算机数据连接的路由器和远程驾驶车辆控制，或长距离通信系统(例如移动电话和卫星网络)。然而，无线收发机的所需特性极强地依赖于设备所针对的目标系统的特点。本章中将给出几个重要射频系统的详细概述，目的是为读者提供关于不同架构和运行需求的背景知识，这直接决定了后续章节中讨论的各种收发机的设计方法。

1.1.1　射频系统的概念

射频系统基本上由五个主要部件组成，如图1.1所示。

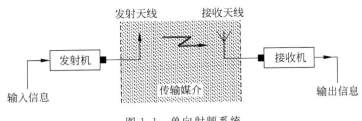

图 1.1　单向射频系统

发射机：接收输入端的信息，用输入信息调制射频信号，将射频信号放大到合适的功率并输出到天线端口。

发射天线：作为发射机和传输信道之间的媒介。目的是确保射频信号功率全部通过天线端口发射出去，进入传输信道，并在特定方向传输。

传输信道：将发射机与接收机分开。射频信号必须通过它才能到达接收端天线。通常传输媒介由空气或真空组成，但也可以是固体或液体。射频信号通过传输媒介传播时，信号强度会逐渐衰减，并变得越来越弱。

接收天线：作为传输信号和接收机之间的媒介，其功能是尽可能多地捕获通过传输信道入射的(弱)射频信号功率，并将这些信号传送到接收机的输入端。

接收机：接收来自接收天线的射频信号，提取其中携带的信息，并将信息传送到接收机输出端。

如图 1.1 所示的系统是单向的。然而，在相反方向增加相同的射频系统将产生双向射频系统，如图 1.2 所示。发射机、接收机合称为"收发机"。天线可以同时发射和接收，而发射机和接收机彼此独立工作。

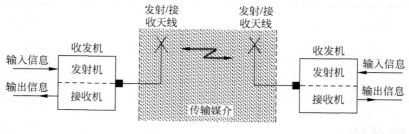

图 1.2 双向射频系统

1.1.2 频谱

由于各种原因，并非所有的射频频率都适用于实现不同的射频系统。例如，由于发射和接收天线的最佳物理尺寸与频率直接相关，并且随着频率降低，要求天线尺寸越大，因此在低频下天线尺寸将变得不切实际，例如蜂窝移动系统应用。反之，随着频率变高，天线尺寸将会变小，但通过介质后的功率损耗和多普勒衰落将会增加，这限制了信号传输范围和设备移动速度。因此，射频频率范围的选择取决于其不同的应用，并且有效射频信道的数量是有限的。如今已开发了若干射频系统架构以克服频率资源短缺问题，例如蜂窝架构。

1.1.3 蜂窝的概念

蜂窝概念非常重要。许多现代射频系统都建立在蜂窝网络的基础上，因此有必要在这里简要讨论一下蜂窝网络。正如前一节指出的，移动应用系统可用频率的数量有限，如图 1.3 所示，假设发现大量的移动端用户同时出现在区域 A，进一步假设有 N 个可供使用的射频信道并且所有的用户通过一个中央基站互联，该基站位于一个合适高点，可提供合适的地理覆盖。因此，系统容量被限制在同一时刻每平方米用户数量为 $C = N/A$。显然，这样的架构性能有限，并且不能覆盖大区域的大型通信系统。

现在，参考图 1.4，假设将相同的区域 A 划分成单独的子区域，并称为"小区(cells)"。在每个小区的中心放置一个基站，使其发射的功率足以覆盖自己的小区，但由于发射功率比较低，以至于在相邻小区不能接收到它的信号。基站物理线路相互连接，连接到一台作为交换机的中央计算机上。现在，假设将小区按规则图形排列，称为集群(clusters)，每个集群由 K 个相邻的小区组成。

由于属于不同集群的小区之间几乎没有干扰，因此可以在每个集群内使用所有的 N 个频率。如果整个覆盖区域由 M 个集群组成，那么系统容量则提高到 $C = N/(A/M) = MN/$

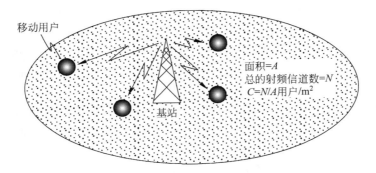

图 1.3 有限容量射频系统

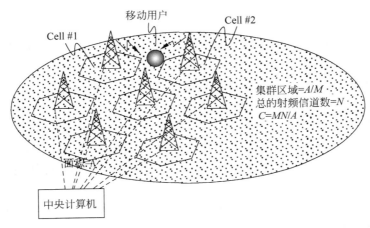

图 1.4 蜂窝原理

A,相比于之前的系统容量提高到了 M 倍。然而,剩下的问题是如何防止移动用户从一个小区移动到另一个小区时失去通信信号。为了解决这个问题,假设在各个小区中的基站持续地向中央计算机报告它们接收到的附近移动用户的情况。现在假定移动用户连接到小区♯1 的基站并且在远离♯1 小区时正在接近♯2 小区。用户将在某一点上开始失去与♯1 小区的通信,而与♯2 小区的连接逐渐增强。由于中央计算机发现了这一情况,于是在某一点将指示移动用户离开♯1 小区的信道并连接到♯2 小区的空闲信道,这个允许移动用户从一个小区连接到另一个小区而不失去通信的过程被称为"切换"。微处理器芯片的出现使蜂窝结构成为可能,它提高了移动设备的智能计算能力,使其能够自动处理跨小区切换过程。

1.2 无线系统和技术的详细概述

1.2.1 系统类型

在 19 世纪末,特斯拉、波波夫、马可尼等人开始利用电磁波实现无线通信。马可尼发射了人类历史上第一个无线信号(莫尔斯电码)。在他最初的实验中,马可尼使用的电磁波波长(λ)远远超过 1km,到 1920 年,他发明了波长 $\lambda \approx 100$m 的短波通信。

第二次世界大战促进了无线通信系统的进步和发展,特别是在雷达(无线电探测和测距)、无线数据传输和遥感领域。自那时以来,无线通信一直在不断进步,极大地影响着人们生活中的方方面面。20 世纪 40 年代,随着商业电视的出现,人们引进了第一套电视标准,这是通信系统和服务发展中的重要一步,即通信技术标准化。当时,移动通信的发展相当缓慢,直到 20 世纪 70 年代,人们才开发出可靠的小型化射频电路和模块。

今天,无线通信系统已经非常普遍了,并且为人们提供了各种各样的高可靠性服务。各种系统和服务的开发,为诸如卫星通信、无线电和电视广播系统、移动电话、无线局域网、无线传感器网络等无线通信系统的实现铺平了道路。

无线通信系统的快速发展意味着对频谱的需求迅速增加,对于现有通信服务的进一步扩展以及新服务的开发,频谱分配已经成为一个关键问题。通信系统设计的挑战是有效利用所分配频谱资源,就是基于给定的功率预算和可用带宽,在一定的误码率(Bit Error Rate,BER)和数据速率(比特/秒,b/s,bps)下提供高质量的通信。在无线通信过程中,由于无线信道特别容易受到环境快速动态变化的影响,使得这种系统设计更具挑战性。

没有一种技术可以为所有的无线应用提供最佳解决方案。无线通信系统/网络基于其覆盖范围通常可以分为三大类:无线个人局域网(WPAN)、无线局域网(WLAN)和无线广域网(WWAN)。每个类别旨在满足特定需求。其覆盖范围决定系统的延迟。

以蓝牙为代表的无线个人局域网可以在几厘米至几米的短距离内实现无线通信。在这些系统中,通信方式主要是点对点通信。单点对多点的通信也是可能的,例如微微网(由两个或两个以上的可使用蓝牙功能的设备生成的网络)。无线个人局域网的数据速率较低,大约为几百 kbps。

无线局域网是一个覆盖距离可达数百米的中等距离无线网络,例如 Wi-Fi 和 DECT(数字增强无绳电信),数据速率可高达 20Mbps。

无线广域网可提供延伸到几千千米远的高速远程连接。例如移动电话、卫星通信和全球微波互联接入(WiMAX)。除覆盖范围外,无线网络 WLAN 和 WWAN 在数据传输方案、数据速率的限制和频谱规范方面都有所区别。

小型网络和大型网络的一个重要区别是网络的所有权。小网络由用户拥有和操作,大型网络由服务提供商拥有和运营,而提供商不一定是网络的主要用户。

IEEE 802 系列标准定义了网络(包括有线和无线网络)的物理层(PHY)和数据链路层的特征。在其他 IEEE 802 系列标准中,最广泛应用于有线局域网的标准是 IEEE 802.3(称为以太网)和 IEEE 802.5(令牌环网)。应用广泛的无线网络标准是 IEEE 802.15(无线个人区域网)、IEEE 802.11(无线局域网)和 IEEE 802.16(全球微波互联接入)。

关于这些系统的详细描述将在下面的章节中给出。

1.2.2 无线网络架构

1.2.2.1 无线个人局域网

无线个人局域网是一种低成本、高效的小型无线网络,它能够为小范围内的一些私有设备之间以及这些设备和外部世界之间提供连接。WPAN 可覆盖周围数十米范围内的个人空间,作为对诸如 WLAN 和蜂窝网络等长距离网络通信能力的补充。WPAN 不再需要固定电缆连接。它们不需要基础设施或直接连接到外部世界,因此其移动性更强。可以通过无线网络连接的个人设备包括笔记本电脑、掌上电脑、个人数字助手、平板电脑和相机等。

IEEE 802.15 工作小组制定了无线个人区域网的标准,着重于管理短距离无线网络。IEEE 802.15 标准组主要分为四个任务组:

(1) 任务组 1(TG1)制定 2.4GHz 无执照的 ISM(工业、科学和医疗)频段蓝牙标准。

(2) 任务组 2(TG2)致力于规范在无执照频谱范围工作的共存设备。

(3) 任务组 3(TG3)制定高数据速率的无线个人局域网标准,即 UWB(超宽带)无线个人区域网。

(4) 任务组 4(TG4)是制定低数据速率、低功耗的无线个人区域网标准。

在这里,我们将描述由 IEEE 802.15 实现的三个标准:蓝牙(IEEE 802.15.1)、超宽带(IEEE 802.15.3)和 ZigBee(IEEE 802.15.4)。这三个标准均为来自于不同工业制造商的技术融合。

1. 蓝牙(IEEE 802.15.1)

蓝牙是一种广泛使用的无线个人局域网技术,能在短距离固定或移动场景中提供 Ad Hoc 无线网络连接。其主要目的是使用廉价且低功耗的设备传输语音和数据,蓝牙的概念是在 1994 年由爱立信提出的,最初旨在取代 PC 和外设之间(如打印机和键盘)的电缆连接。1998 年,蓝牙特别兴趣小组(SIG)成立,以促进蓝牙概念和应用的进一步发展。SIG 最初由五家公司组成,包括爱立信、英特尔、IBM、诺基亚、东芝,后来又陆续有数千家公司加入这个组织。SIG 主要专注于蓝牙的三种应用:(1)电缆替代,(2)在一个小面积范围内建立 Ad Hoc 网络,也就是所谓的微微网,(3)向广域网(有线和无线)提供语音和数据访问点。第一个蓝牙标准于 1999 年发布,2000 年便出现了带蓝牙功能的手机。

蓝牙拓扑是基于微微网/分布网的方案。微微网是由附近设备(启动蓝牙功能)的 Ad Hoc 检测形成的基本网络单元。蓝牙分布网是允许多个微微网参与和共存的扩展网络。

微微网是由两个或多个使用主从机制、共享相同介质的蓝牙设备组成的小型单元。换句话说,一个微微网就是一个无线个人局域网,其中一个设备作为主设备,由它启动并管理与其他(从)设备的通信。主设备可以以点对点或点对多点的模式与从设备通信。但是,从设备仅限与主设备进行点对点通信。一个微微网的主设备可以是其他微微网的从设备。每个设备可以同时属于多个微微网,这样可以允许数据到达当前微微网覆盖范围以外的地方。随着时间的推移,主从设备角色可以转换,主设备可以变成从设备;反之亦然。一个微微网内的所有设备都由主设备的时钟同步。

为了节省功耗,每个从设备可以工作在以下任何一个模式:活动、探测、保持、停止和待机。从设备只能在活动模式下与主设备通信。处于活动模式的从设备数目被限制为七个。在其他三种模式下,从设备的"侦听"时间不同。主设备始终处于活动状态。每个微微网可以容纳一个主设备,最多可达七个处于活动模式的从设备,以及多达 255 个处于待机模式的从设备。

蓝牙使用 FHSS(跳频扩频)调制方法来防止其他设备(例如,其他蓝牙设备)的干扰(窄带或宽带),因此允许附近的几个蓝牙设备彼此之间并行通信。在 FHSS 技术中,载波频率根据某个伪随机序列从一个频率跳到另一个频率,从而产生具有小功率谱密度的扩频信号,本章的后续内容将会对此进行说明。使用 FHSS,数十个微微网可以在相同的覆盖空间中重叠，使得吞吐率可以非常高(超过 1Mbps)。数据通常以信息包的形式传输。

在蓝牙中，每个微微网分配了由主设备身份决定的唯一伪随机跳频序列。跳频阶段由主设备的系统时钟决定。蓝牙覆盖了从 2400.0～2483.5MHz 的共计 83.5MHz 的频宽，这个频带范围被分为 79 个射频频道。射频信道带宽为 1MHz，跳频速率为 1600 次/秒，并且跳跃停留时间为 0.625ms。79 个跳跃被分配在偶数和奇数编号的时隙中。主设备使用偶数时隙，从设备则使用奇数时隙。

使用 FHSS 的一个缺点是需要比较长的时间(高达 5s)来设置蓝牙连接。

标准蓝牙使用具有 GFSK(高斯二进制键控频移)调制方案的数字通信。FSK(键控频移)信号的高斯模型产生具有比较窄的功率谱信号，因此降低了功率损耗。近来，业界也采用了除 GFSK 以外的其他调制方案。

蓝牙 MAC(介质访问控制)是基于时分双工(Time Division Duplex, TDD)的全双工传输模式，可以消除发射机和接收机之间的串扰。在该方案中，时间被划分为时隙，其中每个时隙的持续时间是0.625ms。如上所述，数据是通过携带同步信息(语音)或异步信息(数据)的数据包进行传送。这些数据包基于不同的跳频频率(子载波)传输。语音信道的数据速率为 64kbps，在异步数据信道中，非对称数据速率可达到 723.2kbps，对称数据速率可达 433.9kbps。

蓝牙设备同时在多个微微网中工作时可通过 TDM(时分复用)来实现，而且允许多个语音和数据站参与同一个微微网。

蓝牙使用 1mW(0dBm)的低功率信号，覆盖范围可达 10m。发射功率增加到 100mW(20dBm)时，覆盖范围可扩展到 100m。蓝牙标准规定了三类发射功率电平：100mW(1级)、2.5mW(2 级)和 1mW(3 级)。蓝牙接收机需要具有 -70dBm 或更好的灵敏度。

新发布的蓝牙促进了这项技术的进一步发展。值得一提的是，蓝牙技术将被用于拓宽物联网的发展领域。

2. 超宽带(IEEE 802.15.3)

蓝牙的数据速率不足以支持多媒体应用所需的高数据速率要求。超宽带个人局域网技术的发展解决了高数据速率无线个人局域网对大容量、高服务质量(QoS)、低功耗、低成本等方面日益增长的需求。超宽带个人无线局域网得益于大带宽特性，可以提供超过 110Mbps 的数据速率，足以满足音频和视频信号在小区域内的传输。

UWB 适合家庭多媒体无线网络，它可以在 10m 距离提供超过 110Mbps 的速率，以 2m 距离 480Mbps 的速率。超宽带个人无线网可以代替 USB 2.0 等高速电缆。

UWB WPAN 技术已由 IEEE 802.15.3 标准制定小组制定了规范。其目的是在 10m 范围内(例如家庭或办公室)，互连设备能够提供高数据速率的多媒体数据流，诸如高清视频。然而，不同于 802.15.1 标准，它完全规范了短距离的蓝牙通信技术，UWB 标准仅与这种通信标准的某一部分有关。

超宽带并不是一项新技术，它早已被应用在遥感、定位等多个应用领域。近年来，超宽带技术又被应用到无线数据传输领域。

按照联邦通信委员会(FCC)规定，具有超过 20%的相对(部分)带宽或大于 500MHz 的绝对带宽的信号被认为是 UWB 信号。

UWB(绝对)带宽通常被定义为低于峰值发射功率 10dB 所对应的频带范围。UWB 信号的相对带宽是绝对带宽和中心频率之比。

根据用于 AWGN 信道的香农容量公式,信道容量和信号带宽成正比,这体现了超宽带无线个人局域网高数据速率传输的能力。

超宽带信号具有大带宽、极低的功率谱密度和低发射功率(小于 1mW)等特点。它使用具有极短持续时间的不同形状的低能量射频脉冲,不需要特定的载波频率。UWB 脉冲有不同的形状,如高斯、啁啾(chrip)、小波和厄米基短脉冲。

UWB 信号的低功率和宽带特性有很多重要的优点,包括高吞吐量、干扰抑制以及与其他无线电链路共存。它可以提供高达 480Mbps 的数据速率。低能量密度特性可最大限度地减少了对其他服务的干扰。还能够使使用的频谱被其他服务使用,从而提高频谱效率。其他优点包括抗多径干扰、低成本和全数字体系结构。

超宽带无线电必须允许与窄带授权信号共存,如 GSM(全球移动通信系统)和 GPS(全球定位系统),且不会引起不相容的干扰。

在 2002 年,基于严格的频谱管制规定,联邦通信委员会(FCC)首次批准了在美国室内外的无执照超宽带应用。为了确保超宽带与现有的通信(有执照)链路共存时的干扰最小,限制传输功率电平为 -41.3dBm/MHz,所分配的频带范围是 3.1~10.6GHz,即 7.5GHz 的带宽。

第一个超宽带通信系统使用非常短的脉冲,相当于一个无载波调制方案,也可以被认为是基带信号。这是一种也称为脉冲无线电(IR)调制的单边带调制技术。短时脉冲(小于 1ns)具有非常宽的频谱和低的功率谱密度。

自从 2002 年 FCC 分配了 3.1~10.6GHz 频带后,到目前为止已经提出一些其他无线通信技术用于超宽带传输。这其中就包括多带(MB)技术,如多带正交频分复用(MB-OFDM),它将超宽带频带划分为多个子带,数据在不同频段被独立编码。MB-OFDM 由 WiMedia 联盟支持并由 IEEE 802.15 TG 3a 管理。除了 MB-OFDM,IEEE 802.15.3a 标准组也在考虑由 UWB 论坛开发的直接序列 UWB(DS-UWB)。DS-UWB 使用占据整个 7.5GHz 带宽的短持续时间的单个脉冲,采用具有可变长度扩展码的直接序列扩频技术(DSSS)和二进制相移键控(BPSK)或正交双正交键控(4-bok)信号,可以实现高达 1.32Gbps 数据率。

在 MB-OFDM 技术中,将频谱划分为 14 个带宽为 528MHz 的频带,在每个频带中使用正交相移键控(Quadrature Phase Shift Keying,QPSK)调制的 128 点 OFDM 信号。

超宽带无线个域网使用如蓝牙一样基于微微网小型网络的拓扑结构。然而,在 IEEE 802.15.3 标准中,微微网由被称为微微网协调器的专用设备控制。网络以特定方式形成,设备可以动态地接入和断开网络。与蓝牙(还有其他 WPAN)不同,UWB 允许微微网中的设备之间的直接连接。

超宽带通过采用 ARQ(自动重复查询或自动重复请求)技术提高数据传输的可靠性。ARQ 是一种差错控制方法,使接收机能够检测出指定信息包中的错误,并自动通知跨发射机重发损坏的数据包,从而显著降低错误率。

3. ZigBee(IEEE 802.15.4)

蓝牙和超宽带提供短程设备连接和电缆替代方案,前者具有中等数据速率(最高为 1Mbps),后者提供高数据速率(110Mbps)。随着这些无线个域网的广泛使用,将会出现一个问题：作为另一个 WPAN 标准的 ZigBee 的驱动力是什么？它有什么附加价值？

基于 IEEE 802.15.4 标准的 ZigBee 由于其低功耗和低成本的特性已经得到普及。标称发射功率为－25～0dBm。其他优点包括易于安装(一个新的从设备的加入时间通常为 30ms)、可靠性(网状网络架构)、更大的应用范围(使用多跳和网状网络)以及简单灵活的协议。

电池使用寿命长(通常以年为单位,由 AA 电池供电)意味着几乎不需要固定的维护。低功耗是 ZigBee 的一个关键特性,但是以低的传输速率为代价的(约为蓝牙 1Mbps 数据速率的四分之一)。然而,在许多应用场合,ZigBee 极低功耗的优点比数据传输速率的能力更重要。

ZigBee 更适用于由大量设备组成的大型网络(多为静态网络)传输小数据包的应用。每个 ZigBee 网络能够支持超过 65 000 个活动设备(蓝牙仅支持 8 个设备)。ZigBee 可嵌入在许多应用中,如遥控器、传感器、监控服务、家庭自动化和玩具。使用嵌入式节点的 ZigBee 网络,可以将整个工厂、办公室或家庭连接在一起,以实现安全、自动化和安保。

ZigBee 标准的物理层规定了三个免执照频段：2.4GHz 频段、915MHz 频段和欧洲 868MHz 频段。2.4GHz 频带使用具有 16 个信道且最大(理想)数据速率为 250kbps 的 2.4～2.4835GHz 频段,可在全球内范围使用。915MHz 是指北美 902～928MHz 频段,包含 10 个信道,数据速率为 40kbps。868MHz 频段是指欧洲 868～870MHz 频段,只有一个信道,数据速率为 20kbps。DSSS 技术用于所有频带。

915MHz 和 868MHz 频带使用 BPSK 调制,2.4GHz 频带使用偏移 QPSK。

每个 ZigBee 网络的节点(或设备)由收发机、微控制器和天线组成。

这些设备分为三类：PAN 协调器、路由器和终端设备。它们还可以进一步被区分为全功能设备(Full-Function Device,FFD)或简化功能设备(Reduced-Function Device,RFD)。任何全功能设备都可以充当以上三种设备(节点)类型。简化功能设备则只能作为终端设备工作,全功能设备可以与简化功能设备和其他全功能设备通信。

PAN 协调器是引发形成新 PAN 的智能 FFD,并作为连接其他网络的桥梁。每个 ZigBee 网络中只有一个协调器,协调器负责找到合适的射频信道,以避免干扰同频带(2.4GHz 带宽)中的 WLAN 信道。在由协调器形成网络之后,其他 ZigBee 设备可以接入它。

路由器是将设备和群组连接在一起的全功能设备,并允许从源设备到目标设备之间实现多跳频链接。

ZigBee 终端设备既可以作为 FFD,又可以作为 RFD,可以与协调器和路由器通信,但不参与路由过程。

与协调器和路由器不同,终端设备可以由电池供电,并且在睡眠模式可以最大限度地减少电池消耗。这些设备具有 64 位地址。如果有必要,可以将地址大小缩短为 16 位以便减小数据包大小。

ZigBee 支持三种网络拓扑：星形、树形和网状。星形网络是最简单的拓扑结构,消息可以在终端设备之间通过两跳进行交换。在这种拓扑结构中,设备通过称为 PAN 协调器的中心节点进行通信,所有消息都通过该中心节点传递。但是星形拓扑的可靠性相对较低,因为每个节点对之间只有一条路径。

树形网络从顶层节点(根树)开始,在该顶层节点下,分支经由路由器网络到达终端设备。路由器扩展了网络的覆盖区域。树形网络是一种多跳网络,消息在树形网络中上下传递以到达目的地。树形拓扑的一个缺点是可靠性低,这是因为如果路由器被禁用后则缺少可替代路径。

网状(或对等)拓扑是具有类似于树形拓扑结构的多跳网络,其中在一些分支之间存在直接路径。数据包通过可用路由器路由到目的地。

网状拓扑的特征是高可靠性,因为在每个设备对之间存在不同的路径。该拓扑结构允许通过添加新的设备和路由器从而实现网络扩展。

还存在其他拓扑,例如基于上述拓扑的组合的簇状树或簇状星形网络。

ZigBee 技术基于一组标准化设定的层构成。IEEE 802.15.4 标准仅定义了物理层和 MAC 层的特性,ZigBee 联盟则定了网络层和应用层。

物理层的功能是源信号的调制和传输,以及在目的地接收和解调收到的信号。

MAC 层访问网络并提供同步和编码,以提高数据交换的可靠性。对网络的访问是基于带有冲突检测的载波监听多路访问(CSMA-CA)。

网络层实现网络启动、相邻设备检测、添加/断开设备以及路由发现等功能。

ZigBee 网络可以在信标模式或非信标通信模式下实现设备之间的数据交换。电池供电的协调器中采用信标模式使功耗最小化。当协调器由市电供电时,非信标模式是优选模式。

在信标模式中,当信标发送时设备被激活,于是设备知道何时相互通信。在此模式下,协调器定期向网络中的路由器发送信标。在接收到信标时,设备被"唤醒"并且寻找传入消息。在消息被完全发送到指定设备之后,协调器设置用于下一个信标的时间,并且设备和协调器进入睡眠模式等待下一个信标到来。

在非信标模式下,协调器和路由器始终处于活动状态。在这种模式下,每个设备必须知道通信的进程。这需要每个设备具备精确定时系统,但是增加了功耗。应当注意,虽然非信标模式中的功耗高于信标模式下的功耗,但是由于设备大部分处于非活动的"睡眠"模式,因此前一模式中的功耗也较低。

1.2.3　无线局域网

在 20 世纪 70 年代,为了共享打印机和存储设备这样的资源,出现了局域网(LAN)。最初,仅仅在办公室这样一个很小的区域内用有线电缆连接计算机。个人计算机之间的网络允许每个用户访问存储在其他计算机上的资源(数据和服务)。局域网存在于一个固定位置的有限地理范围内,例如一个办公楼或一个大学,物理范围是几百米到几千米。局域网提供可靠、高速、安全、低成本的用户之间的连接,通常是网络的所有者。在 20 世纪 70 年代的第一代局域网中,计算机通过同轴电缆或屏蔽双绞线互连,后来使用了非屏蔽双绞线和光纤。局域网的结构和协议都是基于分组通信。自 20 世纪 70 年代以来,随着 PC 之间对高速低成本通信需求的不断增长,局域网技术也不断进步。发明于 1973 年的以太网已成为主要的有线局域网。以太网是一种异步技术,不需要系统级时序。在 20 世纪 70 年代以太网标准由 IEEE 802.3 工作组开发,这是一个基于载波监听、碰撞检测以及与另一个数据包冲突前重新发送损毁数据包随机时延的 CSMA/CD 协议。

无线局域网(WLAN)技术作为有线局域网技术的扩展:用户可以携带他们的笔记本电

脑(或其他便携式设备)在网络覆盖范围内移动,而不再需要有线连接。1971 年被称为 Alohanet 分组交换的无线通信网络诞生了。这个最初的 WLAN 提供了夏威夷大学七台计算机之间的通信。

第一代无线局域网出现在 20 世纪 90 年代,其性能和预期一样低于有线局域网。例如相比于有线局域网的 100Mbps 的数据速率,无线局域网数据速率只有几兆比特每秒。自那时起,人们一直致力于努力提高无线局域网的性能、功能以及与其他有线局域网的兼容性。

无线局域网开启了连接随时随地成为现实的时代。无线局域网被认为是现有有线 LAN 的扩展,其增强了用户的移动性和互联网接入能力。

无线局域网具有良好的灵活性,即它允许非常容易地添加许多不同的设备,并且有助于热点状和自组网络(例如网状网络)的部署,否则需要安装昂贵复杂的电缆。现在无线局域网已经成熟,几乎所有的笔记本电脑、智能手机、平板电脑都内置有无线网络功能。

无线局域网使用无执照 ISM 波段,这一点对 WLAN 的成功发展有很大的影响,它最大限度地规避了电磁波谱的管理和限制,这被认为是这项技术的巨大优势。

虽然无线局域网的性能没有达到当时以太网的水平,但第一代无线标准仍是以以太网标准(IEEE 802.3)为基础。所有无线局域由 1997 年开发的 IEEE 802.11 标准管理。第一个标准是 1997 年发布的 IEEE 802.11a。它规定其中心频率为 5GHz,最大(原始)数据速率 54Mbps,室内覆盖范围 35m,室外覆盖范围 115m。该标准使用 OFDM(正交频分复用)调制技术。IEEE 802.11a 没有像 IEEE 802.11b 一样被广泛接受,这显然是由于与 IEEE 802.11b 标准的 2.4GHz 频带相比,IEEE 802.11a 使用了并不兼容的 5GHz 频带。

IEEE 802.11b 是第一个被广泛使用的无线局域网标准。其室内覆盖范围 38m,室外 125m。IEEE 802.11b 中心频率为 2.4GHz,使用补码键控(Complimentary Code Keying,CCK)调制技术,最大数据速率为 11Mbps,远低于 IEEE 802.11a 标准。

在 2003 年,IEEE 802.11g 标准被提出,该标准和 IEEE 802.11b 一样基于 2.4GHz 频带,且能提供 11Mbps 的比特率。它的覆盖范围为室内 38m,室外 125m。

2009 年出现了 IEEE 802.11n 标准的两个版本:一个工作在 2.4GHz 频段,另一个工作在 5GHz 频段。该标准可提供高达 150Mbps 的数据速率,室内范围为 70m,室外范围为 1125m。现在,IEEE 802.11b 和 IEEE 802.11n 成为运用最广泛的标准。

在使用 2.4GHz 频带的标准中,存在两个功率限制。对于使用 CCK 调制的 IEEE 802.11b,最大有效全向辐射功率 EIRP 为 18dBm(63mW),它由 10dBm /MHz(10mW/MHz)的频谱功率罩设定。对于使用 OFDM 调制的 IEEE 802.11g 和 IEEE 802.11n 标准,最大有效全向辐射功率为 20dBm(100mW)。5GHz 频带被分成两个频带,分别为 5150~5350MHz 和 5470~5725MHz,每个频带具有不同的功率限制。

无线局域网使用扩频和 OFDM 技术,其中可用频谱被划分为许多小频带,并且每个频带使用不同的子载波。

最早期的无线局域网工作在无执照的 902~928MHz 频段。随着时间的推移,因为许多其他未授权设备开始使用这个频段,从而增加了该频段的干扰。为了减轻干扰,扩频技术得到应用,经扩频后的数据速率为 500kbps。

下一代无线局域网使用的 2.4~2.483GHz ISM 频段。然而,由于该频段附近有微波炉、无线电话、车库门开启器等系统的潜在干扰,因此采用了抗干扰和噪声的扩频技术。数据速率可进一步提高到 2Mbps，是第一代的 4 倍。

更近的无线局域网工作在 5.775～8.85GHz 的 5GHz ISM 频段，和一个额外的 5.2GHz 频带，可允许高达 10Mbps 的数据速率。

1.2.3.1　Wi-Fi

Wi-Fi 是指基于 IEEE 802.11 标准并经由 IEEE Wi-Fi 联盟批准的无线局域网设备。Wi-Fi 最初用于 IEEE 802.11b 标准，被认为是一种快速标准（11Mbps）。后来，Wi-Fi 联盟扩展了 Wi-Fi 的范围，将其他标准包含在内。

Wi-Fi 的主要应用是使移动用户能够轻松地访问互联网。使用便携式设备如具有 Wi-Fi 功能的移动电话或笔记本电脑的用户，可以在 Wi-Fi 接入点的覆盖范围内访问互联网。

最初，推动 Wi-Fi 发展的主要原因是连接 PC 和位于附近的外围设备，例如办公室。现在，它有更多的应用，包括电子邮件、互联网接入以及下载音乐和视频等等。

Wi-Fi 网络的覆盖区域被称为 Wi-Fi 热点。例如，在大学校园、机场、大堂（酒店等）公共区域，都能提供互联网接入的 Wi-Fi 热点。当用户处于一个热点时，他可以通过手提电脑、蜂窝电话或具有 Wi-Fi 功能的任何其他设备连接到 Wi-Fi 网络。还可以通过连接到蜂窝网络的移动电话来设置热点（例如在家中）。

Wi-Fi 允许两种操作模式：用户之间的对等通信（点对点模式）或通过中央接入点的通信。在后一种情况下，接入点通常连接到有线局域网，用户可以通过该接入点访问互联网。接入点通常是一个符合 IEEE 802.11 标准的无线路由器。

Wi-Fi 使用未授权的 ISM 频带。然而，由于 ISM 频谱被许多其他系统共享，干扰电平也随之增加，降低了 QoS。Wi-Fi 中主要使用的 ISM 频带是用于 IEEE 802.11b、g 和 n 版本。5.8GHz 频带能提供额外的带宽，也即 5725～5875MHz。因此，大多数国家都支持 2.4GHz ISM 频段，该频段具有 14 个信道。

1.2.3.2　Wi-Fi 直连

Wi-Fi 直连在没有任何接入点的客户端之间提供直接连接，它基于 IEEE 802.11 标准。Wi-Fi 直连产生的理念是将其中一个节点选为主机（接入点，AP）并管理组间通信。为此，Wi-Fi 直连使用软 AP（软件定义的 AP）来提供对等通信。

1.2.4　无线广域网

无线广域网（WWAN）是能跨越大面积（诸如城市和国家）的无线网络，远远超出了 WLAN 仅仅覆盖单个建筑物（住宅、办公室等）的范围。广域网由无线服务提供技术支持，蜂窝电话网络就是最大的广域网。

作为长距离无线网络，广域网更容易受到安全问题的困扰，因此它们应该结合某些复杂的加密和认证算法来加强安全性。

1.2.4.1　蜂窝系统

蜂窝通信技术是近几十年来人类社会最成功、最重要的发展之一。今天，随着数十亿部手机的使用，这项技术对我们的日常生活产生了巨大的影响，远不止移动电话的便利性，它为用户提供无处不在的全球连接和信息访问。

蜂窝网络基于有线基础设施建立,由多个基站(称为接入点)构成,跨越大范围覆盖区域。基站在蜂窝网络中起着核心作用,其主要功能是:网络控制、动态资源分配、切换和功率控制。

1.2.4.2 频率复用的概念

蜂窝通信系统的核心思想是多次重复使用(有限的)可用频率,以此提高频谱效率。以这种方式,可以使用有限数量的频谱提供大面积覆盖,从容纳用户数量方面实现一个高的系统容量。

为了实现频率复用,整个覆盖区域(例如,城市)被划分为许多空间上分离的单元。每个单元具有自己的一个基站(Base Station,BS)和一组频率信道。单元的 BS 发射机对单元区域进行覆盖。超过单元的边界,信号功率必须足够低以避免大的干扰。使用全向天线 BS 的单元具有圆形覆盖区域。但是圆形区域不是完全嵌合的,因此通常六边形单元用建立蜂窝网络。

蜂窝架构主要受到两种类型的干扰:小区干扰和小区间干扰(Inter-Cell Interference,ICI)。后者的干扰源来自使用相同频率信道的小区,称为同信道小区。因此,小区间干扰被称为同信道干扰。小区内和小区间干扰功率等级可通过使用高增益扩展码来降低。

小区干扰是由同一小区内不完整的多用户传输(如多径)和相邻信道之间的功率泄漏引起的。

另一方面,小区间干扰发生在相邻小区独立使用相同频段射频信道时。为了最大限度地降低小区间干扰,将使用相同 RF 信道的小区区分的最小距离,称为复用距离。为了降低小区间干扰,小区以集群模式分组,其中相邻的小区使用不同频段(射频通道)。将集群模式有规律地进行设置,从而覆盖整个服务区。整个蜂窝系统的可用频谱作为频带(RF 信道)的集合被分配给每个集群中的小区。换句话说,每个集群蜂窝系统可以使用全部的 RF 信道。

一般来说,小区根据其大小分为三大类:

宏单元:半径为 5km 以上的小区,用于人口稀少的地区。

微单元:这些小区限于半径 500m,用于人口密集的城市地区。

微微单元:这些小区用于覆盖不容易被大的小区覆盖的小区域。例如,室内开放空间和隧道。由于它们尺寸小,发射功率电平低,因此几乎不对相邻小区造成干扰。

1. 如何设计集群大小

一方面,增加集群中的小区数量(增加群集区域)将提高同信道之间的距离,进一步降低小区间干扰。另一方面,大的集群意味着每个小区将被分配有较小的频率信道集合(由于整个系统的可用信道数量有限),因此系统容量减小。提高蜂窝系统容量的一种方法是使用小的小区。但是,在这种情况下,将有必要增加基站(以及用于接入公共交换电话网络的附加接口)的数量,因而增加了系统部署成本。此外,在一个通话中从一个小区到另一个小区的会话切换将变得更频繁。

由于大规模和小规模衰落效应,接收到的信号功率变化明显。大规模衰落取决于移动单元和基站之间的距离。用于无线信道中的大规模信号传播的简单模型表明接收功率的损

耗为 $1/R^n$，其中 R 是发射机和接收机之间的距离，n 是功率路径损耗指数。在密集的城市地区，n 可能高于 6。

蜂窝系统从我们所说的第一代(1G)开始演进：20 世纪 80 年代开发了基于模拟信号方式的移动无线电话系统，此后，引入了许多改进，使得复杂系统和移动电话以及智能手机的普遍使用。早期的移动系统是独立开发的，没有遵循共同的标准，使得一个国家的移动电话不能在其他国家使用。蜂窝标准，在过去的几十年中出现，在蜂窝系统的发展中起着非常重要的作用。

现在，我们将简要介绍不同系列的蜂窝网，并介绍和讨论各种蜂窝系统的概念和特点。

2. 第一代

20 世纪 80 年代初推出了第一款量产的蜂窝式移动电话系统。第一代(1G)系统是基于模拟调制方法专为语音通话设计的语音导向的系统，当时并未预见到数据服务的出现。1G 标准使用了 FM(频率调制)、FDD(频分双工)和 FDMA(频分多址)。(模拟)语音信号通过分配给每个用户的频道直接传输。信道带宽为 25 或 30kHz，中心频率大约为 900MHz，数据速率相当低(例如，在 AMPS 中达到 14.4kbps)。AMPS(先进移动电话系统)是北美第一个也是最常见的 1G 系统。因为是模拟系统，所以 1G 不允许数据加密(无安全性)，且音质差。

3. 第二代

第二代(2G)蜂窝网络在 20 世纪 90 年代初(大约在 1G 系统出现后十年)完成商业化推广。2G 网络基于全数字调制，即语音数字化并编码为数字码。这使得对 1G 网络的改进包括：电话对话的数字加密(更好的数据安全性)、更高的频谱效率和系统容量以及更好的声音质量。2G 标准的发展是由欧洲和美国的两种不同需求所驱动的。在欧洲，人们希望能够在不同的欧盟国家之间漫游，而在美国，1G 系统的容量不足以满足大城市的需求。2G 技术消除了许多兼容性问题，并成了一个国际标准。

GSM(欧洲)、TDMA(IS 136 或 D-AMPS，美国)和 CDMA(IS 95，美国)是主流的 2G 移动通信技术，其中前两种是窄带 TDMA 标准，第三种是 CDMA 标准。在 2G 标准中，GSM 是全球主要的 2G 技术。CDMA 使用扩频技术，可提供更好的音质、更低的中断概率和更好的安全性。

除了语音传输，2G 技术具有一定的数据能力，如短消息服务(Short Message Service, SMS)，这建立了一个新的通信平台。然而，2G 中的数据服务是基于电路交换数据(Circuit Switching Data, CSD)的，而且数据速率相当低(最高 9.6kbps)，并不适合网页浏览和多媒体应用。

4. 二代半

所谓"二代半，2.5G"或先进 2G 均为非正式术语，指的是蜂窝技术从 2G 到 3G 网络演进的中间过程。2.5G 增加了分组交换和对现有 2G 蜂窝系统的 IP 支持，以提供增强的移动数据传输能力。在分组交换系统中，传输的数据被分成一系列数据包，它们通过网络单独传送到目的地，并且这些路径被动态优化。

分组交换允许用户更有效地共享无线电资源，因为在该方案中，资源仅在数据发送和接收期间使用。

2.5G 数据速率远远高于 2G 网络，旨在满足用户开始频繁使用电子邮件的需求。虽然

2G系统支持文本消息(即SMS)，但是它们不能提供数据服务作为固有的集成特征。GPRS(通用分组无线服务)、EDGE(增强型数据速率GSM演进)和WAP(无线应用协议)是2.5G技术的例子。GPRS使用与2G GSM网络相同的接口，并通过添加一些硬件和软件升级来提供分组交换。

除了GSM，GPRS也被IS-136TDMA标准采用。应当注意，尽管GPRS未被定义为新标准(即3G)，但是其在蜂窝通信网络的演进中是具有革命性的一步。这是2G网络向3G演进的第一个重要步骤，因为它使得数据服务在手机上随时可用。

GPRS和3G之间的"差距"主要是GPRS的数据速率低于国际电信联盟(ITU)的IMT-2000在GPRS出现时规定的3G系统的数据速率。IMT-2000是由国际电联发起的一组用于第三代移动通信的全球协调标准。IMT-2000在静止条件下需要提供2Mbps的数据速率，在移动车辆中则需要384kbps的数据速率，而GPRS的理论最大数据速率为171.2kbps。

5. 第三代

第三代(3G)系统开始将蜂窝标准转变为新的制式，其关注的是为无处不在的通信网络提供广泛的数据服务。换句话说，3G不仅对语音通信进行了改进，而且在移动环境中为面向数据的服务提供了更高的数据传输速率。3G为语音和数据提供分组交换。它基于国际电联的标准。同时还被设计为开放式架构，允许方便快速地添加新的服务和技术。

如上所述，这种制式转变的第一步是由2.5G开始，这使得用户能够访问数据网络(例如因特网访问)。

3G移动电话标准和技术的主要目标是：提高频谱效率来增加网络容量，实现高质量的图像和视频通信，开发各种高速数据服务，包括高速互联网接入，以及为所有移动网络提供单一的全球标准。此外，它还允许新的功能，如对称和不对称的数据业务、高音质(类似于有线电话)以及在单个连接上复用不同服务的可能。3G移动电话由第三代合作伙伴计划(3GPP)定义并且基于ITU-T标准。

3G技术包括UMTS(通用移动通信系统)、GSM WCDMA(宽带码分多址)、CDMA-2000、EV-DO和HSPA。UMTS基于GSM并且被认为是最流行的3G标准。UMTS使用具有5MHz带宽的WCDMA，并且可以提供高达2Mbps的数据速率。CDMA2000系统，由高通部署，被认为是IS-95的继任者。它们使用1.25MHz的带宽，并且最大数据传输速率为2Mbps。

WCDMA基于直接序列扩频技术。其3.84Mcps的码片速率高于2G CDMA网络(称为CDMAone或IS-95)，即1.2288Mcps，因此称为WCDMA。WCDMA更宽的带宽可以在一定条件下改进系统性能，如支持更高的数据速率。

WCDMA可同时支持FDD和TDD模式。

6. 第四代

由于对带宽和更高的数据速率的需求已超出了3G通信的能力范围，新一代的通信技术变得至关重要，即第四代(4G)，具有增强的数据速率和改进的服务质量Q。4G标准专注于提供更大的系统吞吐量、更强的移动性、较低的延迟以及提供互联网协议(IP)的体系结构。根据定义，4G还将统一蜂窝网和无线局域网。

4G系统针对高速移动性通信必须具有约100Mbps的峰值速率，针对固定或低移动性无线接入必须具有大约 1Gbps 的峰值速率,所有情况下需具有优质的通信质量和安全性。

为了实现高数据速率,4G 采用了过去几代从未使用的两种先进技术,分别是 OFDM(正交频分复用)多载波技术和多输入多输出(Multiple Input Multiple Output,MIMO)天线系统。

为了实现 4G 标准,WiMAX(全球微波互连接入)和 LTE(长期演进)两种模式相互竞争,却又同时发展。WiMAX 基于 IEEE 标准(IEEE 802.16e 用于 WiMAX R1.0,IEEE 802.m 用于 WiMAX R2.0),而 LTE 基于 3GPP 标准(用于 LTE 的 3GPP 版本 8,用于高级 LTE 的 3GPP 版本 10)。但是这些技术还不能满足 4G 的高数据速率要求,因此它们只被认为是前期 4G 技术。然而,由于 4G 标准规定的数据速率非常具有挑战性(因为它们相比 3G 技术实现了实质性的改进),这两种技术仍然存在将其(商业上)实现的趋势。例如,LTE 在理论上可以达到比 3G 高 10 倍的数据速率。LTE 和 WiMAX 都是扁平 IP,都使用分组交换技术和 OFDM 调制方案。

WiMAX 是基于 IP 的电信标准,为大规模无线网络提供固定和移动宽带无线电接入(超出办公室和住宅范围)。它是用于无线城域网(WMANs)的可扩展平台,提供了诸如 DSL(数字用户线路)和电缆调制解调器等有线系统的替代方案,还可以支持长距离宽带实时应用,应用包括 IP 语音和无线多媒体流。WiMAX 将 Wi-Fi(IEEE 802.11 标准)的网络性能与蜂窝系统的语音质量和远距离覆盖的优点相结合。

除了解决对宽带无线接入高涨的需求,WiMAX 还可以容纳其他应用,例如:(1)在因缺乏网络有线基础设施的偏远地区部署新的高速数据网络;(2)向更大的服务住宅区提供因特网服务,如移动电话,甚至 Wi-Fi 热点。

WiMAX 网络由基站(BS)或塔台以及 WiMAX 接收机组成。基站或者通过有线连接到因特网,或者通过视距通信微波互连(LOS MW)连接到另一个基站。

单个基站理论上可以提供高达 50km 的视距(LOS)和高达 70Mbps 的数据传输速率。2~11GHz 频段用于非视距(NLOS),范围为 6~10km(4~6 英里)的固定连接。固定和移动标准包括许可(2.5GHz、3.5GHz 和 10.5GHz)和未许可(2.4GHz 和 5.8GHz)频谱。然而,固定标准的频率范围覆盖 2~11GHz,而移动标准覆盖在 6GHz 以下。依频带决定,它可以分为频分双工(Frequency Division Duplex,FDD)和时分双工(Time Division Duplex,TDD)的配置。固定标准支持在 20MHz 频谱规格下每个用户的数据速率高达 75Mbps,但通常的数据速率为 20~30Mbps。移动应用在 10MHz 的频谱下支持每个用户数据速率30Mbps,但通常的数据速率为 3~5Mbps。

与 WiMAX 不同,LTE 向后兼容较旧的 3GPP 标准(GSM、GPRS、WCDMA、EDGE等)。先进长期演进技术(A-LTE)使用 100MHz 相对大的带宽,并且能够支持 450km/h 的高速移动的情况。

由于不同的原因,特别是与以前标准的兼容,还有非技术原因,LTE 是非常流行,是 4G 蜂窝网络的主导技术,至少在欧洲和北美国家大大超过了 WiMAX。

值得一提的是,4G 的另一候选技术是高速分组接入(High Speed Packet Access,HSPA),能提供比 3G 网络更高的数据速率,是 3G GSM 网络的新版本。

可以实现并在未来有潜力的 4G 新技术是基于可变扩频因子-正交频分和码分复用,它基于多载波 CDMA 技术,其中扩展码可动态改变以增强系统容量。

7. 全球移动通信系统

GSM 是自 1991 年以来在欧洲部署的第二代(2G)蜂窝电话技术。GSM 旨在提供比一代模拟系统更大的容量、更良好的通话质量、低成本以及在欧洲范围的无缝漫游。虽然它最初设计专为欧洲所用,但后来部署在全球范围内并成为一个全球系统,因为它提供了一种相当简单的方式处理全球漫游。GSM 是一种全数字系统,使用了声码器对语音进行数字编码。

第一代 GSM 系统在 900MHz 频带中使用 25MHz 的带宽：890～915MHz 频带用于上行链路(从基站到移动端),以及 935～960MHz 频带用于下行链路。采用高斯最小频移键控(Gaussian Minimum Shift Keying, GMSK)调制方案以及 FDD、TDMA 和 FDMA 的组合。FDMA 过程包括将总带宽(每个方向上 25MHz)分成 124 个 200kHz 带宽的射频信道。TDMA 用于将每个射频信道划分为八个时隙。时隙被分配给多个语音或数据流,以此实现高容量。

在大多数国家(北美除外),新的 GSM 系统在 900MHz 和 1.8GHz 频带内工作。在北美洲,工作频率为 1.9GHz。

除了语音服务,GSM 支持一些性能远低于 3G 系统的数据服务。这种数据服务只在 2G 时代非常有用。这些服务提供了最大为 9.6kbps 的较低的用户数据速率,包括短信和传真。短信是作为 GSM 标准的一部分而开发的,并且后来快速成长。

1.2.5　访问方式

1.2.5.1　多址接入

多址接入(Multiple Access, MA)技术旨在最大化可以同时使用给定有限频谱的信道的用户数量。以这种方式,通过信道可传输更多的数据,系统容量被定义为最大允许用户加入的数量。每种技术定义了多种分集方案,其中多个用户可以共享通信信道,而不降低链路质量。

多年来,人们提出并采用了不同的多址技术,主要包括 FDMA、TDMA 和 CDMA。

1.2.5.2　频分多址

FDMA 是基于频率分集的多址技术：将总的可用带宽划分为频隙,被称为频率信道。每个用户被分配特定的频道,其带宽根据用户的需要(如数字通信中的数据速率,模拟通信中的信号带宽)确定。

用户通过不同的信道进行发送和接收。FDMA 在每个接收机和发射机中需要高性能滤波器(高性能滤波器广泛用于模拟和数字通信)。

信道损耗诸如传播延迟和反射等,以及非理想的滤波效果,可能会导致相邻信道之间的干扰。为了减轻这些损耗,通常在信道之间引入带宽小的保护带。由于可用带宽被划分为更小的频带,将致使衰落降低,而且如果这些子划分足够窄(小于信道的相干带宽),则可以避免频率选择性衰落。

FDMA 用于一代(模拟)蜂窝系统,例如 Nordic 移动电话、NMT(欧洲)和 AMPS(美国)。FDMA 也可用于卫星电路中以共享应答器带宽。但是 FDMA 对于突发通信(例如基于 IP 的数据传输方案)是无效的,一般只用于语音、视频和数据的压缩和传输。

FDMA 的优势包括:

- 与 TDMA 不同,FDMA 中不需要同步。
- FDMA 算法十分简单,易于实现。
- 频率滤波有助于避免远近效应问题。
- 无须均衡。

FDMA 的弱点包括:

- 需要高性能滤波器进行信道分离。
- FDMA 不适合信号压缩,因此传输效率低。
- 在每个子带中,只有一个用户可以传输,不适合统计复用。

正交频分复用(Orthogonal Frequency Division Multiplexing,OFDM)和正交频分多址(Orthogonal Frequency Division Multiple Access,OFDMA)被认为是一种具有多载波或者多址方法的有限差分法形式。在这些技术中,使用正交子载波以便在可用带宽中包括大量子载波,因此增加频谱带宽。OFDM 使用长延续符,从而极大地避免了频率选择性衰落以及码间干扰等问题。

1.2.5.3　时分多址

在 TDMA 中,通过将信道拆分成时隙来实现对单个信道的多址接入。每个用户被分配可循环重复的不同时隙。在动态 TDMA 中,时隙可以按需分配给不同的用户。在分配的时隙期间,用户可以使用整个可用带宽来发送或接收数据。由于用户不同时发射,所以该技术避免了用户之间的干扰。由于每个发射机仅在其时隙期间处于活跃状态,所以它可以在其他时隙中断电。因此,TDMA 允许循环工作在低电平下,能产生高的功率效率和更长的电池使用寿命。

这种技术非常适合于语音和数据的传输。使用 TDMA,诸如 AMPS 的蜂窝一代模拟系统已经升级到了增强数据速率的二代数字技术(IS-95)。

除了功率效率,TDMA 的优势还包括:

- 与 FDMA 相比,更灵活地实现不对称带宽分配。
- 无需保护频带(与 FDMA 不同),因此具有更高的容量和频谱效率。
- 经济高效的技术,无需高性能过滤器。
- 由于时间分集,传输系统中没有干扰。

TDMA 技术的弱点包括:

- 需要网络范围的严格同步。
- 受到多径失真干扰。
- 需要不同时隙之间的保护间隔。
- 需要在高速移动系统中进行信道均衡以减轻频选衰减引起的符号间干扰(Inter-Symbol Interference,ISI)。

TDMA 用在诸如二代蜂窝网络(例如 GSM),DECT,卫星通信和个人数字蜂窝(PDC)的许多数字无线系统中。实际使用始于 20 世纪 70 年代的卫星通信。在蜂窝通信中,首先在 TIA(电信工业协会)IS-54 标准中使用(并定义为标准)实现数字 AMPS(称为 D-AMPS

或 TIA IS-54)，以便增加其容量。为此，AMPS 模拟信道(带宽 30kHz)被分成三个时隙，产生支持三个用户的三个数字 TDMA 语音信道，且其容量变为原来的三倍。

1.2.5.4 码分多址

CDMA 是在数字移动通信系统中的一种扩频通信形式。在扩频通信中，数据信号的传输是在比发送数据信号通常所需的最小带宽宽得多的带宽上完成的。应当指出，由于许多信号共享相同的带宽，且每个信号的平均带宽与在窄带信号中的大致相同。带宽展宽，通过发射与窄带信号情况相同的信号功率来完成，因此信号的功率谱密度显著降低，使得到的信号类似于白噪声。为了允许在多用户信道中提取到所需信号，扩频后的信号应互不相关。

1.2.5.5 为什么要扩频

扩频技术的优点：

- 因为扩展信号的带宽非常大，具有低功率谱密度，因此对其他通信系统的干扰相当小。
- 干扰受限操作。在所有情况下都能使用整个频谱。
- 良好的抗干扰性能。
- 由于使用不同的私有代码，具有高数据安全性。
- 有效减少窄带干扰。
- 允许随时随机访问，无须设置过程。

扩频技术首先用于军事应用，要想阻塞或检测类似噪声的扩频信号非常困难，因此它们具有良好的抗干扰性能。在蜂窝系统中，IS-95 标准(2G)是第一个使用 CDMA 的系统。

在 CDMA 系统中，所有用户可以使用整个可用带宽同时发送和接收，并且不会对彼此引入太多的干扰。通过向每个用户分配单独且唯一的伪随机码来区分用户。该代码是独立于所发送的数据，并用于将发送信号(窄带)扩展为扩展频谱信号，因此称为扩展码。扩展码是 CDMA 技术的基本特征。扩展码对每个用户是特定的，并且有很高的自相关和非常低的互相关(理想为零)。

CDMA 系统的主要特征是扩频因子，其被定义为扩频之后与之前的信号带宽之间的比率。它也称为处理增益，其值在 10～1000。

处理增益决定了 CDMA 系统的许多参数，包括系统容量，减少阻塞和其他干扰的能力，减少多径衰落的影响。扩频系统的优点是更易获得更高的处理增益。

CDMA 优于 FDMA 和 TDMA 方案的地方包括窄带和宽带干扰的抑制。

通常使用两种不同的技术来产生扩频信号：直接序列(DS)和跳频(FH)。这些技术的组合也可能产生。

首先讲述 DS 扩频(DSSS)调制，它采用称为码片序列的扩展码将(窄带)数据信号转换为扩展频谱信号。该码片序列是极性信号，并且其速率比数据比特率快得多。该码可以是正交或非正交的。

在发射机中，码片序列(具有非常大的带宽)对数据信号进行幅度调制(即乘法)，产生一个带宽远宽于原始信号的扩频信号。

在接收机中，必须使用发射机使用的扩展码的同步副本，以便对接收的扩频信号进行解扩,并提取数据信号。

因此,只有知道期望信号或用户扩展码,并且能够使其与发射机序列同步的接收机才可以提取数据信号。所有其他用户的扩展信号(多用户干扰)以及从无线电信道接收并乘以扩展码(不相关)的任何干扰信号(窄带干扰信号)将会被扩展,因此它们的影响将显著降低。

因此,DSSS-CDMA 在很大程度上减轻了窄带干扰和其他用户信号的影响。然而,随着用户数量的增加,这些干扰的影响会增加并且会降低链路性能,从而限制了可服务的用户总数。

CDMA 无线系统的性能在很大程度上取决于所使用的扩展码的特性。CDMA 系统中使用的扩展码必须表现出若干特性,包括很高的自相关和最小(理想为零)的互相关。需要这些属性以便接收机能够将期望的用户与其他用户区分开,即减轻由于占用相同带宽的许多信号同时传输时导致的多址干扰。另一个关键要求是需要一大组代码序列。代码序列的数量决定了可以同时服务用户的最大数量。由于(逻辑上)这些系统中的 RF 信道由每个用户的扩展码形成,所以在所使用的码群内可访问的序列的数量决定了可用逻辑信道的总数。

正交和非正交(准正交)扩频序列已被用于直接序列扩频 CDMA 系统。

正交码由一组相互不相关的序列组成,使得所有码对序列的互相关为零。Walsh 码是 CDMA 应用中最常使用的一组正交码。一组 Walsh 码由多行 Walsh 矩阵组成,其中每行与任何其他行正交,也是逻辑非。除了对扩展码的正交性有要求之外,共享相同 CDMA 信道的所有用户必须在码片的一段时间(小于 $1\mu s$)内同步。Walsh 码的主要缺点是有限数量的可用的代码序列。因为 Walsh 序列的不同移位之间的互相关不为零,如果不能满足紧密同步,则其性能将下降。

IS-95 CDMA(2G)和 CDMA 2000(3G)标准分别在其基站中使用 64 个和 256 个 Walsh 码,因此它们可以同时提供 64 个或 256 个单独的信道。实际上,在任何给定时间,服务的用户数目需要小于射频信道的数目,这是因为一些数据位要专门用于导频信道进行同步和寻呼。

另一方面,由于非正交扩频码具有非零的互相关值,将会产生一定量的(多址接入)干扰。这降低了信噪比(SNR),从而限制了用户数量。相关性越低,则系统中的用户数量越多(容量越大)。具有准正交码特征的各种伪随机码(也称为伪噪声;PN)已经被提出并用于无线系统中。它是一个由线性反馈移位寄存器逻辑产生的周期二进制序列,伪随机二进制序列在序列长度内随机出现并且满足随机性的需要,但是整个序列无限重复。事实上,PN 序列是一种随机序列出现的二进制数字的确定性码片流。

最常使用的两种非正交 PN 序列是最大长度序列和 Gold 码(序列)。最大长度序列码,也称为 m 序列,具有优良的自相关特性。在这些序列中,二进制数字呈现随机分布。这些代码易用线性反馈移位寄存器逻辑生成,并广泛应用于 CDMA 系统。Gold 码比 m 序列(较低的正交性)产生更多的多址接入干扰,但由于它们可以提供大量的码(序列),因此使用更为广泛。Gold 序列通过两个 m 序列的和(模 2)以与 m 序列类似的方式生成。

基于直接序列扩频的无线系统存在一个严重问题,即近远效应问题。当干扰源非常接近接收机,或者所需信号来自远发射机时,将会出现这个问题。例如在蜂窝通信的情况下,用户可能处于小区的任何地方,可能会在基站附近,或者距离基站较远的地方,这将会导致接收到的场强变化较大。由于扩展码的非零相关性,使得所需的数据信号不能被正确地检测到。

这个问题通常通过使用快速、精确的功率控制方案来解决，其目的在于使信道中的所有信号具有或多或少的等功率。然而，功率控制方案必须牺牲一定额数据容量，这会降低系统的频谱效率。

在扩频的跳频形式中，信号在一系列随机频率上广播。为此，载波频率从一个频率跳到另一频率，并且在所分配的带宽里遵循一个预定的频率序列。通常这会使用大量的频率，并且在每个跳跃期间发送几个符号。

跳频调制可以很容易地使用采用 PN 码的数控频率合成器实现。

接收机中，接收信号由与发射机同步的 PN 码发生器"起跳"，并反馈送到本地振荡频率合成器。

1.2.6 发射接收机制

1.2.6.1 无线传输机制(或模式)

传输机制或模式描述了节点之间的数据流方式。它指明了信息流的方向。主要有三种数据传输模式：

- 单工模式。
- 半双工模式。
- 全双工模式。

1.2.6.2 单工模式

单工无线电是最古老的收发方式，顾名思义，以"单信道 TDMA"方式在相同信道频率上交替进行发射和接收操作。随着第二代和第三代蜂窝系统的出现，这种模式已经被忽视了很长时间，目前主要存在于军事或海洋应用中，这些应用并不依赖中心基站的位置。

随着宽带无线系统的出现，在 TDD 模式下工作的单工无线电正在复苏，这主要是由于其具有带宽分配的灵活性和无需无线基础设施支持高效工作的能力，这些能力通常在非授权频段工作时消失。

1.2.6.3 半双工模式

在此模式下，收发机工作在配对信道。在单工模式下，接收机和发射机不同时操作；然而，发射和接收的频率是不同的，具有大的频率间隔。虽然在许多系统中远程单元可以工作在单工模式下，但基站必须具有全双工能力，以便能有效地控制用户。

1.2.6.4 全双工模式

在这种模式下，数据可以同时在两个方向上流动，即信道始终是双向的。这需要单独的发射和接收的信道频率。与半双工通道不同，在全双工模式下，用户不需要在发送和接收模式之间切换。电话网络(普通有线和蜂窝)在全双工通信模式(同步通话和收听)下工作。全双工模式明显比单工模式更快，但其实现更复杂和昂贵。

还存在第四种数据通信模式，即非对称双工。这是一种双向数据传输方案(半双工或全双工),其中一个方向上的数据速率远高于另一方向上的数据速率。一个示例是 ADSL(非对称数字用户线路),其中下行链路(Down Link,DL;从网络到用户的终端)(从 1.5 到 8.0Mbps)的数据速率比上行链路(UpLink,UL)(64~384kbps)高。

1.2.6.5　双工

在无线收发机(发射机和接收机位于相邻的位置)中,发射功率远高于接收功率(通常高出几个数量级),发射功率将会导致接收机阻塞。这严重制约了全双工通信的实现。无线收发机经常使用半双工方案来代替全双工通信。

有两个基本的双工方案得到广泛应用:FDD(频分双工),使用两个不同的频率发送和接收信号;TDD(时分双工)基于时间分集在相同频率信道发送和接收信号。

1.2.6.6　频分双工

在 FDD 中,来自发射机(上游或 UL)和接收机(下游或 DL)的数据传输通过两个不同的频率进行,这种模式需要具有足够宽的频谱间隔(宽的保护频带),以使发射机和接收机之间的干扰最小化。高选择性的滤波器(称为双工器)的使用正是出于该目的。

在使用 FDD 的系统中,上行和下行信道是对称的,即具有相同的频带宽度。这个特征可能导致在业务不对称的情况下浪费未使用的带宽,例如其中上行数据传输量只是下行的一小部分。FDD 在任何时候都能提供双向完全数据容量。

1.2.6.7　时分双工

时分双工(TDD)基于时间分集技术:在相同的频率上完成数据的发送和接收,但是发送机和接收机需要在不同时间上切换。由于上行和下行数据传输在相同频率上完成,所以 TDD 不需要保护带。在对称业务的情况下,FDD 的频谱效率优于 TDD 的频谱效率,这是由于在发送与接收周期之间切换浪费了一定的时间。TDD 通过简单地改变分配给每个方向的时隙数而使其自身实现动态分配。在非对称业务的情况下,TDD 的动态分配使得带宽浪费减少。与无须切换的 FDD 相比,由于在发射和接收之间切换造成的时间延迟将会导致更长的时间延迟。

参考文献

1　Black, B. A.; DiPiazza, P. S.; Ferguson, B. A.; Voltmer, D. R.; Berry, F. C. (2008) Introduction to Wireless Systems, Prentice-Hall, New York.

2　Farahani, S. (2008) ZigBee Wireless Networks and Transceivers, Elsevier and Newnes, London.

3　Glisic, S. G. (2005) Advanced Wireless Communications 4G Technologies, John Wiley & Sons, Ltd, London.

4　Goldsmith, A. (2005) Wireless Communications, Cambridge University Press, Cambridge.

5　Ilyas, S. A. M. (2008) Wimax Standards and Security, CRC Press, London.

6　Molisch, A. F. (2010) Wireless Communications, 2nd edn, John Wiley & Sons, Ltd, London.

7　Mullett, G. J. (2005) Wireless Telecommunications Systems and Networks, Thomson Delmar Learning, London.

8　Rackley，S. (2011) Wireless Networking Technology：From Principles to Successful Implementation，Elsevier and Newnes，London.

9　Rappaport，T. S. (2002) Wireless Communications—Principles and Practice，2nd edn，Prentice-Hall，New York.

10　Springer，A.，Weigel，R. (2002) UMTS The Universal Mobile Telecommunications Systems，Springer，Heidelberg.

11　Srinivasa Reddy，K. A (2011) Textbook on Wireless Communications and Networks，Laxmi Publications，Chennai.

12　Stallings，W. (2005) Wireless Communications and Networks，2nd edn，Prentice-Hall，New York.

13　Stueber，G. L. (2002) Principles of Mobile Communication，2nd edn，Kluwer Academic，Dordrecht.

14　Viswanath，P. and Tse，D. (2005) Fundamentals of Wireless Communication，Cambridge University Press，Cambridge.

15　Viterbi，A. J. (1995) CDMA：Principles of Spread Spectrum Communication，Addison-Wesley，Reading，Mass.

第2章

收发机架构

现今射频(Radio Frequency,RF)收发机有许多不同的架构,适用于各种不同领域的应用。首先,我们为读者提供各种架构的工作原理基础理论,并附上相应习题。基于此,读者无须深入了解理论知识就可以学会使用相关结果。然后本章将给出多个完整解答的习题以帮助读者树立信心。最后,在后面的几节,为了让读者更深入地了解该部分,本章给出了基础理论的详细内容以及相关数学公式。

2.1 接收机架构

我们通过详细分析得到广泛应用的两种架构——超外差(Superheterodyne,SHR)和直接变频(Direct Conversion,DCR)架构,来讨论接收机架构的基本理论。我们主要关注直接射频采样(Direct RF Sampling,DRFS)架构,这是一种包含数字收发机和软件无线电(Software-Defined Radios,SDR)的先进方法。通常把接收机分为三个主要功能模块。每一个模块可能包括硬件(HW)模块和/或者软件(SW)模块。这些模块为:

前端:所有的软硬件模块工作在最终的射频频率,如射频前端滤波器、低噪声放大器(Low-Noise Amplifier,LNA)、高频混频器、射频采样/欠采样模数转换器(ADC)、射频频率信号处理模块等等。

中频链路:所有软硬件模块工作在非零中频(IF)。一种架构可能包括几个中频频率、一个中频频率,甚至没有。

后端:所有软硬件模块工作在低于第一个中频或不同于最终射频频率的频率,如基带处理和基带检波器等等。

我们主要关注决定接收机性能的一项重要参数,即在检波器输入端的信噪比(SNRd)。

- 检波器的输入信号为基带信号,从广义上讲它是一个包含所需信息的具有最小要求带宽的低频信号。通常在现在的模拟架构中,基带信号通过基带采样器转换为数字信号,然后传送到数字处理器进行数据处理和恢复。在直接射频采样接收机中,检波器的输入信号为数字信号,位于数据恢复之前。
- 从广义上来讲,我们所指的检波器是将模拟/数字基带信号恢复数据的软硬件模块。

- 这里所指的 SNRd,为所需基带信号功率和基带带宽内噪声功率的比,噪声是由所有不希望产生的现象中累积的结果。

每一个外部干扰,如电磁噪声,信道内和信道外干扰,内部接收机的限制,如热噪声、失真、采样产生的噪声、量化噪声和频谱纯度等等,都会转换成在检波器输入端的等效 SNRd。检波器之前的所有模块设计要求得到一个确定的 SNRd 的值。对于给定的 SNRd 和调制方案,检波器的传输函数决定了解码后信号的质量,如误码率(BER)或者信号＋噪声＋失真噪声＋失真的比(SINAD)。

根据接收机的抗干扰性能,通常可以根据接收机的品质进行分级。如果接收机可以在超过有用信号 NdB 的强外来干扰下还能正常工作,这个接收机被称为具有 NdB 的抗干扰。一个接收机被称为:

- 高端:如果抗干扰＞75dB。典型应用:军工和公共安全(如治安和消防)、实验室仪器。
- 中端:如果 50dB＜抗干扰＜75dB。典型应用:手机、Wi-Fi 路由器、蓝牙和商业设备。
- 低端:如果抗干扰＜50dB。典型应用:车库门开启、无线停车和玩具控制。

根据技术和操作因素选择正确的收发机架构,如物理尺寸、成本、功耗、启动时间多频带和多系统等。

在模拟射频领域,我们把谈论限制在两个用途广泛的和常用的接收机架构:

- 超外差接收机(SHR),用作大部分高端宽带和窄带应用。
- 直接变频接收机(DCR),适用于终端宽带应用。

这两个通常使用同相位(I)和正交(Q)基带信道。为了清晰,我们在此不讨论上述架构的多种可能的变化,如采用某种简单调制方式(如 FM 调频)的单端超外差接收机架构,或适合窄带低端、低成本应用的超低中频(VLIF)接收机。然而,基本原理同样适用。

在数字射频领域,我们讨论直接射频采样的基本原理。直接射频采样技术可以以多种方式集成到各等级的模拟接收机,作为其中一部分,得到了模拟-数字混合架构。然而,为了简洁,我们将会专注一种特殊的全数字直接射频采样架构,它特指奇次奈奎斯特直接射频欠采样。与模拟架构相比,与高频直接射频采样相关的硬件技术相对较先进,成本、电流消耗等方面的挑战非常多。因此,今天直接射频采样主要存在于高端应用中,如 SDR。

第 3 章会对不同接收机的实现进行定量的细节分析。现在,主要集中在每种架构定性机制的介绍。

2.2 超外差接收机

2.2.1 定义及工作原理

一个具有 IQ 后端的超外差接收机是实现高性能窄带和宽带接收机指标的正确选择。它的基本模块图如图 2.1 所示;然而,它们的实现有许多可能的差别。图 2.1 给出了一个应用于公共安全的,工作在 850～870MHz 频带,信道间距为 25kHz 的超外差接收机框图一个高性能接收机的各性能指标如表 2.1 所示。以下,用 $f_R = \omega_R/2\pi$ 定义被接收信号的频率,$f_{IF} = \omega_R/2\pi$ 为中频(IF),BB 为基带。基带输出 $I(t)$ 和 $Q(t)$ 通过数字采样传输给基带数字信号处理器(DSP),用于检测和进一步处理接收到的信号。然而,就所关心的射频设计而言,并不需要预先知道数字处理后的情况。我们所要关注的只是在 I 路和 Q 路低通滤波器(LPF)输出端的信噪比(SNR)。对于任意给定的信噪比,接收机性能是调制类型和编码方法等的函数,如果收发机是多模的,接收机的性能可能会动态改变。被接收的信号具有如下形式:

$$S_R(t) = A(t)\cos[\omega_R t + \varphi(t)], \quad \omega_R = 2\pi f_R \tag{2.1}$$

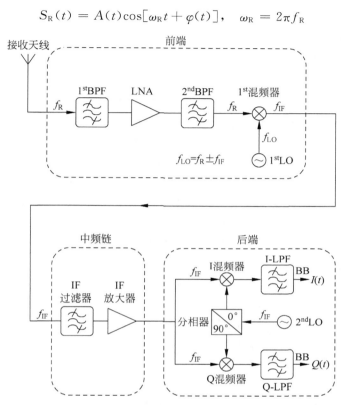

图 2.1 超外差接收机框图

表 2.1 典型高阶超外差接收机的系统指标

	第一和第二带通滤波器	低噪声放大器	第一混频器	第一本振	中频滤波器	后端
中心频率(MHz)	860	860	860	$f_R \pm f_{IF}$	73.35	0
通带带宽	19MHz				18kHz	2×9kHz
通带损耗	1.5				3	1
衰减@$f_R \pm 2f_{IF}$(dB)	35					
衰减@$f_R \pm 1/2 f_{IF}$(dB)	10					
衰减@stop-band(dB)	45				35	60
衰减@>9kHz off(dB)					40	60
衰减@$f_{IF} \pm 500$kHz(dB)					40	
衰减@$f_{IF} \pm 1000$kHz(dB)					40	
噪声系数(dB)		2	7		11	
增益(dB)		12	−7		70	

续表

	第一和第二带通滤波器	低噪声放大器	第一混频器	第一本振	中频滤波器	后端
两阶互调点(dBm)			28			
三阶互调点(dBm)		0	10		−20	
SBN@相邻信道(dBc/Hz)				−125		−118
单边带噪声底数(dBc/Hz)				−155		−145
IQ 幅度失配(dB)						0.5
IQ 相位失配(deg)						3

$S_R(t)$代表带宽为 B 的一般窄带信号,同时被任意信号 $A(t)$ 和 $\varphi(t)$ 进行幅度和相位调制,相对 f_R,调制信号是变化速度缓慢的。窄带信号满足:

$$B \ll f_R \tag{2.2}$$

中心频率为 f_R 带宽为 B 的信道带宽远远小于所需的信号频率,它通常包含一个单独射频信道,而工作频带则包含多个射频信道。任意两个相邻信道的中心频率的间隔被称为信道间距。接收机的任务为从天线接收到的信号功率以及 $I(t)$ 和 $Q(t)$ 中恢复 $A(t)$ 和 $\varphi(t)$,虽然信号 $S_R(t)$ 可能很弱,并含有噪声或被强干扰信号破坏。图 2.2 为正频率的超外差接收机的各个频谱阶段。

图 2.2(a)描述了在天线端口的频谱图,包括:

- 所需信号,用浅色填充表示。
- 前端带通滤波器的带宽,用虚线表示,包含整个工作频段。
- 潜在带内和带外干扰,用黑色填充表示。

图 2.2(b)描述了在中频的频谱图,包括:

- 目标信道,用浅色填充表示。
- 邻近干扰信道和远端带内信道(黑色填充的形状)。
- 中频带通滤波器带宽(虚线),大致等于信道带宽。

图 2.2(c)描述了基带的频谱图,包括:

- I 信道和 Q 信道基带(浅色填充表示)。
- 大致约为半个信道带宽的 I-LPF 和 Q-LPF(虚线表示)。

接下来根据图 2.1 和图 2.2 描述超外差接收机的工作原理。

- 天线端接收到的信号 $S_R(t)$ 首先通过第一个带通滤波器(BPF),然后被低噪声放大器(LNA)放大后经过第二个滤波器滤波。一般将这两个滤波器称为预选器,它们的带宽位于接收机工作频段的中心,其通带覆盖整个接收机的工作频段并附加 20% 的频带宽度用于提供实际实现的保护范围。预选器的目的是有效地抑制工作频段外的强干扰信号,防止它们破坏有用信号。低噪声放大器用于放大 $S_R(t)$,增强接收机解调微弱信号的能力,但在系统中不是强制的。

- 被放大后到达混频器的输入端的有用信号本质上与 $S_R(t)$ 一致。混频器具有两个输入端和一个输出端。其中一个输入为有用信号,另一个输入为不经过调制的频率 $f_{LO} = \omega_{LO}/2\pi$ 本地信号 $S_{LO}(t)$,也称为本地振荡信号(LO),一般认为是注入。注入可以是上边带注入(USI)或者下边带注入(LSI),它具有固定幅度,为了简化,我们

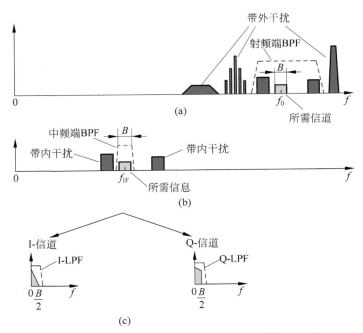

图 2.2　超外差接收机频谱图：(a)射频，(b)中频，(c)基带

采用归一化表示，为：

$$S_{\mathrm{LO}}(t) = \cos(\omega_{\mathrm{LO}}t), \quad \omega_{\mathrm{LO}} = \begin{cases} \omega_R + \omega_{\mathrm{IF}}, & \mathrm{USI} \\ \omega_R - \omega_{\mathrm{IF}}, & \mathrm{LSI} \end{cases} \tag{2.3}$$

混频器是一个非线性元件，其本质是使有用信号与注入信号相乘。根据本振信号的注入类型，以及 $\cos(x) = \cos(-x)$，混频器输出端得到的信号 $S_{\mathrm{mix}}(t)$ 具有如下形式：

$$\begin{aligned} S_{\mathrm{mix}}(t) &= S_R(t)S_{\mathrm{LO}}(t) = A(t)\cos[\omega_R t + \varphi(t)]\cos(\omega_{\mathrm{LO}}t) \\ &= \frac{A(t)}{2} \times \begin{cases} \cos[(2\omega_R + \omega_{\mathrm{IF}})\,t + \varphi(t)] + \cos[\omega_{\mathrm{IF}}\,t - \varphi(t)], \mathrm{USI} \\ \cos[(2\omega_R - \omega_{\mathrm{IF}})t + \varphi(t)] + \cos[\omega_{\mathrm{IF}}\,t + \varphi(t)], \mathrm{LSI} \end{cases} \end{aligned} \tag{2.4}$$

- 中频滤波器是一种中心在 f_{IF} 带宽等于信道宽度 B 加上 20% 保护频段的带通滤波器。它的主要功能是抑制工作频段内的带内干扰。中频频率的选择需满足 $f_{\mathrm{IF}} \gg B$。$S_{\mathrm{mix}}(t)$ 被中频滤波器滤波；因此，正确选择 f_{IF}，$S_{\mathrm{IF}}(t)$ 只包含靠近 f_{IF} 的成分。在大部分实际系统中，选择 $f_{\mathrm{IF}} \ll f_R$。根据不同的注入类型，$S_{\mathrm{IF}}(t)$ 具有以下形式：

$$S_{\mathrm{IF}}(t) = \frac{A(t)}{2}\cos[\omega_{\mathrm{IF}}t \pm \varphi(t)] \tag{2.5}$$

因为 $f_{\mathrm{IF}} \gg B$，式(2.5)中的 $S_{\mathrm{IF}}(t)$ 是中心频率位于 f_{IF} 的窄带信号，与信号 $S_R(t)$ 的频移成一定比例，唯一的例外是，在上边带注入时，相位调制信号 $\varphi(t)$ 是符号相反的，这很容易通过软硬件进行补偿。

为了简化分析，假设后续讨论中均为下边带注入。这样，近似一个比例的倍增常数，$S_{\mathrm{IF}}(t)$ 有以下形式：

$$S_{\mathrm{IF}}(t) = A(t)\cos[\omega_{\mathrm{IF}}t + \varphi(t)] \tag{2.6}$$

- 信号 $S_{\mathrm{IF}}(t)$ 被分成 I 和 Q 信道。就硬件而言，每一个信道均包含混频器和低通滤波器，第二个本振具有固定频率 f_{IF} 和固定幅度 f_{LO}，仍旧采用归一化，两个正交信号

$S_0(t)$ 和 $S_{90}(t)$（90°相位差）表示如下：

$$S_0(t) = \cos(\omega_{IF}t), \quad S_{90}(t) = \cos(\omega_{IF}t + \pi/2) = -\sin(\omega_{IF}t) \tag{2.7}$$

以下假设 $S_0(t)$ 相位对齐，所以没有相位偏移。信号 $S_{IF}(t)$ 同时进入 IQ 两路混频器。根据比例的倍数关系，I 路混频器的输出 $S_I(t)$ 为以下形式：

$$S_I(t) = S_{IF}(t)S_0(t) = A(t)\cos[\omega_{IF}t + \varphi(t)]\cos(\omega_{IF}t)$$

$$= \frac{A(t)}{2}\cos[2\omega_{IF}t + \varphi(t)] + \frac{A(t)}{2}\cos[\varphi(t)] \tag{2.8}$$

类似的，Q 路混频器的输出 $S_Q(t)$ 为以下形式：

$$S_Q(t) = S_{IF}(t)S_{90}(t) = -A(t)\cos[\omega_{IF}t + \varphi(t)]\sin(\omega_{IF}t)$$

$$= -\frac{A(t)}{2}\cos[2\omega_{IF}t + \varphi(t)] + \frac{A(t)}{2}\sin[\varphi(t)] \tag{2.9}$$

I-LPF 和 Q-LPF 为带宽约等于 $B/2$ 加上 20% 保护频带的低通滤波器。它们处理所有基带信号。中频滤波器提供了对工作频段内干扰的抑制。I-LPF 和 Q-LPF 的输出分别为 $I(t)$ 和 $Q(t)$，它们只构成式（2.8）和式（2.9）总的基带部分。因此，由比例的倍增常数决定：

$$I(t) = A(t)\cos[\varphi(t)], \quad Q(t) = A(t)\sin[\varphi(t)] \tag{2.10}$$

从图（2.2）可知，因为 $I(t)$ 和 $Q(t)$ 的中心频率为 0，其带宽最多为信道带宽的一半。用 $\text{sign}[x]$ 定义信号 x，调制信号 $A(t)$ 和 $\varphi(t)$ 可从 $I(t)$ 和 $Q(t)$ 中恢复，如下：

$$A(t) = \sqrt{I^2(t) + Q^2(t)} \tag{2.11}$$

$$\varphi(t) = \arctan\left[\frac{Q(t)}{I(t)}\right] + \frac{\pi}{2}(1 - \text{sign}[I(t)]) \tag{2.12}$$

2.2.2 优缺点

- 由于后端工作在固定中频频率 f_{IF} 处，这通常大大低于 f_R，因此无论工作频率范围多宽，后端往往能达到较高的性能。

- 高性能是建立在链路复杂度、成本、电流消耗、元件数量和物理尺寸的消耗下实现的。此外，超外差接收机架构由于需要很多芯片与外部集总元件互连而不适合集成。

2.2.3 中频频率的选择

超外差接收机的中频频率选择有许多需要考虑的因素。其中，两个最重要的因素为：

避免干扰，中频频率必须位于工作频段以外。这是因为中频链路增益非常高，任何位于 f_{IF} 的外来频率信号泄漏将会导致中频链路超出动态范围，导致接收机瘫痪。

选择中频频率必须能将预选器带宽外的所有潜在干扰排除在外。许多干扰信号会干扰甚至淹没有用信号造成。这些潜在的干扰被称为杂散。用一个简单例子来解释杂散的概念，假设接收机工作在下边带注入模式，接收机接收工作频带内频率为 f_R 的信号，即本振被设置到 $\omega_{LO} = \omega_R - \omega_{IF}$。现考虑一个如下形式的外来信号：

$$S_{Im}(t) = a(t)\cos[\omega_{Im}t + \theta(t)], \quad \omega_{Im} = \omega_R - 2\omega_{IF} \tag{2.13}$$

$S_{Im}(t)$称为镜像杂散。频率ω_{Im}与ω_R不同,因此它不是要被接收的有用信号。如果ω_{Im}在工作频段内,那么$S_{Im}(t)$会通过预选器无衰减的到达第一个混频器。根据式(2.4),混频器的输出为:

$$S_{mix}(t) = a(t)(\cos(\omega_R - 2\omega_{IF})t + \theta(t))\cos((\omega_R - \omega_{IF})t)$$

$$= \frac{a(t)}{2}(\cos[(2\omega_R - 3\omega_{IF})t + \theta(t)] + \cos[\omega_{IF}t - \theta(t)]) \qquad (2.14)$$

式(2.14)中信号的最右项的中心频率位于中频,且与同样电平在频率f_R有用信号转换后得到信号一样具有相同的幅度,因此该信号无法与有用信号区分。上边带注入$\omega_{Image} = \omega_R + 2\omega_{IF}$同样存在相同的情况。镜像杂散将会在3.6节进行详细讨论。中频频率的选择务必使镜像频率在预选器的工作带宽之外。一些意见认为,在镜像杂散的情况下,需要满足$f_{IF} > B_{front}/2$。

实际系统将存在数个在第3章详细讲解的杂散。到目前为止,我们只提及抑制干扰,通常设置如下规则,这里用B_{Front}定义预选器的带宽:

$$f_{IF} > 2B_{Front} \qquad (2.15)$$

2.3　直接变频接收机

2.3.1　定义及工作原理

带 IQ 后端的直接变频接收机(DCR)非常适合宽带数据通信的终端应用。其原理图如图 2.3 所示。工作于 2.4GHz 未授权频带的 Wi-Fi(IEEE 802.11b/g)射频调制解调器的典型指标如表 2.2 所示。直接变频接收机的工作方式与超外差接收机非常类似,因为直接变频接收机本质上是没有中频级的超外差接收机;因此超外差接收机的分析也适用于直接变频接收机,此处不再赘述。与超外差接收机相反的,直接变频接收机对带内干扰的抑制只能靠I_LPF 和 Q-LPF。链路的主要区别是后端的本振不再固定,需要设置为与有用信号频率f_R相同的频率。这样有用信号被直接变频到基带(当作练习留给读者证明),直接变频接收机也被称为零中频接收机。

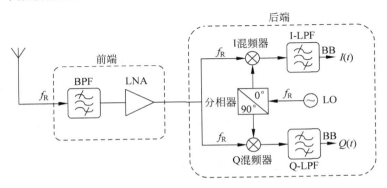

图 2.3　直接变频接收机框架图

表 2.2 直接变频接收机的典型指标

	BPF	LNA	后端
中心频率	2.45		0
通带带宽	83		8
通带损耗	1.5		
衰减@阻带	45		70
衰减@8MHz 频偏			70
NF		2	11
增益		12	70
IP2			50
IP3		0	12
SBN@相邻信道			−135
单边带噪声底数			−135
IQ 幅度失配			0.5
IQ 相位失配			3

注：$f_{IF}=0MHz$，f_R 为接收信道频率；$2.4GHz \leqslant f_R \leqslant 2.483GHz$。

2.3.2　优缺点

- 直接变频接收机链路简单，适合集成。元件数量、成本和功耗都低于超外差接收机。
- 后端芯片的工作频率不再固定，需覆盖整个工作频率。因此，为了获得更优的性能，与超外差接收机相比，后端芯片必须满足更严苛的要求，因此直接变频接收机多适用于中端应用。
- 系统中，发射和接收处于相同的频率，如果存在从天线泄漏的本振信号或者接收机本身的辐射信号，都会被认为是有效传输，可最终将导致"信道忙"的状态出现。

2.4　直接射频采样接收机

2.4.1　定义及工作原理

直接射频采样接收机(DRFS)是全数字架构，有用信号通过射频采样直接转换为数字信号，所有射频处理均在数字域进行。该方法的优点是灵活和动态配置，其挑战是它的设计和具体实现。尽管本章的目的仅在于对基本架构进行描述，而非细节计算，本书将在第 3 章和第 4 章进行细节阐述)，但为了理解直接射频采样原理，需要读者了解一些数字处理概念(见 2.13.2 节)。被采样的射频信号 $x_0(t)$ 是中心频率为 f_0 带宽 $B \ll f_0$ 的信号。与超外差接收机相反，带宽 B 通常很宽且经常覆盖整个工作频带。因此带宽 B 可能包含 n 个独立信道 $S_{R_1}(t), S_{R_2}(t), \cdots, S_{R_n}(t)$，它们作为一个复合射频信号 $x_0(t)$ 被射频频率采样，之后立即通过数字信号处理技术对信号进行后续处理、分离和解码。直接射频采样接收机大体架构如图 2.4 所示。唯一的模拟元件为前端带通滤波器(预选器)、低噪声放大器、采样时钟振荡器和可能需要的后端低通滤波器(图中未标出)。对任意给定频率 f_a、相应角频率 ω_a 和时间周期 T_a，选择 $f_a = 1/T_a = \omega_a/2\pi$。

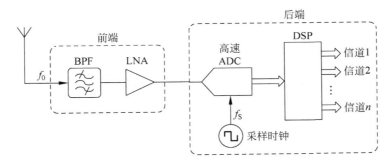

图 2.4　直接射频采样接收机框图

现在先进的模数转换器（ADC）技术可以以 10GSPS（每秒 Giga 采样率）速率采样，这使得奈奎斯特采样可以实现频率非常高的射频信号。然而，这么高速的采样需要非常高的计算能耗，并伴随着相应的能量消耗和元件成本。幸运的是，因为我们感兴趣的信号都是窄带信号，带通采样理论可以解决这些问题。带通采样理论是指为恢复中心频率为 f_0 带宽为 B 的窄带信号，仅需要采样率高于 $2B/s$ 的信号采样就可以，而无须考虑中心频率 f_0 到底多高。例如，为了正确恢复信道带宽为 20MHz 的 2.4GHz 射频信号，用 40MSPS 来取代相对于原始信号的奈奎斯特采样率 4.8GSPS 来采样该信号即可。因此，即使仍然需要合适的高速 ADC 用于获得正确的射频样本，但这些样本可以被抽取到一个更低的速率。为了了解这个带通采样过程（欠采样），回顾用速率 f_s 采样信号 $x_0(t)$，$x_0(t)$ 的傅里叶变换 $X_0(\omega)$ 带宽被限制在 $|f| \leqslant BW$，式（2.16）中序列样本 $x_d(t)$ 的傅里叶变换为式（2.17）$X_d(\omega)$，它由一个 $X_0(\omega)$ 的以 ω_s 延拓的无限序列：

$$x_d(t) = \sum_{n=-\infty}^{\infty} x_0(nT_s)\delta(t - nT_s) \tag{2.16}$$

$$X_d(\omega) = \frac{1}{T_s}\sum_{n=-\infty}^{\infty} X_0(\omega - n\omega_s) \tag{2.17}$$

在例子中，$x_0(t)$ 是一个中心频率为 f_0、带宽为 B、带通采样率为 f_s 的窄带信号，其中 $2B < f_s \ll 2BW$，$X_0(2\pi f)$ 和 $X_d(2\pi f)$ 如图 2.5 所示。

图 2.5(a) 为在天线端口的频谱。浅色填充形状代表所需信号 $x_0(t)$ 的频谱，深色填充形状代表潜在的干扰，虚线形状代表预选器或带通滤波器。图 2.5(b) 为带通滤波器输出端以 f_s 采样的 $x_0(t)$ 和 $x_d(t)$ 的频谱。粗线为所需信号 $x_0(t)$ 的频谱，细线为它的 f_s 频移。对于 $x_0(t)$，真正的奈奎斯特采样率应当是 $f_s > 2BW$，因为 $X_0(2\pi f)$ 中最高频率为 BW，但又因为 $x_0(t)$ 是窄带的，它可以以较低的采样率 $2B < f_s \ll 2BW$ 被采样。的确可以看到 $X_0(2\pi f)$ 的 f_s 偏移从不交叠，在任何 $f_s/2$ 带宽内存在 $X_0(2\pi f)$ 的正或负的频率部分。因此，对 $X_d(2\pi f)$ 进行合适的低通滤波，可以得到 $X_a(2\pi f)$，除了其中心频率被下变频，该信号相当于本质上与所需信号 $x_0(t)$ 一样的时域信号 $x_a(t)$。频带 $(N-1)(f_s/2) \leqslant \omega \leqslant N(f_s/2)$，与它的负镜像一起，被认为是 N 阶奈奎斯特区域（NZ）。图 2.5(b) 中的 $X_0(2\pi f)$ 位于第五个奈奎斯特区域中心，它最低的频率复制成分 $X_a(2\pi f)$ 位于第一个奈奎斯特区域中心。虚线形状代表宽度小于奈奎斯特区域的一个低通滤波器。因此正确的欠采样一个窄带射频信号与把该信号中心频率转移到一个频率为 f_ω 的中频上的效果是一样的，这与超外差接收机中第

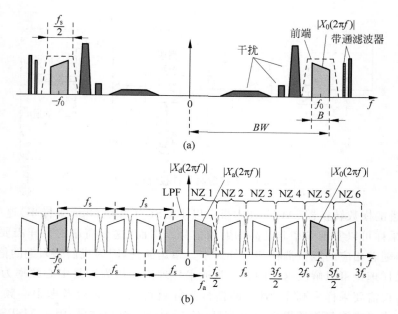

图 2.5　(a)在天线端口的所要信号和干扰的频谱，(b)预选器滤波器后采样的频谱

一个混频器的效果类似。然而需要注意为了阻止奈奎斯特区域互扰，需要用带通滤波器对工作频段 B 进行滤波，以防止临近奈奎斯特区域的"尾巴"混入该奈奎斯特区域。完成该功能的模块是图 2.4 中前端的预选带通滤波器。由图 2.4(b)可知，需要确认 $x_0(t)$ 的整个频谱坐落于同一个奈奎斯特区域。因此，用采样率 $f_s > 2B$ 欠采样 $x_0(t)$，使得 f_0 位于第 N 个奈奎斯特的中间，也就是

$$f_0 = \frac{f_s}{2}N - \frac{f_s}{4}, \quad f_s > 2B \tag{2.18}$$

这相当于选择 f_s 使得：

$$f_s = \frac{4f_0}{2N-1}, \quad f_s > 2B \tag{2.19}$$

虽然不是强制的，但是出于简化，我们选择奇数 N。于是，式(2.19)确保第一个奈奎斯特区域的 $X_a(2\pi f)$ 是 $X_0(2\pi f)$ 的频移版本，而 $X_0(2\pi f)$ 不存在反向频率。再者，可以注意到所有的奈奎斯特区域均包含 $X_0(2\pi f)$ 的频移版本，其反向频率在偶次区域。由式(2.19)同样可知选择最高可能的 N 值，可得到最低采样速率 f_s。因此，用奇次 N 代入式(2.19)，可得：

$$N = 2K_a - 1, \quad K_a \in 1,2,3,\cdots \tag{2.20}$$

最优选择为设置 K_a，使最大整数 K 满足：

$$\max\{K \in 1,2,3,\cdots\} \mid \frac{4f_0}{4K-3} > 2B \Rightarrow \max\{K \in 1,2,3,\cdots\} \mid K < \frac{f_0}{2B} + \frac{3}{4} \tag{2.21}$$

用 $\mathrm{Int}[x]$ 定义 x 的整数值，式(2.21)的要求将会满足：

$$K_a = \mathrm{Int}\left[\frac{f_0}{2B} + \frac{3}{4}\right] \tag{2.22}$$

把式(2.20)代入式(2.19)，可得：

$$f_s = \frac{4f_0}{4K_a - 3} \tag{2.23}$$

转移频谱 $X_a(2\pi f)$ 的中心频率 f_a 应该在第一个奈奎斯特区域中心,因此:

$$f_a = \frac{f_s}{4} = \frac{f_0}{4K_a - 3} \tag{2.24}$$

只要涉及频率精度的要求,从式(2.24)可得,为了保证 f_0 的指定信道频率 $|\Delta f_0|$ 的精度在要求内,需要满足:

$$|\Delta f_s| \leqslant \frac{|\Delta f_0|}{K_a - 3/4} \approx \frac{|\Delta f_0|}{K_a - 1} \tag{2.25}$$

总结:为通过直接射频采样把中心频率 f_0 带宽为 B 的信道转移到奈奎斯特第一区域中心,最低采样速率必须为:

$$f_s = \frac{4f_0}{4K_a - 3}, \quad K_a = \text{Int}\left[\frac{f_0}{2B} + \frac{3}{4}\right] \tag{2.26}$$

需要注意的是,在实际应用中,B 应当宽于实际所需信号带宽,可实现带宽过采样。基于 3.14 节讨论的原因,过采样在许多方面是有益的,如提高接收机灵敏度和降低低通滤波器的设计难度。当其他要求允许的时候,需要采用可能最高的过采样。比如,3 倍带宽过采样可使得(2.26)中的用 $3B$ 代替 B。

同样需要注意的是,通常 B 是整个工作频段,可能包含数个更窄的信道。在这种情况下,在转移整个工作频段到奈奎斯特第一区域后,频段内的所要信号将通过标准的数字处理技术进行滤波和处理。以下练习有助于更清晰地理解上述分析。

2.4.1.1 练习:确定采样率

(1) 对于 $f_0 = 2437\text{MHz}$ 和 $B = 20\text{MHz}$ 具有 4 倍带宽过采样的 IEEE 802.11g/n (OFDM),对于中心频率 f_0 的容忍度在 5PPM,可得:

$$K_a = \text{Int}\left[\frac{2437}{2 \times (4 \times 20)} + \frac{3}{4}\right] = 15$$

这使得 $f_s = 171.01754\text{MHz}$ 和 $f_a = 42.75438\text{MHz}$。频率绝对精度为:

$$|\Delta f_0| = 5\text{PPM} \times f_0 = 5 \times 2437 = 12.185\text{kHz}$$

于是采样时钟精度必须有:

$$|\Delta f_s| \leqslant 12.185\text{kHz}/14 \approx 870\text{Hz}$$

(2) 对于一个频率范围 150~170MHz 和 2 倍带宽过采样的 VHF 接收机:

$$f_0 = (150 + 170)/2 = 160\text{MHz}, \quad B = 170 - 150 = 20\text{MHz}$$

于是

$$K_a = \text{Int}\left[\frac{160}{2 \times (2 \times 20)} + \frac{3}{4}\right] = 2$$

由此可得,$f_s = 128.00000\text{MHz}$ 和 $f_a = 32.00000\text{MHz}$。

2.4.2 直接射频采样中 I 和 Q 信道的恢复

现在介绍式(2.10)中的正交 I 和 Q 信道可以通过数字方法从 $x_a(t)$ 中恢复。可知 $x_a(t)$ 为所需窄带信号 $x_0(t)$ 频率转移到 f_a 的一个复制。式(2.24)中的频率 $f_a = f_s/4$ 在第一个内奎斯特域的中心(见图 2.5(b))。时域信号 $x_a(t)$ 相对于图 2.5(b)中 $X_a(2\pi f)$,它由与

式(2.1)一样的表达式给出,仅仅除了用 f_R 替换 f_a:

$$x_a(t) = A(t)\cos[2\pi f_a t + \varphi(t)] = A(t)\cos\left[\frac{\pi}{2}f_s t + \varphi(t)\right]$$

$$= A(t)\cos\varphi(t)\cos\left(\frac{\pi}{2}f_s t\right) - A(t)\sin\varphi(t)\sin\left(\frac{\pi}{2}f_s t\right)$$

$$= I(t)\cos\left(\frac{\pi}{2}f_s t\right) - Q(t)\sin\left(\frac{\pi}{2}f_s t\right) \tag{2.27}$$

在式(2.2)中,假设通过如同在式(2.26)中给出的最低可能速率 f_s 对 $x_0(t)$ 进行采样, $x_a(t)$ 通过图 2.5(b)的低通滤波器恢复。在采样周期时间对齐调整到 $t=0$ 的速率 f_s 重新采样 $x_a(t)$,可得在采样瞬间的 $x_a(t_n)$ 为

$$t_n = \frac{n}{f_s} = nT_s, \quad n = 0, 1, 2, 3, \cdots \tag{2.28}$$

将式(2.28)代入式(2.27),可得:

$$x_a(t_n) = I(t_n)\cos\left(\frac{\pi}{2}n\right) - Q(t_n)\sin\left(\frac{\pi}{2}n\right) \tag{2.29}$$

将 $x_a(t_n)$ 分成偶数-索引样例和奇数-索引样例。对于偶数-索引样例,让 $n=2m$,可得:

$$x_a(t_{2m}) = I(t_{2m})\cos(\pi m) - Q(t_{2m})\sin(\pi m) = (-1)^m I(t_{2m}) \tag{2.30}$$

对于奇数-索引样例,让 $n=2m+1$,可得:

$$x_a(t_{2m+1}) = I(t_{2m+1})\cos\left(\pi m + \frac{\pi}{2}\right) - Q(t_{2m+1})\sin\left(\pi m + \frac{\pi}{2}\right)$$

$$= -Q(t_{2m+1})\sin\left(\pi m + \frac{\pi}{2}\right) = (-1)^{m+1} Q(t_{2m+1}) \tag{2.31}$$

可知式(2.10)中的 $I(t)$ 和 $Q(t)$ 的带宽比 $B/2 = f_s/4$ 要窄。因为 $x_a(t)$ 被采样率 f_s 采样,可得样例 $I(t_{2m})$ 和 $Q(t_{2m+1})$ 的采样率都为 $f_s/2$,这是等于或者超过所需的奈奎斯特采样率。最终,使用式(2.28)得到样例 I_m 和 Q_m:

$$I_m = I(2mT_s) = (-1)^m x_a(2mT_s), \quad m = 0, 1, 2, 3, \cdots \tag{2.32}$$

$$Q_m = Q([2m+1]T_s) = (-1)^{m+1} x_a([2m+1]T_s), \quad m = 0, 1, 2, 3, \cdots \tag{2.33}$$

换言之,在最小带通采样率,奈奎斯特速率样例 $I(t)$ 可从 $x_a(t)$ 的偶数-索引样例中恢复, $Q(t)$ 可从 $x_a(t)$ 的奇数-索引样例中恢复。下面的练习可以使上面的讨论更加清晰。

2.4.2.1　练习:用带宽过采样恢复 I 和 Q 4 倍带宽采样率的例子中获得奈奎斯特-速率 $I(t)$ 和 $Q(t)$ 样例。

答案

因为 $x_a(t)$ 仍然在第一个奈奎斯特域的中心,等式(2.27)对于高 f_s 的值也成立,式(2.24)对于 $f_a = f_s/4$ 成立。然而,由于 4 倍过采样,信道带宽 B 比一个奈奎斯特的 1/4 小,也就是, $B \leqslant f_s/8$。因此 $I(t)$ 和 $Q(t)$ 的带宽比 $B/2 = f_s/16$ 要窄,奈奎斯特采样率至多为 $f_s/8$。 $x_a(t)$ 的样例在速率 f_s 可用,选择每一个第四个值。用 $m \to 4m$ 代入式(2.32)和式(2.33),可得:

$$I_m = I(8mT_s) = x_a(8mT_s), \quad m = 0,1,2,3,\cdots \tag{2.34}$$

$$Q_m = Q([8m+1]T_s) = -x_a([8m+1]T_s), \quad m = 0, 1, 2, 3, \cdots \tag{2.35}$$

2.5 发射机系统

我们讨论发射机架构和通过分析两次变频发射机(TSCT)和直接发射发射机(DLT)两种广为采用的结构的细节来讲解其基本原理,然后简单讨论直接射频采样发射机架构。然而,在发射机的例子中,直接射频采样可能只在超低功率级中被采用,而大部分发射机关键模块,如功率放大器,必须以模拟方式实现。通常把发射机分成三个主要功能模块。每一个模块可能包含硬件和/或者软件模块。这些模块是:

功率放大器(PA):该功率放大器工作在最终射频频率,其输入功率在+10dBm 量级或更高。PA 包括最终射频放大器,用作采样和净化射频输出功率和控制功率的电路。

驱动级:该放大器链的输入功率在 0dBm 数量级或者更小,其输出驱动功率放大器。驱动级包括工作在非最终频率外的模块,如发射中频模块,它也可与其他非线性 PA 共同工作,从而获得线性特性。

后端:所有其他的软硬件模块,包括调制器和振荡器等。

当决定发射机性能时候,我们关注的重要参数是不需要的辐射射频功率,定义为相对最终发射射频功率的杂散功率,它是频率偏移中心载波频率的函数。我们总能把如噪声、失真、采样噪声、量化噪声、频谱纯度和不稳定等干扰转换为在所要射频信道内或者信道外的等效杂散功率。杂散功率基于预设带宽和相对所需信道的频偏来定义,通过在天线端口测量误差向量幅度(EVM)和相邻耦合功率比(ACPR)等来衡量,这将在第 4 章详细讲解。通常杂散功率需要受到频谱、系统性能等的约束。

与接收机情况相反,通常用输出功率、频率范围和线性度等评判发射机的性能。这是因为通常频谱监管清晰定义了 PA 的性能。因此,正确的架构选择首先要基于管理规则考虑,其次则是与特定应用相关的操作和技术要求。

在模拟射频领域,将着重讨论两种通用的发射机架构:
- TSCT,与超外差接收机结构类似。
- DCT,与直接变频接收机架构接近。

它们都使用本质与模拟接收机一样的 I 和 Q 并行后端正交调制方法。事实上,PA 前面的电路模块在发射机中并不是特别关键,功率放大器限制了大部分发射机的性能,并且通常决定了发射机总体架构。因此,我们不讨论如恒包络的直接 FM 调制等的简单架构。

在数字射频领域,我们简单讨论直接射频采样技术如何简化发射机中的驱动级电路。然而,如同前面指出的,直接射频采样不能在 PA 级实现。

对于多种发射机参数的细节定量分析将在第 4 章给出。现在只关注架构的定性分析。

2.6 两次变频发射机

2.6.1 定义及工作原理

具有 IQ 调制的两次变频发射机(TSCT)是获得高性能窄带和宽带发射机指标的正确选择。基本的框架如图 2.6 所示。$I(t)$ 和 $Q(t)$ 基带信号通常由本地数字信号处理模块产生。

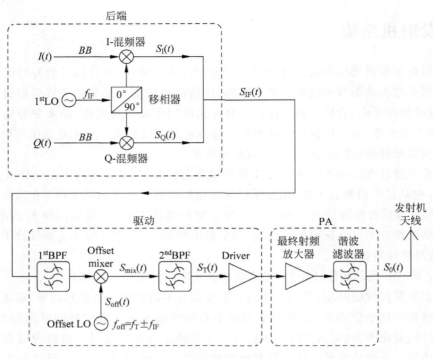

图 2.6　TSCT 基本框架图

两次变频发射机产生一个包含任意瞬时幅度和相位调制的、载波频率 $f_T = \omega_T/2\pi$ 的信号 $S_T(t)$，它接近于比例乘法系数，具有以下格式：

$$S_T(t) = A(t)\cos[\omega_T t + \varphi(t)] \tag{2.36}$$

$S_T(t)$ 进一步通过功率放大器放大到所需功率，通过谐波滤波器滤波，再传输到天线。

以下是过程（2.12 节的练习 5 将给出更多内容）：

- 第一个本振信号 S_{LO} 具有固定幅度，为了简化采取归一化，它具有以下形式：

$$S_{LO} = \cos(\omega_{IF} t) \tag{2.37}$$

因此，根据在 2.2.1 节中的讨论，在后端输出的信号 $S_{IF}(t)$ 的频率为 $f_{IF} = \omega_{IF}/2\pi$，如下：

$$S_{IF}(t) = I(t)\cos(\omega_{IF} t) - Q(t)\sin(\omega_{IF} t) \tag{2.38}$$

- 第一个带通滤波器的中心频率为 f_{IF}，它滤除后端外来时钟馈入产生的谐波和杂散，然后信号（见式（2.38））进入混频器。振荡器信号 $S_{off}(t)$ 具有固定幅度，为了简化进行归一化，它可工作在上边带注入（USI）和下边带注入（LSI）模式：

$$S_{off}(t) = \cos(\omega_{off} t), \quad \omega_{off} = \begin{cases} \omega_T + \omega_{IF}, & \text{USI} \\ \omega_T - \omega_{IF}, & \text{LSI} \end{cases} \tag{2.39}$$

- $I(t)$ 和 $Q(t)$ 是带宽为 B 的基带信号，具有式（2.10）给定的形式：

$$I(t) = A(t)\cos[\varphi(t)], \quad Q(t) = A(t)\sin[\varphi(t)] \tag{2.40}$$

把式（2.40）代入到式（2.38），因为 $\cos x \cos y - \sin x \sin y = \cos(x+y)$，重写 $S_{IF}(t)$ 为以下形式：

$$S_{IF}(t) = A(t)\cos[\omega_{IF}(t) + \varphi(t)] \tag{2.41}$$

然后，用与 2.2.1 节讨论的类似的机制，并使用式（2.39），在混频器的输出 $S_{mix}(t)$ 为：

$$S_{\text{mix}}(t) = S_{\text{IF}}(t)S_{\text{off}}(t) = A(t)\cos[\omega_{\text{IF}}t + \varphi(t)]\cos(\omega_{\text{off}}t)$$

$$= \frac{A(t)}{2} \times \begin{cases} \cos[(\omega_T + 2\omega_{\text{IF}})t + \varphi(t)] + \cos[\omega_T t - \varphi(t)], & \text{USI} \\ \cos[(\omega_T - 2\omega_{\text{IF}})t - \varphi(t)] + \cos[\omega_T t + \varphi(t)], & \text{LSI} \end{cases} \quad (2.42)$$

- 第二个带通滤波器的频率在发射机工作频段的中心,且覆盖整个发射机工作带宽 OB。$S_{\text{mix}}(t)$ 被第二个带通滤波器滤波;因此,正确地选择 f_{IF},对于上边带注入,镜像信号位于 $f_T + 2f_{\text{IF}}$(下边带注入镜像信号位于 $f_T - 2f_{\text{IF}}$),本振在 $f_{\text{off}} = f_T \pm f_{\text{IF}}$ 的频偏泄漏都会落在滤波器带外,输出 $S_T(t)$ 信仅包含在 f_T 附近的成分。关于 f_{IF} 选择的考虑,可参考 2.12 节的练习 5。在大部分实际系统中,出于安全考虑,使用式(2.50),也就是 $f_{\text{IF}} > 2\text{OB}$。取决于采用下边带注入或者上边带注入和比例乘法常数,$S_T(t)$ 具有以下形式:

$$S_T(t) = A(t)\cos[\omega_T t \pm \varphi(t)] \quad (2.43)$$

因为 $f_T \gg B$,式(2.43)中的 $S_T(t)$ 是中心频率位于 f_T 的窄带信号。在上边带注入情况中,相位调制信号 $\varphi(t)$ 是符号相反的,这很容易通过软硬件方法来实现。为达到简化目的,我们采用下边带注入进行讨论,除非有特殊说明。

- $S_T(t)$ 进一步被驱动电路和最终射频功率放大器放大。放大过程中产生了发射信号的强谐波信号,这是因为,在射频电路中,即使"线性"放大器也会产生强载波的谐波。事实上,如果功率放大器至少在半个射频载波周期导通,放大器相对于接近基波频率 f_T 的信号成分是线性的。事实上,大部分线性射频功率放大器是 AB 类,只在输入信号的一半周期导通,因此产生强的谐波成分。

- 谐波滤波器是一个带宽超过任何所需频率 f_T 但是低于 $2f_T$ 的低通滤波器。它滤除最终射频放大器的谐波成分,如果不进行滤除的话,谐波功率可能会到达与所需基波信号相当的功率水平。除了功率水平,到达天线的放大信号 $S_0(t)$ 如式(2.43)所示。

图 2.7(a)描述了在第一级带通滤波器输入端的频谱图,包括:

- 所需信号,用浅色填充的图形。
- 所需信道的谐波和杂散馈入(深色填充形状)。
- 第一个中心频率在中频的带通滤波器带宽(虚线表示)。

图 2.7(b)描述了在第二个带通滤波器输入端的频谱图,包括:

- 信道带宽(轻填充的图形)。
- 下边带注入"镜像信号"和本振偏移泄漏。
- 第二个带通滤波器的带宽(虚线),其约等于工作频率带宽。

图 2.7(c)描述了在谐波滤波器输入的频谱图包括:

- 所需信道(轻填充图像)。
- 所需信号的二次谐波(高次谐波未画出)。
- 谐波滤波器的带宽(虚线)。

2.6.2　优缺点

因为后端工作在固定的中频频率 f_{IF},它通常比 f_T 低很多,后端芯片可以在工作频段内实现高性能。

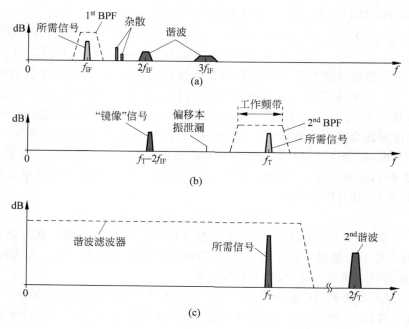

图 2.7　两次变频发射机频谱图：(a)后端，(b)驱动级，(c)PA

高性能是在链路复杂度、成本、电流消耗、元件数量和物理尺寸的消耗得到的。再者，两次变频发射机架构由于大量芯片连接和外部元件数量，因此不适合集成。

2.7　直接发射机

2.7.1　定义及工作原理

具有 IQ 后端的直接发射机(DLT)适用于中等性能指标的宽带数据传输。如蓝牙和Wi-Fi的大部分低成本低功耗的宽带应用均选用直接发射机架构，因为该架构非常适合集成。其基本框图如 2.8 所示。它的工作原理与两次变频发射机非常类似，因为直接发射机本质上是没有驱动级的两次变频发射机。因此两次变频发射机的分析方法在这也适用，此处不再赘述。

链路的主要区别是后端的第一个本振不再固定，且必须设置到发射频率 f_T。因此，基带信号直接变频到最终频率，替代了中频频率。

2.7.2　优缺点

- 直接发射机链路简单并适合集成。元件数量、成本和电流消耗相比两次变频发射机都低。

- 后端芯片的工作频率不再固定，但是必须覆盖整个工作频段，I 和 Q 混频器须工作在比中频频率高很多的最终射频频率。更多的是，必须将后端杂散和谐波抑制到很低的水平。相对两次变频发射机，这使得对后端芯片性能要求高，因此直接发射机

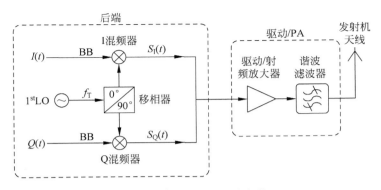

图 2.8　直接发射机基本架构

适合大部分中端应用。

- 因为第一个本振在最终频率,由于功率放大器的寄生等,容易发生注入锁定现象使第一个本振信号被调制。为了避免注入锁定,需要仔细设计版图和屏蔽方案。

2.8　直接射频采样发射机

实现一个直接射频采样(DRFS)发射机有许多种方法。为了简化,我们集中讲解图 2.9 的架构。在接下来对于给定频率 f_a、角频率 ω_a 和时间周期 T_a,总是有 $f_a = 1/T_a = \omega_a/2\pi$。直接射频采样机制可以被认为在没有混频器的情况下,产生一个中心频率为 f_0 的发射信号 $x_0(t)$。与两次变频发射机相反的是,$x_0(t)$ 的带宽 B 非常大,通常覆盖整个工作频段。最初,需要建立一个中心频率在中频频率 f_a 的信号 $x_a(t)$。$x_a(t)$ 可能包含一个发射信道或者 n 个独立的信道,$S_{a1}(t), S_{a2}(t), \cdots, S_{an}(t)$,构成一个中心在 $f_a = f_s/4$ 带宽为 $B < f_s/2$ 的信号。整个发射机带宽被 $x_a(t)$ 采样。实际上,$x_a(t)$ 通常由独立的 DSP 技术以数字方式直接产生,而并非实际产生模拟信号 $x_a(t)$,在中心频率 f_0 的发射信号 $x_0(t)$ 在 $x_a(t)$ 的频率上变频产生。为了理解该机制,我们所要知道的是 $x_a(t)$ 的带宽 B。假如需要产生式(2.44)给出的一个脉冲区域等于 $x_a(t)$ 的在速率 f_s 的序列 $x_d(t)$。与 2.4.1 节讨论类似,序列 $x_d(t)$ 的傅里叶变换 $X_d(\omega)$ 包含了一个关于 $x_a(t)$ 的傅里叶变换 $X_a(\omega)$ 形式的 ω_s-转换的无尽序列。

$$x_d(t) = \sum_{n=-\infty}^{\infty} x_a(nT_s)\delta(t - nT_s) \qquad (2.44)$$

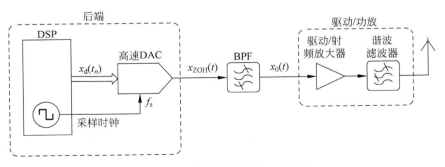

图 2.9　直接射频采样基本架构图

$$X_d(\omega) = \frac{1}{T_s} \sum_{n=-\infty}^{\infty} X_a(\omega - n\omega_s) \tag{2.45}$$

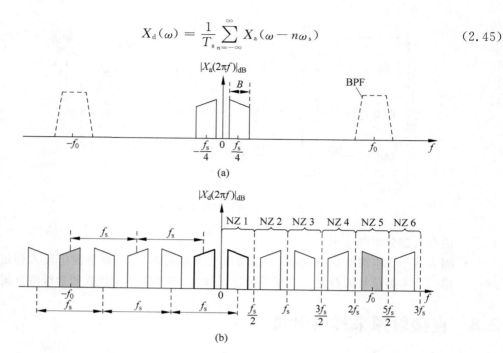

图 2.10　频谱图：(a)模拟中频信号，(b)用 $f_s \approx 3B$ 采样的中频信号

图 2.10(a)为 $x_a(t)$ 用 $f_s \approx 3B$ 过采样的频谱图。粗线外框形状的图为 $|X_a(\omega)|$。细线外框的图为 f_s-偏移的 $|X_a(\omega - n\omega_s)|$。虚线形状代表如图 2.9 所示的带通滤波器，其中心频率位于 f_0。

图 2.10(b)给出了以 $f_s = 3B$ 过采样的 $X_d(t)$ 频谱。粗线轮廓表示 $|X_a(\omega)|$。细线轮廓表示 f_s 频移的版本的 $|X_a(\omega - n\omega_s)|$。填充形状表示中心频率在 f_0 的 f_s 频移的频谱。

偶数区域包含频率即使区域包含频率翻转的频谱。奇数区域包含非翻转频谱。并非强制，但为了简化分析并避免频率倒置，要求 f_0 位于一个奇数奈奎斯特区域。

首要任务是正确定义 f_s，使得：

- 发射频率 f_0 的中心在一个奇数奈奎斯特区。
- f_s 偏移的频谱不交叠。
- 每一个奈奎斯特区只包含一个中心在其中间的偏移频谱。

如 2.4.1 节中谈论的，为了阻止偏移频谱的交叠和为了让 f_0 在一个奇数奈奎斯特区的中心，且 $|X_a(\omega)|$ 在 $f_a = f_s/4$ 的中心，必须满足式(2.20)、式(2.24)和式(2.26)，也就是

$$f_s = \frac{4f_0}{4K_a - 3}, \quad K_a = \mathrm{Int}\left[\frac{f_0}{2B} + \frac{3}{4}\right], \quad f_a = \frac{f_s}{4} \tag{2.46}$$

因此 f_s 被确定，如同在 2.4.1 节所见的，为了保持 $k \times$ 带宽的超采样，式(2.46)需要替换 $B \Rightarrow kB$。正如接下去会讲的，当其他要求允许，超采样对于建立最终信号 $x_0(t)$ 可能是非常重要的，我们需要使用可能的最高超采样。

现在不能够用一个 0 宽度和无穷大幅度的综合"脉冲"信号 $\delta(t)$ 来物理产生精确的序列 $x_d(t)$。相反，时钟速率 f_s 的样例 $x_a(t_n)$ 输到数模转换器(DAC)，在每一个时钟周期，输出一个与当下样例的持续时间和幅度成比例的模拟电压脉冲。在我们的讨论中，假设 DAC 工

作在零阶保持(ZOH)模式,有时也可称为非回到零(NRZ)模式。ZOH 意味着 DAC 的输出电压(见图 2.9)相对它最后一次更新的样例仍然是常数。换言之,DAC 的输出电压包含了分段的时钟周期,如同图 2.11(b)所示。由此可知 $x_{\mathrm{ZOH}}(t)$ 的频谱与综合函数 $x_{\mathrm{d}}(t)$ 的频谱不同。为了获得带通滤波器中 $x_0(t)$ 的信号的频谱图,必须首先找到的 $x_{\mathrm{ZOH}}(t)$ 频谱图。可得 $x_{\mathrm{ZOH}}(t)$ 的频谱与通过用一个线性相位滤波器对综合函数 $x_{\mathrm{d}}(t)$ 进行滤波获得的频谱一致,其傅里叶变换($H_{\mathrm{DAC}}(\omega)$)有以下形式:

$$H_{\mathrm{DAC}}(\omega) = T_{\mathrm{s}}\mathrm{e}^{-\mathrm{j}\omega T_{\mathrm{s}}/2}\,\frac{\sin(\omega T_{\mathrm{s}}/2)}{\omega T_{\mathrm{s}}/2} \tag{2.47}$$

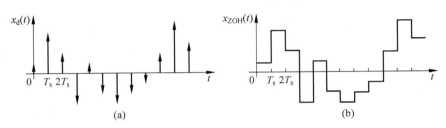

图 2.11　DAC(a)输入采样值与采样数,(b)输出电压与时间

以上所说的细节证明和 $H_{\mathrm{DAC}}(\omega)$ 的推导见 2.13.1 节,读者可以获得更多的帮助。现在,只要知道 $x_{\mathrm{ZOH}}(t)$ 的频谱 $X_{\mathrm{ZOH}}(\omega)$ 如下就足够:

$$X_{\mathrm{ZOH}}(\omega) = X_{\mathrm{d}}(\omega)H_{\mathrm{DAC}}(\omega) \tag{2.48}$$

把式(2.45)和式(2.47)代入到式(2.48),可得:

$$X_{\mathrm{ZOH}}(\omega) = \mathrm{e}^{-\mathrm{j}\omega T_{\mathrm{s}}/2}\,\frac{\sin(\omega T_{\mathrm{s}}/2)}{\omega T_{\mathrm{s}}/2}\sum_{n=-\infty}^{\infty} X_{\mathrm{a}}(\omega - n\omega_{\mathrm{s}}) \tag{2.49}$$

图 2.12(a)为图 2.10(b)中叠加到 $|H_{\mathrm{DAC}}(\omega)|_{\mathrm{dB}}$(虚线形状)的正频率范围 $|X_{\mathrm{d}}(\omega)|_{\mathrm{dB}}$ 的一个放大图,其中 $f_{\mathrm{s}}\approx 3B$。图 2.12(b)为与带通滤波器(虚线)和 $x_0(t)$ 的频谱 $|X_0(\omega)|_{\mathrm{dB}}$ 一起的 $|X_{\mathrm{ZOH}}(\omega)|$ 的频谱图。所有的图都归一化到 0dB。

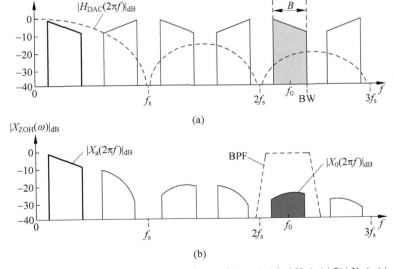

图 2.12　(a) $|X_{\mathrm{d}}(\omega)|$ 和 $|H_{\mathrm{DAC}}(\omega)|$,(b) $|X_{\mathrm{ZOH}}(\omega)|$,$|X_{\mathrm{a}}(\omega)|$ 和 $|X_0(\omega)|$

清晰可见的是如果带宽 B 由一个单独宽带信道构成，严重的失真会在带宽内 f_0 附近处产生，虽然量化可以改善一些，大部分有效的曲线将会使用真奈奎斯特采样率 $f_s = 2BW$，因此 $|H_{DAC}(\omega)|$ 的第一个零出现在 $f_s > 2f_0$，$|H_{DAC}(\omega)|$ 在 $f_0 - B/2 \leqslant f \leqslant f_0 + B/2$ 的正频率范围内基本是平的。然而，如果信号 $x_0(t)$ 包含数个独立窄带信道 B，在窄带信道内没有发生严重的失真，那么正常的量化对于解决该问题已经足够。

2.9　收发机架构

一个收发机由一个发射机、一个接收机和额外的"辅助"电路组成，它们构成了整个收发机单元。本节介绍广为应用的接入方式的一些收发机架构，如 FDMA（频分多址）、TDMA（时分多址）和 CDMA（码分多址）。接入方式的收入讨论超出了本书的范围，关于更多的知识，建议读者查阅文献。这里只涉及一个大量用户对通信信道物理共享的一种接入方式。一个射频通信信道可能需要成对的，也就是，实际上由两个临近射频信道构成，每一个在不同的频率，一个只被用于发射另一个只被用来接收；或者不需要成对的，也就是由一个信道构成，交替用于发射或者接收，基于时间分享原理。如果收发机工作在成对信道，发射和接收同时发生，这被称为全双工模式，否则被称为半双工模式。双工模式和半双工模式架构本质上是一样的。一个工作在未成对信道的收发机被称为工作在单一模式，它的架构比双工模式简单。

2.10　全双工/半双工架构

对于全双工模式，接收机和发射机通过一个共通天线的同时工作在不同频率且频率间隔大的成对的信道上。宽的发射-接收频率隔离使得可以适用被称为双工器的隔离元件。一个双工器是具有一个输出端口、一个接收端口和一个天线输入输出端口的三端口器件，它本质上由一对互联的带通滤波器构成。3.13.7 节将详细分析双工器机制，并且讲解滤波器和天线之间的互联的设计使得发射机和接收机相互有效隔离，因此当天线独立工作两种模式时候，阻止发射机的功率导致接收机性能下降。作为以上内容的总结，一个双工无线机通过一个共通天线同时发射和接收。然而，一个明显的情况是两个工作在同样配对的发射接收频率的双工收发机不能够相互通信。事实上，在一个双工射频网络，所有的用户收发机，也被称为远程收发机，工作在同一个匹配信道且与一个中心基站收发机通信，其总是工作在全双工模式且其匹配的信道频率与用户相反。也就是，基站的发射（接收）频率与使用者的接收（发射）频率一样。于是，基站像一个中继器，把接收到的数据重新发射到一个远距离接收者（没发射）和管理用户之间的通信。全双工工作总是需要基站的，该基站用于在发射和有限管理用户，无论用户有无发射。用户的发射（T_x）频率被称为上传，它通常低于接收（R_x）频率（被称为下载）。一个标准的全双工用户架构如图 2.13 所示。接收机为超外差接收机类型，其中频频率 f_{IF} 等于发射-接收频率间隔。双工器的接收机部分具有图 2.1 总的第一个带通滤波器的作用。发射机为两次变频发射机类型，其中频频率为 $2f_{IF}$，也就是两倍的接收机中频频率。双工器的发射机部分具有图 2.6 中谐波滤波器的作用。采用以上中频频率的选择，可以适用一个通用的偏移本振来产生在 f_T 处的上载载波和注入接收机的 f_R 处的下载信道。基于图 2.13 的框架图和前面关于超外差接收机的两次变频发射机的讨论，我们用习题来让读者证明 f_T 是如何产生的以及 f_R 是如何被接收的。

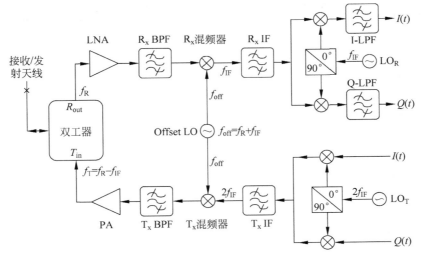

图 2.13　标准全双工用户架构

2.11　时分架构

　　一个时分收发机本质上包含工作在不同时间的同一个信道频率的一个发射机和一个接收机构成。换言之,在任何给定时刻,时分收发机只允许用户工作在发射或者接收。对于同样发射/接收频率的使用,$f_T = f_R = f_0$,允许用户之间可以直接通信,一个支持作用的机制不是一定需要的。共同的天线通过一个射频开关(天线开关)被交替式的连接到工作的发射或者接收部分。有多重可能的时分方案。一个使用直接变频接收机和直接发射机的简单的架构如图 2.14 所示。发射/接收控制本振功率和天线到工作的模块。在该例子中,接收和

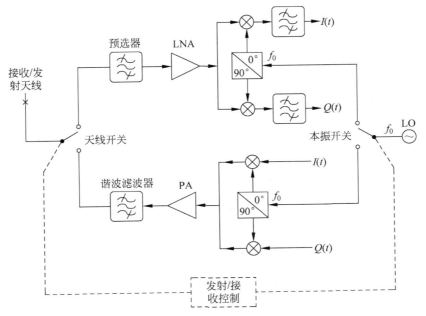

图 2.14　DCR/DLT 时分用户架构

发射模式的本振都被固定到信道频率 f_0。因此，在接收过程中，需要注意防止本振辐射，这会导致对附近接收机产生干扰。

2.12　习题详解

1. 要求设计一个超外差接收机，该接收机具有以下特性：
- 工作频段：$460\sim470\mathrm{MHz}$。
- 信道带宽：$18\mathrm{kHz}$。
- 信道间距：$25\mathrm{kHz}$。
- 下边带注入。

（1）相对于以下提供合适的值：
- 预选器带宽。
- 中频滤波器带宽。
- I-LPF 和 Q-LPF 带宽。

（2）在频率：$455\mathrm{kHz}$、$10.7\mathrm{MHz}$、$45\mathrm{MHz}$ 和 $73\mathrm{MHz}$ 中选择合适的中频频率。

（3）计算需要接收一个信道在 $463.075\mathrm{MHz}$ 时的注入频率。

解答

（1）由于滤波器实际实施时的要求，预选器的带宽必须包含整个工作频带，且加上 20% 的保护频带，滤波器的带宽大约为：

$$B_{\mathrm{front}} = (470 - 460)\mathrm{MHz} \times 1.2 = 12\mathrm{MHz}$$

中频滤波器的带宽必须包含信道带宽，且必须加上 20% 的信道保护频带。因为信道间距为 $25\mathrm{kHz}$，中频滤波器的宽度约为：

$$25\mathrm{kHz} \times 0.8 = 20\mathrm{kHz}$$

滤波器 I-LPF 和 Q-LPF 必须具有半个信道宽度加上基于实际实施的 20% 的保护频带，也就是：

$$18\mathrm{kHz}/2 \times 1.2 = 10.8\mathrm{kHz}$$

（2）为了让杂散在预选器带宽外，根据式（2.15），需要：

$$f_{\mathrm{IF}} > 2B_{\mathrm{front}} = 24\mathrm{MHz}$$

列表中最低合适的中频频率为 $f_{\mathrm{IF}}=45\mathrm{MHz}$。

（3）$f_{\mathrm{R}}=463.075\mathrm{MHz}$。对于下边带注入 $f_{\mathrm{LO}}=f_{\mathrm{R}}-f_{\mathrm{IF}}$，因此：

$$f_{\mathrm{LO}} = 463.075\mathrm{MHz} - 45\mathrm{MHz} = 418.075\mathrm{MHz}$$

2. 虽然在超外差接收机中通常选用 $f_{\mathrm{R}} \gg f_{\mathrm{IF}}$，特殊列子需要 $f_{\mathrm{IF}} > f_{\mathrm{R}}$。

（1）证明一个工作频段为 $25\sim40\mathrm{MHz}$ 的上边带注入超外差接收机是该特殊例子。

（2）从练习 1 的列表中选择最小的合适中频频率和计算最差情况镜像频率。

解答

（1）前端预选器的带宽是工作频率的 1.2 倍：

$$B_{\mathrm{front}} \approx (40\mathrm{MHz} - 25\mathrm{MHz}) \times 1.2 = 18\mathrm{MHz}$$

为了确认杂散在工作带宽外，根据式（2.15），可得：

$$f_{\text{IF}} > 2B_{\text{front}} = 36\text{MHz}$$

然而,根据 2.2.3 节的介绍,中频频率不能再工作频带内,因此满足两个要求,必须有:

$$f_{\text{IF}} > 36\text{MHz}$$

(2) 列表中最低合适的中频频率为:

$$f_{\text{IF}} = 45\text{MHz}$$

超外差接收机为上边带注入类型,根据 2.2.3 节的介绍,镜像频率为:

$$f_{\text{Image}} = f_{\text{R}} + 2f_{\text{IF}}$$

最差情况镜像是频率最接近工作带宽的情况,因为预选器滤波器提供了最小的保护。所以,它相当于信道频率 $f_{\text{R}} = 25\text{MHz}$ 正好在工作频段的低边带频率:

$$f_{\text{Image}}|_{\text{worst}} = \min\{f_{\text{R}}\} + 2f_{\text{IF}} = 25\text{MHz} + 90\text{MHz} = 115\text{MHz}$$

可见,f_{Image} 正好在预选器的带宽外。

3. 设计一个频率在 1227.60MHz 的直接射频采样接收机,接收一个 GPS 信道带宽为 20.46MHz 的信号。

(1) 计算相当于 4×带宽超采样的所要采样频率。

(2) 证明采样带宽全在一个奈奎斯特区域内且确定区域号。

(3) 解释为什么超采样是前端滤波器设计简单化。

解答

(1) 前端滤波器的中心频率应当在 $f_0 = 1227.60\text{MHz}$,带宽 $B = 20.46\text{MHz} \times 1.2 \approx 24.5\text{MHz}$。

对于 4×带宽的超采样,用 $B \Rightarrow 4B = 4 \times 24.5\text{MHz} = 98\text{MHz}$ 代替式(2.26)最右边项,可得:

$$K_{\text{a}} = \text{Int}\left[\frac{f_0}{2 \times 4B} + \frac{3}{4}\right] = \text{Int}\left[\frac{1227.6}{2 \times 98} + \frac{3}{4}\right] = 7$$

然后,从式(2.26)最左边项可得采样率:

$$f_{\text{s}} = \frac{4f_0}{4K_{\text{a}} - 3} = \frac{4 \times 1227.6\text{MHz}}{28 - 3} = 196.416\text{MHz}$$

(2) 包含带宽 $4B$ 的一个奈奎斯特区域的宽度 B_{Nyq},因为:

$$B_{\text{Nyq}} = \frac{f_{\text{s}}}{2} = \frac{196.416\text{MHz}}{2} = 98.208\text{MHz} > 4B = 98\text{MHz}$$

根据式(2.20),零数字为:

$$N = 2K_{\text{a}} - 1 = 13$$

(3) 因为超采样,落在临近奈奎斯特区域中心的最近的外来信号,远离所要信号频率,因此前端滤波器在带外的衰减曲线只需小的斜率,这使得它的实现变得简单。

4. 对于 3×带宽超采样率,重复 2.4.2.1 节的练习。

解答

设置式(2.32)和式(2.33)中的 $m \Rightarrow 3m$。因为

$$(-1)^{3m} = (-1)^{2m}(-1)^m = (-1)^m$$

和

$$(-1)^{3m+1} = (-1)^{3m}(-1) = (-1)^m(-1) = (-1)^{m+1}$$

可得:

$$I_m = I(6mT_s) = (-1)^m x_a(6mT_s), \quad m = 0,1,2,3,\cdots$$
$$Q_m = Q([6m+1]T_s) = (-1)^{m+1} x_a([6m+1]T_s), \quad m = 0,1,2,3,\cdots$$

5. 设计一个具有以下特性的两次变频发射机：

- 工作带宽：1850~1910MHz。
- 信道间距：5MHz。
- 上边带注入模式。

(1) 设计以下参数：

- 中频频率。
- 第一个带通滤波器的中心频率和带宽。
- 第二个带通滤波器的中心频率和带宽。
- 谐波滤波器的带宽。

(2) 计算需要发射1875MHz的振荡器频率。

解答

(1) 让我们从中心在工作频段中间的第二个带通滤波器出发，也就是：

$$f_0 = \frac{1850 + 1910}{2} \text{MHz} = 1880 \text{MHz}$$

它必须覆盖整个工作带宽OB：

$$OB = 1910\text{MHz} - 1850\text{MHz} = 60\text{MHz}$$

通过2.6.1节的考虑，$f_{off} = f_T \pm f_{IF}$ 必须在第二个带通滤波器的带宽OB外，对于上边带注入和下边带注入都可满足要求：

$$f_{IF} > 2OB \tag{2.50}$$

在这里的情况中，任意选择 $f_{IF} = 2OB = 120\text{MHz}$。因为混频器工作在上边带注入模式，混频器的频率为：

$$f_{off} = f_T + f_{IF} > 1850\text{MHz} + 120\text{MHz} = 1970\text{MHz}$$

因此，即使在最差情况，电路 f_T 在工作频带的低边沿，f_{off} 为60MHz，是在第二个带通滤波器的带外，它被滤除不能到达PA。

第一个带通滤波器的中心在 f_{IF}，必须要滤除混频器和后端杂散泄露的 f_{IF} 的谐波。因此它需要具有可能的最窄带宽使得信道可以无衰减地通过。因为信道间距为5MHz，我们任意设置第一个带通滤波器带宽为7MHz。

谐波滤波器是一个低筒滤波器，它应当衰减发射频率 f_T 的谐波，但是不造成工作频带的上边带的衰减。因此它的拐角频率 f_{3dB} 必须在高于工作频带的上边带，但是需要低于工作频带两倍的下边带，也就是：

$$\max\{f_T\} < f_{3dB} < 2 \times \min\{f_T\}$$

在这个例子中应当为：

$$1910\text{MHz} < f_{3dB} < 3700\text{MHz}$$

在缺少其余数据的情况下，设置 f_{3dB} 在该两个值中间的平均值：

$$f_{3dB} = \frac{1910\text{MHz} + 3700\text{MHz}}{2} = 2805\text{MHz}$$

(2) 在上边带注入 $f_{offset} = f_T + f_{IF} = 1875\text{MHz} + 90\text{MHz} = 1965\text{MHz}$。

6. 根据图 2.12，$x_a(t)$ 的带宽 $B \ll f_0$，如果 $f_s = 2f_0$，证明输出信号 $x_0(t)$ 近似等于衰减 4dB 的频率偏移和时间延迟的 $x_a(t)$。

解答

首先，根据式(2.49)，我们知道 $X_0(2\pi f)$ 是 $X_{ZOH}(2\pi f)$ 的一部分，包含频率范围：

$$f_L = (f_s - B)/2 = f_0 - B/2 \leq f \leq f_0 + B/2 = (f_s + B)/2 = f_H$$

因为 $B/f_0 \ll 1$，在 $X_0(2\pi f)$ 的频率范围内，f 需满足：

$$\frac{\pi f}{f_s} = \frac{\pi}{2} \pm \frac{\pi}{2}\varepsilon, \quad 0 \leq \varepsilon \leq \frac{B}{f_s} \ll 1$$

因为 $T_s = 1/f_s$：

$$\frac{\sin(\omega T_s/2)}{\omega T_s/2} = \frac{\sin(\pi f/f_s)}{\pi f/f_s} = \frac{\sin\left(\frac{\pi}{2} \pm \frac{\pi}{2}\varepsilon\right)}{\frac{\pi}{2} \pm \frac{\pi}{2}\varepsilon} = \frac{2}{\pi} \frac{\cos\left(\pm\frac{\pi}{2}\varepsilon\right)}{1 \pm \varepsilon}$$

因为 $\varepsilon \ll 1$，于是 $\cos\left(\pm\frac{\pi}{2}\varepsilon\right) \approx 1$ 和 $\frac{1}{1\pm\varepsilon} \approx 1$，在 $X_0(\omega)$ 的频率范围内，相对应一个近似 4dB 的常数衰减：

$$\frac{\sin(\omega T_s/2)}{\omega T_s/2} \approx \frac{2}{\pi} \Rightarrow 20\log_{10}\left(\frac{2}{\pi}\right) \approx -4\text{dB}$$

由图 2.12 可知 f_0 等于 f_a 向右偏移了采样率的一个整数位；也就是对于一些整数 N，可得 $\omega_0 = \omega_a + N\omega_s$。由式(2.49)可知，使用一个频率范围 $f_L \leq f \leq f_H$ 的带通滤波器，可得 $X_0(\omega)$ 的频谱有以下形式：

$$X_0(\omega) = e^{-j\omega T_s/2} \frac{\sin(\omega T_s/2)}{\omega T_s/2} X_a(\omega - N\omega_s) \approx \frac{2}{\pi} e^{-j\omega T_s/2} X_a(\omega - N\omega_s)$$

因此：

$$|X_0(\omega)| \approx \frac{2}{\pi} |X_a(\omega - N\omega_s)|$$

最终我们知道，通过式(2.56)傅里叶变换性质，傅里叶域的乘积项 $e^{-j\omega T_s/2}$ 只产生了 $\tau = T_s/2$ 的一个的时延，而没有引入失真。

7. 设计一个如图 2.13 所示的全双工收发机。其发射频率为 920～930MHz；接收频率为 944～954MHz；信道间距为 200kHz。

(1) 确定接收机中频频率，和滤波器 R_xIF、R_xBPF、T_xIF、T_xBPF、I-LPF 和 Q-LPF 的中心频率和带宽。解释收发机的工作带宽为什么不能设计得更宽。

(2) 确定 LO、LO_R 和 LO_T 的工作频率范围。

解答

(1) 根据图 2.3，$f_T = f_R - f_{IF}$。发射接收间隔对于所有信道对都是一样的，因此选择低信道，中频频率必须被设置在：

$$f_{IF} = f_R - f_T = 944 - 920\text{MHz} = 24\text{MHz}$$

使用上边带注入，本振偏移频率为 $f_{off} = f_R + f_{IF}$，因此在 R_x 混频器外的频率为：

$$f_{off} \pm f_R = f_R + f_{IF} \pm f_R = \begin{cases} 2f_R + f_{IF} \\ f_{IF} \end{cases}$$

滤波器 R_xIF 的中心在 f_{IF}，如同 2.2.1 节指出的，在信道间必须保有 20% 的保护带，因

此 B_R 的宽度应该为：

$$B_R = 200\,\text{kHz} \times 0.8 = 160\,\text{kHz}$$

滤波器 R_xBPF 的中心在 $f_{\text{mid-R}}$，接收工作频带的中心，也就是在频率：

$$f_{\text{mid-R}} = \frac{954\,\text{MHz} + 944\,\text{MHz}}{2} = 949\,\text{MHz}$$

发射和接收工作带宽 OB 与以下所给的相等：

$$\text{OB} = 930\,\text{MHz} - 920\,\text{MHz} = 954\,\text{MHz} - 944\,\text{MHz} = 10\,\text{MHz}$$

R_x BPF 的带宽 $B_{\text{front-R}}$ 应当比 OB 宽 20％，也就是

$$B_{\text{front-R}} = 10\,\text{MHz} \times 1.2 = 12\,\text{MHz}$$

为了防止接收机被杂散干扰，由式(2.15)可知必须保持 $f_{\text{IF}} > 2B_{\text{front-R}} = 24\,\text{MHz}$。因此工作频带不能增加，因为增加工作频带需要增加中频频率，这会改变发射接收的隔离性。

滤波器 I-LPF 和 Q-LPF 的宽度 B_I 和 B_Q 应当比半个信道带宽宽 20％，因此

$$B_I = B_Q = 80\,\text{kHz} \times 1.2 = 96\,\text{kHz}$$

滤波器 T_xIF 中心在 $2f_{\text{IF}}$，带宽等于信道间距。

滤波器 T_xBPF 中心在 $f_{\text{mid-T}}$，发射机工作频带中心：

$$f_{\text{mid-T}} = \frac{920\,\text{MHz} + 930\,\text{MHz}}{2} = 925\,\text{MHz}$$

滤波器带宽音带覆盖整个工作频带。为了保持一定余量，选择带宽为 $B_{\text{front-T}} = 1.2 \times \text{OB} = B_{\text{front-R}} = 12\,\text{MHz}$。中频频率必须满足式(2.50)，$f_{\text{IF}} > 2\text{OB} = 20\,\text{MHz}$，因为接收机的要求，这已经满足。

(2) LO_R 和 LO_T 必须分别固定在 f_{IF} 和 $2f_{\text{IF}}$，然而偏移本振频率 f_{off} 可以从发射和接收频率的任一个推导出。采用接收范围，可得：

$$944\,\text{MHz} \leqslant f_R = f_{\text{off}} - f_{\text{IF}} \leqslant 954\,\text{MHz} \Rightarrow 968\,\text{MHz} \leqslant f_{\text{off}} \leqslant 978\,\text{MHz}$$

2.13 等式背后的理论

2.13.1 直接射频采样发射机

我们证明式(2.47)和式(2.48)。在这之后，小写字母指定时域函数，相对应的大写字母为它的傅里叶变换。为了找到图 2.11(b)中带通滤波器的 $|X_0(\omega)|$，注意 DAC 输出电压 $x_{\text{ZOH}}(t)$ 如下：

$$x_{\text{ZOH}}(t) = \sum_{n=-\infty}^{\infty} x_a(nT_s) h_{\text{DAC}}(t - nT_s) \qquad (2.51)$$

其中

$$h_{\text{DAC}}(t) = u(t) - u(t - T_s) \qquad (2.52)$$

其中，$u(t)$ 为单位阶跃函数：

$$u(t) = \begin{cases} 1, & t \geqslant 0 \\ 0, & t < 0 \end{cases} \qquad (2.53)$$

由式(2.52)可得 $h_{\text{DAC}}(t)$ 的傅里叶变换 $H_{\text{DAC}}(\omega)$：

$$H_{\text{DAC}}(\omega) = \int_0^{T_s} e^{-j\omega t} \, dt = \frac{1 - e^{-j\omega T_s}}{j\omega} = T_s e^{-j\omega T_s/2} \frac{\sin(\omega T_s/2)}{\omega T_s/2} \tag{2.54}$$

对式(2.51)两边进行傅里叶变换,可得:

$$X_{\text{ZOH}}(\omega) = \sum_{n=-\infty}^{\infty} x_a(nT_s) H_{\text{DAC}}(\omega) e^{-j\omega nT_s}$$

$$= H_{\text{DAC}}(\omega) \sum_{n=-\infty}^{\infty} x_a(nT_s) e^{-j\omega nT_s} \tag{2.55}$$

通过傅里叶变换的时域平移特性,由式(2.55)可得:

$$f(t - \tau) \Longleftrightarrow F(\omega) e^{-j\omega \tau} \tag{2.56}$$

现在使用式(2.56),得到式(2.44)中 $x_d(t)$ 的傅里叶变换 $X_d(\omega)$,也可被写成以下形式:

$$X_d(\omega) = \sum_{n=-\infty}^{\infty} x_a(nT_s) e^{-j\omega nT_s} \tag{2.57}$$

由式(2.57)可知,式(2.55)与式(2.48)相等。

2.13.2 采样理论

考虑一个可经傅里叶变换的带宽限制到 $|f| \leqslant f_{\max}$ 的连续信号 $x(t)$,记录在固定时间间隔 $\{nT\}$ 的样例 $\{x(nT)\}$,其中 $n = 0, \pm 1, \pm 2, \cdots$。使用以上样例可以构建时域 $x_d(t)$ 的离散函数,其包含以下形式 $x(nT)$ 的一个序列脉冲:

$$x_d(t) = \sum_{n=-\infty}^{\infty} x(nT)\delta(t - nT) = \sum_{n=-\infty}^{\infty} x(t)\delta(t - nT) = x(t) \sum_{n=-\infty}^{\infty} \delta(t - nT) \tag{2.58}$$

最右边的总和为一个周期函数 $y(t)$,因此它可以扩展为以下形式的傅里叶序列:

$$y(t) = \sum_{n=-\infty}^{\infty} \delta(t - nT) = \sum_{n=-\infty}^{\infty} c_n e^{j\frac{2\pi n}{T}t}, \quad c_n = \frac{1}{T}\int_{-T/2}^{T/2} y(t) = \frac{1}{T} \tag{2.59}$$

因此系数 $\{c_n\}$ 对于所有整数 n 是相同的,可得:

$$y(t) = \frac{1}{T} \sum_{n=-\infty}^{\infty} e^{j\frac{2\pi n}{T}t} \tag{2.60}$$

让 $\omega = 2\pi f$,使用转换配对 $1 \Longleftrightarrow 2\pi\delta(\omega)$,通过傅里叶变换的调制理论有:

$$e^{j\frac{2\pi n}{T}t} \Longleftrightarrow 2\pi\delta\left(\omega - \frac{2\pi n}{T}\right) \tag{2.61}$$

因此,对式(2.60)两边采取傅里叶变换可得:

$$Y(\omega) = \frac{2\pi}{T} \sum_{n=-\infty}^{\infty} \delta\left(\omega - \frac{2\pi n}{T}\right) \tag{2.62}$$

用 $*$ 定义卷积,回想傅里叶变换的特性:

$$x(t)y(t) \Longleftrightarrow \frac{1}{2\pi} X(\omega) * Y(\omega) \tag{2.63}$$

因此,采用式(2.58)的傅里叶变换,可得:

$$X_d(\omega) = \frac{1}{2\pi} X(\omega) * Y(\omega) \tag{2.64}$$

将式(2.64)明确化,可得:

$$X_d(\omega) = \frac{1}{T} \int_{-\infty}^{\infty} X(\xi) \sum_{n=-\infty}^{\infty} \delta\left(\omega - \xi - \frac{2\pi n}{T}\right) d\xi = \frac{1}{T} \sum_{n=-\infty}^{\infty} X\left(\omega - \frac{2\pi n}{T}\right) \tag{2.65}$$

因此采样信号 $x_d(t)$ 的频谱包含了 $X(\omega)/T$ 在频率平移整数倍 $\omega_s = 2\pi f_s$ 的无限复制的总和，其中 $f_s = 1/T$ 是采样频率。图 2.15(a) 为 $f_s > 2f_{max}$ 的 $X_d(\omega)/$ 的频谱。虚线外框为带宽为 $f_{max} \leqslant B \leqslant f_s/2$ 的低通滤波器。除了被参数 $1/T$ 的乘数，在 LPF 输出的频谱与 $x(t)$ 的频谱一样，因此原始信号 $x(t)$ 可以从 $x_d(t)$ 的样例中通过低通滤波器恢复。如果 $f_s < 2f_{max}$，然而，如图 2.15(b) 所示，偏移的 $X(\omega)$ 副复制（replicas）合并，$X(\omega)$ 不能再被隔离，因此 $x(t)$ 不能被恢复，因为 LPF 的输出包含了不属于 $x(t)$ 的额外偏移频谱。这个失真效应被认为是混淆现象。

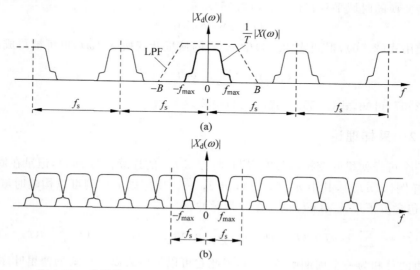

图 2.15　采样信号的频谱：(a)对于 $f_s > 2f_{max}$，(b)对于 $f_s < 2f_{max}$

参考文献

1　Cijvat，E.（2002）Spurious mixing of off-channel signals in a wireless receiver and the choice of IF，IEEE Trans. Circuits Syst. II Analog Dig. Sig. Proc.，49：8.

2　Clarke，K. K.，Hess，D. T.（1994）Communication Circuits：Analysis and Design，2nd edn，Krieger Publishing，New York.

3　Cotter Sayre（2008）Complete Wireless Design，2nd edn，McGraw Hill Professional，New York.

4　Crols，J.，Michel，S. J.（1998）Low-IF topologies for high-performance analog front ends of fully integrated receivers，IEEE Trans. Circuits Syst. II Analog Dig. Sig. Proc. 45：3.

5　Darabi，H.（2015）Radio Frequency Integrated Circuits and Systems，Cambridge University Press，Cambridge.

6　Gu，Qizheng（2006）RF System Design of Transceivers for Wireless Communications，Springer，Heidelberg.

7　Kester，W.（1996）High Speed Design Techniques. Analog Devices，San Francisco.

8　Li，R. C.（2008）RF Circuits Design，2nd edn，John Wiley & Sons，Ltd，London.

9　Oppenheim，A.，Willsky，S.（1997）Signals and Systems. Prentice Hall，New York.

10　Razavi，B.（2012）RF Microelectronics，2nd edn，Prentice Hall，New York.

11　Rogers，J. W. M.，Plett，C.，Marsland，I.（2013）Radio Frequency System Architecture and

Design, Artech House, London.

12 Rudersdorfer, R., Radio Receiver Technology: Principles, Architectures and Applications, John Wiley & Sons, Ltd, London.

13 Sklar, B. (2001) Digital Communications, Fundamental and Applications, Prentice Hall, New York.

14 Syrjala, V., Valkama, M., Renfors, M. (2008) Design Considerations for Direct RF Sampling Receiver in GNSS Environment. Proceedings of the Fifth Workshop on Positioning, Navigation and Communication, Heidelberg.

15 Tsui, J. B. (2004) Digital Techniques for Wideband Receivers, 2nd edn, SciTech Publishing, New York.

16 Valkama, M., Pirskanen, J., Renfors, M. (2002) Signal processing challenges for applying software radio principles in future wireless terminals: An overview. Int. J. Comm. Syst., 15: 741-769.

第3章

接收机系统

本章对不同接收机指标进行详细的定义并阐述,分析其对系统性能的影响,同时也讲解如何实现、计算和测量这些指标。第一步,提供模拟 RF 设计基本公式的解释,并配合习题讲解。此时,读者能够在不需要深入挖掘理论的情况下理解足够的知识。接着会深入讲解习题,以用来培养实际应用这些公式的信心。在后一节,为了读者能培养出更深入的洞察力,我们通过相对的数学方法提供设计公式潜在理论的详细证明和解释。最后,为了让读者可以了解最新的接收机系统主题,我们扩充结果到直接 RF 采样(DRFS)接收机,包括相关的例题。

重要参数——抗干扰:一个接收机核心和最重要的参数是它的抗干扰,也就是它能在多个强干扰信号存在下检测出一个弱信号的能力。我们认为"所需信号"的 RF 信号的频率、带宽和调制方式与接收机设置相匹配。

就现在需要考虑的内容而言,我们将接收机系统看作一个具有一个输入端口和一个输出端口的"黑盒子"。接收机性能通过分析输出端口的输出信号与输入端口的输入信号的关系来衡量。定义 SNRo 为在输出端口的信号噪声比,一个接收机正确工作的条件是它提供了大于给定信噪比 SNRd 的 SNRo。

每一个输入干扰和设计局限最终可转化成 SNRo 的降低。更详细地来说:

- 输入端口是天线端口。除非其他特殊定义,我们总是假设(通常没有损耗)从天线端口看过去的在所要频率的阻抗为电阻且等于 50Ω。而且就我们现在的分析所涉及的,我们不关心信号如何到达输入端口,不管是通过天线或者其他实验仪器或者一些寄生机制。

- 输入信号包含在天线端口的所有 RF 信号集合,可能包含在指定信道频率的所需信号,以及大量的特性和频率已知或未知的外来干扰 RF 信号。

- 输出端口是虚拟的端口,我们定义它为基带(BB)采样器或者检波器输入。我们所涉及的接收机输出信号是在该端口的信号。将该端口取名为"虚拟",是因为我们可能不能进入,也可能不知道其输出预先会去哪里,有何目的。事实上,在输出端口的信号,可能直接进入检波器电路,以提取调制信号,或者被 BB 采样器采样,然后进入后续数字处理,并进行特定应用。

- 输出信号是在输出端口的信号。该信号不是在 RF 频率,而是在基带频率,也就是,它占用一个对应所期望信息率的通信信道的带宽。输出信号是对输入端口信号同时进行线性和非线性机制作用的结果,会将所需的 RF 信号与不需要的随机和不可预计的干扰 RF 信号混合。输出信号也包含了硬件产生的噪声,通过接收机链路累加。因为干扰和噪声,输出信号是一个包含了所需信号的失真版本。
- 检波器处的阈值信号噪声比 SNRd,其定义是从基带信号可以恢复出所要信息的最低阈值,取决于系统的要求和调制类型、所采用的编码机制和数据速率。在当下的多模式系统中由于动态地采用多种调制方式和带宽,SNRd 是一个自组织参数,通常由信号处理要求决定。需要注意的是 SNRd 的定义与采用的接收机是独立的,因为它只定义了在接收机输出端能够正确恢复出有用信息的最小信号噪声比。
- 在输出端口的信号噪声比 SNRo,是只由所需信号(不包含干扰和硬件产生的噪声和失真)产生的输出信号功率与只由干扰和硬件产生的噪声和失真产生的输出信号功率的比。当 SNRo≥SNRd 时,接收机正常工作。SNRd＝10 是一个"魔幻数字",在大部分应用中该值粗略相当于接收机输出信号开始不可用,在没有特别声明的情况我们采用该值。

直到现在所涉及的,接收机黑盒子内部是由数级构成,如同第 2 章所描述的,每一级构成一个具有其独立的输入输出的黑盒子,我们不关心每一个黑盒子的构成。知道中间级的特性,就可以得到总的输入输出(唯一的)接收机特性。相对地,基于接收机的要求,我们能够得到(不唯一)每一内部级的特性。

通过正确的抗干扰设计,接收机可以在一个或更多的强干扰下在输入端口检测弱信号,同时维持 SNRo 大于 SNRd。可以这样说,一个高质量的接收机可以在多个比弱信号功率大 1000 万倍干扰下正确检测弱信号。在当前的蜂窝型(拥挤的)系统中,每一个接收机都受到多个邻近强信号的持续威胁,系统能力主要受限于载波干扰功率比(C/I)。

干扰场景的数量是没有限制的。为了描述接收机抗干扰的特性,我们采用一些有代表性的重要场景,每种采用一个特殊的干扰机制,我们根据每一种场景定义抗干扰参数。虽场景与给定的干扰机制可能出现许多细微差异,我们定义的抗干扰机制对于接收机和系统设计提供了一定的参考范围。

一个好的接收机设计必须实现近似相同的所有抗干扰参数。因为在实际情况中人们不能预先知道将出现的场景,一个接收机不适用于一个类型的干扰时就将失去作用。大部分抗干扰参数的定义与两个基本参数有关:灵敏度(Sens)和同信道抑制(CCR)。

3.1 灵敏度

3.1.1 灵敏度是什么

考虑两个物理位置,也就是点 1 和点 2,相隔物理距离 d。假设在位置点 1 的发射机发射一个可调功率 P_T 的 RF 信号 $S(t)$ 到空中,通过一个指定的发射信道(载波频率为 f_0,带宽为 B),也就是 RF 信号占用频率范围为 $f_0 \pm B/2$。为了简化,假定发射机天线和接收机天线都是各向同性的(在所有方向为单位增益)。如果在点 2 放置一个接收机天线,天线会捕获从点 1 发射的 RF 功率为 P_T 的一部分功率 P_R。如果一个接收机输入端口调到指定接收天线信道,同时如果 P_R 足够大,那么接收机可以检测出发射信号 $S(t)$。然而,P_R 只是 P_T 的一小部分,同时距离 d 越大,接收信号 P_R 越小。事实上,如果只有一个主波从点 1 传输到点 2,一般定义为自由空间条件(FS),P_R 与 P_T/d^2 成正比,当传输信号包括地面反射波,一般称为地面反射条件(GR),P_R 近似与 P_T/d^4 成正比。

假设各向同性传输,定义高于地面的发射机和接收机天线高度分别为 h_1 和 h_2,c 为光速,f_0 为 RF 频率,$\lambda = c/f_0$ 为 RF 波长,在 FS 条件下可以通过 Friis 传输公式估算 P_R,在双射线地面反射模型中则可以通过式(3.1)来估算 GR。对于各向异性天线,只需要再乘以发射机天线和接收机天线的增益。距离 $d_c = 4\pi(h_1 h_2/\lambda)$ 被称为超前距离,是一个在 FS 和 GR条件下都可得到同样 P_R 值的距离。为了计算方便,如果发射机和接收机的距离小于 d_c,应该用 FS 公式计算接收功率,否则应该用 GR 公式。

$$P_R(d) = \begin{cases} P_T \left(\dfrac{\lambda}{4\pi d} \right)^2, & d \leqslant d_c = 4\pi \dfrac{h_1 h_2}{\lambda}(\text{FS}) \\ P_T \left(\dfrac{h_1 h_2}{d^2} \right)^2, & d > d_c(\text{GR}) \end{cases} \tag{3.1}$$

不管采用哪个计算公式,路径损耗,也就是功率在路径 d 中的损耗,以 dB 的方式表达:

$$L_{\text{path}|_{\text{dB}}} = 10\log_{10}\left(\frac{P_T}{P_R(d)} \right) = \begin{cases} 22 + 20\log_{10}\left(\dfrac{d}{\lambda} \right)(\text{FS}) \\ 40\log_{10}\left(\dfrac{d}{\sqrt{h_1 h_2}} \right)(\text{GR}) \end{cases} \tag{3.2}$$

由式(3.2)可知,FS 路径损耗以 6dB/倍的速率增加(路径长度 d 加倍,则路径损耗增加6dB),然而 GR 路径损耗以 12dB/倍的速率增加。

式(3.1)意味着如果接收机和发射机距离变得足够大,或者发射机功率足够小,那么到达接收机端天线的信号变得非常微弱,直到在一个特定的时刻,接收机便不能再检测信号 $S(t)$。

在低于一定接收功率下接收机不能再检测信号的原因(即使信号环境很纯净)是因为一个物理现象:热噪声,其在接收机输入端口表现为一个不可避免的功率为 N_{th} 的噪声信号,由在天线输出阻抗内的电荷随机波动产生。

由于接收机链路功率增益为 G,该噪声在输出端口呈现的功率为 GN_{th}。这样从一开始,对于一个天线接收所需信号的给定功率,在输入端口有信号噪声功率比最低限值 SNRi。考虑更差的情况,有额外种类的电噪声信号,如散射噪声和闪烁噪声,在多种内部级产生,加入到链路中,会进一步增加总的输出噪声 N_o。随着所需信号变弱,最终在检波器处信号噪声比 SNRo<SNRd,于是接收机不能再正确工作。接收机灵敏度即是满足 SNRo≥SNRd条件的最小所需信号的功率。

伴随着天线到检波器的每个内部级产生的噪声总是存在的,虽然它可能被控制在某一个程度。因此在内部硬件每一级输出的信号噪声功率比 SNRo 总是比那一级的输入信号噪声功率比 SNRi 差(即更低)。该效应通过引入噪声因素 F 来衡量,或者以 dB 形式的噪声系数 NF 来表示。

$$F = \frac{\text{SNRi}}{\text{SNRo}} = \frac{N_o}{GN_{\text{th}}}, \quad \text{NF} = 10\log_{10}(F) \tag{3.3}$$

事实上,噪声系数是实际的输出噪声和在内部不产生噪声情况下的输出噪声的比值。

使用式(3.3),可以定义内部每级的噪声系数,但是至于非常相近的输入噪声水平,和把接收机作为一个整体一样,可以从其输入端口到输出端口将它作为一级来看待(见3.1.2.2节和3.1.2.3节的练习)。

在所有接下来的内容中,除非另外说明,总是假设接收机输入端口与 RF 信号源是匹配的,无论源是天线或者是实验仪器。匹配到信号源意味着该级的输入阻抗转化为信号源阻抗的共轭。在匹配情况下,从源的输出到下一级的功率传输是最大的。无论何时功率传输都是重要的,同时我们假设中间级也是相互匹配的。

在匹配的情况下,由线性电路理论可知进入接收机的功率为 N_{th} 的热噪声,与信号源阻抗是独立的,为

$$N_{th} = kTB[\text{W}] \tag{3.4}$$

这里 $k = 1.38 \times 10^{-23}[\text{J/K}]$ 为玻尔兹曼常数,$T \approx 300[\text{K}]$ 为室温,$B[\text{Hz}]$ 为接收机小信号输入-输出传输函数的总带宽。通常 B 会被设置为与指定信道带宽相同(见3.13.1节)。

值得注意的是,在匹配的条件下,无源器件(一种只产生热噪声的元件)的噪声系数与该元件本身产生的衰减相同。这是由于带宽为 B 的信号功率经过该元件时,将被该元件衰减,而信道内的热噪声仍然固定为 kTB。

接下来将会介绍和解释设计公式及其实际应用,但是没有正式的证明。证明细节可从3.13节找到。

3.1.1.1 灵敏度定义

指定接收机的灵敏度为 Sens,它是最小的输入 RF 所需信号功率,在天线端口没有其他 RF 信号干扰的情况下能够在输出端口产生一个阈值信号噪声比 SNRo=SNRd。

对于输入 RF 灵敏度阈值灵敏度,对应一个在天线端口的输入信号噪声功率比 SNRi。因为我们假设没有其他 RF 信号存在,在天线端口的唯一干扰是热噪声,其在匹配的条件下与带宽 B 成正比。在灵敏度阈值处,在输出端口的信号噪声比即为 SNRo=SNRd。因为 SNRo 是根据噪声系数 F 对应到 SNRi,一个直观的展示接收机灵敏度的计算式,以 dBm 形式表示如下(见3.13.1节):

$$\text{Sens}\big|_{\text{dBm}} = -174 + \text{NF}\big|_{\text{dB}} + 10\log_{10}(B\big|_{\text{Hz}}) + 10\log_{10}(\text{SNRd}) \tag{3.5}$$

由前面的讨论可知,为了建立一个纯净的 RF 通信连接环境,最大的路径损耗(dB)等于发射功率(dBm)减灵敏度(dBm):

$$L_{\text{path}}\big|_{\text{dB}} \leqslant P_T\big|_{\text{dBm}} - \text{Sens}\big|_{\text{dBm}} \tag{3.6}$$

接下来通过练习熟练使用式(3.1)和式(3.5)。

3.1.1.2 练习:计算一个手机距离

假设如下手机参数:

- NF≈8dB(噪声系数为从天线到检波器的整个手机)。
- $B \approx 140\text{kHz}$(信道间隔为 200kHz),然而,因为必须预留一些额外信道为了滤波作用,实际的信道带宽将会稍微小一点。
- SNRd≈10(在没有更多明确参数下,采用"魔幻数字")。
- 频率范围:940～960MHz(接收),860～900MHz(发射)。

手机采用通用的各向同性天线作为发送和接收，能够发射接近 0.5W 的 RF 功率。天线位于使用者头部附近，高于地面约 1.7m。

手机基站采用单独的发射和接收天线，同时发射 10W 的 RF 功率。发射天线是各向同性的，接收天线具有增益 $G[dB]$。手机基站位于距地面 15m 高的屋顶。

假设一个纯净的 RF 环境：

(1) 计算手机相对于 50Ω 阻抗的灵敏度，分别以 dBm、Watts 和 μVrms 表示。

(2) 计算下载信道的最大通信距离(从基站到用户手机)。

(3) 计算接收天线增益使得上传(从用户手机到基站)和下载通信距离相当。假设基站灵敏度与使用者手机灵敏度相当。

答案

(1) 使用式(3.5)，可以计算手机的灵敏度，可得：

$$\text{Sens}\,|_{dBm} = -174 + 8 + 10\log_{10}(140 \times 10^3) + 10\log_{10}(10) \approx -104.5\text{dBm}$$

在 50Ω 阻抗以 Watts 和 μV 形式的灵敏度从下式可得：

$$-104.5\text{dBm} = 10\log\left(\frac{\text{Sens}\,|_w}{1\text{mW}}\right) \Rightarrow \text{Sens}\,|_w = 10^{-10.45} \times 10^{-3} \approx 3.5 \times 10^{-14}\,\text{W}$$

$$\text{Sens}\,|_w = 3.5 \times 10^{-14}\,\text{W} = \frac{(\text{Sens}\,|_{Vrms})^2}{50} \Rightarrow \text{Sens}\,|_{Vrms} = \sqrt{50 \times 3.5 \times 10^{-14}} \approx 1.3\mu\text{Vrms}$$

(2) 采用中间范围频率 $f_0 = 950\text{MHz}$，可得：

$$\lambda = \frac{3 \times 10^8}{950 \times 10^6} \approx 0.316\text{m}, \quad d_c = 4\pi\frac{h_1 h_2}{\lambda} = 4\pi\frac{1.7 \times 15}{0.316} \approx 1\text{km}$$

发射和接收的功率在最大下载距离为：

$$P_R = \text{Sens}\,|_w \approx 3.5 \times 10^{-14}\,\text{W}, \quad P_T = 10\text{W}$$

假设 FS 传输，由式(3.1)可得

$$d = \frac{\lambda}{4\pi}\sqrt{\frac{P_T}{P_R}} = \frac{0.316}{4\pi}\sqrt{\frac{10}{3.5 \times 10^{-14}}} \approx 425\text{km} > d_c(\text{FS})$$

因为得到 $d > d_c$，所以传输不是 FS。使用 GR 可得：

$$d = \sqrt{h_1 h_2\sqrt{\frac{P_T}{P_R}}} = \sqrt{1.7 \times 15\sqrt{\frac{10}{3.5 \times 10^{-14}}}} \approx 21\text{km}(\text{GR})$$

如果距离大于 21km，SNRo 将会小于 SNRd，此时接收机将失去与基站的下载通信。

(3) 除了发射功率，事实上上传连接频率会低于前面的例子(因此波长会稍长)，所有其他参数则一样。然而，我们已经知道传输是 GR，且式(3.1)中 GR 的等式与 λ 无关。因此用户到达基站的功率是基站到达用户功率的 0.5/10。由此可知为了达到与下载链接距离相近的上传距离，接收机天线增益应为：

$$G = 10\log_{10}\left(\frac{10}{0.5}\right) = 13\text{dB}$$

3.1.2 中间灵敏度

在 3.1.1 节中，我们知道了如何计算作为一个整体的单输入端口和单输出端口接收机的灵敏度和端到端的噪声系数。然而，如第 2 章中指出的，实际的接收机有许多内部的中间级构成，这些中间级又由许多子系统组件、定制电路和离散元件构成，取决于是否可以找到满足参数、物理尺寸、电流消耗和成本的组件。大部分情况下最好的设计策略是：

- 选择尽量多的集成元件组件。然而通常由大规模集成电路（VLSI）构成的 RF 子系统不能为单个应用定做，因此不能完全满足设计需求。
- "玩耍"，加入尽量少的定制子系统、电路和离散元件，以便于达到总的目标性能。

只要关心灵敏度，设计可按照如下方法进行：

- 从最后端开始，也就是最靠近 BB 采样器的一级（检波器）。由于硬件复杂度，通常采用选择在数据表中已经给定了 NF 的组件作为后端子系统。由于 SNRd 的值由系统要求给定，而且与接收机无关，因此根据式（3.5），对于一个给定的 BB 带宽，后端输入端口的灵敏度已经完全被决定了。
- 加入"下一级"，从后端的输入端往天线端口方向添加一级，并从该加入级的输入端到后端的输出端口（BB 采样器）计算这两级总的 NF。现在可以将这两级级联的系统看作为一个拥有一个输入和一个输出的单级系统。
- 进行同样的步骤，朝天线端口逐步加入额外电路级，计算从该加入级的输入端到后端的输出端口的总 NF，直到最后加入的输入端口是天线端口。至此，计算的总 NF 即是整个接收机的总 NF，见 3.1.1.2 节的练习。

之后会清晰地给出以上步骤的例子。在上述每一个步骤后，计算和测量最后一个加入级的灵敏度。我们认为这个在加入级输入端的灵敏度为在链路中的中间灵敏度。

中间灵敏度对于验证设计的正确性和原型的正确性非常有用，同时在测试中寻找中间级问题时非常重要（见 3.12 节中的练习 6）。

我们已经知道，在上述步骤中每一个连续步骤的最后，我们将得到的系统看作一个具有总 NF 的单一级。因此，在我们计算接收机总的灵敏度之前，我们必须知道如何计算两个级联级的 NF。计算该 NF 的方法在线性电路理论中是非常清晰的，具体将在下面讲解。

3.1.2.1　两级级联的噪声系数计算

图 3.1(a)中的系统由两个级联级组成：

- 第二级的输入是整个系统的输入。
- 第二级的输出是第一级的输入。
- 第一级的输出是整个系统的输出。

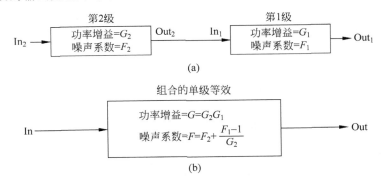

图 3.1　(a)两级级联系统(b)等效合成单级系统

两级的特性如式(3.7)和式(3.8)所示：

$$F_1 = \frac{\text{SNR @In}_1}{\text{SNR @Out}_1}, \quad G_1 = \frac{\text{Signal power@Out}_1}{\text{Signal power@In}_1} \tag{3.7}$$

$$F_2 = \frac{\text{SNR @In}_2}{\text{SNR @Out}_2}, \quad G_2 = \frac{\text{Signal power@Out}_2}{\text{Signal power@In}_2} \tag{3.8}$$

然后,图 3.1(b)中的单级与图 3.1(a)中的系统等效,其中 $\text{In} \equiv \text{In}_2$, $\text{Out} \equiv \text{Out}_1$,等效噪声系数 F 和增益 G 为：

$$F = F_2 + \frac{F_1 - 1}{G_2} = \frac{\text{SNR @In}}{\text{SNR @Out}}, \quad G = G_2 G_1 = \frac{\text{Signal power@ Out}}{\text{Signal power@ In}} \tag{3.9}$$

由式(3.9)可知, $F_2 < F_1$ 是显然的,可以通过增加增益 G_2 来提升(减小)系统输入的 NF(由此提升接收机的灵敏度)。作为一种极限,当 G_2 变得非常大时,输入噪声系数 F 与 F_2 相等。因此,关于在第 2 章和 3.1.1.2 节讨论的,可以通过在接收机系统前端加入高增益和低 NF 的 LNA,来获得较好的灵敏度(且与后级独立)。然而,没有免费的午餐：从 3.5.1.2 节可知增加增益会危害接收机其他重要的参数。一个好的设计策略是保持链路中的增益在最小水平。

3.1.2.2 练习：级联噪声系数

证明等式(3.9)。

答案

关于图 3.1,定义 S_i 和 N_{th} 分别为输入端的信号功率和热噪声, F_2、F_1 和 G_2、G_1 分别是第二级和第一级的噪声系数和增益, S_o 和 N_o 为传到输出端的信号和噪声总功率, N_2、N_1 是每一级中间级产生的输出噪声功率。对于两级系统,总的输出噪声为：

$$N_o = G_1 G_2 N_{th} + G_1 N_2 + N_1$$

两级系统总的增益为 $G = G_2 G_1$,因此,通过式(3.3)可得级联噪声系数：

$$F = \frac{S_i/N_{th}}{S_o/N_o} = \frac{S_i/N_{th}}{GS_i/N_o} = \frac{N_o}{GN_{th}} \tag{3.10}$$

使用 $N_o = G_1 G_2 N_{th} + G_1 N_2 + N_1$ 和 $G = G_2 G_1$,式(3.10)可转化为以下形式：

$$F = \frac{G_1 G_2 N_{th} + G_1 N_2 + N_1}{G_1 G_2 N_{th}} = \frac{G_2 N_{th} + N_2}{G_2 N_{th}} + \frac{1}{G_2}\left(\frac{G_1 N_{th} + N_1}{G_1 N_{th}} - 1\right)$$

因为 $N_{o,2} = G_2 N_{th} + N_2$ 是当第二级单独工作时的输出噪声, $N_{o,1} = G_1 N_{th} + N_1$ 是当第一级单独工作时的输出噪声,可得：

$$F = \frac{N_o}{GN_{th}} = \frac{N_{o,2}}{G_2 N_{th}} + \frac{1}{G_2}\left(\frac{N_{o,1}}{G_1 N_{th}} - 1\right) = F_2 + \frac{1}{G_2}(F_1 - 1)$$

以下练习为证明超外差接收机(SHR)灵敏度计算公式(3.9)。

3.1.2.3 练习：计算 SHR 灵敏度

给定阈值需求 SNRd＝10,RF 信道带宽 $B = 18\text{kHz}$,计算图 3.2 的超外差接收机中间级输入端口的中间灵敏度。每一级元件的参数对应列图中的顶部内容。

答案

使用给定参数可得 $10\log_{10}(\text{SNRd}) = 10$, 而 $10\log_{10}(B) = 42.5$。使用以上数据,由

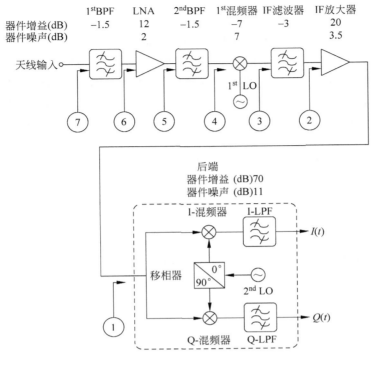

图 3.2 SHR 灵敏度计算

式(3.5),可得：
$$\text{Sens}\mid_{\text{dBm}} = -174 + \text{NF} + 42.5 + 10 = -121.5 + \text{NF}$$

现在,从点(1)向点(7)进行。

点(1)

- 使用式(3.5)$\text{Sens}_{\text{point(1)}} = -121.5 + 11 = -110.5\text{dBm}$。

- 通过 IF 放大器的数据清单和式(3.3),可以计算代入式(3.9)如下：$F_1 = 10^{1.1} = 12.59, F_2 = 10^{0.35} = 2.24$ 和 $G_2 = 10^2 = 100$。于是,在点(2)可得 $F = 2.24 + \dfrac{12.59 - 1}{100} = 2.36$。

点(2)

- $F\mid_{\text{point(2)}} = 2.36 \Rightarrow \text{NF}\mid_{\text{point(2)}} = 10\log_{10}(2.36) = 3.7\text{dB}$。

- 使用式(3.5),可得 $\text{Sens}\mid_{\text{point(2)}} = -121.5 + 3.7 = -117.8\text{dBm}$。

- $F_1 = F\mid_{\text{point(2)}} = 2.36$。从数据清单可知 IF 滤波器 $G = 10^{-0.3} = 0.5$,因此 $G_2 = 0.5$。IF 滤波器的噪声系数未知,然而滤波器的增益为负(dB),意味着滤波器的损耗为 $L = 1/G$。因为滤波器是无源器件,其噪声系数与损耗相等。滤波器的功率损耗为 $F_2 = F = G^{-1} = 2$。代入式(3.9),可得点(3)的噪声系数：$F\mid_{\text{point(3)}} = 2 + \dfrac{2.36 - 1}{0.5} = 4.72$。现在继续同样的步骤直到天线端口。

点(3)

- $F\mid_{\text{point(3)}} = 4.72 \Rightarrow \text{NF}\mid_{\text{point(3)}} = 6.7\text{dB}$。

- $\text{Sens}|_{\text{point}(3)} = -121.5 + 6.7 = -114.8\text{dBm}_{\circ}$
- $F_1 = F|_{\text{point}(3)} = 4.72, F_2 = 10^{0.7} = 5, G_2 = 10^{-0.7} = 0.2_{\circ}$

关于混频器级，要注意以下几点属性：(i)虽然混频器为频率变换，但这并不影响进行灵敏度计算。一旦涉及噪声系数，混频器可等同为一个具有转换增益的放大器，其噪声系数等于它的转换噪声系数。(ii)即使当混频器是一个"无源混频器"，通常这不是"真"无源器件，它的噪声系数可能比它的损耗差。事实上，提供混频器工作的 LO 是有源元件。再者，在一些情况中，混频行为会增加称为镜像噪声的额外噪声。因此，即使使用无源器件，必须检验当它在特殊 LO 工作时的 NF。在当前练习中，混频器的损耗和噪声是一样的，因此混频器表现为一个无源器件。点(4)的噪声系数为：

$$F|_{\text{point}(4)} = 5 + \frac{4.72 - 1}{0.2} = 23.6$$

点(4)

- $F|_{\text{point}(4)} = 23.6 \Rightarrow \text{NF}|_{\text{point}(4)} = 13.7\text{dB}_{\circ}$
- $\text{Sens}|_{\text{point}(4)} = -121.5 + 13.7 = -107.8\text{dBm}_{\circ}$
- $F_1 = F|_{\text{point}(4)} = 23.6, G_2 = 10^{-0.15} = 0.71, F_2 = 1/G_2 = 1.41_{\circ}$
- $F|_{\text{point}(5)} = 1.41 + \frac{23.6 - 1}{0.71} = 33.2_{\circ}$

点(5)

- $F|_{\text{point}(5)} = 33.2 \Rightarrow \text{NF}|_{\text{point}(5)} = 15.2\text{dB}_{\circ}$
- $\text{Sens}|_{\text{point}(5)} = -121.5 + 15.2 = -106.3\text{dBm}_{\circ}$
- $F_1 = F|_{\text{point}(5)} = 33.2, G_2 = 10^{1.2} = 15.8, F_2 = 10^{0.2} = 1.58_{\circ}$
- $F|_{\text{point}(6)} = 1.58 + \frac{33.2 - 1}{15.8} = 3.62_{\circ}$

点(6)

- $F|_{\text{point}(6)} = 3.62 \Rightarrow \text{NF}|_{\text{point}(6)} = 5.6\text{dB}_{\circ}$
- $\text{Sens}|_{\text{point}(6)} = -121.5 + 5.6 = -115.9\text{dBm}_{\circ}$
- $F_1 = F|_{\text{point}(6)} = 3.6, G_2 = 10^{-0.15} = 0.71, F_2 = 1/G_2 = 1.41_{\circ}$
- $F|_{\text{point}(7)} = 1.41 + \frac{3.6 - 1}{0.71} = 5_{\circ}$

点(7)

- $F|_{\text{point}(7)} = 5 \Rightarrow \text{NF}|_{\text{point}(7)} = 7\text{dB}_{\circ}$
- $\text{Sens}|_{\text{point}(7)} = -121.5 + 7 = -114.5\text{dBm}_{\circ}$

总结：在天线端口有 NF=7dB，Sens=-114.5dBm。

3.1.3　灵敏度的测量

图 3.3 为实验室通用的采用数字调制测量灵敏度的设置，步骤如下：
- 信号源的输入采用数字码流。信号源的输出端口匹配到 50Ω，并根据接收机的 RF 频率和调制机制发送调制了输入数字码流的载波信号。调制的 RF 信号具有可变输出功率设置，粗略的范围为 -130dBm(没有输出功率)到 $+10\text{dBm}$。
- 误码率(BER)分析仪产生一个伪随机数，并传输到信号源的输入端。

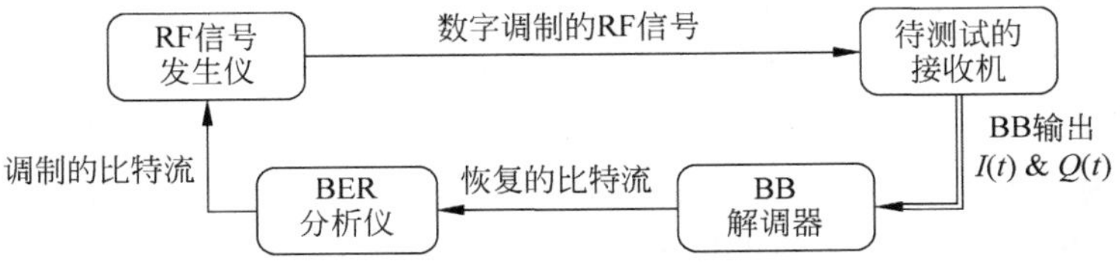

图 3.3 基于数字调制的灵敏度测试

- 待测试的接收机接收调制的 RF 信号，恢复 BB 信号 $I(t)$ 和 $Q(t)$，并将它们传输到 BB 解调器。BB 解调器可以是接收机的一个部分，也可以是和接收机一起构成目标系统的一个部分。
- BER 分析仪接收恢复的比特流，与送入信号源的信号同步，一比特一比特的进行对比，同时显示 BER 值，也是就是错误恢复比特平均值：

$$BER = \frac{\text{恢复的比特流的错误个数}}{\text{调制的比特流的总比特数}} \qquad (3.11)$$

接收机灵敏度是在 BER 大于最大允许值时信号源输出的最小功率。注意，一旦调制机制被确定，在灵敏度水平的 BER 就对应于单一的 SNRd。每一个数字调制机制相对应于一个 SNRd，取决于和星座图密度。

灵敏度测量对 RF 信号源没有特殊的限制（我们后面会见到其他测量需要。）其步骤为：

- 设置 RF 电平到信号源最小电平（无 RF 功率），同时调整频率到指定信道。此时没有接收信号。
- 增加 RF 电平直到 BER 到达接收机的灵敏度阈值。一般 BER 灵敏度值范围为从 $1.0\% \sim 0.1\%$，具体取决于实际系统。

在其他设定中，如采用 IP 协议，需要定制的测试误包率（PER），其中每一个包包含一系列数据流。在这个情况中需要采用短的包尺寸，为了减少每个包中含有的错误比特大于一个的概率，否则会导致前后不一致的令人困惑的结果。的确，对于小的 PER，可以粗略地把 PER 除以包的大小来确定 BER，因此，对于小的 BER，可以假设平均每个包不超过一个错误比特。

灵敏度也可以通过模拟调制的模拟设置来测试，然而该方法已经过时，我们不对其进行讨论。

在进行更深入的讨论之前，让我们简短讨论一个经常用来定义接收机指标的有用方法，该方法称为噪声倍增方法。

3.1.3.1 噪声倍增方法

如同前面所指出的，接收机的一个重要参数是它的抗干扰。为了更好地理解这个概念，考虑一个工作在通信边界距离的接收机，如在 3.1.1.2 节练习中详细描述的。

相对于练习中纯净的 RF 环境，假设实际不友好的 RF 场景，所需信号中带有多个强的干扰信号。由于在接收机链路中存在大量复杂机制，一个 RF 干扰信号可能在接收机输出端产生寄生 BB 信号。这个寄生信号在检波器表现为额外的噪声信号 Ni。这个额外噪声加入被放大的热噪声和链路产生的噪声中，总的功率定义为 Nd。最后，总的噪声功率增加导致接收机输出端信号噪声比 SNRo 降低。

SNRo 降低导致接收机脱敏,也就是灵敏度降低。换句话说,由于干扰信号的存在,接收机可能不能正确检测弱信号,信号连接会被中断。为了在 Ni 存在的情况下重新建立连接,接收的功率 P_R 必须变得更强,使得 SNRo 回到 SNRd 值。然而,对于给定的发射功率 P_T,等式(3.1)揭示为了增加 P_R,必须减少距离 d。干扰存在的直接结果是通信距离变短。

如同前面指出的,可能有多种干扰机制存在。对于每一个占主导机制的环境,定义一个对应的接收机抗干扰参数,该参数定义为在天线端口存在的使灵敏度降低 3dB 的干扰功率值。作为损耗检测点,该干扰功率值高于灵敏度的分贝值,同时是接收机相对于相应干扰机制的抗干扰性能的测量。

当 Ni＝Nd 时,灵敏度降低 3dB,因此噪声增加 Ni＋Nd＝2Nd,所以在接收机输出端口的噪声会加倍。为了重新获得灵敏度阈值,最小接收到的功率必须增加 3dB 到 2×Sens。

3.2 同信道抑制

3.2.1 定义及工作原理

同信道干扰是指一个外来的信道上的 RF 干扰信号,也就是一个中心频率与所要信道相同的 RF 信号,但它不携带任何有用信息。因此接收机不能区分同信道干扰和所需的 RF 信号,这个干扰信号相当于一个添加在 BB 处额外的噪声。同信道抑制(Co-Channel Rejection,CCR)是接收机对同信道抗干扰的一种测量(见 3.1.3.1 节),以上是根据以下公式对 SNRd 阈值的一个直接测量:

$$\text{CCR} = -10\log_{10}\text{SNRd}[\text{dB}] \tag{3.12}$$

特殊情况,使用式(3.12),则等式(3.5)可重写为:

$$\text{Sens} = -174 + \text{NF} + 10\log_{10}(B\mid_{\text{Hz}}) - \text{CCR}[\text{dBm}] \tag{3.13}$$

当使用 SNRd＝10 的"魔幻数字"时,则 CCR≈−10dB。式(3.12)证明的细节见 3.13.2 节。如后面介绍的,CCR 和 Sens 是大部分接收机指标中的基本参数。

3.2.1.1 同信道抑制的定义

用 Si＝2Sens 表示所要 RF 信号的功率,该信号为灵敏度功率的两倍。当 Si 加入到天线端口,接收机输出性能会比灵敏度水平(Sens)好。

用 Scc 表示在天线端口与 Sens 一起加入一个最小的同信道干扰 RF 信号,使得接收机输出回到(变差)灵敏度水平性能:

$$\text{CCR} = 10\log_{10}(\text{Scc}/\text{Sens}) \tag{3.14}$$

3.2.2 同信道抑制的测量

图 3.4 为采用数字调制的 CCR 测量。这里同样对 RF 信号源性能没有特殊的要求。

CCR 的测量与灵敏度测量的设置类似,不同的是发射到接收机的 RF 信号是通过两个信号源产生的在指定频率信号的合成。

合成网络的损耗不影响测量,因为对于信号源 A 和 B 有同样的损耗(通常情况)。

测量的步骤如下:

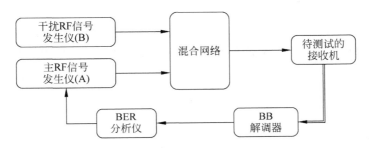

图 3.4 基于数字调制模式的 CCR 测量

- 首先关闭干扰源的信号发生仪(B),逐渐增加主信号源(A)的功率直到接收机的输出达到灵敏度的性能。
- 记录信号发生器的功率 P_A(dBm)。
- 然后将主信号源的功率增加 3dB,使得输出的信号的 BER 好于(小于)在灵敏度值下的性能。
- 现在,增加模拟或者数字调制的干扰射频信号发生仪(B)的功率等级,直到接收机输出信号 BER 恶化到灵敏度的值。
- 记录信号源 B 的功率 P_B(dBm)。

则 CCR 为(dB):

$$CCR \mid_{dB} = P_B \mid_{dBm} - P_A \mid_{dBm} \qquad (3.15)$$

3.3 选择性

3.3.1 定义及工作原理

接收机选择性是一个非常重要和复杂的参数。本节给出相应设计公式的详细讲解以便于实际应用。更多证明在 3.13.3 节给出。

通常,选择性是接收机对在指定频带外但距离指定频率不是很远的干扰的抗干扰。"不是很远"指的是可以离指定信道有数个信道的距离,这取决于系统特征。上述提到的干扰可在接收机输出端口产生很强的额外噪声,造成接收机脱敏,导致与 3.1.3.1 节中描述的类似问题。对邻近干扰的抗干扰是非常重要的,因为大部分 RF 系统包含数个邻近 RF 信道,它们每一个都对其邻道构成脱敏的威胁。"选择性"这个词,一般特指相邻信道选择性,也就是对在指定信道频率两边信道存在干扰的抗干扰。

选择性在多级接收机中包含了多种干扰机制。然而一种由于 RF 振荡器产生的特殊机制,称为相位噪声,它是占主要的,其他机制通常可以被忽略。在讨论选择性时,必须对振荡器相位噪声有一个基本了解。为了到达这个目的,我们将尽量浅显地讲解以使读者能了解其产生机制。

3.3.1.1 振荡器相位噪声

振荡器相位噪声将在第 6 章详细讨论。在现阶段,为了了解选择性的机制,对相位噪声定性讨论已经足够。

RF 振荡器是一个产生高频信号的电路,理想情况信号为纯正弦信号 $S_0(t)=A\cos(2\pi f_0 t)$,具有一个恒定幅度 A,该信号称为振荡器载波。在正频域(傅里叶),理想的振荡载波为一个非常纯净的"脉冲"函数 $\hat{S}_0(f)=\left(\dfrac{A}{2}\right)\delta(f-f_0)$。换言之,信号能量集中在频率点 f_0 处,其他频率信号能量为 0,如图 3.5(a)所示。

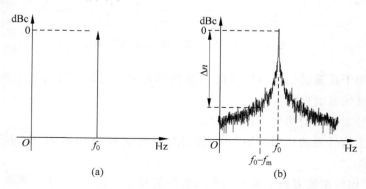

图 3.5　(a) 理想的振荡载波；(b) 由相位噪声调制的振荡载波

在现实世界,由于 3.1.1 节讨论的热噪声和内部产生的噪声,振荡器载波会获得寄生相位调制,有 $S_0(t)=A\cos(2\pi f_0 t+\varphi(t))$,其中 $\varphi(t)$ 为随机相位波动。第 6 章会介绍 $\varphi(t)$ 是由窄带频率调制(FM)产生的。由于调制,载波频率会向外延伸并拥有一个特殊的频谱形状(缓慢衰减),如图 3.5(b)所示。因为相位波动 $\varphi(t)$ 是随机的,频谱外延由随机噪声构成,被称为相位噪声。

振荡器的相位噪声有以下几个特点:

- 与理想(无噪声)情况相反,一个有噪声载波的能量不是集中在一个频点,而是连续分布在频谱上。记 $\Delta f=|f-f_0|$ 为与振荡载波频率 f_0 的频率偏差,在频率 $f=f_0\pm\Delta f$ 处相位噪声的功率密度谱为 $S(\Delta f)$ [W/Hz]。在任意频偏 Δf 处的 $S(\Delta f)$ 数学表达式将在第 6 章进行推导。
- $S(\Delta f)$ 是在频率谱上连续分布的并在 Δf 上缓慢衰减,在一个窄带频率范围内,可以认为是接近常数的。因此,如果用一个中心频率在 $f=f_0\pm f_m$ 的窄带 ΔB[Hz]带通滤波器对其整形,其中 $f_m>0$,那么在滤波器外的噪声功率近似为 $S(f_m)\times\Delta B$[W]。
- 如果滤波器的带宽 $\Delta B=1\text{Hz}$,那么滤波器输出的噪声功率为 $S(f_m)$ [W]。
- 总之,在载波频率频偏 Δf 处的相位噪声功率在 1Hz 带宽内为频谱密度 $S(\Delta f)$[W]。

记 P_c 为载波功率,在频率偏移 Δf 的相位噪声 $S(\Delta f)$ 用对数坐标的函数表示 $L(\Delta f)$[dBc/Hz],其中 dBc 为"低于载波的 dB 值",而 $L(\Delta f)$ 是频率偏移 Δf 的 1Hz 内包含噪声功率比上载波功率 P_c,其为

$$L(\Delta f) = 10\log_{10}\left(\frac{S(\Delta f)}{P_c}\right)[\text{dBc/Hz}] \tag{3.16}$$

我们将在第 6 章中讲述,当 $\Delta f=f_m$ 时,相位噪声 $L(f_m)$ 粗略等于对无噪声载波窄带 FM 调制的值,即采用一个最大频率偏移 δf 的正弦调制信号 f_m,和较小的调制系数

$\beta(f_\mathrm{m}) = \delta f / f_\mathrm{m} \ll 1$。

$$L(f_\mathrm{m}) = 20\log_{10}\left[\beta(f_\mathrm{m})/2\right] \quad [\mathrm{dBc/Hz}], \quad \beta(f_\mathrm{m}) \ll 1 \tag{3.17}$$

上述内容的一个重要结论是两个具有相同相位调制的振荡器具有相同的频谱形状 $L(\Delta f)$，无论载波功率如何。换言之，如图 3.5(b) 所示，具有相同相位调制的两个振荡器在给定频率偏移处呈现一样的间隙(Δn)，无论它们的载波功率相差多少。该现象可以用在分析主要选择性机制上。

给定一个振荡器的 $L(f_\mathrm{m})$，边带噪声 $\mathrm{SBN}(f_\mathrm{m})$(dBc)是相对于载波功率归一化的被带宽为 B、中心频率为 f_m 频偏处的滤波器收集的相位噪声功率(潜在的干扰)。为了便于计算，$L(\Delta f)$ 在 f_m 频偏处的滤波器带宽 B 内约等于 $L(f_\mathrm{m})$。由式(3.16)可得：

$$\mathrm{SBN}(f_\mathrm{m}) \approx L(f_\mathrm{m}) + 10\log(B\,|_\mathrm{Hz}) \quad [\mathrm{dBc}] \tag{3.18}$$

无论何时，在不需要明确指出的情况下，省略对 f_m 的详细说明，认为 $L \equiv L(f_\mathrm{m})$ 以及 $\mathrm{SBN} \equiv \mathrm{SBN}(f_\mathrm{m})$。再者，除非特别说明，$B$ 总是记为 Hz。

$L(\Delta f)$ 数学表达式为 Leeson 函数，具体会在第 6 章进行讨论。现阶段着重研究在频偏范围 $L(\Delta f)$ 对选择性造成的特性，也就是在适中频偏处，既没有非常靠近载波频率，又离载波频率不远，如图 3.6 所示。在此范围内 $L(\Delta f)$ 以 6dB/倍频的速率消退，也就是远离 f_0 频率增加一倍 $L(\Delta f)$ 下降 6dB。因此，如果 $L(\Delta f)$ 的值在某一个频偏 f_m 处已知，那么 $L(\Delta f)$ 在该相对范围内可推论出来[最终的，在与载波相距非常远的频率，$L(\Delta f)$ 达到热噪声噪声底数。然而如此远的频偏与选择性无关]。接下来的练习讲述了该论点。

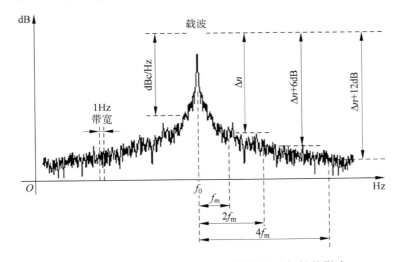

图 3.6　频偏范围内相位噪声频谱形状对选择性的影响

3.3.1.2　练习：$L(\Delta f)$ 的估算

对于 RF 振荡器的相位噪声为：

$$相位噪声 = -113\mathrm{dBc/Hz}@10\mathrm{kHz}$$

(1) 估算在频偏 $f_\mathrm{m} = 25\mathrm{kHz}$ 时候的相位噪声。

(2) 给定一个 $P_\mathrm{c} = 5\mathrm{dBm}$ 的 RF 载波，计算被一个带宽 $B = 18\mathrm{kHz}$ 中心频率在频偏 $f_\mathrm{m} = 25\mathrm{kHz}$ 的带通滤波器收集的噪声功率 $P_B\,|_\mathrm{dBm}$。为了便于计算，假设 $L(\Delta f) = 常数 \approx$

$L(f_m)$。

(3) 如果 $(B/f_m)^2 \ll 4$，证明式(3.18)是正确的。

答案

(1) 因为相位噪声以 6dB/倍频衰退，如果 $L(\Delta f)$ 在频偏 $\Delta f = f_m$ 已知，可以在得到其他任何频偏 Δf 的相位噪声：

$$L(\Delta f) = L(f_m) - 20\log_{10}(\Delta f / f_m) \tag{3.19}$$

代入 $f_m = 10\text{kHz}, L(f_m) = -113\text{dBc/Hz}, \Delta f = 25\text{kHz}$，得到

$$L(25\text{kHz}) = -113 - 20\log_{10}(2.5) \approx -121\text{dBc/Hz}$$

(2) 使用式(3.18)

$$\text{SBN}(25\text{kHz}) \approx -121 + 10\log_{10}(18 \times 10^3) \approx -78\text{dBc}$$

于是噪声功率为：

$$P_B \mid_{\text{dBm}} = \text{SBN} \mid_{\text{dBc}} + P_c \mid_{\text{dBm}} = -78 + 5 = -73\text{dBm}$$

(3) 被滤波器收集的噪声功率 P_B 通过在滤波器带宽内对功率密度积分获得。使用式(3.16)

$$S(\Delta f) = P_c 10^{L(\Delta f)/10}[\text{W/Hz}] \tag{3.20}$$

把式(3.19)代入到式(3.20)，因为 $10^{L(f_m)/10} = S(f_m)/P_c$，得到

$$S(\Delta f) = \underbrace{P_c 10^{L(f_m)/10}}_{S(f_m)} 10^{-2\log_{10}(\Delta f / f_m)} = S(f_m) f_m^2 \frac{1}{\Delta f^2}$$

于是 $S(\Delta f)$ 在频率范围 $f_m - B/2 \leqslant \Delta f \leqslant f_m + B/2$ 的积分可得：

$$P_B = \int_{f_m - B/2}^{f_m + B/2} S(\Delta f) \mathrm{d}(\Delta f) = S(f_m) \frac{4B}{4 - (B/f_m)^2} \tag{3.21}$$

如果 $(B/f_m)^2 \ll 4$，则式(3.21)变为

$$P_B \approx S(f_m) B \tag{3.22}$$

通过对相位噪声的了解，我们可以理解由该机制如何决定选择性。

3.3.1.3　选择性机制

为了使问题更具体，我们继续用 3.1.2.3 节练习的 SHR 接收机来进行讨论；然而，得到的结论对所有接收机结构都是适用的。通常，由于技术原因，高频率振荡器往往具有更高的相位噪声。因此，图 3.2 中的第一个 LO 起主导作用，我们忽略第二个 LO 的影响。

图 3.7 的频谱为频率在 f_R 的所需 RF 信号，干扰信号在频率更低频偏为 f_m 处，SHR 第一个含噪声的 LO 载波在频率 $f_R - f_{IF}$。

Δp 为干扰信号和所需信号的功率差(dB)。以 dB 形式、相对于 LO 载波的 Δn 即为离 LO 频偏 f_m 的相位噪声，也就是：

$$\Delta n[\text{dB}] = -L(f_m)[\text{dBc}]$$

RF 信号和 LO 都会进入混频器。因为 LO 频率低于 f_R，接收机工作在低边带注入模式(见第 2 章)；也就是说，混频器输出的在 IF 频率附近的唯一信号，是输入的每一个 RF 信号的瞬时相位通过混频器减去 LO 的瞬时相位。所有其他混频后的产物均在高频(接近 $2f_R$ 频率或者更高)或者在低频(接近 DC)，可被滤除。简言之，输入的 RF 信号在频率为 $f_R - f_{IF}$ 时才变频，因此所要的信号现在在 f_{IF} 处，而干扰信号频率为 $f_{IF} - f_m$。然而，在

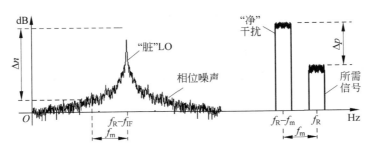

图 3.7 混频器输入的频谱图

3.3.1.1 节中,可以看到 LO 信号由于噪声的存在包含了寄生的相位调制成分 $\varphi(t)$。因为在混频行为中:

- 输入的 RF 信号相位减去 LO 相位会将相位成分 $\varphi(t)$ 从 LO 转化到输入 RF 信号。
- 在混频器输出端的 RF 信号将获得与 LO 一致的相位噪声。
- Δn 只取决于相位调制。
- 在与干扰信号频偏 $\Delta f = +f_m$ 的频率处,相位噪声被干扰信号捕获并进入 IF 带宽内,如图 3.8 所示,因此会在接收机的输出带来额外的噪声。

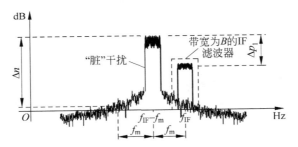

图 3.8 混频器输出的频谱图

- 因为 Δn 只取决于相位调制,因此 Δn 是固定的。所以如果干扰信号相对所需信号增加,例如 Δp 从图 3.8 中的 Δp_1 增加到图 3.9 的 Δp_2,则侵入 IF 带宽的噪声也会相应增加。

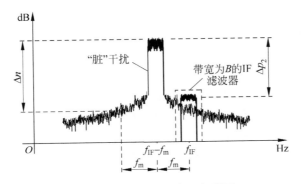

图 3.9 增加干扰功率的频谱图

- 当干扰信号功率增加时,侵入到 IF 带宽的相位噪声功率会使 SNRo 下降,直到 SNRo <SNRd,将会失去所需信号。

已知 IF 滤波器不能保护接收机不受 LO 相位的影响。IF 滤波器的作用是衰减在频率 f_R-f_{IF} 的强干扰信号,避免①高增益的后级电路饱和,②由于带外噪声引起的 SNRo 衰减。然而,因为 IF 滤波器带外抑制超过 110dB 是一件相对简单的任务,除了一些对余量要求非常特殊的情况,相位噪声的影响通常是占强主导的。

一个常见的选择性干扰情况是中心基站接收大量的用户信号。幸运的是,类似基站系统,基站控制器预先知道每一个传输的频率位置和传输时间,每一个接收的 RF 信号功率也是被检测的。通过使用一个正确的功率控制程序,基站可以要求用户减少发射功率,以减少其对选择性的威胁。

另外一个我们应知道的问题是 LO 的杂散。这种类型的杂散,一般为参考杂散,在频率综合器中由于窄带频率调制引起(见第 5 章),它以具有功率集中在多个 $\pm f_m$ 偏移处的较小的不需要的"脉冲"形式出现在 LO 频谱中,如图 3.10(a)所示。因为它们由相位调制引起,经过混频后它们被转换为如图 3.10(b)的干扰信号,可能造成选择性的大幅恶化,即使相位噪声非常低。然而,在大部分情况中,这些杂散可以被有效地控制。

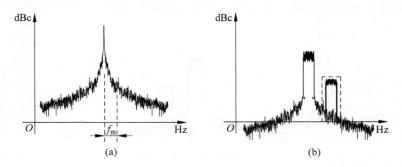

图 3.10 (a)LO 参考杂散,(b)杂散转变成一个临近干扰

值得注意的是,相位噪声和参考杂散都会转化到所需信号中。然而因为噪声和杂散比微弱的所需信号具有功率差距 Δn,因此造成的影响较小。因为 Δn 非常大,任何因此产生的带内噪声(一般低于 30dB)不影响 SNRo。

从以上讨论可得,对于实际选择性的计算,关注相位噪声已经足够。在接收机内容中,选择性通常指相邻信道选择性。

3.3.1.4 选择性定义

用 Si=2SensH 定义加到天线端口所需信号的功率。用 f_R 定义所要信道的频率,用 Δf 指定邻近信道间距。用 Sadj 定义在频率 $f_R\pm\Delta f$ 处功率最小的 RF 信号(任意一边邻信道频率),使得当 Si 同时加入到天线端口时,造成接收机输出回到(恶化)灵敏度水平的性能。

接收机选择性用 Sel 定义,是 Sadj 和 Sens 之间的功率比值(dB),即:

$$Sel = 10\log_{10}(Sadj/Sens) \tag{3.23}$$

对于 CCR,干扰使得在检波器输入的噪声功率加倍,会让 SNRo 回到 SNRd。换言之,当选择性 Sel 超过灵敏度时,邻近信道干扰会造成 3dB 的脱敏。如同前面讨论的,在大多数情况下,选择性主要受接收机链路中第一个本地振荡器(LO)相位噪声的影响,并不受 IF 滤波器或者 BB 滤波器整形的影响。Sel 的值计算如下:

- 用 f_m 定义干扰信号相对所要信号的频偏。
- 用 $L(f_m)$ 定义在相对振荡载波频率偏差 f_m 处的 LO 的相位噪声。
- 用 B 定义 RF 信号的带宽。

于是,接收机选择性根据以下计算得到:

$$\text{Sel} = -\text{SBN}(f_m) + \text{CCR} \, [\text{dB}] \tag{3.24}$$

将式(3.18)代入到式(3.24)中,可得:

$$\text{Sel} \approx -[L(f_m) + 10\log_{10}(B)] + \text{CCR} \, [\text{dB}] \tag{3.25}$$

式(3.24)和式(3.25)满足大部分应用。这里 B 是 IF(带通)滤波器的带宽,或者是 BB(低通)滤波器的两倍带宽。式(3.24)的证明见 3.13.3 节。

以下练习训练式(3.25)的使用。

3.3.1.5　练习:直接变频接收机选择性

一个 Wi-Fi 路由器采用了一个以下参数的直接变频接收机:

- CCR $=-15$dB。
- LO 相位噪声 $=-135$dBc/Hz@20MHz。
- 信道间距 $=20$MHz。
- 信道宽度 $=16$MHz。

(1) 计算相邻信道选择性。
(2) 计算在相差三个信道距离的干扰信号下的选择性。

答案

(1) 使用式(3.25),可得:

$$\text{Sel}@f_m = 135 - 10\log_{10}(16 \cdot 10^6) - 15 \approx 48\text{dB}@ \pm 20\text{MHz}$$

(2) 使用式(3.19)和 $\Delta f = 3f_m$,可得:

$$L(3f_m) = L(f_m) - 20\log_{10}(3) \approx L(f_m) - 9.5\text{dB}$$

然后,使用式(3.25),得到:

$$\text{Sel}@3f_m \approx -[L(f_m) - 9.5 + 10\log_{10}(B)] + \text{CCR} = \text{Sel}@f_m + 9.5 = 57.5\text{dB}$$

3.3.2　选择性的测量

选择性测量的设置与图 3.4 描述的 CCR 测量设置一样。然而,选择性测量对干扰信号源 B 性能要求非常严。一般 B 的相位噪声必须比待测接收机 LO 的相位噪声好至少 10dB。如果干扰信号的相位噪声比 LO 带来相位噪声差,那么将会得到错误的结果(比实际结果差)。忽视信号源 B 的性能对 RF 工程师来说是一个常犯的错误,而且通常会导致令人迷惑的结果。对于信道上的信号源 A,则没有特殊的要求。选择性应在所要信道两边都测量,也就是在频率上高一个信道和低一个信道。最差的一个作为选择性指标。

测量的步骤如下:

- 信号源 A 调到所要信道。
- 信号源 B 调到邻近信道。

- 首先关闭信号源(B)，增加信号源(A)直到 BER 满足灵敏度值。
- 记录信号源功率 P_A(dBm)。
- 然后，增加信号源 A 功率 3dB，使得 BER 比灵敏度水平好(小)。
- 现在，用调制带宽类似指定 BB 的、经过模拟或者数字(不同于信号)调制的调制信号源(B)，增加该功率直到 BER 恶化回到灵敏度水平。
- 记录信号源(B)的功率(dBm)。

则灵敏度(dB)如下

$$\text{Sel} = P_B \mid_{\text{dBm}} - P_A \mid_{\text{dBm}} \tag{3.26}$$

3.4 阻塞

3.4.1 定义及工作原理

接收机阻塞机制与选择性密切相关。阻塞是接收机对于远离所要信道但仍在接收机工作带宽内的强干扰信号的抗干扰。

阻塞是在高密度 RF 环境中最恶劣的"系统杀手"之一。通常不能在发生之间预测或者阻止，忽略它会导致系统失灵。

作为一个例子，如果一个拥有数个不相关系统天线的屋顶，它们是相互邻近的。一个连接到这样天线的接收机必定在多个强干扰下工作，每个强干扰是未知的且具有不稳定的行为。

当讨论 3.3.1.1 节 LO 的相位噪声时，我们说过在离振荡频率非常远处，$L(\Delta f)$ 最终达到噪声底数。

$L(\Delta f)$ 的数学表现和设计振荡器以达到一个目标相位噪声和噪声底数的方法将在第 6 章详细讲解。在现阶段，我们只涉及最终的噪声底数，具有以下形式：

$$L(\infty) \approx 10\log_{10}\left(\frac{kTF}{2P_s}\right)[\text{dBc/Hz}] \tag{3.27}$$

这里 k 为玻耳兹曼常数，T 是温度(开尔文)，F 是振荡器中有源元件的噪声因子。所有以上参数是固定的。P_s 是一个设计参数，它是回到有源器件输入端口的振荡功率。

任何在接收机工作频带的远端干扰，都会到达混频器，捕获 0 的噪声底数(见式(3.27))，如同选择性机制一样，它的延展会将相位噪声引入 IF 带宽。混频器输出的一个典型的频谱图如图 3.11 所示。

需要注意的是，由于其他振荡器产生的干扰已经有它们自己不可避免的噪声底数，该远离载波频率的噪声通常会由于匹配网络和天线的有限带宽而被衰减。然而，一个带噪声的接收机 LO 通常会导致更差的噪声底数。

虽然 LO 的噪声底数比(较近的)邻近信道低很多，但是干扰非常多。与选择性场景不同的是，接收机不能预先知道发射过来外来信号的频率和时间，而且不能控制它们的功率。

抵抗阻塞一个最好的方法是，保持 LO 的低噪声底数。式(3.27)显示噪声底数可以通过增加振荡器功率来减少(一定程度)。

当选择一个为接收机设计的振荡器，相位噪声(特定频偏)和噪声底数都必须被指定。

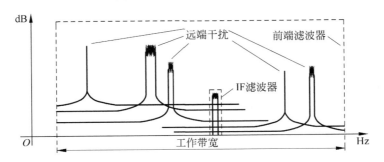

图 3.11　阻塞场景下混频器输出的频谱图

通常对于一个优质手机带宽的振荡器噪声底数的值约为 -155dBc/Hz。

为了尽量接近噪声底数,接收机的阻塞性能由工作频带的一边为所需信号,另一边为单个阻塞信号的情况定义。

3.4.1.1　阻塞定义

用 $\text{Si}=2\text{Sens}$ 定义在工作频带的一边加到天线端口的所要信号功率(例如最低工作频率)。用 S_{Block} 定义在工作频带另一边的最小 RF 功率(如最高工作频率),当其与 Si 一起加入到天线端口时,使得接收机输出回退(变差)到灵敏度水平性能。我们用 Block 定义接收机阻塞(dB),它是 S_{Block} 和 Sens 功率比值,也就是:

$$\text{Block} = 10\log_{10}(S_{\text{Block}}/\text{Sens})\,[\text{dB}] \tag{3.28}$$

从前面的讨论和用 B 定义 RF 信道的带宽,可得:

$$\text{Block} = -[L(\infty) + 10\log_{10}(B)] + \text{CCR}\,[\text{dB}] \tag{3.29}$$

式(3.28)和式(3.29)的证明和 3.13.3 节选择性的证明一样。阻塞的测量方法与 3.3.2 节选择性测量方法一样。对信号源 B 相位噪声的限制也类似。接下来的练习可使该结论更加清晰。

3.4.1.2　练习:无阻塞距离

一个出租车调度器的运行执照工作在单一信道(发射和接收频率一样),频率为 450～452MHz。收发机天线距离地面 15m 高。接收机的指标为:

- 工作带宽 $=450\sim470\text{MHz}$。
- 信道带宽 $=25\text{kHz}$。
- 灵敏度 $=-107\text{dBm}$。
- 本振噪声底数 $=-145\text{dBc/Hz}$。

干扰出租车的一个工作频带为 464～466MHz,发射 5W 的功率。计算当经过这个调度器基站时,从多少距离开始该信号会阻塞调度器的接收机。

答案

由 CCR 约等于 -10dB,由式(3.29),可得

$$\text{Block} = -[-145 + 10\log_{10}(25\times10^3)] - 10 \approx 91\text{dB}$$

使用式(3.28)

$$\text{Block} = 10\log_{10}\left(\frac{S_{\text{Block}}/1\text{mW}}{\text{Sens}/1\text{mW}}\right) = S_{\text{Block}}\mid_{\text{dBm}} - \text{Sens}\mid_{\text{dBm}}$$

从以上两个等式可得：

$$S_{\text{Block}}\mid_{\text{dBm}} = -107 + 91 = -16\text{dBm}$$

干扰器发射的最大干扰信号功率(dBm)为：

$$P_{\text{T}}\mid_{\text{dBm}} = 10\log_{10}(5/10^{-3}) \approx 37\text{dBm}$$

因此需要防止阻塞的最小路径损耗为：

$$L_{\text{path}}\mid_{\text{dB}} = P_{\text{T}}\mid_{\text{dBm}} - S_{\text{Block}}\mid_{\text{dBm}} = 53\text{dB}$$

干扰信号的中间频率为 $f_0 = 465\text{MHz}$，它的波长为：

$$\lambda = c/f_0 = 300/465 \approx 0.65\text{m}$$

假设出租车上的天线高于地面 1.5m，由式(3.1)，可知超前距离为：

$$d_{\text{c}} = 4\pi\frac{h_1 h_2}{\lambda} = 4\pi\frac{15 \times 1.5}{0.65} \approx 435\text{m}$$

使用式(3.2)中的自由空间路径损耗，最小的距离为：

$$L_{\text{path}}\mid_{\text{dB}} = 53 = 22 + 20\log_{10}\left(\frac{d}{\lambda}\right) \Rightarrow d = 10^{(53-22)/20}\lambda \approx 23\text{m}$$

因为 $d < d_{\text{c}}$，这里 FS 公式可以正确的计算。综上，出租车的调度器在出租车接近调度器基站小于 23m 时候发生阻塞。

3.4.2 阻塞的测量

阻塞的测量与 3.3.2 节选择性测量的过程一样。

3.5 互调抑制

3.5.1 定义及工作原理

在接收机中，互调通常指三阶互调抑制(IMR3)，它是一个需要关注的主导项。接收机和发射机产生互调的机制是类似的。

然而，发射机受多阶互调的强烈干扰。因此，在现阶段，我们将细节的理论分析推迟到第 4 章，尽量保持在使用相应公式的最低理论水平。

虽然 IMR3 在大多电路中存在，只要涉及接收机，第一个混频器产生的 IMR3 影响通常是主导的(尤其当后级的增益相当大，见 3.5.1.2 节的解释)。为了让事情简化，我们用 3.1.2.3 节练习的 SHR 接收机进行讨论，然而，所得的结论对所有类型接收机都是可用的。图 3.12 展示了 IMR3 干扰。

首先，讨论 LNA 中产生 IMR3 的简单例子。混频器和 LNA 的非线性行为可以将 RF 输出电压 v_{o} 以泰勒展开的形式表示：

$$v_{\text{o}} = a_1 v_{\text{i}} + a_2 v_{\text{i}}^2 + a_3 v_{\text{i}}^3 + a_4 v_{\text{i}}^4 + \cdots \tag{3.30}$$

在式(3.30)中，v_{i} 是输入的 RF 信号。系数 a_1 是电压增益的线性部分。对于很小的输入信号，$v_{\text{o}} \approx a_1 v_{\text{i}}$，接收机是线性的。现在假设输入信号包含图 3.12 中的 S_{A} 和 S_{B}。

角频率 $\omega_{\text{R}} = 2\pi f_{\text{R}}$ 是所要的接收频率，但是没有在所要信道传输。

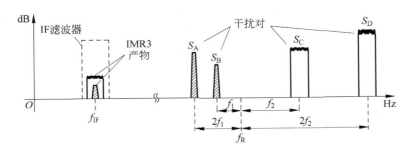

图 3.12 SHR 接收机的 IMR3 产物

定义 $\Delta\omega$ 为任意的频率偏移。在当前情况 $\Delta\omega = -2\pi f_1$。

S_A 和 S_B 都不在频率 ω_R 处。事实上，S_A 在频率 $\omega_A = \omega_R + 2\Delta\omega$，$S_B$ 在频率 $\omega_B = \omega_R + \Delta\omega$。在这个特殊的例子中 $\Delta\omega = -2\pi f_1$。

出于简化的目的，我们使用未调制的恒定幅度的 RF 载波信号 S_A 和 S_B，然而该结果对任何一对调制的 RF 信号都是有效的。在 LNA 输入的 RF 信号为：

$$v_i = S_A + S_B = A\cos(\omega_A t) + B\cos(\omega_B t)$$

$$\omega_A = \omega_R + 2\Delta\omega, \quad \omega_B = \omega_R + \Delta\omega \tag{3.31}$$

当 S_A 和 S_B 幅度变大，LNA 输出信号的非线性部分变大。特殊情况下，由于式（3.30）中的三阶功率，LNA 输出电压包含一个成分：

$$a_3 v_i^3 = a_3 \left[A\cos(\omega_A t) + B\cos(\omega_B t) \right]^3$$

$$= 3a_3 AB^2 \cos(\omega_A t)\cos^2(\omega_B t) + 其他$$

$$= \frac{3}{2} a_3 AB^2 \cos(\omega_A t)\cos(2\omega_B t) + 其他$$

$$= \frac{3}{4} a_3 AB^2 \cos[(\omega_A - 2\omega_B)t] + 其他$$

$$= \frac{3}{4} a_3 AB^2 \cos(\omega_R t) + 其他 \tag{3.32}$$

由式（3.32）可见一个在 ω_R 频率处的 RF 信号 S_{IM} 出现在 LNA 的输出，虽然在天线端口没有其实际对应的信号。从现在开始，S_{IM} 与实际所要信号没法区分，因此它将到达 IF 滤波器。然而，由于 S_{IM} 是外来信号，因此会在接收机输出贡献额外的噪声功率，造成接收机脱敏。这个类型的噪声信号会由于任何信号的耦合而出现，例如一个具有频偏 $\Delta\omega$ 而另一个具有频偏 $2\Delta\omega$，$\Delta\omega$ 可为任意值。

为了对该干扰的行为有一个感觉，考虑 S_A 和 S_B 具有相同的幅度 A。于是 S_{IM} 变得与 A^3 成正比。于是可得 S_{IM}(dBm) 为：

$$S_{IM}\big|_{dBm} = 20\log_{10}\left(\frac{3}{4}a_3 A^3\right) = 常数 + 3 \times S_A\big|_{dBm} \tag{3.33}$$

可得当 S_A 和 S_B 都增加 1dB 时，干扰 S_{IM} 增加 3dB。这就是为什么我们称它为三阶互调产物。

需要注意的是，式（3.30）泰勒展开中的更高阶项的 v_i 也会引入额外的干扰，但可以忽略它们，因为三阶项的功率产物是主导（见第 4 章）。

现在讨论一个混频器中产生 IMR3 的重要例子。如同前面指出的，大部分情况下第一个混频器是互调性能的主要限制因素。再次参考 SHR 接收机,其混频器输出也有式(3.30)的泰勒展开项,但是,不同于 LNA 例子,它同时还取决于本振信号。

用 S_{LO} 定义恒定幅度的本振信号,用 ω_{IF} 定义 IF 频率,随意假设低边带注入,则混频器输入电压为

$$v_i = S_A + S_B + S_{LO} = A\cos(\omega_A t) + B\cos(\omega_B t) + C\cos(\omega_{LO} t)$$

$$\omega_A = \omega_R + 2\Delta\omega, \quad \omega_B = \omega_R + \Delta\omega, \quad \omega_{LO} = \omega_R - \omega_{IF} \tag{3.34}$$

不同于 LNA 情况,混频器的互调产物是因为式(3.30)中的第四个功率项。这是因为第三个功率项没有包含所有三个输入信号的产物。混频器输出电压包含一个以下成分:

$$\begin{aligned}
a_4 v_i^4 &= a_4 [A\cos(\omega_A t) + B\cos(\omega_B t) + C\cos(\omega_{LO} t)]^4 \\
&= 12a_4 AB^2 C\cos(\omega_A t)\cos^2(\omega_B t)\cos(\omega_{LO} t) + 其他 \\
&= 6a_4 AB^2 C\cos(\omega_A t)\cos(2\omega_B t)\cos(\omega_{LO} t) + 其他 \\
&= 3a_4 AB^2 C\cos[(\omega_A - 2\omega_B)t]\cos[(\omega_R - \omega_{IF})t] + 其他 \\
&= 3a_4 AB^2 C\cos(\omega_R t)\cos[(\omega_R - \omega_{IF})t] + 其他 \\
&= \frac{3}{2}a_4 AB^2 C\cos(\omega_{IF} t) + 其他
\end{aligned} \tag{3.35}$$

再次考虑具有相同幅度 A 的 S_A 和 S_B 的例子。因为本振的幅度 C 是固定的,在 IF 频率出现一个与 A^3 成比例的 S_{IM} 干扰,当 S_A 和 S_B 增加 1dB 时 S_{IM} 增加 3dB。

通常定义 N 阶互调产物为当非固定信号输入增加 1dB,该产物增加 N dB。

因此,可知三阶互调产物不一定是式(3.30)中泰勒展开的三阶失真项引起的。

这里在式(3.30)泰勒展开式中 v_i 的高阶功率同样会引入额外的噪声,但我们同样忽略它们,因为高阶项通常可以被忽略。

现在开始定义接收机的 IMR3 指标。

3.5.1.1 互调的定义

用 Si=2Sens 定义加载到天线端口的所需 RF 信号功率。定义 f_R 为接收到信号的频率,Δf 为任意频率偏差。考虑两个具有同样功率 Sim 的信号 $S_{\Delta f}$ 和 $S_{2\Delta f}$,它们中一个在频率 $f_R + \Delta f$ 处,另一个在 $f_R + 2\Delta f$ 处。用 Sim 定义最小的功率,使得 $S_{\Delta f}$ 和 $S_{2\Delta f}$ 与 Si 一同加入到天线端口时,使得接收机输出回退(恶化)到灵敏度水平。接收机三阶互调抑制 IMR3 即是 Sim 和 Sens 的功率比值(dB):

$$IMR3 = 10\log_{10}(Sim/Sens) [dB] \tag{3.36}$$

这里干扰信号使得检波器噪声加倍,使得 SNRo 回到 SNRd。因为干扰信号成对的方式是没有限制的,用两个相同输入功率干扰来定义 IMR3,这被证明是有用的。

在 3.5.1 节进行的分析中,我们注意到输出端的 IMR3 产物 S_{IM} 比 S_A 和 S_B 的增加速度更快。因此,如果接收机的干扰具有相同幅度 A,持续增加 A,那么理论上在某一点处,S_{IM} 的幅度会与等功率的 S_A 和 S_B 的"线性"放大部分 $a_1 A$ 相等(实际情况中,饱和会发生在这之前)。该点的输入功率 S_A 被称为电路的三阶输入交调点,用 IP3i 来定义。

IP3i(dBm)对于一个具有 IMR3 产物的电路具有独立的特征,它与输入干扰信号的幅度没有关系。关于任意 N 阶的输入交调点 IPNi 将在第 4 章讨论。

当选择一个元件(如混频器)用来设计接收机时,它的 IP3i 标记在数据清单中。于是

式(3.36)中以上元件的输入 IMR3 为

$$IMR3 = \frac{2}{3}(IP3i\mid_{dBm} - Sens\mid_{dBm}) + \frac{1}{3}CCR[dB] \qquad (3.37)$$

式(3.37)的证明见 3.13.4 节。

3.5.1.2 增加增益(或者损耗)的影响

式(3.37)计算了一个已知 IP3i 的接收机在其输入端口的 IMR3,然而情况不总是这样的。为了证明这一点,假设图 3.2 中的 SHR 接收机的交调点为 IP3i。为了计算接收机 IMR3′的互调点,必须知道在天线端口的互调点 IP3i′。然而在混频器的输入到天线端口中间有两个具有独立损耗的滤波器,和一个具有增益的 LNA,也就是有额外的增益 $G'[dB]$。此增益会如何影响互调? 为了回答这个问题,假设 LNA 的互调是可以忽略的。根据 3.5.1.1 节互调点的定义,功率 $p=$ IP3i 的两个干扰信号产生的干扰幅度与当只有一个 $p=$ IP3i 所要信号加入到混频器输入端时是一样的。然后由于额外的增益(或者损耗)G',当在天线输入端口有功率为 $p'=$ IP3i′ $-G'$ 的信号时输出幅度相同。然而,根据定义,在天线端口的交调点为 $p'=$ IP3i′,然后,在混频器输出的互调产物具有与线性放大信号一样的功率。因此在天线端口的交调点 IP3i′对应 IP3i 减少,减少量即等于增益的:

$$IP3i' = IP3i - G' \qquad (3.38)$$

为了理解增益 G' 对互调的影响,让我们回到在 3.1.2.3 节对 SHR 接收机的分析。为了方便,再次用图 3.13(a)来显示接收机从天线输入到第一个混频器的链路。现在考虑图 3.13(b)修改后的接收机:从第一个混频器的输入到基带的输出,接收机链路与原来一样,但是从混频器输入到天线端口的前端是不同的。在图 3.13(b)的接收机中,设计者把第一个带通滤波器和第二个带通滤波器合并到一个封装中,由于内部匹配的缘故会导致增加 0.5dB 的整体损耗。为了获得与前一个接收机一样的灵敏度,必须增加 LNA 的增益,但接收机的噪声系数会增加 0.5dB。因此它们具有相同的灵敏度 Sens $= -114.5$dBm,如 3.1.2.3 节所示(作为练习,请读者证明这个结果)。

尽管两个接收机的灵敏度是一样的,然而在图 3.13(a)中混频器前的净增益为 9dB,图 3.13(b)中混频器前的净增益为 13.5dB,因此有额外的增益 $G' = 4.5$dB。通过式(3.38),相对于图 3.13(a)接收机的 IP3i,图 3.13(b)的输入交调点 IP3i′被减少(减少量为增加的净增益)。将式(3.38)代入式(3.37),图 3.13(b)接收机输入端口的互调抑制为:

$$IMR3' = \frac{2}{3}(IP3i' - Sens) + \frac{1}{3}CCR = \underbrace{\frac{2}{3}(IP3i - Sens) + \frac{1}{3}CCR}_{IMR3} - \frac{2}{3}G' \qquad (3.39)$$

因此,在输入加入一个净增益 $G'[dB]$,IMR3 被减少 $\frac{2}{3}G'[dB]$

$$IMR3' = IMR3 - \frac{2}{3}G', \quad G'\mid_{dB} \equiv 输入端增加的增益 \qquad (3.40)$$

因此,在图 3.13(b)的修改中,虽然维持了灵敏度,但是互调降低了$(2/3)\times 4.5=3$dB。由此得到一个重要的结论:在设计一个接收机时,需要尽量减少非线性元件前的净增益。以下的习题会阐明式(3.38)的应用。

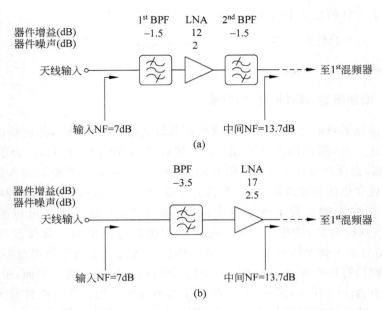

图 3.13 (a)图 3.2 的接收机；(b)修改后的接收机

3.5.1.3 习题：互调

(1) 基于已给定的运行频段，3.4.1.2 节中的出租车干扰器不能导致对调度器的互调干扰。

(2) 给定 3.1.2.3 节中的第一个混频器具有 IP3i＝＋3dBm 并占主导影响，估算 SHR 接收机的互调指标。

答案

(1) 由于调度器的工作频段为 $450\sim452\text{MHz}$，干扰器的工作频段为 $464\sim466\text{MHz}$。可得干扰器的信道到调度器最小的频偏为 $\Delta f＝464-452＝12\text{MHz}$(高于调度器频率)。对于产生三阶互调，这需要另一个干扰器信道在频率偏移 $2\Delta f＝24\text{MHz}$ 处(高于调度器频率)，也就是 $452+24＝476\text{MHz}$，它高于干扰器的工作频段。

(2) 在混频器输入端和天线端口有两个前端滤波器，每一个具有 1.5dB 损耗，以及一个具有 12dB 增益的 LNA。

节点附加增益为 $G'＝12-2\times1.5＝9\text{dB}$。

使用式(3.38)，在天线端口的 $\text{IP3i}'＝＋3-9＝-6\text{dBm}$。

接收机的灵敏度为 $\text{Sens}＝-114.5\text{dBm}$，$\text{CCR}＝-10\text{dB}$。

使用式(3.37)，接收机的互调为：

$$\text{IMR3}＝\frac{2}{3}(-6+114.5)-\frac{10}{3}＝69\text{dB}$$

3.5.2 互调的测量

图 3.14 为 IMR3 的测量设置。衰减器 A、B 和 C 具有相等的衰减。混合网络各输入端

口的衰减一样。测量过程如下：

- 关闭信号源 B 和 C。
- 增加主信号源功率 A 直到接收机输出达到灵敏度水平。记录信号源 A 的功率 P_{A}(dBm)。
- 增加主信号源功率 3dB。
- 用带宽与 BB 类似的外来调制信号调制信号源 C，信号源 B 为未调制。
- 增加信号源 B 和 C 的功率直到 BER 恶化回到灵敏度水平。记录信号源 B 和 C 功率（相等的）P_{BC}(dBm)。

IMR3 为：

$$\text{IMR3}\,|_{\text{dB}} = P_{\text{BC}}\,|_{\text{dBm}} - P_{\text{A}}\,|_{\text{dBm}} \tag{3.41}$$

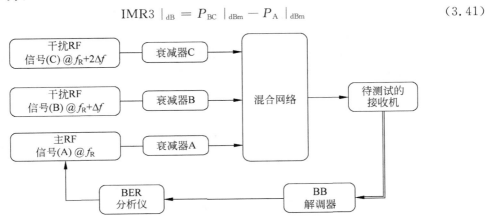

图 3.14 基于数字调制的 IMR3 测量

虽然对信号源 A 没有特殊要求，但互调抑制对信号源 B 和 C 的要求很高。快速回顾一下选择性测试过程，如果两个信号源 A 和 B 频率间隔一个信道，IMR3 结果永远不会比选择性好，无论限制因素是综合器的相位噪声，或者是信号源 B 的相位噪声。

因此 IMR3 测量需要增加 Δf 到尽可能最大，但仍然让 $2\Delta f$ 在工作频段内。因为互调通常比选择性好，必须要注意使用低噪声信号源作为干扰信号。

为了避免在信号源由它们输出功率过大导致互相泄漏产生互调（会产生令人迷惑和错误的测量值），必须使用衰减器。

信号源 B 不能被调制的原因是 IMR3 机制包含近信号的平方功率，这会导致调制变宽，因此会导致超过信道带宽并产生干扰功率损耗。

3.6 镜像抑制

3.6.1 定义及工作原理

这个指标对应于类似 SHR 的非零 IF 频率接收机，与直接变频接收机没有关系。接收机镜像响应是混频器功能的固有体现。

3.13.5 节中我们简单回顾了混频器的工作原理，阐述了镜像干扰产生的机制和所要信号产生的机制是一样的。在现阶段需要指出以下几点：

- 用 f_R 定义所要信道的频率，f_{IF} 定义一个接收机的 IF 频率。
- 频率 $f_{Image} = f_R \pm 2f_{IF}$，其中($+$)表示使用上边带注入模式，($-$)表示使用下边带注入模式，被称为所要信号 f_R 的镜像频率。
- 一个频率为 f_R 的所要信号 S_R 和一个频率为 f_{Image} 的镜像信号 S_{Image} 都会通过同样的混频器机制转化到 IF 信号。这是因为混频器具有相位/频率减法作用：

$$|f_{Image} - f_{LO}| = \begin{cases} |(f_R - 2f_{IF}) - (f_R - f_{IF})| = f_{IF} & \text{下边带} \\ |(f_R + 2f_{IF}) - (f_R + f_{IF})| = f_{IF} & \text{上边带} \end{cases} \tag{3.42}$$

- 在第一个混频器的输入时，镜像信号的行为与所要信号的行为一样，而不像其他各种干扰，该镜像干扰没有办法自然抑制。
- 在链路中唯一可以进行保护的方法是，必须在第一个混频器之前以及天线端口之间加入前端滤波器。

图 3.15 展示了前端滤波器如何提供在最坏情况下，下边带注入镜像干扰的保护模式（在上边带注入模式，除了干扰频率为关于 f_0 的镜像，其他与下边带注入模式一样）。

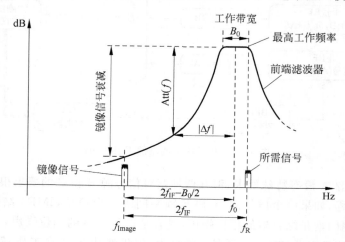

图 3.15　下边带输入 SHR 接收机最差镜像抑制情况

前端滤波器的频带近似等于整个接收机的工作带宽 B_0 [Hz]。在下边带注入模式，最坏的镜像干扰出现在当所需信号位于工作频带的上边沿时。然后镜像信号将位于两倍 IF 频率偏移的低频处。

3.6.1.1　镜像抑制的定义

用 Si＝2Sens 定义加载到天线端口的 RF 信号功率。用 f_R 定义接收到所需信号的频率，用 f_{IF} 定义 IF 频率。用 f_{Image} 定义一个频率，使得：

$$f_{Image} = f_R \pm 2f_{IF} \tag{3.43}$$

其中($+$)用来表示上边带注入模式，($-$)则表示下边带注入模式。用 S_{Image} 表示频率为 f_{Image} 信号的最小功率，使得 S_{Image} 和 Si 一同加入到天线端口时，使得接收机输出回退（变差）到灵敏度水平。

则镜像抑制为 S_{Image} 和 Sens 的功率之比(dB)：

$$IR = 10\log_{10}(S_{Image}/Sens)[dB] \tag{3.44}$$

用 $Att(f_{Image})$ 定义在频率处 f_{Image} 前端滤波器的衰减,镜像抑制 IR[dB]如下:

$$IR = Att(f_{Image}) + CCR[dB] \tag{3.45}$$

3.13.5 节给出了式(3.45)的证明。从图 3.15 可清晰地看到当 f_R 在通带边缘时是最差的 IR 情况。对于任意其他所要频率,滤波器对镜像频率的抑制会更大,因此,接收机 IR 指标参考最差的 IR 值。除了滤波器特性,可知 IR 还强烈依赖于工作带宽、IF 频率和前端滤波器的整形。

因为工作带宽和频率范围通常是被限制的,所要 IF 的频率 f_{IF} 和滤波器的整形特征 $Att(f)$ 是被 IR 需求强烈影响的。下面的练习能够明晰式(3.45)的使用。

3.6.1.2 练习:IR 和前端滤波器

图 3.13(b)中修改的 SHR 接收机在下边带注入模式下工作,工作带宽是 20MHz,IF 频率为 45MHz,前端滤波器是一个最大平坦(巴特沃夫)的 n 阶带通滤波器,其带宽等于工作带宽。n 阶巴特沃夫带通滤波器的衰减如下:

$$Att(f) = 10\log_{10}\left[1 + \left(\frac{f - f_0}{B_0/2}\right)^{2n}\right][dB] \tag{3.46}$$

这里 $Att(f)$,B_0 和 f_0 与图 3.15 中对应,图中滤波器的形状为式(3.46)决定的形状。滤波器带宽 B_0 为 $Att(f) \leqslant 3dB$ 的频率范围,也就是 $|f - f_0| \leqslant B_0/2$。

(1) 确定可以获得至少 70dB 镜像抑制的最小阶数 n。

(2) 如果接收机工作在上边带注入模式,会有什么区别?

注意:一个前端滤波器需要设计在最小可能的阶数,因为成本、复杂度、物理尺寸和通带损耗会随阶数增加而增加。

答案

(1) 将式(3.46)代入式(3.45),当 IR $\geqslant$ 70dB,CCR $=-10$dB 时,得到:

$$Att(f_{Image}) + CCR \geqslant IR \Rightarrow 10\log_{10}\left[1 + \left(\frac{f_{Image} - f_0}{B_0/2}\right)^{2n}\right] \geqslant 80dB \tag{3.47}$$

参考图 3.15,对于最差情况 $f_R|_{worst} = f_0 + B_0/2$,对应镜像频率为:

$$f_{Image}|_{worst} = f_R|_{worst} - 2f_{IF} = f_0 + B_0/2 - 2f_{IF} \tag{3.48}$$

将 $B_0 = 20$MHz 和 $f_{IF} = 45$MHz 代入

$$\frac{f_0 - f_{Image}|_{worst}}{B_0/2} = \frac{2f_{IF} - B_0/2}{B_0/2} = \frac{90 - 10}{10} = 8 \tag{3.49}$$

将式(3.49)代入式(3.47),最差情况衰减必须满足:

$$10\log_{10}[1 + 8^{2n}] \approx 10\log_{10}[64^n] = 18.06n \geqslant 80 \Rightarrow n \geqslant 4.43$$

所以必须采用 $n=5$。当使用一个 5 阶滤波器时,式(3.45)最差情况下的 IR:

$$IR|_{worst} = 10\log_{10}[1 + 8^{10}] + CCR \approx 100\log_{10}(8) - 10 = 80.3dB > 70dB$$

(2) 因为这个情况中滤波器是关于工作频带的中心频率对称的,镜像信号抑制对两个注入模式一样,因此,对于上边带注入模式的结果是一致的。如果滤波器不是对称的,或者不是根据工作频带的中心频率对称,最差 IR 将取决于注入模式。

3.6.2 镜像抑制的测量

IR 测量过程与 3.2.2 节描述 CCR 测量的过程一样。唯一的不同是图 3.4 中的信号源

B 需要调到频率 f_{Image} 处。

3.7 半中频抑制

3.7.1 定义及工作原理

半中频抑制（Half-IF Rejection, HIFR）对应于类似 SHR 的非零 IF 频率接收机，与直接变频接收机无关。

半中频干扰主要来源于接收机前端混频器的四阶非线性。然而这种干扰是二阶产物，因为它的增长速度（dB）只是干扰信号的两倍。我们将会在 3.13.6 节中详细讨论 HIFR 的细节。现在只作简单介绍就足够了。

- 设 $\omega_{\text{R}} = 2\pi f_{\text{R}}$，$\omega_{\text{IF}} = 2\pi f_{\text{IF}}$。其中 f_{R} 和 f_{IF} 分别是所需信道频率和中频频率。
- $f_{\text{HIF}} = f_{\text{R}} \pm 1/2 f_{\text{IF}}$ 是所需频率 f_{R} 的半中频频率，当取正号（＋）时为上边带注入模式，取负号（－）时为下边带注入模式。
- 设 $\omega_{\text{HIF}} = 2\pi f_{\text{HIF}}$，并用 $S_{\text{A}} = A\cos(\omega_{\text{HIF}}t)$ 表示频率为 f_{HIF} 的外来 RF 信号，$S_{\text{LO}} = C\cos(\omega_{\text{LO}}t)$ 表示本振信号。其中 $\omega_{\text{LO}} = \omega_{\text{R}} \pm \omega_{\text{IF}}$，正负号根据使用的注入模式来设定。为了寻求简便，将 S_{A} 设置为一个恒定幅度的未调制的 RF 载波，但是这个结论对调制的 RF 信号仍然适用。

如果频率为 f_{HIF} 的信号进入了第一个混频器的输入端，那么式（3.30）的四阶项会使混频器的输出电压中包含如下形式的分量：

$$
\begin{aligned}
a_4 v_i^4 &= a_4 [A\cos(\omega_{\text{HIF}}t) + C\cos(\omega_{\text{LO}}t)]^4 \\
&= 6a_4 A^2 C^2 \cos^2(\omega_{\text{HIF}}t)\cos^2(\omega_{\text{LO}}t) + 其他 \\
&= \frac{3}{2} a_4 A^2 C^2 \cos(2\omega_{\text{HIF}}t)\cos(2\omega_{\text{LO}}t) + 其他 \\
&= \frac{3}{4} a_4 A^2 C^2 \cos[2(\omega_{\text{HIF}} - \omega_{\text{LO}})t] + 其他 \\
&= \frac{3}{4} a_4 A^2 C^2 \cos(\omega_{\text{IF}}t) + 其他
\end{aligned}
\tag{3.50}
$$

因为本振信号的幅度 C 是固定的，所以在中频位置会出现一个和 A^2 成正比的干扰信号 S_2。并且 S_{A} 每增长 1dB，S_2 增长 2dB。

然而，由于混频器产生 S_2 的机制和对于所需信号的处理机制不同（和镜像相反），如果 a_4 比较小，那么相对于所需信号，S_2 会显露出一种自然的衰减。例如，一个双极混频器会有一个高达 45dB 的自然的半中频抑制。

其他任何额外的半中频抑制一定来自于第一个混频器到天线端口之间的前端滤波器。图 3.16 说明了前端滤波器怎么样在下边带注入模式下提供保护以避免最坏情况的半中频干扰（和在上边带注入模式下的分析类似，除了信号频率要相对于 f_0 镜像）。注入损耗（IL）在滤波器的通带内是一种（小的）欧姆损耗，并且取决于具体的实现技术。

这里最差的干扰也发生在工作频带的边沿（和 IR 一样），并且取决于中频频率和滤波器的衰减。然而，尽管这里需要的额外衰减远小于 IR 需要的衰减，但是 f_{HIF} 比 f_{Image} 更加接近于 f_0。因此，只要涉及滤波器，在很多情况下 HIFR 比 IR 的要求更加严格。因此，对 IR

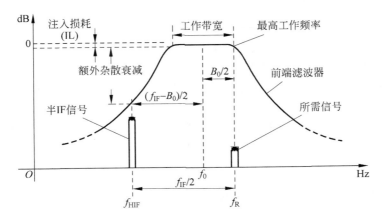

图 3.16　下边带注入 SHR 接收机的最差半 IF 衰减

和 HIFR 的设计要求必须在定义中频频率和前端滤波器的特性时同时考虑。

3.7.1.1　半中频抑制的定义

指定 $Si = 2Sens$ 表示施加到天线端口的所需 RF 信号的功率。所需接收频率用 f_R 表示，中频频率用 f_{IF} 表示，定义 f_{HIF} 为：

$$f_{HIF} = f_R \pm \frac{1}{2} f_{IF} \tag{3.51}$$

当使用上边带注入模式时取正号，使用下边带注入模式时取负号。定义 S_{HIF} 是频率为 f_{HIF} 的 RF 信号的最小功率，当它和 Si 同时输入到天线端口时，接收机的输出回退（恶化）到在灵敏度水平的性能。

半中频抑制（HIFR）是 S_{HIF} 和 Sens 的比值（dB）：

$$HIFR = 10\log_{10}(S_{HIF}/Sens)[dB] \tag{3.52}$$

就像在 3.7.1 节中所讲的，干扰的功率每增长 1dB，半中频产物会增长 2dB，因此，类似互调失真产生的情况，存在某一个输入功率 IP2i，使得所要信号 S_R 和干扰信号 S_{HIF} 在混频器输出端产生的中频信号具有相同的功率。

用 dBm 表示的二阶交调点 IP2i，独特地描述了一个元件或电路相对于半中频产物的硬件特性，这种描述方法和进入的干扰信号幅度无关。然而，当说起一个为接收机设计的元件（例如混频器）时，它的 IP2i 在数据手册中是很少定义的，但是应该在设计过程中进行评估。上述元件输入端的 HIFR，在没有任何额外的滤波时，可以定义为：

$$HIFR = \frac{1}{2}(IP2i - Sens \mid_{dBm}) + \frac{1}{2}CCR[dB] \tag{3.53}$$

式（3.53）在 3.13.6 节中提供了证明。请注意，在互调的情况下信号和干扰信号都处在工作频带内，而这里与之相反，且前端的滤波器只对干扰信号 S_{HIF} 产生额外的衰减，对所需信号 S_R 没有衰减作用。根据式（3.52）可以得到如下结论：前端滤波器在半中频频率上提供的额外衰减 $Att(f_{HIF})$ 将直接和式（3.53）的 HIFR 值叠加在一起。因此，如果用 $HIFR'$ 表示在前端滤波器输入端测量得到的半中频抑制，可以得到：

$$HIFR' = HIFR + Att(f_{HIF}) = \frac{1}{2}(IP2i - Sens \mid_{dBm}) + Att(f_{HIF}) + \frac{1}{2}CCR$$

$$= \frac{1}{2}(\underbrace{\text{IP2i} + 2\text{Att}(f_{\text{HIF}})}_{\text{IP2i}'} - \text{Sens}\mid_{\text{dBm}}) + \frac{1}{2}\text{CCR[dB]} \qquad (3.54)$$

从式(3.54)中可以看出，二阶输入交调点已经被提高到：

$$\text{IP2i}' = \text{IP2i} + 2\text{Att}(f_{\text{HIF}}) \qquad (3.55)$$

注意：这种机制和 3.5.1.2 节中的不同，因为在式(3.38)中假设所要信号和干扰信号的增益（或者衰减）相同，但是这里 $\text{Att}(f_{\text{HIF}}) \neq \text{Att}(f_{\text{R}})$。如果这里使用一个平坦的净增益（或者衰减）$G'$（例如加入一个放大器或者衰减器），那么式(3.38)对 IP2i 来讲也将成立，即：

$$\text{IP2i}' = \text{IP2i} - G' \qquad (3.56)$$

下边的练习将会阐明上述问题。

3.7.1.2　练习：HIFR 和前端滤波器

在 3.5.1.2 节练习中被修改过的 SHR 接收机的最差情况 HIFR 已经用之前答案中设计的五阶滤波器进行了测量，结果是：

$$\text{HFIR}\mid_{\text{worst}} = 55\text{dB}$$

忽略前端滤波器的插入损耗，并且假设半中频干扰信号主要来源于第一个混频器，

(1) 计算 LNA 输入端的最差情况的 HIFR。

(2) 计算混频器的 IP2i。

(3) 确定允许的最低的中频频率，以达到 $\text{HFIR}\mid_{\text{worst}} \geqslant 70\text{dB}$。

答案：

(1) 前端滤波器的阶数为 $n = 5$，滤波器的带宽为 $B_0 = 20\text{MHz}$，中频频率为 $f_{\text{IF}} = 45\text{MHz}$。所以，在最差情况下：

$$f_{\text{HIF}}\mid_{\text{worst}} = f_0 + B_0/2 - f_{\text{IF}}/2 \Rightarrow \frac{f_0 - f_{\text{HIF}}\mid_{\text{worst}}}{B_0/2} = \frac{f_{\text{IF}}}{B_0} - 1 = 1.25 \qquad (3.57)$$

将式(3.57)代入到式(3.46)中，在频率 $f_{\text{HIF}}\mid_{\text{worst}}$ 处滤波器的衰减为：

$$\text{Att}(f_{\text{HIF}}\mid_{\text{worst}}) = 10\log_{10}[1 + (1.25)^{10}] = 10.1\text{dB} \qquad (3.58)$$

使用式(3.54)可以得到：

$$\text{HIFR}\mid_{\text{LNA}} = \text{HIFR}\mid_{\text{antenna}} - \text{Att}(f_{\text{HIF}}) = 55 - 10.1 = 44.9\text{dBm} \qquad (3.59)$$

(2) 在 3.5.1.2 节中的灵敏度为 $\text{Sens} = -114.5\text{dBm}$，$\text{CCR} = -10\text{dB}$。使用式(3.53)，在天线端口可以得到：

$$55 = \frac{1}{2}(\text{IP2i}\mid_{\text{antenna}} + 114.5) - \frac{10}{2} \Rightarrow \text{IP2i}\mid_{\text{antenna}} = 5.5\text{dBm} \qquad (3.60)$$

因为天线和 LNA 被前端滤波器分开，使用式(3.55)，在 LNA 处可以得到：

$$\text{IP2i}\mid_{\text{LNA}} = \text{IP2i}\mid_{\text{antenna}} - 2\text{Att}(f_{\text{HIF}}) = 5.5 - 20.2 = -14.7\text{dBm} \qquad (3.61)$$

LNA 有平坦的增益 $G = 17\text{dB}$。所以可以用式(3.56)，得到在混频器的输入端有：

$$\text{IP2i}\mid_{\text{mixer}} = \text{IP2i}\mid_{\text{LNA}} + G = -14.7 + 17 = 2.3\text{dBm}$$

因为这是最后一个可以产生 HIFR 的点，所以这也是混频器本身的 IP2i 值。

(3) 为了得到 $\text{HFIR}\mid_{\text{worst}} \geqslant 70\text{dB}$，需要从前端滤波器中获得更多的衰减。由 $\text{HIFR}\mid_{\text{antenna}} \geqslant 70\text{dB}$ 和 $\text{HIFR}\mid_{\text{LNA}} = 44.9\text{dB}$（见式(3.59)），可以得到：

$$\text{Att}(f_{\text{HIF}}\mid_{\text{worst}}) \geqslant 70 - 44.9 = 25.1\text{dB} \qquad (3.62)$$

通过与式(3.57)和式(3.58)类似的计算，可以得到如下要求：

$$10\log_{10}\left[1+\left(\frac{f_{\text{IF}}}{B_0}-1\right)^{10}\right]\approx 100\log_{10}\left(\frac{f_{\text{IF}}}{B_0}-1\right)\geqslant 25.1 \tag{3.63}$$

式(3.63)给出了允许的最低的中频频率:

$$f_{\text{IF}}\geqslant (10^{0.251}+1)B_0\approx 2.78B_0 = 55.6\text{MHz} \tag{3.64}$$

3.7.2　半中频抑制的测量

HIFR 的测量和在 3.2.2 节中介绍的 CCR 的测量步骤一样,唯一的区别在于图 3.4 中信号源 B 频率需要调整为 f_{HIF}。

3.8　动态范围

3.8.1　定义及工作原理

接收机不能在天线端口收到无限大的输入信号时还正常工作。当信道中的所需信号变得很大时,将会导致链路中的各种电路产生故障。

简单来讲,在天线端口给定一个所需信号功率 S_R,动态范围就是这个功率 S_R 在最小值和最大值之间的范围,在这个范围内,接收机将能够正确地进行信号检测。功率的上限主要来源于一个很强的 RF 信号可能会把一个或者多个电路驱动到不合适的工作点,要么由于 RF 能量的整流产生的寄生直流电流,这种电流会反过来影响电路的偏置,或者通过把一个或更多的沿线电路偏置到饱和区。结果就是接收机的性能开始恶化,并且在一个特定的输入功率等级恶化回退到灵敏度水平。

由于动态范围非常依赖于接收机的架构和调制方法,所以对于它没有一个通用的有闭合解的设计公式。例如,在 FM 接收机中,电路进入强饱和区是可以接受的,动态范围几乎没有什么限制。和这种情况相反的是,在 QAM 星座图密度调制中需要高度线性的接收机链路,动态范围可能低至 60dB。并且为了正常工作,在天线端口处可能需要自适应的衰减器。通常来讲,越靠近检测器的电路越关键。因为电路的增益从天线端口到检测器逐级增加,因此,饱和或者偏置漂移更容易发生。

3.8.1.1　动态范围的定义

用 Sat＞Sens 表示所需 RF 信号的能量,使得在没有任何干扰信号的情况下将其输入到天线端口时,会导致接收机返回(更差)到刚达到灵敏度水平 Sens 时的性能。

接收机的动态范围(Dynamic Range,DR)是 Sat 和 Sens 的比值(dB):

$$\text{DR} = 10\log_{10}(\text{Sat/Sens})\,[\text{dB}] \tag{3.65}$$

3.8.2　动态范围的测量

DR 的测量和在 3.1.3 节中介绍的灵敏度测量的步骤一样,但是需要测量两次:

- 测量灵敏度 Sens。
- 增加输入信号的幅度直到接收机的输出变差到刚达到灵敏度时的性能。此时的信号功率就是 Sat 的值。

然后根据式(3.65)计算动态范围。

3.9 双工灵敏度劣化

3.9.1 定义及工作原理

双工灵敏度劣化为收发机工作在真双工模式,也就是说,收发机同时开启发射-接收模式。接收机和发射机通过一个共同天线同时工作在不同频率,并通过一个称为双工器的元件进行隔离。

在大部分应用中,一个双工器是一个三端口并包含一对带通滤波器的元件,一个滤波器工作在发射频段,另一个工作在接收频段,如图 3.17 所示。滤波器之间通过一个由频带决定长度的传输线构成的特殊结构连接。该元件的工作机制将在 3.13.7 节讨论。现在,强调双工器已经足够。

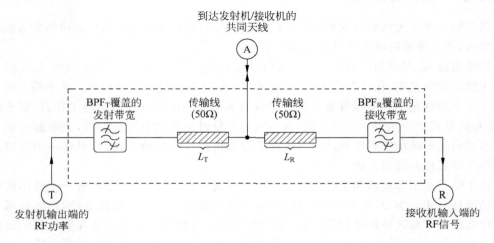

图 3.17 一个常用的双工架构

- 允许通过一个共同天线同时传输和接收。
- 防止在共同天线端口出现强的在发射频段的 RF 功率,避免损坏接收机或者使其进入饱和区而不工作。
- 防止由位于接收频率的强发射信号噪声底数导致接收机灵敏度的损失[该强发射信号由振荡器产生,具有可延伸至接收频段的较高的噪声底数(见 3.3 节和 3.4 节)]。
- 防止由于接收机的输入导致天线与发射频率不匹配,防止发射机的输出导致天线与接收频率不匹配。
- 通常扮演接收机前端滤波器和发射机谐波滤波器的角色(见第 2 章)。

为了能够感觉到以上任务的挑战性,考虑一个通过天线发射 $P_T = +30\text{dBm}$ 功率的手机(1W RF 功率),必须能够同时通过该天线接收一个功率为 $P_R = -115\text{dBm}$ 的灵敏度功率的信号。

发射(干扰)信号超过接收信号 145dB(超过 10^{14} 倍),而双工器必须仍然能提供区分出弱信号的方法,使得两个信号能够同时在同一物理点出现。

一个实际的双工器可以在一个相对小的成本完成以上的任务:一个正在工作的收发机

(在发射的同时接收)灵敏度略低于(大于 3dB)待机时候的灵敏度(接收时没有发射)。这个在发射信号过程中出现的脱敏(见 3.13.1)为双工灵敏度劣化。如果双工器设计不好、误用或者没有匹配,双工灵敏度恶化会导致接收机性能剧烈降低。

3.9.1.1 双工灵敏度恶化的定义

再次用 Sens 表示发射机关闭情况下接收机的灵敏度,用 TSens 表示双工灵敏度,也就是发射机同时工作情况下接收机的灵敏度。

双工灵敏度恶化 DS,是 TSens 和 Sens 的比值(dB):

$$DS = 10\log_{10}(TSens/Sens)[dB] \tag{3.66}$$

以下计算为了保证 DS≤3dB,图 3.17 所示的双工器指标。

用 f_{T0} 定义发射频带的中心频率,用 f_{R0} 定义接收频带的中心频率。

用 A_R 定义从端口 T 到端口 R 在接收频率 f_{R0} 的衰减。

用 A_T 定义从端口 T 到端口 R 在发射频率 f_{T0} 的衰减。

用 S_T 定义额定发射功率。

用 B 定义所要接收 RF 信道的带宽,CCR 定义接收机的同信道抑制,DR 定义它的动态范围。

用 $\Delta f_0 = |f_{R0} - f_{T0}|$ 定义发射频率和接收频率最小的频率间距。

用 $L(\Delta f_0)[dBc/Hz]$ 定义在频率偏移 Δf_0 处的发射机相位噪声(产生发射载波的振荡器的相位噪声)。

根据式(3.18),发射机产生的在所要接收机信道带宽内的边带噪声为:

$$SBN(\Delta f_0) \approx L(\Delta f_0) + 10\log_{10}(B)[dBc] \tag{3.67}$$

所需要的 A_R 值为:

$$A_R \mid_{dB} \geqslant SBN(\Delta f_0) \mid_{dBc} + \frac{S_T}{Sens}\Big|_{dB} - CCR \mid_{dB} \tag{3.68}$$

所需要的 A_T 值为:

$$A_T \mid_{dB} \geqslant \frac{S_T}{Sens}\Big|_{dB} - DR \mid_{dB} \tag{3.69}$$

式(3.68)和式(3.69)的证明细节在 3.13.8 节给出。A_R 和 A_T 的值被称为在对应频率双工器的隔离度。以下计算阐明该问题。

3.9.1.2 习题:为了保持 DS≤3 所需要的 T-R 衰减

一个全双工收发机特性如下:

- 发射工作带宽:809~811MHz。
- 发射功率:$S_T = 0.5W$。
- 发射-接收频率间距:$\Delta f_{TR} = 45MHz$。
- 待机灵敏度:Sens = −115dBm。
- 信道带宽:$B = 18kHz$。
- 同信道抑制:CCR = −8dB。
- 动态范围:DR = 90dB。

- 发射机噪声底数：$L(\infty) = -150\text{dBc}/\text{Hz}$。
- 发射机相位噪声 $L = -140\text{dBc}/\text{Hz}@2\text{MHz}$ 频率偏移。

求解为了保持 $\text{DS} \leqslant 3\text{dB}$ 的最小双工器隔离度。

解答

发射接收频率间距 Δf_{TR} 是需要估算边带噪声的偏移 Δf_0。然而，需要确定 $\Delta f_{TR} = 45\text{MHz}$ 时是否已经达到噪声底数。如果 $L(45\text{MHz}) > L(\infty)$ 且给定 $L(2\text{MHz}) = -140\text{dBc}/\text{Hz}$，可以用式(3.19)计算 $L(45\text{MHz})$ 如下：

$$L(45\text{MHz}) = L(2\text{MHz}) - 20\log_{10}(45/2) = -167\text{dBc}/\text{Hz} \tag{3.70}$$

然而，由式(3.70)可知 $L(45\text{MHz}) < L(\infty)$，这意味着已经到达噪声底数，因此 $L(45\text{MHz}) = L(\infty) = -150\text{dBc}/\text{Hz}$。于是，当频率间距为 45MHz，可得：

$$L(45\text{MHz}) + 10\log(18\text{kHz}) \approx -107\text{dBc} \tag{3.71}$$

使用 $S_T|_{\text{dBm}} = 27\text{dBm}$，$\text{Sens} = -115\text{dBm}$，$\text{DR} = 90\text{dB}$ 和式(3.71)，由式(3.68)和式(3.69)可得：

$$A_R \geqslant -107 + (27 + 115) + 8 = 43\text{dB}$$
$$A_T \geqslant 27 + 115 - 90 = 52\text{dB}$$

这些 A_R 和 A_T 的值是例子中收发机选择双工器所需的指标。另外重要的指标是功率处理能力(该例子中需要 1W 的能力)、工作带宽和频率间距。

使用以上双工器，在同时发射的时候接收机灵敏度大约为 $\text{TSens} \approx \text{Sens} + 3\text{dB} = -112\text{dBm}$。

3.9.2 双工灵敏度恶化的测量

双工灵敏度恶化的测量如图 3.18 所示。

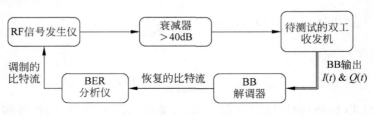

图 3.18 双工灵敏度恶化的测量

衰减器至少需要 40dB 的衰减以避免过高的发射机功率对 RF 信号源造成破坏。因为我们对 TSens/Sens 的比例感兴趣，因此不需要把信号源上读到的信号功率减去衰减值。测试过程如下：

- 将信号源调整到所要信道。
- 关闭发射机，并记录当使用 3.1.3 节描述的过程使得接收机获得灵敏度性能时候的信号源功率 $S_1[\text{dBm}]$。S_1 对应为待机灵敏度 Sens。
- 开启发射机记录使用 3.1.3 节描述的过程使得接收机获得灵敏度性能时候的信号源功率 $S_2[\text{dBm}]$。S_2 对应为双工灵敏度 TSens。

双工灵敏度恶化通过以下公式计算：

$$\text{DS} = S_2|_{\text{dBm}} - S_1|_{\text{dBm}}[\text{dB}] \tag{3.72}$$

3.10 其余双工杂散

3.10.1 定义及工作原理

发射载波和本振信号同时存在会产生一系列特殊的双工干扰。可能的双工干扰数量巨大。它们中的一些由于发射载波泄漏导致(类似寄生本振信号),其他则由于发射机和接收机的非线性导致。由于它们通常是二阶效应,所以这里主要提到最重要的一个,而不全面分析所有情况。

3.10.1.1 双工镜像抑制

双工镜像是在真双工无线电中产生的一个接收机干扰。

用 f_R 定义接收机中心频率,f_T 为发射机的中心频率。双工镜像频率 f_{DI} 是 f_R 相对 f_T 的镜像,也就是:

$$f_{DI} = f_T + (f_T - f_R) = 2f_T - f_R \qquad (3.73)$$

双工镜像干扰可以由数个机制产生。

- 最明显的一个,是由于双工器隔离度不够导致的。发射机信号因为衰减不够而到达接收机的输入,表现为一个寄生的本振信号。在这个情况下,LNA 或者第一级混频器表现为一个谐波混频器。
- 一个没有那么明显的机制是当一个频率为 f_{DI} 的信号到达发射机功率放大器(Power Amplifier,PA)的输出,会产生一个在接收频率的信号。该现象的分析是很复杂的,而且很大程度决定于 PA 的特性。

3.10.1.2 半双工杂散

用 f_R 定义接收机中心频率,用 f_T 定义发射机的中心频率。半双工频率 f_{HD} 是在 f_R 和 f_T 之间,

$$f_{HD} = \frac{1}{2}(f_T + f_R) \qquad (3.74)$$

产生半双工杂散的机制比产生双工镜像更高阶。这是因为

$$f_R = 2f_{HD} - f_T$$

这暗示着必须包含有一个至少三阶的非线性项。因此自然存在着一个在 35dB 或更高的数量级的天然保护。产生半双工杂散的机制是 RF PA 最终功率元件反向隔离较差,或者是因为发射机功率泄漏到了接收机的输入端。

3.10.1.3 幻影双工杂散

当发射机的部分发射功率(例如小到 −10dBm)到达接收机的 LNA 或者混频器,就会表现为一个本地振荡信号的"幻影",可以产生 IF 频率。而与在"幻影频率"f_{PH} 处的信号何时出现在天线处无关,有:

$$f_{PH} = f_T \pm f_{IF} \qquad (3.75)$$

幻影双工产物来源于二阶非线性,因此不存在自然的保护,因为它跟主混频产物一样。然而,如果发射-接收频率间距与 IF 频率相等(通常这么做),f_{PH} 与 f_R 一致,则不必关心它。

伴随着幻影镜像杂散,其他杂散随着混频器运作,类似的幻影半中频(phantom half-IF)等干扰信号将会出现。

3.11 其他接收机干扰

3.11.1 定义及工作原理

接收机中其他次要的干扰数量是非常大的。它们可能由外部源产生,也可能是由系统内部电路产生,如数字时钟、数据总线和开关功率源等。有时候它们通过天线端口到达接收机,有时候它们通过辐射渗入到链路中,通过 DC 电源线路,或者通过电容性或者电感性耦合。下面将详细介绍需要注意的几种额外干扰机制。

3.11.1.1 自消音

自消音是模拟 FM 接收机的产物,出自一个广为人知的 FM 理论;当接收机天线端口没有接收信号时,一个强的类似白噪声会出现在 FM 检波器的输出,工作在音频模式的模拟 FM 接收机中,会在扬声器中产生一个强的噪声。如果在没有所要 RF 信号的场景中,有一个寄生的未调制载波到达接收机链路,那么无论它来自天线还是直接由链路产生,由于 FM 的捕获效果,白噪声会被大幅减少,也就是喇叭将会变得安静。一个精确的 FM 接收机测试是在没有接收信号时检测白噪声是否在期望(强)的值。

如果某个由接收机本身产生的干扰能够在天线端口没有所要信号时造成检波器输出噪声降低,那么这个干扰被定义为自消音。

自消音可能同时出现在一个或多个信道中,而且很难被检测。比如在只有一个信道被消音的情况下,一个工作在频率切换模式的接收机会遭到轻微的性能降低,然而对于一个单信道接收机则会遭到严重的灵敏度降低甚至完全瘫痪。

自消音的水平通常是不稳定的,可能会随着时间和环境产生剧烈的改变。它们的存在意味着在设计中需要保留一定的余量,无论在屏蔽、DC 滤波或者其他方面。因此,无论自消音多小,RF 设计者都必须予以考虑,并应该采用任何可能的手段来消除它。

自消音的存在可以通过检测接收强度来确认。现在的接收机一般具有一个称为 RSSI(接收信号强度指示)的功能,该功能可以测量在指定频率接收到信号的强度。如果 RSSI 在没有信号添加到天线时显示有接收,说明存在自消音。当试图消除自消音的干扰时,确定它是来自天线或者来自其他机制(如通过 DC 线路或者板上元件,又或者通过线路的直接辐射)是非常重要的。首先在天线连接时测量 RSSI 水平,然后在天线端口连接一个虚拟的负载时,再次测量 RSSI。一般由天线端口引入的自消音是容易被矫正的,因为该机制可能是由于附近一些高功率振荡器辐射产生的,可以通过更好的屏蔽和接地来解决。其他的耦合干扰机制则可能需要大量的版图重新布局和修改来矫正。

自消音可能有多种来源:

- 接收机架构选择错误。比如在接收机链路或者数字电路中选择时钟频率时,选择了一个其谐波在接收机信道内,甚至更糟糕的,接近 IF 的频率(在 IF 频率处接收机链路增益可能非常高)。

- 微处理器、寄存器和其他高速数字系统的数据和地址总线产生的 CW 和宽带白噪声。如果它们的版图走线非常靠近接收机链路,宽带的干扰会造成许多信道的灵敏度降低。在连续波情况下,干扰信号可通过一种被称为"抖动"的技术来降低,该技术通常在 FM 调制综合器中使用,通过快速的伪随机序列来产生干扰时钟。调制会使得时钟信号谐波的频谱扩展(类似于 CDMA),因此每单位带宽的干扰功率减少。如果接收机带宽是固定的,那么进入接收机的干扰功率会相应减少。

- DC 开关式整流器的谐波可能落在接收信号或者 IF 频带。曾经发生过一个 DC 开关式整流器的 400 次谐波造成严重消音的例子。

- 另外一个常见的引起自消音的原因是设计不当,可能由接收机 LNA 或者其他 IF 放大链路中某些电路的不稳定导致。该不稳定性会在接收频率附近产生低功率的振荡,将会导致严重的灵敏度性能降低。

3.11.1.2 阿伯尔-贝克杂散

阿伯尔-贝克杂散是一类依赖于 IF 频率的消音的总称,通常由本地振荡器或者数字时钟的非线性上混频产生。事实上,混频器的非线性失真阶数越高,潜在的阿伯尔-贝克杂散数量越多。然而,虽然它们都有可能造成接收机脱敏,但是最终只有一小部分出现,取决于接收机的实际架构和物理构成。因为大部分的阿伯尔-贝克杂散只是潜在的,因此无法预先知道哪一个会实际出现,只能通过选择大部分杂散会落在接收机 RF 前端滤波器外的 IF 频率来尽量减少阿伯尔-贝克杂散的数量。

任意本振和 RF 信号在频率 f_{AB} 的满足等式(3.76)的组合,都是潜在的阿伯尔-贝克杂散,因为通过混频器非线性的谐波混频会产生一个在 IF 频率的输出:

$$| mf_{AB} + nf_{LO} | = f_{IF}, \quad n,m = \pm 1, \pm 2, \pm 3, \cdots \tag{3.76}$$

例如,在上边带注入模式中,因为 $f_{LO} = f_R + f_{IF}$,则频率 $f_{AB} = f_R + 2f_{IF}$(镜像频率)在 $m=1, n=-1$ 时为一个阿伯尔-贝克杂散。而 $f_{AB} = f_R + \frac{1}{2} f_{IF}$(半中频杂散)在 $m=2, n=-2$ 时也是一个阿伯尔-贝克杂散。

3.11.1.3 多普勒阻塞

多普勒阻塞是在直接变频接收机中造成问题的一个有趣现象。由于链路有限的反向隔离,在大部分接收机中总会存在通过天线端口泄漏出来的频率为 f_{LO} 的本振载波。这个本振信号被天线辐射出去,在遇到附近的金属类物体(目标)时,辐射信号会被反射回天线,而且作为信道中的信号被接收。因为在直接变频接收机中本振载波在所要频率处是没有被调制的,如果金属目标是静止的,接收到的发射信号会恰好在所要信道,会被解调为 DC,最后被 BB 滤波器的直流消除电路滤除。然而,如果目标是移动的,多普勒效应会使得接收信号的频率产生 一个"多普勒偏移" f_d:

$$| f_d | = 2f_{LO} | v | /c \tag{3.77}$$

其中 c 为光速。由于频率偏移,信号不能再被 BB 滤波器滤除,会在 BB 输出以噪声形式出现。为了感觉该频偏的大小，假设目标在步行速度 $3\mathrm{m/s}$，当 $f_{\mathrm{LO}}=2\mathrm{GHz}$ 时，可以得到 $f_{\mathrm{d}}\approx 40\mathrm{Hz}$。虽然泄漏的信号功率非常低，如果是从附近物体反射，反射回的载波可能比所要信号更强，这会导致接收机暂时的阻塞。以上现象可以通过在天线附近摇晃一串钥匙观察到。

3.11.1.4　二阶失真

这种干扰相对于直接变频接收机(DCR)。二阶失真主要由于后端电路的二阶非线性引起。如果一个在接收带宽内频率为 f_{D2}，有形式为 $A(t)\cos(2\pi f_{\mathrm{D2}}t)$ 的 AM 调制信号进入后端的输入，则二阶失真会产生以下形式的噪声：

$$S_{\mathrm{D2}}=\left[A(t)\cos(2\pi f_{\mathrm{D2}}t)\right]^{2}=\frac{1}{2}[A(t)]^{2}+\frac{1}{2}[A(t)]^{2}\cos(4\pi f_{\mathrm{D2}}t)$$

这里 $A(t)$ 为一个低频调制信号。S_{D2} 的高频部分被 I 路和 Q 路的 BB 滤波器滤除，然而噪声信号 $1/2\,A^{2}(t)$ 落在基带频率，因此在直接混频后无法与所需信号区分。用 B_{A} 定义 $A(t)$ 的带宽，通过著名的傅里叶变换卷积理论，$A^{2}(t)$ 的带宽是 $2B_{\mathrm{A}}$。该噪声侵入到 BB 滤波器会导致 SNRo 的恶化从而导致灵敏度降低。需要注意的是，与半 IF 和三阶互调相反，本振没有参与产生二阶失真干扰。在动态范围中没有闭合公式去计算二阶失真，因为它取决于被使用的特定电路。而且，我们很难区分二阶失真效应和 DR 效应。然而，对于实用的目的有一种方法：如果用 3.8.2 节描述的方法测量 DR，但是使用的是一个包含 AM 调制的信号(如 QAM)，那么 DR 测试也可以反映出二阶失真的效应。

3.11.1.5　无杂散动态范围

无杂散动态范围(Spurious Free Dynamic Range,SFDR)是相对于灵敏度的会造成灵敏度降低最小干扰功率。简言之，相比于前面讨论的干扰，SFDR 只是最差情况的抗干扰值。如同在本章开头指出的，一个好的设计必须使得对于所有的指标，其抗干扰值都相近。

3.12　习题详解

本节包含的练习目的在于促进读者对设计公式的熟练使用和建立信心。在每一道习题后都有一个完整的答案，对应于相关的小节和公式，以给读者提供一个好的解题策略(可能不是唯一的)，并且再次确认得到的结果是否正确。为了理解和解决这些习题，掌握 3.1～3.11 节的相关知识就足够了。相关理论和证明会在 3.13 节提供，以使读者对设计公式有更加深入的了解。然而，3.13 节的内容对于解决本节的问题和了解它们的本质来说不是必读的。

1. 要求设计一个由 SHR 接收机构成的 RF 调制解调器，使得能和一个输入 SNR 至少 8dB 的基带调制解调器一起正常工作。以下是设计系统指标：

- RF 信道带宽为 16MHz。
- 系统必须在天线端口工作 RF 信号大于 −90dBm 时能正常工作。
- 使用一个噪声底数为 −145dBc/Hz 的现成元件作为 SHR 中的第一个本振。该本振没有杂散。

根据以上最低要求设计 SHR 接收机,那么:

(1) 天线端口的 NF 是多少?

(2) 接收机的阻塞指标是什么?

解答

(1) 调制解调器要求的 SNR 就是接收机要求的 SNRd(dB),因此 $10\log_{10}(\text{SNRd})=$ 8dB。将 $\text{Sens}=-90\text{dBm}$,$B=16\times10^6\text{Hz}$ 代入到式(3.5),得到:

$$B=16\times10^6\text{Hz}$$

$$-90=-174+\text{NF}+\underbrace{10\log_{10}(16\times10^6)}_{\approx72}+8\Rightarrow\text{NF}=174-90-72-8=4\text{dB}$$

(2) 给定 SNRd,则 CCR 可通过式(3.12)计算得到

$$\text{CCR}=-10\log_{10}(\text{SNRd})=-\text{SNRd}\mid_{\text{dB}}=-8\text{dB}$$

将 $L(\infty)=-145\text{dBc/Hz}$,$B=16\times10^6\text{Hz}$ 和 $\text{CCR}=-8\text{dB}$ 代入式(3.29),得

$$\text{Block}=-[L(\infty)+10\log_{10}(B)]+\text{CCR}=145-72-8=65\text{dB}$$

2. 一个 GSM 手机的指标如下:

- 噪声系数:8dB。
- BB 信噪比接收阈值:10dB。
- IF 滤波器带宽:150kHz。
- 信道间距:200kHz。
- 天线端口的三阶交调点:-10dBm。
- 第一个本振的相位噪声:-115dBc/Hz@200kHz。

假设 IF 滤波器是理想的且第一个本振没有杂散,请计算

(1) 灵敏度

(2) 互调

(3) 选择性

解答

(1) 接收阈值意味着 $\text{SNRd}\mid_{\text{dB}}=10\text{dB}$。将 $B=150\text{kHz}$,$10\log_{10}(\text{SNRd})=\text{SNRd}\mid_{\text{dB}}=$ 10dB 和 NF=8dB 代入到式(3.5),可得

$$\text{Sens}=-174+10\log_{10}(150\times10^3)+8+10\approx-174+52+8+10=-104\text{dBm}$$

(2) 由式(3.12)得 $\text{SNRd}\mid_{\text{dB}}=-\text{CCR}=10\text{dB}$。在天线端口的三阶输入交调点 $\text{IP3i}=$ -10dBm。将 $\text{IP3i}=-10\text{dBm}$,$\text{Sens}=-104\text{dBm}$ 和 $\text{CCR}=-10\text{dB}$ 代入到式(3.37),可得

$$\text{IMR3}=\frac{2}{3}(\text{IP3i}-\text{Sens})+\frac{1}{3}\text{CCR}=\frac{2}{3}(-10+104)-\frac{1}{3}10=59\text{dB}$$

(3) 将 $f_m=200\text{kHz}$,$L(f_m)=-115\text{dBc/Hz}$,$B=150\text{kHz}$ 和 $\text{CCR}=-10\text{dB}$ 代入到式(3.25),可得

$$\text{Sel}=-[L(f_m)+10\log_{10}(B)]+\text{CCR}=115-\underbrace{10\log_{10}(150\times10^3)}_{\approx52}-10\approx53\text{dB}$$

3. 一个外来的具有 0.5W RF 功率的移动发射机在与练习 2 中的接收机相距两个信道的频率处持续发射信号。发射机和接收机都是工作在 820MHz 频率附近的手持设备,都采用各项同性天线,且位于使用者的头部附近,高于地面 1.7m。其中接收机是静态的,而发射机是移动的并且在靠近接收机的位置,即两个设备之间的距离持续减小。

假设发射机的相位噪声是可以忽略的,主导的干扰机制是选择性,计算使用者之间允许的最小距离 $d_{\min}$(使得接收机不会损失灵敏度)。

解答

发射的功率(dBm)为

$$P_T = 10\log_{10}(0.5/10^{-3}) = 27\text{dBm} \tag{3.78}$$

练习 2 中接收机的相邻信道选择性为 $\text{Sel}|_{200\text{kHz}} = 53\text{dB}$,但是此处的干扰相距两个信道远。如果接收机的本振相位噪声在频偏 $f_m = 200\text{kHz}$ 处是 $L(f_m)$,那么对于两个信道的距离,也就是 $\Delta f = 2f_m = 400\text{kHz}$,本振相位噪声是 $L(\Delta f)$。用 $\Delta f = 400\text{kHz}$ 和 $f_m = 200\text{kHz}$ 代入式(3.19),可得:

$$L(400\text{kHz}) = L(200\text{kHz}) - 20\log_{10}(400/200) = L(200\text{kHz}) - 6(\text{dBc/Hz})$$

这是可预计的结果,因为如同在 3.3.1.1 节中解释的,相位噪声在远离载波的方向上以 6dB/倍频的速度衰减,于是从式(3.25)可得出两个信道距离处的选择性比相邻信道选择性好 6dB。

$$\text{Sel}|_{400\text{kHz}} = \text{Sel}|_{200\text{kHz}} + 6\text{dB} = 53 + 6\text{dB} = 59\text{dB}$$

由式(3.23)可得接收天线收集的干扰功率 $P_R(d)$ 可高于灵敏度 59dB。练习 2 已经计算了灵敏度,有 $\text{Sens} = -104\text{dBm}$。于是与发射机距离 d 的最大允许的被天线收集的干扰信号功率为:

$$P_R(d) = -104 + 59 = -45\text{dBm}$$

因为由式(3.78)可知干扰信号的功率为 $P_T = 27\text{dBm}$,要求的最小路径损耗为:

$$L_{\text{path}} = P_T|_{\text{dBm}} - P_R(d)|_{\text{dBm}} = 27 + 45 = 72\text{dB}$$

820MHz 对应的波长为:

$$\lambda = \frac{3 \times 10^8}{820 \times 10^6} \approx 0.37\text{m}$$

当 $h_1 = h_2 = 1.7\text{m}$ 时,根据式(3.1)得到超前距离为:

$$d_c = 4\pi \frac{h_1 h_2}{\lambda} = 4\pi \frac{(1.7)^2}{0.37} \approx 98\text{m}$$

使用式(3.2),可得 GR 传播

$$\log_{10}\left(\frac{d}{\sqrt{h_1 h_2}}\right) = \frac{L_{\text{path}}|_{\text{dB}}}{40} \Rightarrow d = 1.7 \times 10^{1.8} \approx 107\text{m} > d_c$$

因此传播的确是 GR,为了避免灵敏度损耗,允许的最小距离为 $d_{\min} = 107\text{m}$。

4. 考虑一个具有灵敏度 Sens 的接收机。

- 用 IPNi[dBm]定义接收机的 N 阶交调点。
- 假设有一群干扰信号,每一个干扰功率为 Sim,和所要信号一起同时在接收机输入端出现,并产生了一个 N 阶的互调干扰 IMRN。
- 干扰机制是只有当所有干扰同时出现,检波器处才会产生噪声。
- 由于以上干扰的影响,会导致类似于 IMR3 的接收机灵敏度的损失。

假设该 N 阶干扰是占主要影响,证明 IMRN 为以下表达式

$$\text{IMRN} = \frac{N-1}{N}(\text{IPNi} - \text{Sens}|_{\text{dBm}}) + \frac{1}{N}\text{CCR[dB]} \tag{3.79}$$

解答

采用类似于 3.13.4 节中证明式(3.37)的方法。定义加到天线端的所要信号功率为 $2\mathrm{Sens}$，定义 n_N 为在检波器处由于干扰产生的噪声，接收机会在以下情况回退至灵敏度：

$$\frac{n_\mathrm{N}+Nd}{2\mathrm{Sens}\cdot G}\approx\frac{1}{\mathrm{SNRd}}\Rightarrow\frac{n_\mathrm{N}}{\mathrm{Sens}\cdot G}+\frac{Nd}{\mathrm{Sens}\cdot G}\approx\frac{2}{\mathrm{SNRd}}\Rightarrow\frac{n_\mathrm{N}}{\mathrm{Sens}\cdot G}\approx\frac{1}{\mathrm{SNRd}} \qquad (3.80)$$

因为 $\mathrm{CCR}=-10\log_{10}(\mathrm{SNRd})$，由式(3.80)中最右边的等式可得

$$n_\mathrm{N}\big|_{\mathrm{dBm}}=G\big|_{\mathrm{dB}}+\mathrm{Sens}\big|_{\mathrm{dBm}}+\mathrm{CCR} \qquad (3.81)$$

用 p 定义每一个输入干扰的功率。通过交调点的定义，可知在 $p=\mathrm{IPNi}$ 处输出干扰信号的功率等于一个单独输入功率为 IPNi 并经过线性放大后的功率。

$$p=\mathrm{IPNi}\Rightarrow n_\mathrm{N}\big|_{\mathrm{dBm}}=\mathrm{IPNi}\big|_{\mathrm{dBm}}+G\big|_{\mathrm{dB}}$$

因为干扰是 N 阶，当输入功率 p 减少 1dB 时，干扰产物将减少 NdB，于是当 $p<\mathrm{IPNi}$ 时，噪声功率为：

$$n_\mathrm{N}\big|_{\mathrm{dBm}}=\mathrm{IPNi}+G-N(\mathrm{IPNi}-p) \qquad (3.82)$$

当 $p=\mathrm{Sim}$ 时，也就是退化到灵敏度性能时，式(3.82)中 n_N 的值就是式(3.81)的值，于是

$$\mathrm{IPNi}-N(\mathrm{IPNi}-\mathrm{Sim})=\mathrm{Sens}+\mathrm{CCR} \qquad (3.83)$$

重排式(3.83)，有：

$$-(N-1)\mathrm{IPNi}+N\mathrm{Sim}=N\mathrm{Sens}-(N-1)\mathrm{Sens}+\mathrm{CCR}$$

最终得到：

$$\underbrace{N(\mathrm{Sim}\big|_{\mathrm{dBm}}-\mathrm{Sens}\big|_{\mathrm{dBm}})}_{\mathrm{IMRN}\big|_{\mathrm{dB}}}=(N-1)(\mathrm{IPNi}-\mathrm{Sens})+\mathrm{CCR}$$

5. 一个超外差接收机具有以下性能：
- $\mathrm{SNRd}=8\mathrm{dB}$。
- $B=18\mathrm{kHz}$(IF 滤波器带宽)。
- $\mathrm{IP3i}=-9\mathrm{dBm}$。
- $\mathrm{IMR3}=70\mathrm{dB}$。
- $\mathrm{Block}=90\mathrm{dB}$。

接收机和发射机一起构成收发机的一部分，采用：
- 全双工架构。
- 一个基于接收机本振稍微修改后用于接收机和发射机共同的本振。该本振没有杂散，相位噪声占主要影响。
- 一个使用双工器的发射-接收共同天线，双工器的损耗可忽略。
- 天线端的发射功率 $S_\mathrm{T}=24\mathrm{dBm}$。
- 发射-接收的频率间隔 $\Delta f_0=45\mathrm{MHz}$。

计算在接收频率处双工器需要提供的最小衰减保护，使得双工灵敏度相比于待机灵敏度恶化最多不超过 3dB。

解答

使用式(3.12)，可得

$$\mathrm{CCR}=-10\log(\mathrm{SNRd})=-8\mathrm{dB}$$

由 IMR3 计算待机灵敏度如下：

$$\text{IMR3} = \frac{2}{3}(\text{IP3i} - \text{Sens}\,|_{dBm}) + \frac{1}{3}\text{CCR} \Rightarrow \text{Sens}\,|_{dBm} = \frac{1}{2}\text{CCR} + \text{IP3i} - \frac{3}{2}\text{IMR3}$$

将题中给定的值代入上式，得到待机灵敏度为

$$\text{Sens}\,|_{dBm} = -\frac{8}{2} - 9 - \frac{3}{2} \times 70 = -118\text{dBm} \tag{3.84}$$

由于发射机使用同一个本振，也就是与原来接收机的本振类似，因此，发射信号的噪声底数可以从接收机的阻塞指标推导得到。对式(3.29)代入给定的值，可得

$$\text{Block} = -[L(\infty) + 10\log_{10}(B)] + \text{CCR} \Rightarrow L(\infty) \approx -90 - 42 - 8 = -140\text{dBc/Hz}$$

发射-接收间隔 $\Delta f_0 = 45\text{MHz}$ 是一个较宽的间隔。因此假定发射机在接收机频率的边沿处到达噪声底数。根据式(3.67)，进入接收机的边带噪声为：

$$\text{SBN}(\Delta f_0) \approx L(\infty) + 10\log_{10}(B) = -140 + 42 = -98\text{dBc}$$

把最后结果代入式(3.68)，得到所要的最小衰减为：

$$A_R\,|_{dB} = \text{SBN}(\Delta f_0)\,|_{dBc} + \frac{S_T}{\text{Sens}}\Big|_{dB} - \text{CCR}\,|_{dB} = -98 + (24 + 118) + 8 = 52\text{dB}$$

图 3.19 为一个超外差(SHR)接收机的前端和 IF 链路。每一个元件的相关指标标在元件的上方。如果缺少某些参数，假定缺失的参数是理想的参数。后端电路输入的 NF 为 11dB。

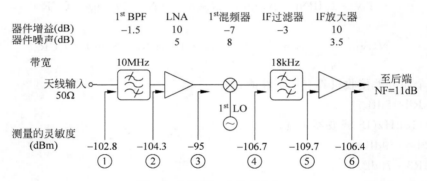

图 3.19　练习 6 中的接收机 6

该接收机计划用于一个无线调制解调器中。调制解调器的数字部分(包括 BB 采样器)在后端的输出连接到 I 路和 Q 路信道。该调制解调器被设计为在基带(BB)采样器输入端信噪比(SNR)高于 14dB 时能够正常工作。

客户将该接收机送到维修实验室，声称该接收机"灵敏度差"。实验室技术人员在接收机链路上测量了六个灵敏度，为测量点①到⑥。测量结果标在图下方。

6. 基于上述的测量结果，确定哪一级是有问题的(可能一级或多级)。

解答

让我们从后端到天线沿着链路计算灵敏度。出于该目的，通过级联公式(3.9)计算每一级输入的噪声因子(F)和噪声系数(NF)，为了方便，将公式重写成如下形式：

$$F = F_x + \frac{F_y - 1}{A_x} \tag{3.85}$$

相应的转化公式为：

$$NF = 10\log(F) \Leftrightarrow F = 10^{\frac{NF}{10}} \qquad (3.86)$$

然后通过式(3.5)计算灵敏度：

$$\text{Sens}\mid_{\text{dBm}} = -174 + 10\log_{10}(B) + NF + \text{SNRd}\mid_{\text{dB}}$$

这里 $\text{SNRd}\mid_{\text{dB}}$ 对应调制解调器正确工作需要的最小信号噪声比，也就是 14dB。代入给定的 B 和 $\text{SNRd}\mid_{\text{dB}}$，得到

$$\text{Sens} = -174 + 10\log(18 \times 10^3) + NF + 14 \approx -117.4 + NF \qquad (3.87)$$

对于每一个沿着链路测量的灵敏度，可以得到在该点对应的总 NF。

(1) 在后端的输入点(点♯6)。

该点的 NF 就是后端本身的 NF，也就是 NF6=11dB，使用式(3.87)可得：

$$\text{Sens6} \approx -117.4 + NF6 = -106.4\text{dBm}$$

这个值与测量值一致，因此后端是正常工作的。

(2) 在 IF 放大器的输入点(点♯5)

为了计算在该级输入端的 NF，先使用式(3.86)，通过 NF6 计算 $F6$。

$$F6 = 10^{1.1} \approx 12.6$$

IF 放大器的增益和噪声系数分别为：

$$A_x = 10\text{dB} \quad F_x = 10^{0.35} \approx 2.24$$

因此，使用级联公式，当 $F_y = F6$，在点♯5 预期的 NF 为：

$$F5 = 2.24 + \frac{11.6}{10} \approx 3.4 \Rightarrow NF5 = 10\log(3.4) \approx 5.3\text{dB}$$

使用上述值得到在点♯5 期望的输入灵敏度应为：

$$\text{Sens5} \approx -117.4 + 5.3 \approx -112\text{dBm}$$

然而，测量的值为：

$$\text{Sens5} \approx -109.7\text{dBm}$$

因此，推测 IF 放大器出现了问题。然而，可能不仅这一级出错。为了继续检测剩下的到天线端的电路，必须使用数据手册上的值继续进行计算，但是对于出错的 IF 放大器，必须用测量得到的 NF 值进行计算。

使用测量得到的灵敏度，由式(3.87)可得在点♯5 出错的噪声系数为：

$$-109.7 = -117.4 + NF5 \Rightarrow F5 = 10^{0.77} \approx 5.9$$

从这里开始，继续用同样的方法来对比测量得到的灵敏度(包含出错了的 IF 放大器)和计算预期的灵敏度。

(3) 在 IF 滤波器的输入点(点♯4)

该元件具有 3dB 损耗，因此是一个无源器件，它的噪声系数与损耗相等，也就是 NF=3dB。这样，预期它会造成一个 3dB 的灵敏度损耗，如下

$$\text{Sens4} = \text{Sens5} + 3\text{dB} \approx -106.7\text{dBm}$$

这与测量值一致，因此 IF 滤波器正常工作。我们再次进行同样的操作。

(4) 在混频器的输入点(点♯3)

关于混频器有一个需要注意的点：虽然该混频器是一个"无源"混频器，但它并不是无源的，因为它包含一个(有噪声的)注入的振荡器信号。我们也的确可以看到它的 NF 与转

换损耗是不同的。如同前面一样的步骤：

$$A_x = 10^{-0.7} \approx 0.2, \quad F_y = F4 \approx 11.8, \quad F_x = 10^{0.8} \approx 6.3 \Rightarrow$$

$$\Rightarrow F3 = 6.3 + \frac{10.8}{0.2} \approx 60.3 \Rightarrow \text{Sens3} \approx -99.5\text{dBm}$$

这与测量值 -95dBm 不同，因此混频器也是有问题的。在混频器输入端出错的 NF 为：

$$-95 = -117.4 + \text{NF3} \Rightarrow F3 = 10^{2.24} \approx 173.7$$

从这里开始我们用出错的 $F3$ 继续进行下一步对比。

（5）在 LNA 的输入点

$$A_x = 10, \quad F_y = F3 \approx 173.7, \quad F_x = 10^{0.5} \approx 3.16 \Rightarrow$$

$$\Rightarrow F2 = 3.16 + \frac{173.7}{10} \approx 20.5 \Rightarrow \text{Sens2} \approx -104.3\text{dBm}$$

结果与测量值一致，因此 LNA 是正常工作的。

（6）在带通滤波器的输入点

该器件是无源器件，NF 与它的损耗一样，也就是 NF＝1.5dB，因此预期的灵敏度应为：

$$\text{Sens1} = \text{Sens2} + 1.5\text{dB} \approx -102.8\text{dBm}$$

因此带通滤波器也使正常工作的。综上所述，IF 放大器和混频器出现了问题。

7. 对于练习 6 中有问题的接收机，其互调通过测量得到为 65dB。计算第一个有问题的混频器的输入三阶调点，假设其是决定 IMR3 的主导项。

解答

因为 LNA 和第一级带通滤波器是正确工作的，因此在出错的混频器之前总增益可由给定的值得到，也就是

$$G = 10 - 1.5 = 8.5\text{dB}$$

测得出错的灵敏度为 Sens＝-102.8dBm。由给定要求的 SNRd 为 14dB，通过式（3.12）可得 CCR＝$-\text{SNRd}|_{dB}=-14$dB。现在，用 IP3i′ 定义在天线处的三阶交调点，使用式（3.37），可以得到：

$$65 = \text{IMR3} = \frac{2}{3}(\text{IP3i}' - \text{Sens}) + \frac{1}{3}\text{CCR} = \frac{2}{3}(\text{IP3i}' + 102.8) - \frac{14}{3} \quad (3.88)$$

用 IP3i 定义第一级混频器的三阶交调点，由式（3.38）可得

$$\text{IP3i}' = \text{IP3i} - G = \text{IP3i} - 8.5\text{dB}$$

把上式代入式（3.88），最终得到：

$$\text{IP3i} - 8.5\text{dB} = 97.5 + 7 - 102.8 = 1.7\text{dBm} \Rightarrow \text{IP3i} = 10.2\text{dBm}$$

8. 图 3.20 展示了一个 SHR 接收机的链路。在每一个元件上方标注了该元件的指标参数。如果缺少某些参数，那么用理想的参数代替。后端输入的 NF 为 11dB。灵敏度阈值 SNRd＝10dB。

将要采用的 LNA 还没有被选定。需要从以下两款不同参数的 LNA 选一个：

候选 #1：$G = G_1 = 12$dB，NF＝$\text{NF}_1 = 5.4$dB

候选 #2：$G = G_2 = 10$dB，NF＝$\text{NF}_2 = 0.6$dB

（1）LNA 的选择会影响到接收机的哪一个指标？解释为什么。

（2）计算选择每一个 LNA 后的接收机灵敏度。基于灵敏度的结果，会选择哪一个

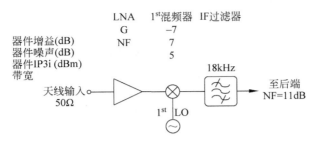

图 3.20　练习 8 的链路

LNA？为什么？

（3）计算选择每一个 LNA 后的接收机互调。

解答

（1）LNA 的选择会通过它的 NF 和增益影响灵敏度。然后，增益的变化会影响 IMR3。这里，第一个混频器具有 IP3i＝5dBm，它是唯一一个互调来源，因此必须检查在混频器之前的增益变化对它的影响。

（2）我们开始计算混频器的输入 NF。IF 滤波器的输入 NF 仍然是 11dB，这是因为滤波器是无损的。定义 $A=10^{G/10}$ 为线性功率增益，$F=10^{NF/10}$ 为噪声因子，通过式（3.9），得到在混频器输入端有：

$$F_{\mathrm{mix}} = 10^{0.7} + \frac{10^{1.1}-1}{10^{-0.7}} \approx 5 + \frac{12.6-1}{0.2} = 63 \Rightarrow NF_{\mathrm{mix}} \approx 18\mathrm{dB}$$

当选用 LNA♯1 时，得到在天线端口有：

$$F_{\mathrm{ant}} = 10^{NF_1/10} + \frac{F_{\mathrm{mix}}-1}{10^{G_1/10}} = 10^{0.54} + \frac{63-1}{10^{1.2}} \approx 3.46 + 3.91 \approx 7.36 \Rightarrow NF_{\mathrm{ant}} \approx 8.7\mathrm{dB}$$

当选用 LNA♯2 时，得到在天线端口有：

$$F_{\mathrm{ant}} = 10^{NF_2/10} + \frac{F_{\mathrm{mix}}-1}{10^{G_2/10}} = 10^{0.06} + \frac{63-1}{10} \approx 1.148 + 6.2 \approx 7.35 \Rightarrow NF_{\mathrm{ant}} \approx 8.7\mathrm{dB}$$

可知，无论选择哪个 LNA，在天线端口的 NF 都是一样的，因此可得同样的接收机灵敏度。现在回顾一下，对于同样的灵敏度，式（3.39）和式（3.40）阐述了一个附加增益 G' 会引起一个 $2/3G'$ 的互调降低。由此得出，具有低增益的 LNA♯2 是更好的选择。

（3）将给定的值代入式（3.5），得到

$$\mathrm{Sens}\mid_{\mathrm{dBm}} = -174 + 10\log(18 \times 10^3) + 8.7 + 10 \approx -113\mathrm{dBm}$$

从式（3.12）得到 CCR＝－10dB。通过式（3.38）和 LNA♯1 可得：

$$\mathrm{IP3i}' = 5 - 12 = -7\mathrm{dBm} \Rightarrow \mathrm{IMR3} = \frac{2}{3}(-7+113) - \frac{10}{3} \approx 67.3\mathrm{dB}$$

当选用 LNA♯2 时，得到在混频器前有－2dB 的净增益，因此由式（3.40）可得：

$$\mathrm{IMR3} = 67.3 - \frac{2}{3} \times (-2) \approx 68.6\mathrm{dB}$$

9．一个 FM 接收机具有以下指标：

• IF 频率：45MHz。

• 灵敏度：－118dBm。

- 选择性：60dB。
- 信道间距：25kHz。

接收机被调到接收信道频率825MHz,并连接到实验测试设备。

一个在接收机频率、功率为灵敏度水平的所要信号 S_0 连接到天线端口。信号被正确检测。

随后,两个干扰信号 S_1 和 S_2 与所要信号一起连接到天线端口。S_1 和 S_2 具有相同功率,且都在接收机的工作频带内。S_1 频率为 825.5MHz,S_2 频率为 826MHz,两个信号的初始功率都为 -130dBm。

S_1 和 S_2 的功率同时并且逐渐地增加,当功率达到 -56dBm 时,接收机不能再检测到 S_0。

(1) 仅基于接收机的类型和频域里的数据,推测是哪一个干扰机制造成所要信号 S_0 的"损失"并解释。

(2) 基于所有提供的数据并定量分析,推断在本例中是哪一种潜在的干扰在活动。解释你得到该结论的原因和假设。

(3) 如果改变 S_2 的频率为 826.1MHz,且 S_1 和 S_2 的功率都设置在 -56dBm,会发生什么? 并给予解释。

解答

(1) 对于潜在的干扰机制有如下考虑:

相对 S_0 的频率,S_1 的频率高 20 个信道,S_2 的频率高 40 个信道。虽然 S_1 和 S_2 都远离接收信道,它们仍然能够由于接收机本振的相位噪声引发阻塞。

S_2 到 S_0 的频率间距恰好是 S_1 到 S_0 频率间距的两倍,因此它们可能造成互调干扰 IMR3。

对于给定的 IF 频率,由于 S_1 和 S_2 的所处频率,镜像和半 IF 干扰都不会产生,这是因为镜像和半 IF 与所要信号的频率距离分别为 90MHz 和 22.5MHz。

S_1 和 S_2 不能产生选择性或者同信道干扰,因为它们离 S_0 太远。

因为接收机是具有高动态范围的 FM 类型,因此动态范围不太可能被超出。

(2) 潜在活动的干扰机制是阻塞或者互调。我们现在所要做的是检查哪一个会先被激活(在更低的干扰功率)。

关于阻塞：-56dBm$+118$dBm$=62$dB,因此根据 S_0 的"损失",干扰需要大于灵敏度 62dB。因为 S_1 和 S_2 都有至少 20 个信道的距离,如果这个干扰由本振的相位噪声引起,那么它必定与阻塞相关。但是如果阻塞是正在活动的机制,我们知道本振的噪声底数比在邻近信道的本振相位噪声低很多。由式(3.29)可得:

$$\text{Block} = -\left[L(\infty) + 10\log_{10}(B)\right] + \text{CCR(dB)} \tag{3.89}$$

信道带宽约等于信道间距,因此 $B \approx 25$kHz,同时假设 CCR≈ -10dB。如果干扰是由于阻塞,那么将值代入到式(3.89),有预期的噪声底数为:

$$L(\infty) = -62 - 10\log_{10}(25 \times 10^3) - 10 \approx -116\text{dBc/Hz} \tag{3.90}$$

从给定的 60dB 的接收机选择性,使用式(3.25)并代入已知值,能计算出在邻近信道的相位噪声为:

$$60 \approx -\left[L(25\text{kHz}) + 10\log_{10}(25\text{kHz})\right] - 10 \Rightarrow$$

$$L(25\text{kHz}) \approx -60 - 10\log_{10}(25\text{kHz}) - 10 = -114\text{dBc/Hz} \tag{3.91}$$

然而,从 3.3.1.1 节和式(3.19)可知本振的相位噪声在远离载波的方向上以 6dB/倍频衰减,且噪声底数比邻近信道的相位噪声低很多。因为 20 个信道约为 4 倍频,如果干扰是由于阻塞导致的,预期噪声底数的计算值 $L(\infty) \ll L(25\text{kHz})$,然而这里却有 $L(\infty) \approx L(25\text{kHz})$。简言之,如果干扰是由于阻塞导致的,那么灵敏度损失应该在 S_1 和 S_2 高于灵敏度 $4 \times 6 = 24\text{dB}$ 时候发生,也就是 $-60 + 24 = -36\text{dBm}$ 而不是 -56dBm。因此我们推测干扰机制不是由于阻塞导致,因为干扰还没达到阻塞开始影响接收机灵敏度的功率。

关于 IMR3:S_1 和 S_2 与 S_0 的距离分别为 500kHz 和 $2 \times 500\text{kHz}$,并且在同一侧,这符合 IMR3 的条件,也是唯一可能的干扰机制。因此推测干扰是由于互调导致的。

(3)在这个情况中,干扰的频率偏移不再适合 IMR3,唯一的潜在干扰将是阻塞,这只会在更高功率的干扰信号下发生。因此 S_1 和 S_2 在 -56dBm 时,接收机将会保持正确检测 S_0。

10. 计算图 3.19 中接收机可用的最低的第一个 IF 频率。

解答

前端滤波器的带宽为 10MHz。如果所要信号的频率 f_R 在滤波器的一个边沿,我们不能允许有大的 IF-依赖杂散在滤波器的通带内。用 f_{IF} 定义 IF 频率,最近的主要干扰为 HIFR,根据式(3.51),它的频率在 f_{HIF}。换言之,我们需要:

$$|f_R - f_{HIF}| = \frac{1}{2}f_{IF} > 10\text{MHz} \Rightarrow f_{IF} > 20\text{MHz}$$

因此 IF 频率必须比前端滤波器带宽大两倍以上。

11. 一个 FM 超外差接收机具有以下指标:

- 灵敏度(-118dBm)。
- 阻塞(80dB)。
- 信道间距(25kHz)。

接收机被调到接收信道频率 825MHz,并连接到实验室测试设备。

一个在接收机频率、功率为灵敏度水平的所要信号 S_0 连接到天线端口。信号被正确检测。

随后,两个干扰信号 S_1 和 S_2 与所要信号一起连接到天线端口。S_1 和 S_2 具有相同功率,且都在接收机的工作频带内。S_1 频率为 825.5MHz,S_2 频率为 915MHz,两个信号的初始功率都为 -130dBm。

S_1 和 S_2 的功率同时并且逐渐地增加,当达到功率 -56dBm 时,接收机不能再检测到 S_0。

(1)如果接收机工作在上边带注入模式,是哪一种干扰机制导致灵敏度损失的?解释为什么。

(2)如果接收机工作在下边带注入模式,又是哪一种干扰机制导致灵敏度损失的?解释为什么。

(3)在上边带注入模式的情况中,基于合理的假设和近似计算,计算在干扰信号(可能有多个)频率处前端滤波器的衰减。

解答

S_1 的频率比 S_0 低 22.5MHz,为 IF 频率的一半

$$802.5 - 825 = -22.5 \mathrm{MHz} = -\frac{1}{2} f_{\mathrm{IF}}$$

S_2 的频率比 S_0 高 90MHz, 为 IF 频率的两倍

$$915 - 825 = 90 \mathrm{MHz} = 2 f_{\mathrm{IF}}$$

在(1)和(2)的情况中都可能存在阻塞,然而在 S_1 和 S_2 高于灵敏度 62dB($-56 \mathrm{dBm}+118 \mathrm{dBm}=62 \mathrm{dB}$)时发生了灵敏度损失。因为 S_1 和 S_2 都离所要信号频率相距非常远(相距 900 个和 3600 个信道),所以假设本振的相位噪声接近噪声底数是合理的。然而,如果干扰是由于阻塞导致的,根据指标它为 80dB,预计干扰要高于灵敏度 80dB 才会导致灵敏度损耗,也就是在功率 $-80 \mathrm{dBm}+118 \mathrm{dBm}=-38 \mathrm{dBm}$ 而不是 $-56 \mathrm{dBm}$。于是推测干扰不是由于阻塞导致。

(1)在上边带注入模式中, S_2 在镜像频率 $f_{\mathrm{R}}+2 f_{\mathrm{IF}}$ 处,而 S_1 没有在干扰频率并且功率太低不能造成阻塞。因此在这个情况,机制为镜像抑制(IR)。

(2)在下边带注入模式中, S_1 在半 IF 频率 $f_{\mathrm{R}}-1/2 f_{\mathrm{IF}}$ 处,而 S_2 没有在干扰频率并且功率太低不能造成阻塞。因此在这个情况,机制为半 IF 抑制(HIFR)。

(3)在上边带注入模式中,可见机制为 IR,因此 $\mathrm{IR}=-56-(-118)=62 \mathrm{dB}$。根据式(3.45)有:

$$\mathrm{IR} = \mathrm{Att}(f_{\mathrm{Image}}) + \mathrm{CCR}$$

假设 CCR ≈ $-10 \mathrm{dB}$,可得:

$$\mathrm{Att}(f_{\mathrm{Image}}) = \mathrm{IR} - \mathrm{CCR} = 62 + 10 = 72 (\mathrm{dB})$$

12. 一个 SHR 接收机具有以下指标:

- 灵敏度($-117 \mathrm{dBm}$)。
- 选择性(65dB)。
- 互调(75dB)。
- 信道间距(25kHz)。

(1)接收机调到接收信道频率 928.5125MHz,并连接到实验测试设备。

开始,在天线端口所要信号 S_1 的频率为 f_1,功率 $p_1 = -117 \mathrm{dBm}$。此时,信号在该设置中能被正确检测。

随后,一个干扰信号 S_2 与所要信号一起加到天线端口。S_2 频率为 928.4125MHz,功率 p_2 为 $-50 \mathrm{dBm}$。

此时接收机还会正确地接收 S_1 吗?

如果答案是"是",计算 S_2 在多少功率水平会造成灵敏度损失。

如果答案是"否",定量解释其机制。

(2)在上述①的实验设置中,保持 S_1 不变但是去除 S_2,这样 S_1 又开始被正确接收。随后,两个新的干扰 S_3 和 S_4 与 S_1 一起加入到天线端口。

S_3 和 S_4 具有相同的功率 p。S_3 的频率为 $f_3 = 928.5375 \mathrm{MHz}$,$S_4$ 的频率为 $f_4 = 928.5625 \mathrm{MHz}$。一开始功率 p 被设置得非常低,接收机能够正确工作。随后,两个干扰的功率 p 一起逐渐增加,直到接收机不能再检测到 S_1。计算在什么功率水平会发生灵敏度损失,会并解释干扰机制。

解答

（1）我们注意到：

$$f_2 - f_1 = (928.4125 - 928.5125)\text{MHz} = -100\text{kHz} = -4 \times 25\text{kHz}$$

因此干扰处于相对所要信号低 4 个信道频率处。因为已经给定选择性，所以可以计算 $L(\Delta f)$，其中 Δf 为信道间距，也就是 25kHz。使用式（3.19）可得：

$$L(4\Delta f) = L(\Delta f) - 20\log_{10}(4\Delta f/\Delta f) = L(\Delta f) - 12\text{dB} \qquad (3.92)$$

然后从式（3.92）可得相对于灵敏度，干扰信号 S_2 的功率可能大于选择性指标 12dB。换言之，S_2 只有在其功率达到或者高于 p_2' 才会导致干扰，其中 p_2' 为：

$$p_2' = \text{Sens} + \text{Sel} + 12\text{dB} = -117\text{dBm} + 65\text{dB} + 12\text{dB} = -40\text{dBm} > -50\text{dBm} = p_2$$

此外，S_2 不是一个 IF 相关的杂散（比如镜像），因为它离 S_1 只有 100kHz，而第一个 IF 频率通常为数 MHz。

（2）我们还注意到：

- $f_3 - f_1 = (928.5375 - 928.5125)\text{MHz} = 25\text{kHz}$
- $f_4 - f_1 = (928.5625 - 928.5125)\text{MHz} = 50\text{kHz} = 2(f_3 - f_1)$

因此，$\{f_3, f_4\}$ 频率组合符合 IMR3 情况。然而又因为 $f_3 - f_1 = 25\text{kHz}$，因此 f_3 本身也是一个符合相邻信道选择性的频率。从 3.5.2 节的考虑，我们知道两个相距一个或者两个信道的干扰信号，由于邻近相位噪声衰减，相比于互调，选择性干扰是占主导的。因为在接收机指标中 IMR3 是大于选择性值的（IMR3 = 75dB > 65dB = 选择性），我们推测 IMR3 是通过间距更宽的干扰来测量的，而且不能依赖这个邻近信号的值。我们推测选择性机制是占主导的，灵敏度损失在 S_3 功率为以下值时会发生：

$$p = -117\text{dBm} + 65\text{dB} = -52\text{dBm}$$

13. 一个静态接收机具有以下参数：

- IF 带宽：150kHz。
- IF 频率：45MHz。
- 灵敏度：−112dBm。
- 灵敏度阈值：SNRd = 8dB。
- 第一个本振的噪声底数：−140dBc/Hz。

接收机通过一个放置在高出地面 $h_1 = 5\text{m}$ 的各向同性天线接收一个频率为 856MHz、功率 $S_R = -87\text{dBm}$ 的所要信号。一个发射功率 $P_T = 15\text{W}$ 的外来发射机放置在一个货车上，发射频率为 823MHz，通过安装在货车顶端的距离地面 $h_2 = 2\text{m}$ 的各项同性天线来发射信号。发射机的噪声尾部在接收机频率可忽略。发射机一开始在离接收机较远的地方，但是正向接收机靠近。

（1）计算在什么距离接收机开始被发射机干扰。

（2）在接收机接收所要信号的功率为 −112dBm（替代 −87dBm）时，再次计算（1）中的距离。

解答

（1）接收机-发射机的频率间距为 $856 - 823 = 33\text{MHz}$。IF 为 45MHz，因此频偏为 33MHz 的干扰不涉及 IF 相关的杂散。在 33MHz 外，假设本振相位噪声达到噪声底数是合理的。如同在 3.3.1.3 节解释的，在混频器输出处的相对于干扰信号的边带噪声与相对振

荡器载波的本振边带噪声是相等的。使用式(3.18)可得

$$\text{SBN}(33\text{MHz}) \approx L(\infty) + 10\log(150\text{kHz}) \approx -140 + 52 = -88\text{dBc} \qquad (3.93)$$

然而,如果用 $S_T|_{dBm}$ 定义被天线捕获的干扰载波功率(待求),那么 $\text{SBN}(33\text{MHz})|_{dBc}$ 可被看成一个在天线端口的等效干扰噪声功率 N_{eq},它的功率比被天线捕获的干扰载波信号 $S_T|_{dBm}$ 低 88dB,且会在检波器处产生一个相同的噪声

$$N_{eq}|_{dBm} = S_T|_{dBm} - 88\text{dB} \qquad (3.94)$$

所要信号功率 $S_R = -87\text{dBm}$,比 $\text{Sens} = -112\text{dBm}$ 高 25dB,捕获的干扰信号只有其功率在 S_R 的数量级才会发生作用。然而,因为 S_R 比 Sens 大很多,而 Sens 大于热噪声,于是我们忽略热噪声功率。因为所要信号和干扰噪声都通过同样的链路增益,为了获得 $\text{SNRd} = 8\text{dB}$,需要:

$$S_R|_{dBm} - N_{eq}|_{dBm} \approx \text{SNRd} = 8\text{dB} \qquad (3.95)$$

把式(3.94)代入式(3.95),并让 $S_R = -87\text{dBm}$,得到:

$$S_T = -87\text{dBm} - 8\text{dB} + 88\text{dB} = -7\text{dBm}$$

因为 $15\text{W} \approx 41.7\text{dBm}$,使用式(3.6)得到干扰在以下路径损耗时会发生:

$$L_{path} \leqslant P_T|_{dBm} - S_T|_{dBm} \approx 41.7 + 7 = 48.7\text{dB} \qquad (3.96)$$

当发射频率 $f_T = 823\text{MHz}$ 时,使用式(3.1)可得:

$$\lambda = \frac{3 \times 10^8}{823 \times 10^6} \approx 0.364\text{m} \Rightarrow d_c = 4\pi\frac{h_1 h_2}{\lambda} = 4\pi\frac{5 \times 2}{0.364} \approx 345\text{m}$$

假设为 FS 传播,使用式(3.2)得到

$$d = \lambda \times 10^{\frac{L_{path}-22}{20}} \approx 0.364 \times 10^{1.34} \approx 8\text{m} < d_c$$

因此传播的确为 FS,假设相对较强的信号 $S_T = -7\text{dBm}$ 不会超过接收机的动态范围,那么直到发射机在离接收机大约 8m 处,接收机干扰才会发生。

(2) 在该情况中,$S_R = \text{Sens} = -112\text{dBm}$,而且如式(3.29)所给定的,$S_T = S_{Block}$

$$\text{Block} = S_T|_{dBm} + 112\text{dBm} = 140 - 51.7 - 8 = 80.3\text{dB} \Rightarrow S_T = -31.7\text{dBm} \qquad (3.97)$$

因此,类似于式(3.96),对路径损耗的要求为:

$$L_{path} \leqslant P_T|_{dBm} - S_T|_{dBm} \approx 41.7 + 31.7 = 73.4\text{dB} \qquad (3.98)$$

再次假设为 FS 传播,同时使用式(3.2)和式(3.98),得到:

$$d = \lambda \times 10^{\frac{L_{path}-22}{20}} \approx 0.364 \times 10^{2.55} \approx 129\text{m} < d_c$$

说明这里的传播也是 FS,但是当发射机离接收机 129m 时干扰就已经发生。

3.13　公式背后的理论

本节包括:

- 关于本章各主题额外的理论深入理解。
- 3.1 节～3.11 节使用到的设计公式的数学证明。
- 所涉及的机制的细节解释。

如同前面指出的,对于能够熟练地使用设计公式,3.13 节不是必读的。然而,本节提供了一定深度的理解,可以揭露一些非标准场景问题的本质。

3.13.1 灵敏度

用 G 定义从天线端口到检波器输入的小信号功率增益,当在天线端口的所要 RF 信号功率为 Sens 时,到达检波器的所要信号功率则为 Sens·G。用 Nd 定义在检波器处累计的噪声功率,它包含在输入端口被放大的热噪声和接收机链路内部产生的噪声,功率 Sens 必须满足阈值需求:

$$\frac{\text{Sens} \cdot G}{\text{Nd}} = \text{SNRd} \tag{3.99}$$

RF 功率 Sens 对应于一个在天线端口的信号到噪声功率比 SNRi。因为在接收机输入端没有其他 RF 信号,所以唯一的干扰源是由天线阻抗 50Ω 产生的热噪声本身。如同在3.1.1 节指出的,在匹配的情况下,在室温下接收机输入端口的热噪声可由式(3.4)得到,为了方便,在这里重写该式:

$$N_{\text{th}} = kTB[\text{W}] \tag{3.100}$$

其中 $k = 1.38 \times 10^{-23}$[J/K]为玻尔兹曼常数,$T \approx 300$[K]为室温,B[Hz]为接收机输入输出小信号传输函数总的带宽。等式(3.100)是由于电荷的热运动引起的,每一个电阻 R 可以被看成与一个噪声电压源 $v_{\text{th}}(t)$ 串联,它的 rms 值为:

$$v_{\text{th}} \mid_{\text{rms}} = \sqrt{4kTBR} \tag{3.101}$$

如果这个电阻属于一个具有内部电阻 R 的信号源,当这个信号源与负载匹配时,也就是负载的输入阻抗也是 R,那么从源传输到负载的 rms 噪声电压为 $v_{\text{th}}\mid_{\text{rms}}/2$。因此进入负载的噪声功率 N_{th} 为:

$$N_{\text{th}} = \frac{(v_{\text{th}} \mid_{\text{rms}}/2)^2}{R} = \frac{(\sqrt{4kTBR}/2)^2}{R} = kTB \tag{3.102}$$

因此在匹配的条件下,进入负载的热噪声功率与 R 无关(由负载本身产生的噪声会被计入下一级的噪声系数)。关于带宽 B 需要一些说明。如同在第 2 章所说的,接收机链路包含一个 IF 滤波器或者基带滤波器(它们执行类似的任务),或者两个都包含。它们是链路中最窄带的滤波器,为了简化,假设它们具有一样的带宽 B,为 RF 信道带宽(基带滤波器的带宽为 $\pm B/2$,只要涉及所要信号,它与带宽为 B 的 IF 滤波器等效)。因为在小信号条件下,接收机是线性是不变(LTI)系统,我们可以交换链路中电路级的顺序。由此可得在天线端口的热噪声是被带宽 B 有效限制的。因此,在接收机输入端的信号到噪声比为:

$$\text{SNRi} = \frac{\text{Sens}}{kTB} \tag{3.103}$$

在灵敏度阈值,检波器的信号到噪声比 SNRd 为:

$$\text{SNRo} = \text{SNRd} \tag{3.104}$$

使用式(3.3)中定义的噪声因子和噪声系数,并通过式(3.103)和式(3.104),得到:

$$\text{NF} = 10\log_{10}(F) = 10\log_{10}\left(\frac{\text{SNRi}}{\text{SNRo}}\right) = 10\log_{10}\left(\frac{\text{Sens}}{kTB \cdot \text{SNRd}}\right)$$

$$= 10\log_{10}(\text{Sens}) - 10\log_{10}(kT) - 10\log_{10}(B) - 10\log_{10}(\text{SNRd}) \tag{3.105}$$

以 dBm 来表达灵敏度:

$$\text{Sens} \mid_{\text{dBm}} = 10\log(\text{Sens}/10^{-3}) = 10\log(\text{Sens}) + 30 \tag{3.106}$$

把式(3.106)代入到式(3.105),因为 $10\log_{10}(kT) \approx -204$,最终得到

$$\text{Sens}\,|_{dBm} = -174 + \text{NF}\,|_{dB} + 10\log_{10}(B\,|_{Hz}) + 10\log_{10}(\text{SNRd}) \tag{3.107}$$

注意-174的单位为 dBm/Hz,也就是在天线端口 1Hz 带宽内的热噪声功率(dBm)。

$-174 + \text{NF} + 10\log_{10}(B)$可以被看成在天线端口的等效噪声功率$N_{eq}$,如果接收机被认为是没有噪声的,那么就是它在检波器处产生了实际的噪声功率。在某些场景中存在一个固定额外的外在噪声,那么$-174 + \text{NF} + 10\log_{10}(B)$项应当被在天线端口总的等效噪声功率$N_{eq}$取代(见 3.12 节练习 13)。在这种情况中,有效灵敏度 Sens(eff)仍然由式(3.107)给出,只是用N_{eq}取代了$-174 + NF + 10\log_{10}(B)$项,也就是

$$\text{Sens(eff)}\,|_{dBm} = N_{eq}\,|_{dBm} + 10\log_{10}(\text{SNRd}) \tag{3.108}$$

3.13.2　同信道抑制

以下证明等式(3.12):使用式(3.99)中的G和 Nd,将干扰功率 Scc 和所要信号功率 Si$=$2Sens 加到天线输入端口,接收机工作在灵敏度水平,此时 SNRo 粗略等于 SNRd(粗略是因为同信道干扰的行为不完全像热噪声)。由等式(3.99),在检波器可得:

$$\frac{1}{\text{SNRo}} = \frac{\text{Scc} \cdot G + \text{Nd}}{\text{Si} \cdot G} \approx \frac{2\text{Nd}}{2\text{Sens} \cdot G} = \frac{\text{Nd}}{\text{Sens} \cdot G} = \frac{1}{\text{SNRd}} \tag{3.109}$$

实际上,式(3.109)可为:

$$\frac{\text{Scc} \cdot G + \text{Nd}}{\text{Si} \cdot G} = \frac{1}{2}\left(\frac{\text{Scc}}{\text{Sens}} + \frac{\text{Nd}}{\text{Sens} \cdot G}\right) \approx \frac{1}{\text{SNRd}} \tag{3.110}$$

把式(3.99)代入式(3.110),可得:

$$\frac{\text{Scc}}{\text{Sens}} \approx \frac{1}{\text{SNRd}} \tag{3.111}$$

把式(3.111)转化为对数,并使用式(3.14)定义,可得:

$$\text{CCR} = 10\log_{10}\left(\frac{\text{Scc}}{\text{Sens}}\right) \approx -10\log_{10}(\text{SNRd}) \tag{3.112}$$

3.13.3　选择性

以下证明等式(3.25):定义$L(f_m)$为邻近信道处本振的相位噪声。因为有频率漂移的干扰信号 Sadj 会获得与振荡器一样的相位噪声,漂移干扰的边带噪声与式(3.18)中给出的振荡器边带噪声一样。因此,被 IF 收集的到达接收机输出端(在链路最后,增益为G)噪声功率 Nadj 需满足:

$$10\log_{10}\left(\frac{\text{Nadj}}{\text{Sadj} \cdot G}\right) = \text{SBN[dBc]} \tag{3.113}$$

求解 Nadj,得到:

$$\text{Nadj} = 10^{\text{SBN}/10}\text{Sadj} \cdot G[\text{W}] \tag{3.114}$$

使用等式(3.99)中的G和 Nd,当邻近信道功率 Sadj 和所要信号功率 Si$=$2Sens 加入到天线输入端口时,接收机在灵敏度水平工作,于是 SNRo 粗略等于 SNRd。因此:

$$\frac{1}{\text{SNRd}} \approx \frac{1}{\text{SNRo}} = \frac{\text{Nadj} + \text{Nd}}{\text{Si} \cdot G} = \frac{\text{Nadj} + \text{Nd}}{2\text{Sens} \cdot G} \tag{3.115}$$

由式(3.115)和式(3.99)可得:

$$\frac{2}{\text{SNRd}} \approx \frac{\text{Nadj} + \text{Nd}}{\text{Sens} \cdot G} = \frac{\text{Nadj}}{\text{Sens} \cdot G} + \frac{1}{\text{SNRd}} \Rightarrow \frac{\text{Nadj}}{\text{Sens} \cdot G} = \frac{1}{\text{SNRd}} \tag{3.116}$$

把式(3.114)代入到式(3.116),取对数,使用式(3.112)可得:

$$\frac{\text{Sadj}}{\text{Sens}} = \frac{1}{10^{\text{SBN}/10}\,\text{SNRd}} \Rightarrow \text{Sel} = 10\log_{10}\left(\frac{\text{Sadj}}{\text{Sens}}\right) = -\text{SBN} + \text{CCR} \tag{3.117}$$

3.13.4　互调

以下证明式(3.37):当 $\text{Si}=2\text{Sens}$,Sim 调到一个使得接收机工作在灵敏度水平的值时,使用等式(3.99)中的 G 和 Nd,则在检波器的噪声信号 $N3$ 必然与 Nd 粗略相等。由此可得:

$$\frac{N3+\text{Nd}}{2\text{Sens}\cdot G} \approx \frac{1}{\text{SNRd}} \Rightarrow \frac{N3}{\text{Sens}\cdot G} \approx \frac{1}{\text{SNRd}} \tag{3.118}$$

取对数并使用式(3.112),则式(3.118)最右边的等式可以写为:

$$N3\,\big|_{\text{dBm}} = G\,\big|_{\text{dB}} + \text{Sens}\,\big|_{\text{dBm}} + \text{CCR} \tag{3.119}$$

用 p 定义每一个输入干扰的功率。通过交调点的定义得:

$$p = \text{IP3i} \Rightarrow N3\,\big|_{\text{dBm}} = \text{IP3i}\,\big|_{\text{dBm}} + G\,\big|_{\text{dB}} \tag{3.120}$$

因为当输入功率 p 每增加 1dB,噪声增加 3dB,于是对于 $p<\text{IP3i}$,噪声功率为:

$$N3 = \text{IP3i} + G - 3(\text{IP3i} - p) \tag{3.121}$$

当 $p=\text{Sim}$ 时,式(3.121)中 N_3 的值就是式(3.119)中的值,因此

$$\text{IP3i} - 3(\text{IP3i} - \text{Sim}) = \text{Sens} + \text{CCR} \tag{3.122}$$

重新调整式(3.122),可得

$$-2\text{IP3i} + 3\text{Sim} = 3\text{Sens} - 2\text{Sens} + \text{CCR} \tag{3.123}$$

最终

$$\underbrace{3(\text{Sim}\,\big|_{\text{dBm}} - \text{Sens}\,\big|_{\text{dBm}})}_{\text{IMR3}\,\big|_{\text{dB}}} = 2(\text{IP3i} - \text{Sens}) + \text{CCR} \tag{3.124}$$

式(3.124)等于式(3.37)。

3.13.5　镜像抑制

首先,让我们简略回顾混频器的工作原理。为了简化,使用未调制信号。然后,所得结论对调制信号也是正确的。当一个所要信号 S_R 到达接收机的第一个混频器输入端时:

$$S_\text{R} = A\cos(\omega_\text{R}t), \quad \omega_\text{R} = 2\pi f_\text{R} \tag{3.125}$$

这里 f_R 为所要信号的频率,A 为载波的幅度。用 f_IF 定义中频频率,有 $\omega_\text{IF}=2\pi f_\text{IF}$。

本振信号,也就是注入信号,具有恒定幅度 B,可选择为下边带注入模式的 $S_\text{LO} = B\cos[(\omega_\text{R}-\omega_\text{IF})t]$,也可以是上边带注入模式的 $S_\text{LO}=B\cos[(\omega_\text{R}+\omega_\text{IF})t]$。

混频器是一个具有非线性传输函数的元件,因此它的输出可以用式(3.30)中泰勒展开的形式表示。当输入为 $v_\text{i}=S_\text{R}+S_\text{LO}$,由于主导项 $a_2 v_\text{i}^2$,混频器的输出会包含一个与 $2S_\text{R}S_\text{LO}$ 成正比的项,其中:

$$\begin{aligned} 2S_\text{R}S_\text{LO} &= 2BA\cos(\omega_\text{R}t)\cos[(\omega_\text{R}\pm\omega_\text{IF})t] \\ &= BA\{\cos[(2\omega_\text{R}\pm\omega_\text{IF})t] + \cos(\omega_\text{IF}t)\} \end{aligned} \tag{3.126}$$

如果 $f_\text{R}\gg f_\text{IF}$(通常情况),式(3.126)中的高频部分位于 IF 滤波器的带宽外,会被滤除,则相当于乘以一个取决于混频器增益的常数。在 IF 滤波器的输出得到了一个信号,形式

如下：

$$S_{IF} = A\cos(\omega_{IF}t) \tag{3.127}$$

因此，混频器仅仅把所要信号搬移到了 IF 频率。现在，让我们观察，如果输入混频器的信号不是频率为 f_R 所要信号，而是频率为 S_{Image} 的外来信号，会发生什么。其中 S_{Image} 频率为以下任意一个：

$$f_{Image} = f_R \pm 2f_{IF} \tag{3.128}$$

为了简便，继续采用 3.1.2.3 节练习中的 SHR 接收机进行讨论，任意假设第一个本地振荡信号的频率为 $f_{LO} = f_R - f_{IF}$，即采用下边带注入模式，S_{Image} 在频率 $f_{Image} = f_R - 2f_{IF}$ 处（得到的结论对上边带注入模式也是正确的，即对应于本振频率 $f_{LO} = f_R + f_{IF}$，S_{Image} 在频率 $f_{Image} = f_R + 2f_{IF}$ 的情况）。

$$S_{Image} = A\cos(\omega_{Image}t) = A\cos[(\omega_R - 2\omega_{IF})t] \tag{3.129}$$

如果接收机工作在下边带注入模式，根据式(3.126)，混频器的输出包含一个与 $2S_{Image}S_{LO}$ 成正比的项：

$$2S_{Image}S_{LO} = 2BA\cos[(\omega_R - 2\omega_{IF})t]\cos[(\omega_R - \omega_{IF})t]$$
$$= BA\{\cos[(2\omega_R - 3\omega_{IF})t] + \cos(\omega_{IF}t)\} \tag{3.130}$$

式(3.130)的高频部分不能通过 IF 滤波器而被滤除。因此在 IF 滤波器的输出端得到一个与式(3.127)具有相同频率和幅度的信号。

由上可得，只要涉及混频器，式(3.129)中的镜像信号与式(3.125)的所要信号是无法区分的。

现在证明式(3.45)：通过以下公式定义在线性坐标中前端滤波器的衰减：

$$A_{Image} = 10^{Att(f_{Image})/10} \tag{3.131}$$

当 $Si = 2Sens$ 且 S_{Image} 调到使接收机工作在灵敏度水平的值时，使用等式(3.99)中的 G 和 Nd，则到达检波器的噪声功率 N_{Image}（包含了衰减的信号功率）如下

$$N_{Image} = G(S_{Image}/A_{Image}) \tag{3.132}$$

在灵敏度水平，检波器端口的信号噪声比粗略等于 SNRd，因此

$$\frac{N_{Image} + Nd}{2Sens \cdot G} \approx \frac{1}{SNRd} \Rightarrow \frac{N_{Image}}{Sens \cdot G} \approx \frac{1}{SNRd} \tag{3.133}$$

把式(3.132)代入到式(3.133)，可得：

$$\frac{S_{Image}}{Sens} = \frac{A_{Image}}{SNRd} \tag{3.134}$$

用 dB 计算式(3.134)，通过式(3.131)和式(3.44)，并代入式(3.12)，可得式(3.45)：

$$\underbrace{10\log_{10}\left(\frac{S_{Image}}{Sens}\right)}_{IR} = \underbrace{10\log_{10}(A_{Image})}_{Att(f_{Image})} + \underbrace{10\log_{10}\left(\frac{1}{SNRd}\right)}_{CCR}$$

3.13.6 半 IF 抑制

以下证明式(3.53)：当 $Si = 2Sens$ 且 Sim 调到使得接收机工作在灵敏度水平的值时，使用等式(3.99)中的 G 和 Nd，则到达检波器的由半 IF 干扰引起的噪声功率 $N2$ 必定粗略等于 Nd，因此可得：

$$\frac{N2 + Nd}{2\text{Sens} \cdot G} \approx \frac{1}{\text{SNRd}} \Rightarrow \frac{N2}{\text{Sens} \cdot G} \approx \frac{1}{\text{SNRd}} \tag{3.135}$$

使用对数坐标并在使用式(3.112),则式(3.135)最右边的等式可得:

$$N2 \mid_{\text{dBm}} = G \mid_{\text{dB}} + \text{Sens} \mid_{\text{dBm}} + \text{CCR} \tag{3.136}$$

用 p 定义输入干扰的功率,通过交调点的定义可得:

$$p = \text{IP2i} \Rightarrow N2 \mid_{\text{dBm}} = \text{IP2i} \mid_{\text{dBm}} + G \mid_{\text{dB}} \tag{3.137}$$

因为当输入功率 p 每增加 1dB,噪声产物增加 2dB,于是对于 $p < \text{IP2i}$ 的噪声功率为:

$$N2 = \text{IP2i} + G - 2(\text{IP2i} - p) \tag{3.138}$$

当 $p = S_{\text{HIF}}$ 时,式(3.138)中 $N2$ 的值就是式(3.136)中的值,因此有

$$\text{IP2i} - 2(\text{IP2i} - S_{\text{HIF}}) = \text{Sens} + \text{CCR} \tag{3.139}$$

重写式(3.139)

$$-\text{IP2i} + 2S_{\text{HIF}} = 2\text{Sens} - \text{Sens} + \text{CCR} \tag{3.140}$$

最终得到

$$\underbrace{2(S_{\text{HIF}} \mid_{\text{dBm}} - \text{Sens} \mid_{\text{dBm}})}_{\text{HIFR} \mid_{\text{dB}}} = (\text{IP2i} - \text{Sens}) + \text{CCR} \tag{3.141}$$

式(3.141)与式(3.53)相等。

3.13.7 双工器机制

现在分析的双工器是带通类型的,是最常用的类型。还有另一种应用没那么多的类型——陷波类型,主要用在固定频率的大功率应用中,具有类似的工作原理。接下来的深入分析需要传输线的理论背景,这超出了本书的范围,因此留给读者自己学习。

图3.17为带通型双工器架构。图3.21为带通滤波器带通滤波器 BPF_T 和带通滤波器 BPF_R 的衰减曲线。任意假设(不失一般性)发射机频带比接收机频带低。

双工器同时有两种不同的工作机制:

- 在天线端口接收和发射频率的隔离。
- 在接收机频带处对的发射机噪声"尾巴"的衰减。

在进行分析时,假定发射频率 f_{T0} 和接收频率 f_{R0} 都分别处于各自频带的中心,然而得到的结果对于频带内任意的发射/接收频率组合都是近似成立的。

3.13.7.1 隔离机制

作为第一步,让我们观察图3.21中任意一个带通滤波器的输入或者输出端口,并有以下问题:在滤波器通带外远处频率的输入-输出阻抗是多少,也就是,在滤波器显示高衰减特性的频率处的阻抗是怎样的?假设滤波器没有很大的欧姆损耗,大功率衰减意味着滤波器输入的 VSWR 非常高。换言之,如果在史密斯圆图上画出远离通带频率处滤波器的输入/输出阻抗,阻抗将会非常靠近史密斯圆图的外边界。

为了简化(同时不失一般性),让我们考虑一个特殊例子。如果在 50Ω 归一化的史密斯圆图上画出带通滤波器 BPF_R 在频率 f_{T0} 的输入阻抗 Z_{RT0} 和带通滤波器 BPF_T 在频率 f_{R0} 的输出阻抗 Z_{TR0},它们会在图3.22(a)和(b)所标的黑点位置附近。这是因为一个 RF 带通滤波器的输入/输出阻抗在低于工作带宽频率处通常为感性,在高于工作带宽的频率处通常为

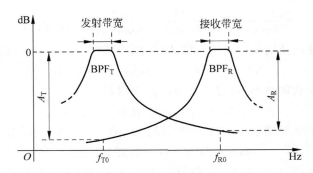

图 3.21　图 3.17 中滤波器的衰减特性曲线

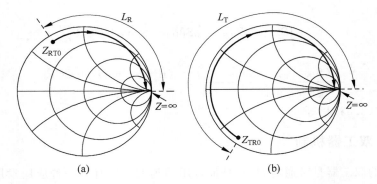

图 3.22　旋转滤波器阻抗到开路：(a)带通滤波器 BPF_R，(b)带通滤波器 BPF_T

容性的。

　　现在回顾一下，阻抗 $Z=\infty$ 是在史密斯圆图外边界的最右边，于是通过使用适当长度 L_R 和 L_T 的 50Ω 传输线，Z_{RT0} 和 Z_{TR0} 可以在恒定 VSWR 圆上旋转达到近似开路。

　　因此，通过适当选择 L_R 和 L_T，频率为 f_{T0} 的发射功率在天线端口朝接收机"看"为开路，而频率为 f_{R0} 的接收信号在天线端口朝发射机"看"也是开路的。

　　因为传输线的长度和匹配情况不相干，于是，在频率 f_{T0}，带通滤波器 BPF_T 直接连接发射机的输出到天线；在频率 f_{R0}，带通滤波器 BPF_R 直接连接接收机的输入到天线。总之，在图 3.17 中，在频率 f_{T0}，天线直接连接到发射机，但是与接收机是断开的；而在频率 f_{R0}，天线直接连接到接收机，但是与发射机是断开的。

　　Z_{RT0} 的值取决于接收机滤波器带通滤波器 BPF_R 在发射频率的衰减 $A_T[dB]$。为了防止接收机由于发射机残余功率进入 LNA 导致超过动态范围，造成接收机损坏，衰减 A_T 必须足够大。

3.13.7.2　噪声衰减机制

　　如同在 3.9.1 节指出的，发射机信号在远端的相位噪声会一直延伸至接收机工作频段。如果发射机在接收机频段的噪声"尾巴"进入图 3.17 的端口 A，这个信号就会像所需信号一样不会有任何的抑制。即使发射机振荡器的噪声底数相对于载波非常低，但是发射机的载波具有非常大的功率。因此进入接收机频段的噪声尾巴的功率相对于灵敏度来说仍然非常

大,会导致灵敏度的大幅降低。为了获得对这个降幅的感觉,假设有以下参数:

- 发射机振荡器噪声底数:$L(\infty) = -155\,\text{dBc/Hz}$(一个很好的指标)。
- 发射机载波功率:$S_T = 30\,\text{dBm}(1\,\text{W})$。

假设集成的接收机为 3.1.2.3 节的 SHR 结构,具有:

- 接收机带宽:$B = 18\,\text{kHz}$。
- 灵敏度:Sens $= -114.5\,\text{dBm}$。

根据式(3.67),边带噪声为:

$$\text{SBN}(f_R) \approx L(f_R) + 10\log_{10}(B) = -155 + 10\log_{10}(18 \times 10^3) \approx -112\,\text{dBc}$$

边带噪声是相对于发射功率 S_T 的。因此由于发射机载波导致的在接收机信道内的绝对噪声功率为:

$$P_N\,|_{\text{dBm}} = S_T + \text{SBN} = 30 - 112 = -82\,\text{dBm}$$

可见,由发射机噪声尾巴引入的噪声功率比灵敏度高 32dB,这会导致接收机瘫痪。

为了防止该问题,噪声尾巴必须在到达天线前被衰减。图 3.17 中的发射机带通滤波器带通滤波器 BPF_T 具有该功能,会对在接收机带宽内的噪声尾巴带来 $A_R(\text{dB})$ 的衰减。

3.13.8 双工灵敏度劣化

首先证明式(3.68),然后再证明式(3.69)。由发射机产生的在接收机信道内的边带噪声 $\text{SBN}(\Delta f_0)$ 在接收机带宽内近似为常数,如式(3.67),可以重写为如下形式:

$$\text{SBN}(\Delta f_0) = 10\log_{10}\left(\frac{P_N}{S_T}\right) \approx L(\Delta f_0) + 10\log(B)\,[\text{dBc}] \tag{3.142}$$

这里 P_N 为进入接收机信道带宽的尾巴噪声功率。把式(3.142)转化为线性坐标可得:

$$P_N \approx S_T 10^{L(\Delta f_0)/10} B\,[\text{W}] \tag{3.143}$$

当 $\text{Att}_R = 10^{A_R/10}$ 为图 3.17 中在接收机频段的带通滤波器 BPF_T 的衰减,则到达检波器输入的噪声功率 N_{DS} 为:

$$N_{\text{DS}} = \frac{P_N G}{\text{Att}_R} = \frac{S_T 10^{L(\Delta f_0)/10} BG}{\text{Att}_R} \tag{3.144}$$

使用等式(3.99)中的 G 和 Nd,对于瞬时传输时需要达到的灵敏度水平,需要:

$$\frac{1}{\text{SNRd}} = \frac{\text{Nd}}{\text{Sens} \cdot G} = \frac{\text{Nd} + N_{\text{DS}}}{\text{TSens} \cdot G} \tag{3.145}$$

再次使用式(3.99),并将 Nd $=$ Sens $\cdot$ G/SNRd 代入式(3.145),可以通过式(3.145)直接计算出 TSens,虽然计算较为复杂。

另外,当允许有(较少的)3dB 灵敏度衰减时,可以计算出所需要的隔离度。出于该目的,让 N_{DS} 增大为式(3.145)中 Nd 的值:

$$N_{\text{DS}} = \text{Nd} \Rightarrow \frac{\text{TSens}}{\text{Sens}} = 2 \Rightarrow \text{DS} = 10\log_{10}\left(\frac{\text{TSens}}{\text{Sens}}\right) = 3\,\text{dB} \tag{3.146}$$

由 Nd $= N_{\text{DS}}$,并且使用式(3.99)和式(3.144),得到:

$$\frac{\text{Sens}}{\text{SNRd}} = \frac{N_{\text{DS}}}{G} = \frac{S_T 10^{L(\Delta f_0)/10} B}{\text{Att}_R} \Rightarrow \text{Att}_R = 10^{L(\Delta f_0)/10} B \times \frac{S_T}{\text{Sens}} \times \text{SNRd} \tag{3.147}$$

对式(3.147)两边取对数,再次使用 $\text{Att}_R = 10^{A_R/10}$,以及由式(3.112)和式(3.67),可得式(3.68)中所需要的最小衰减为:

$$A_R = \text{SBN}(\Delta f_0) + 10\log_{10}\left(\frac{S_T}{\text{Sens}}\right) - \text{CCR} \ [\text{dB}] \tag{3.148}$$

现在证明式(3.69)：如果接收机的动态范围为 DR，那么，通过式(3.65)得到在接收机输入允许的最大功率 Sat 为：

$$\text{Sat} = 10^{\text{DR}/10}\text{Sens} \tag{3.149}$$

当 $\text{Att}_T = 10^{A_T/10}$ 为在发射频段的接收机滤波器的衰减(近似为常数)，则要求为：

$$\frac{S_T}{\text{Att}_T} \leqslant \text{Sat} \Rightarrow \text{Att}_T \geqslant \frac{S_T}{\text{Sat}} = \frac{S_T}{\text{Sens}} \times 10^{-\text{DR}/10} \tag{3.150}$$

对上式两边取对数，并使用 $\text{Att}_T = 10^{A_T/10}$，可得：

$$A_T \geqslant 10\log_{10}\left(\frac{S_T}{\text{Sens}}\right) - \text{DR} \ [\text{dB}] \tag{3.151}$$

3.14   直接 RF 采样接收机的延伸

直接 RF 采样(DRFS)接收机的分析与模拟 RF 情况的本质类似，如果可以用类似于在 SHR 接收机中定义混频器和本振的参数来定义高速 ADC 和附加采样时钟的特性，尤其当我们想要定义 ADC 的等效噪声系数，以及时钟定义等效相位噪声时更是如此。事实上，RF 采样过程也受到 ADC 的附加噪声(类似热噪声特性)和时钟抖动(本质与本振相位噪声类似)的干扰。

3.14.1   ADC 噪声因子

在对 RF 信号的采样过程中，ADC 用离散的量化数字值代表了 RF 样本。无论量化精度多高，数字值都是近似值，总会引入不可避免的噪声。

事实上，对于相等的输入输出阻抗，ADC 可以看成一个有噪声的功率增益为 $G=1$ 的放大器。这是因为输入信号是物理电压，而输出信号是采样的序列，在经过奈奎斯特滤波后，除去加入的噪声，产生的输出电压与输入电压相等。因此，对于任意给定的带宽 B，由式(3.176)给定的量化噪声功率 σ_ε^2，并且由于 $G=1$，所以根据式(3.3)，ADC 的噪声因子 F_{ADC} 可以被定义为：

$$F_{\text{ADC}} = \frac{\sigma_\varepsilon^2}{kTB} = \frac{N_{\text{floor}}}{kT} \tag{3.152}$$

这里 $kT[\text{W/Hz}]$ 是式(3.4)中的单边带热噪声密度，σ_ε^2 为量化噪声方差，它的单边带功率密度 $N_{\text{floor}}[\text{W/Hz}]$ 由 ADC 制造商提供，对应一个等于 ADC 输入阻抗 R_{ADC} 的负载阻抗，以 dBm/Hz 或者 dBFs/Hz(以 dB 形式低于满量程的值)形式表示。通常量化噪声底数 N_{floor} 在决定灵敏度方面占主导，可由式(3.175)中以 V_{rms} 表示的满量程输入功率 P_{FS}，式(3.177)中量化信号到噪声比 SNR_{QFS} 和采样率 f_s 推导得出：

$$N_{\text{floor}} = \frac{P_{\text{FS}}}{\text{SNR}_{\text{QFS}}(f_s/2)}[\text{W/Hz}], \quad P_{\text{FS}} = \frac{V_{\text{rms}}^2}{R_{\text{ADC}}}[\text{W}] \tag{3.153}$$

因此 ADC 的噪声因子和噪声系数为：

$$F_{\text{ADC}} = \frac{N_{\text{floor}}}{kT} = \frac{2P_{\text{FS}}}{kTf_s\text{SNR}_{\text{QFS}}}, \quad \text{NF}_{\text{ADC}} = 10\log_{10}(F_{\text{ADC}}) \tag{3.154}$$

在接下来的内容中,假定 $\mathrm{NF_{ADC}}$ 为后端输入的噪声系数,由在 3.14.2 节讨论的,只要涉及灵敏度,其余后端处理过程中产生的噪声相对于 ADC 的量化噪声都可以忽略。

3.14.1.1 练习:计算 ADC 的噪声底数和噪声系数

一个 12 比特 ADC 的满摆幅输入峰-峰值电压为 2.1V。ADC 输入阻抗为 50Ω。

(1) 计算单边输出噪声底数[dBm/Hz]和采样率为 2.5GSPS 时 ADC 的噪声系数(dB)。

(2) 如果采样率为 50MSPS,重新计算(1)。

答案

(1) 值为:

$$P_{\mathrm{FS}} = \left(\frac{2.1}{2\sqrt{2}}\right)^2 \frac{1}{50} \approx 11\mathrm{mW}\ [利用式(3.175),V_{\mathrm{pp}} = 2.1\mathrm{V}]$$

$$\mathrm{SNR_{QFS}} = 3 \times 2^{23}[利用式\ (3.177),b = 12]$$

$$N_{\mathrm{floor}}\mid_{\mathrm{dBm/Hz}} = 10\log_{10}\left(\frac{N_{\mathrm{floor}}}{1\mathrm{mW}}\right) = 10\log_{10}\left(\frac{2P_{\mathrm{FS}}/1\mathrm{mW}}{f_{\mathrm{s}}\mathrm{SNR_{QFS}}}\right)$$

$$= 10\log_{10}(2) + 10\log_{10}\left(\frac{P_{\mathrm{FS}}}{1\mathrm{mW}}\right) - 10\log_{10}(f_{\mathrm{s}}) - 10\log_{10}(\mathrm{SNR_{QFS}})$$

$$= 3 + 10.4 - 94 - 74 \approx -155\mathrm{dBm/Hz}[利用式(3.153)]$$

$$\mathrm{NF_{ADC}}\mid_{\mathrm{dB}} = 10\log_{10}(F_{\mathrm{ADC}}) = 10\log_{10}\left(\frac{N_{\mathrm{floor}}}{kT}\right) = N_{\mathrm{floor}}\mid_{\mathrm{dBm/Hz}} - kT\mid_{\mathrm{dBm/Hz}}$$

$$= -155 + 174 = 19\mathrm{dB}[利用式(3.154)]$$

(2) 噪声底数提高了 $10\log_{10}(2.5\mathrm{GSPS}/50\mathrm{MSPS}) \approx 17\mathrm{dB}$,也就是:

$$N_{\mathrm{floor}}\mid_{\mathrm{dBm/Hz}} = -155 + 17 = -138\mathrm{dBm/Hz}$$

相应增加的噪声系数为:

$$\mathrm{NF_{ADC}}\mid_{\mathrm{dB}} = 19 + 17 = 36\mathrm{dB}$$

3.14.1.2 练习:计算 DRFS 灵敏度

计算图 2.4(第 2 章)中 DRFS 接收机的灵敏度,假设该接收机有如下参数:

- 前端带通滤波器损耗:2dB。
- 运行频段:820～860MHz。
- 过采样:3×。
- 信道带宽:25kHz。
- 要求信道 SNRd:10dB。
- ADC:精度 12bit,输入阻抗 50Ω,输入电压 $1.5V_{\mathrm{PP}}$。
- LNA:增益 20dB,噪声系数 2dB。

答案

$$P_{\mathrm{FS}} = \left(\frac{1.5}{2\sqrt{2}}\right)^2 \frac{1}{50} \approx 5.6\mathrm{mW}[利用式(3.175),V_{\mathrm{pp}} = 1.5\mathrm{V}]$$

$$\mathrm{SNR_{QFS}} = 3 \times 2^{23}[利用式(3.177),b = 12]$$

工作带宽 OB 和中心频率 f_0 为:

$$OB = 860\,\text{MHz} - 820\,\text{MHz} = 40\,\text{MHz}, \qquad f_0 = \frac{820\,\text{MHz} + 860\,\text{MHz}}{2} = 840\,\text{MHz}$$

因此,使用式(2.29)可得:

$$K_a = \text{Int}\left[\frac{f_0}{2 \times (3 \times OB)} + \frac{3}{4}\right] = \text{Int}\left[\frac{840}{240} + \frac{3}{4}\right] = 4$$

$$f_s = \frac{4 f_0}{4 K_a - 3} = \frac{3360\,\text{MHz}}{13} = 258.46154\,\text{MHz}$$

由式(3.154),得到:

$$F_{\text{ADC}} = \frac{2 P_{\text{FS}}}{k T f_s \text{SNR}_{\text{QFS}}} \approx \frac{2 \times 5.6 \times 10^{-3}}{1.38 \times 10^{-23} \times 300 \times 258.46 \times 10^6 \times 3 \times 2^{23}} \approx 416$$

$$\text{NF}_{\text{ADC}} = 10\log_{10}(F_{\text{ADC}}) = 10\log_{10}(416) = 26\,\text{dB}$$

NF_{ADC}也是后端的噪声系数。于是,当 LNA 的增益 $G_{\text{LNA}} = 20\,\text{dB}$,可以得到在 LNA 输入处的噪声因子为:

$$F = F_{\text{LNA}} + \frac{F_{\text{ADC}} - 1}{G_{\text{LNA}}} = 10^{0.2} + \frac{416 - 1}{10^2} \approx 5.73 \Rightarrow \text{NF} = 10\log_{10}(5.73) = 7.6\,\text{dB}$$

因此,在加入带通滤波器损耗后,在天线端的噪声系数为 $\text{NF}_i = 9.6\,\text{dB}$,最终,通过式(3.5)得到:

$$\text{Sens}\big|_{\text{dBm}} = -174 + 9.6 + 10\log_{10}(25 \times 10^3) + 10\log_{10}(10) \approx -110\,\text{dBm}$$

3.14.2 DRFS 接收机中的信噪比,选择性和阻塞

首先,总结一下在 6.4.2.4 节关于目前讨论结构的结果。在 6.4.2.4 节,假设 DRFS 系统中的采样时钟是由于一个平均频率为 $f_s = \omega_s / 2\pi = 1/T_s$,相位噪声为 $L(\omega)$ 的振荡器产生的,其中 ω 为与 ω_s 的偏移,振荡器的输出通过一个中心频率为 f_s 带宽为 $\pm f_s / 2$ 的带通滤波器进行滤波。得到振荡器的抖动 $\tau(t)$ 的最大带宽为 $f_s / 2$,其频谱密度为:

$$S_\tau(\omega) = \frac{8\sin^2(\pi\omega/\omega_s)}{\omega_s^2} \times 10^{L(\omega)/10}, \qquad \omega \leqslant \omega_s/2 \tag{3.155}$$

时钟的 rms 抖动为:

$$\tau_{\text{rms}} \approx \frac{1}{\pi} \sqrt{\frac{10^{L(\infty)/10}}{2 f_s}} \tag{3.156}$$

其中 $L(\infty)$ 为振荡器噪声底数。考虑一个在工作频段内频率为 $\omega_0 = 2\pi f_0$,具有任意初始相位 ϕ 的正弦信号:

$$v_0(t) = A\cos(\omega_0 t + \phi) \tag{3.157}$$

如果 $v_0(t)$ 在 $t_n = n T_s$ 被采样,在没有抖动存在的情况下,$v_0(t)$ 的第 n 次采样为:

$$v_n \approx A\cos(\omega_0 n T_s + \phi) \tag{3.158}$$

当抖动存在时,$v_0(t)$ 的第 n 次采样为:

$$\tilde{v}_n = v_0(n T_s + \tau_n) = A\cos(\omega_0 n T_s + \omega_0 \tau_n + \phi), \qquad \tau_n = \tau(n T_s) \tag{3.159}$$

其中,ϕ 为初始相位,$\omega_0 \tau_n$ 为在第 n 次采样周期结束时的随机相位误差。如果 $|\omega_0 \tau_n|$ 非常小,在 $\omega_0 \tau_n = 0$ 处使用一阶泰勒展开,可近似得到:

$$\tilde{v}_n \approx \underbrace{A\cos(\omega_0 nT_s + \phi)}_{v_n} - \underbrace{A\omega_0 \tau_n \sin(\omega_0 nT_s + \phi)}_{e_n} \tag{3.160}$$

因此,由于抖动的存在,$\{\tilde{v}_n\}$是采样率为f_s时对有噪声的信号的采样:

$$\tilde{v}_0(t) \approx A\cos(\omega_0 t + \phi) - A\omega_0 \tau(t)\sin(\omega_0 t + \phi) \tag{3.161}$$

采样的信号$\{\tilde{v}_n\}$包含误差信号的噪声样本:

$$e(t) = v_0(t) - \tilde{v}_0(t) = A\omega_0 \tau(t)\sin(\omega_0 t + \phi) \tag{3.162}$$

根据 6.4.2.3 节的讨论并在式(3.162)的指导下,得到在与载波频偏ω_m处,$e(t)$的单边频谱密度$S_e(\omega_m)$与双边频谱密度$S_\tau(\omega_m)/2$成正比,并向右偏移ω_0,具有以下形式:

$$S_e(\omega_m) = \frac{1}{2}(A\omega_0)^2 S_\tau(\omega_m), \quad |\omega_m| \leqslant \omega_s/2, \quad \omega_m = \omega - \omega_0 \tag{3.163}$$

3.14.2.1 信噪比

相比于 ADC 的量化噪声,在所要信道内由抖动引起的噪声通常可以被忽略。这是因为 SNR 是相对于信号功率,而 ADC 的噪声底数取决于信号幅度,因此对于弱信号而言噪声底数是占主导的。然而对于$\omega_s \ll \omega_0$的深度欠采样,SNR 可能成为一个要素。可以通过估算在第一个奈奎斯特带宽内的 SNR 来检查这一点,以确认其值比由量化导致的 SNR 要高。定义$E[X]$为在$f_0 = 1/T_0$下所期望的X的值,同时假设静态条件,计算式(3.162)中$e(t)$总的噪声功率P_e:

$$P_e = E[(e(t))^2] = \frac{1}{T_0}\int_{-T_0/2}^{T_0/2} E[(e(t))]^2 dt = \frac{1}{T_0}\int_{-T_0/2}^{T_0/2} E[(A\omega_0 \tau(t)\sin(\omega_0 t + \phi))^2] dt$$

$$= (A\omega_0)^2 E[(\tau(t))^2] \frac{1}{T_0}\int_{-T_0/2}^{T_0/2} \sin^2(\omega_0 t + \phi) dt = \frac{A^2}{2}(\omega_0 \tau_{rms})^2 \tag{3.164}$$

信号功率为:

$$P_0 = \frac{A^2}{2} \tag{3.165}$$

因此,由于抖动,第一个奈奎斯特区域内的信号到噪声比SNR_{jitter}为

$$\text{SNR}_{jitter} = \frac{P_0}{P_e} = \frac{1}{(2\pi f_0 \tau_{rms})^2} \tag{3.166}$$

例如,对于一个频率$f_s = 200\text{MHz}$的具有噪声底数-150dBc/Hz的振荡器和一个频率为$f_0 = 800\text{MHz}$的所要信号,由式(3.156)可得:

$$\tau_{rms} \approx \frac{1}{\pi}\sqrt{\frac{10^{-15}}{2 \times 200 \times 10^6}} \approx 0.5\text{ps}$$

把上述结果代入式(3.166),可得:

$$\text{SNR}_{jitter}\big|_{dB} = -20\log_{10}(2\pi \times 800 \times 10^6 \times 0.5 \times 10^{-12}) = 52\text{dB}$$

SNR_{jitter}的值比实际信道内所要求的 SNR 高很多。

3.14.2.2 选择性和阻塞

现在假设接收机工作频带由数个所要信道构成,$v_0(t)$是在工作频带内的外来干扰信号,因此,与所要信号会出现在同样的奈奎斯特区域。需要估算式(3.161)中的$\tilde{v}_0(t)$会给在工作频带内、频率为$\omega_0 \pm \omega_m$的所要信号带来的阻塞效应。由式(3.163)和$\sin^2(\pi\omega/\omega_s) \leqslant 1$,由

式(3.155)可得：

$$S_\tau(\omega) \leqslant \frac{8}{\omega_s^2} \times 10^{L(\omega)/10} \tag{3.167}$$

由式(3.167)可得,在该场景,式(3.163)具有以下边界：

$$S_e(\omega_m) \leqslant \frac{A^2}{2} \times \frac{8\omega_0^2}{\omega_s^2} \times 10^{L(\omega_m)/10}, \quad |\omega_m| \leqslant \omega_s/2 \tag{3.168}$$

由式(3.165)中给定的载波功率,使用式(3.168),定义相对 P_0 的抖动噪声功率密度 $L_{\text{jitter}}(\omega_m)$ 为

$$L_{\text{jitter}}(\omega_m) = 10\log_{10}\left(\frac{S_e(\omega_m)}{P_0}\right) \leqslant 10\log_{10}\left(\frac{8\omega_0^2}{\omega_s^2} \times 10^{L(\omega_m)/10}\right) [\text{dBc/Hz}] \tag{3.169}$$

然后采取最差情况估计：

$$L_{\text{jitter}}(\omega_m) \approx L(\omega_m) + 20\log_{10}\left(\frac{\omega_0}{\omega_s}\right) + 9[\text{dBc/Hz}], \quad \omega_m \leqslant \omega_s/2 \tag{3.170}$$

式(3.170)中的 $L_{\text{jitter}}(\omega_m)$ 等效于决定接收机选择性和阻塞的 $L(\omega_m)$。对于典型情况, $v_0(t)$ 位于第三个奈奎斯特区域,图 3.23 给定了在最差情况下 $e(t)$ 的双边外来频谱密度的边界。其中实线为在原始奈奎斯特区域内 $v_0(t)$ 的双边频谱密度边界 $S_{2e}(\omega)$。粗虚线和细虚线分别为在正频率方向和负频率方向偏移 ω_s 的 $S_{2e}(\omega)$。

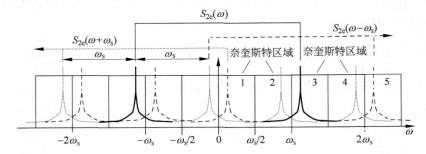

图 3.23　由抖动引起的噪声样本的频谱密度

我们知道,第一个奈奎斯特区域包含左移正频率频谱和右移负频率频谱(尾巴)。 $S_{2e}(\omega)$ 的尾巴会快速衰减到噪声底数,因此混叠进第一个奈奎斯特区域的噪声可以忽略。由上可得,对于一个在工作频带内带宽为 B,且与干扰信号频率偏差为 $|\omega_m|$ 的所要信号,其选择性与式(3.25)中的模拟情况类似,可以由以下公式近似：

$$\text{Sel} \approx -[L_{\text{jitter}}(\omega_m) + 10\log(B)] + \text{CCR} \tag{3.171}$$

在远离干扰载波处,邻近混叠会将 $L_{\text{jitter}}(\infty)$ 混叠到奈奎斯特第一区域内,从而使得噪声底数增加大约 3dB。因此由干扰引起的,在工作频带内的对所要信号的远端阻塞与式(3.29)中的模拟情况类似,可以由以下公式近似：

$$\text{Block} \approx -[L_{\text{jitter}}(\infty) + 3 + 10\log(B)] + \text{CCR} \tag{3.172}$$

3.14.2.3　练习：DRFS 阻塞

一个 DRFS 的工作带宽为 20MHz,中心频率在 1720MHz,包含四个 CDMA 信道,每个信道带宽为 5MHz。因为 CDMA 系统增益的优势,系统正确工作只要求每个信道

SNRd＝2dB。

(1) 假设对工作频带进行 3× 的过采样,计算所要的最小采样率。

(2) 给定时钟振荡器在 5MHz 频偏处达到 −150dBc/Hz 的噪声底数,计算邻近信道阻塞性能。

(3) 如果信号在真奈奎斯特速率(3.44GSPS)采样,再次计算阻塞。

答案

(1) 使用式(2.29)计算最小采样率,为了过采样,采取 3 倍带宽:

$$K = \mathrm{Int}\left[\frac{1720\mathrm{MHz}}{2\times(3\times 20\mathrm{MHz})} + \frac{3}{4}\right] = 15 \Rightarrow f_s = \frac{4\times 1720\mathrm{MHz}}{4\times 15 - 3} \approx 120.7107\mathrm{MHz}$$

(2) 现在,通过式(3.170)计算 $L_{\mathrm{jitter}}(\infty)$。

$$L_{\mathrm{jitter}}(\infty) = -150 + 20\log_{10}(1720/120.7107) + 9 \approx -118\mathrm{dBc/Hz}$$

最终,使用式(3.172),并且由 $\mathrm{CCR}|_{\mathrm{dB}} = -\mathrm{SNRd}|_{\mathrm{dB}}$ 得到:

$$\mathrm{Block} = -[-118 + 3 + 10\log_{10}(5\times 10^6)] - 2 = 46\mathrm{dB}$$

(3) $L_{\mathrm{jitter}}(\infty) = -150 + 20\log_{10}(1720/3440) + 9 \approx -147\mathrm{dBc/Hz}$,可得:

$$\mathrm{Block} = -[-147 + 3 + 10\log_{10}(5\times 10^6)] - 2 = 75\mathrm{dB}$$

3.14.2.4　IMR3

只要涉及互调,ADC 厂商对于某些音调输入功率通常会提供一个双音互调指标,从中可以通过式(4.53)直接计算出 ADC 的 IP3i。一旦知道了 IP3i,IMR3 就可以通过式(3.37)与模拟情况一样的方法计算得到。

3.14.2.5　练习:计算一个 ADC 的 IP3i

通过制造商提供的以下参数计算 ADC 的 IP3i:

输入阻抗＝50Ω

双音 IMD＝−79dBc@−8dBFS 每个单音(意味着 IMD3＝79dB)

满摆幅模拟输入＝$1.5V_{\mathrm{pp}}$

答案

满摆幅功率(dBm)为:$P_{\mathrm{FS}}|_{\mathrm{dBm}} = 10\log_{10}\left[\left(\frac{1.5}{2\sqrt{2}}\right)^2 \times \frac{1}{50} \times \frac{1}{10^{-3}}\right] \approx +7.5\mathrm{dBm}$ [使用式(3.175)]

每一个单音的功率为

$$p = P_{\mathrm{FS}}|_{\mathrm{dBm}} - 8 = -0.5\mathrm{dBm/tone}$$

使用式(4.53),当 $N=3$ 时,可得:

$$\mathrm{IMD3} = 2(\mathrm{IPNi}|_{\mathrm{dBm}} - p|_{\mathrm{dBm}}) \Rightarrow \mathrm{IPNi}|_{\mathrm{dBm}} = \frac{79}{2} - 0.5 = 34\mathrm{dBm}$$

该 IP3i 看起来很高,然而,因为 ADC 前的 LNA 功率增益很大,如同 3.5.1.2 节描述的,有效的接收机 IP3i 会剧烈减少。

3.14.3　关于量化噪声的提示

把信号通过等间距电平 $V_1, V_2, \cdots, V_N$ 进行量化。用 $\Delta V > 0$ 定义每两个量化电平的间隙。

在范围 $V_k - \Delta V/2 \leqslant v \leqslant V_k + \Delta V/2$ 内的任意信号 v 都会被量化(近似)为 $v = V_k$，因此，$v = V_k + \varepsilon$，其中 $|\varepsilon| \leqslant \Delta V/2$。这个产生误差的过程会对初始信号引入额外的"量化噪声"。然而量化噪声在 $\pm \Delta V/2$ 范围内，与信号幅度无关。对于一个任意给定的量化电平 V_k，误差 ε 是一个零均值的随机变量，在间隔 ΔV 中均匀分布，量化误差的方差 σ_ε^2 为：

$$\sigma_\varepsilon^2 = E[\varepsilon^2] = \frac{1}{\Delta V} \int_{-\Delta V/2}^{\Delta V/2} \varepsilon^2 \, d\varepsilon = \frac{\varepsilon^3}{3\Delta V} \Big|_{-\Delta V/2}^{\Delta V/2}$$

$$= \frac{\Delta V^2}{12} \tag{3.173}$$

因为总的被允许的信号峰-峰值电压分为可能超过最高和最低电平 $\pm \Delta V/2$，因此：

$$V_{pp} = N\Delta V, \quad \sigma_\varepsilon^2 = \frac{V_{pp}^2}{12N^2} \tag{3.174}$$

如果信号是正弦的，满摆幅均方根(rms)输入电压为：

$$V_{rms} = \frac{V_{pp}/2}{\sqrt{2}} = \frac{N\Delta V}{2\sqrt{2}} \tag{3.175}$$

则 V_{pp} 为满摆幅信号的峰-峰值，σ_ε^2 为在 1Ω 负载上的量化噪声功率。如果量化电平数量取 2 的权重，那么：

$$N = 2^b, \quad \sigma_\varepsilon^2 = 2^{-2b} \frac{V_{pp}^2}{12} \tag{3.176}$$

其中 b 是量化的比特数。那么由于量化导致的满摆幅(Full Scale, FS)信号噪声比 SNR_{QFS} 为：

$$\text{SNR}_{QFS} = \frac{V_{rms}^2}{\sigma_\varepsilon^2} = \frac{N^2 \Delta V^2 / 8}{\Delta V^2 / 12} = \frac{3}{2} N^2 = 3 \times 2^{2b-1} \tag{3.177}$$

以 dBFS(低于满摆幅正弦信号的 dB 值)形式表示为：

$$\text{SNR}_{QFS} \big|_{dBFS} = 10\log_{10}(3/2) + 10\log_{10}(2^{2b}) \approx 1.76 + 6.02b[\text{dBFS}] \tag{3.178}$$

从上可得每增加一个量化比特，SNR 增加 6dB。量化噪声的单边频谱密度可假设均匀分布在奈奎斯特第一区域。

参考文献

1　Abidi, A. A. (2006) Phase noise and jitter in CMOS ring oscillators. *IEEE J. Solid State Circuits*, 41:8.

2　Clarke, K. K. (1994) *Communication Circuits: Analysis and Design*, 2nd edn, Krieger Publishing Company, New York.

3　Crols, J., Steyaert, M. (1995) A single-chip 900MHz CMOS receiver front-end with a high performance low-IF topology, *IEEE J. Solid State Circuits*, 30:12.

4　Darabi, H. (2015) *Radio Frequency Integrated Circuits and Systems*, Cambridge University Press, Cambridge.

5　Kester, W. (2009) *Converting Oscillator Phase Noise to Time Jitter*, MT-008, Analog Devices, New York.

6　Kester, W. (2005) *Data Conversion Handbook*. Analog Devices, Newnes.

7　Kester, W. (1996) *High Speed Design Techniques*. Analog Devices, Newnes.

8　Lee, T. H. (2004) *The Design of CMOS Radio-Frequency Integrated Circuits*, 2nd edn, Cambridge University Press, Cambridge.

9　Manganaro, G., Leenaerts, D. M. W. (2013) *Advances in Analog and RF IC Design for Wireless Communication Systems*, Academic Press, London.

10　Nguyen, C. (2015) *Radio-Frequency Integrated-Circuit Engineering*, John Wiley & Sons, Ltd, Chichester.

11　Oppenheim, A., Willsky, S. (1997) *Signals and Systems*. Prentice-Hall, New York.

12　Papoulis, A. (1991) *Probability, Random Variables, and Stochastic Processes*. McGrawHill, New York.

13　Proakis, J. G. (1983) *Digital Communications*. McGraw-Hill, New York.

14　Rappaport, T. S. (2009) *Wireless Communications: Principles and Practice*, 2nd edn, Prentice Hall PTR, Upper Saddle River, N. J.

15　Razavi, B. (2012) *RF Microelectronics*, 2nd edn, Prentice Hall, New York.

16　Shinagawa, M., Akazawa, Y., Wakimoto, T. (1990) Jitter analysis of high-speed sampling systems. *IEEE J. Solid State Circuits*, 25:220-224.

17　Sklar, B. (2001) *Digital Communications, Fundamental and Applications*, Prentice Hall, New York.

18　Syrjala, V., Valkama, M., Renfors, M. (2008) *Design Considerations for Direct RF Sampling Receiver in GNSS Environment*. Proceedings of the Fifth Workshop on Positioning, Navigation and Communication, New York.

19　Tsui, J. B. (2004) *Digital Techniques for Wideband Receivers*, 2nd edn, SciTech Publishing, New York.

20　Valkama, M., Pirskanen, J., Renfors, M. (2002) Signal processing challenges for applying software radio principles in future wireless terminals: An overview. *Int. J. Comm. Syst.*, 15:741-769.

21　Zverev, A. I. (2005) *Handbook of Filter Synthesis*, John Wiley & Sons, Ltd, Chichester.

第4章

发 射 机

本章将详细定义和解释发射机的各个参数，分析它们对系统性能的影响，以及如何去实现、计算并测试。首先，给出设计方程的基本解释，以及确认练习和相关的仿真。基于此，读者可以直接使用结论，无须深入探讨相关的理论。接着会有几个相关的练习来展示如何实际运用这些方程。最后，在本章后半部分，为了读者能够理解得更加深入，我们将给出设计方程的证明，并通过相应的数学方法来详细解释基础理论。

"关键图：无用发射"是指每个发射机的干扰或者故障最终都会转化为指定射频信道内部或外部的无用发射，并且会导致信道上的性能降低或者干扰附近的系统。

"无用发射"是指相对于总发射功率，辐射在频谱范围内所有不需要的射频功率。这是发射机主要且是最关键的设计要求。

在处理现代数字传输系统时，必须要特别注意射频功率放大器的设计。效率、输出功率，尤其是功率放大器的线性度通常构成在各国获得运营许可证的强制性监管条件。事实上，功率放大器是许多发射机指标的限制因素，且通常对整个发射机的架构起决定性的作用。这就是我们特别关注功率放大器的原因。

- 高效率对于便携式设备中的电池寿命以及散热至关重要。
- 输出功率直接决定了通信的地理覆盖范围。
- 线性度不仅是数据传输的限制因素，同时对预定频谱范围内发射的射频信号是至关重要的，这限制了对邻近接收机的干扰。

事实上，现代蜂窝系统的总容量主要由系统的载波干扰比（C/I）限制，而系统的载波干扰比又基本上受用户功率放大器的线性度影响。

如果频谱效率要求不高，可以采用非线性放大器以及恒包络相位调制方案。然而，随着频谱效率、频谱管理和频谱共用越来越重要，则需要采用可变包络多电平/多载波调制方法，如结合正交频分复用（OFDM）的多载波正交幅度调制（QAM）。

高密度调制方案的出现，使得现代高速信号处理设备的出现成为可能，并在苛刻的多径条件下频谱效率得到了突破。然而，它们的应用需要实现功率放大器的线性化，这通常需要利用涉及整个传输链的复杂算法。反过来，线性化方法的有效性又强烈依赖于功率放大器本身的"起点"线性性能。

线性、功率和效率是相互矛盾的指标,所以有时很难在它们之间得到令人满意的平衡。例如,A 类功率放大器具有良好的线性度,但是较大的直流偏置驱动电流几乎与提供给负载的射频功率无关,因此 A 类功率放大器具有较差的能量效率,尤其在被放大信号具有较高的峰均比(PAPR)时。因此,许多线性放大器使用 AB 类器件。然而,纯粹的 AB 类器件对于很多宽带应用上会产生较大的失真。

由于射频功率放大器的关键性能和它的非线性行为强烈相关,导致分析计算较难实现。其中困难的原因在于,在处理非线性现象时,通常不能得出对所有情况都适用的一般结论,而需要对涉及的每种不同的信号进行特定的分析。然而,一般来说,学习和使用仿真工具比较困难。为了帮助读者练习本书中的理论结果,以一种简单有效的方法来"感觉"发生了什么,本章准备了几个用 Visual Basic Application(VBA)编写的仿真程序,以及本章相关方程的运用示例。这些模拟在 Microsoft Excel 电子表格上运行,因此读者需要的是一个标准的 Excel 应用程序。本章中的几个练习就包括相关的 VBA 模拟。这些电子表格,包括嵌入式 VBA 代码,可以从 www.llscientific.com 免费下载。代码是开放的,这里将简单解释它的理论基础和架构,并且读者可以在需要的时候做出相应的修改或调整。或者,读者也可以将自己的数据样本输入 Excel 数字表格,对其进行模拟。请注意,此 VBA 代码仅用于与本书相关的教育目的,虽然经过仔细检查,但我们对其用于其他目的的后果不承担任何责任。

在其中的一些练习中,我们通过使用 LTSpice IV 进行相应独立的 SPICE 仿真来反复检查 VBA 仿真的结果。LTSpice IV 由凌特公司(LTC)开发,并且可以在 http://www.linear.com/designtools/software/上免费下载。SPICE 的工作原理是基于电路的组件模型,而不是本书介绍的理论。因此,SPICE 的仿真结果是从另外独立的机制获得并可以作为很好的比较对象。

接下来将分析射频放大器分析和设计中的重要概念和指标;同时会示例如何通过简单直观的实验室测量来提取表征功率放大器行为的参数,并利用这些参数作为 VBA 模拟的基础。本章最后将着重介绍几种既能提供较大的射频功率又能保持整个数据传输链良好线性度的技术。

4.1　峰均比

4.1.1　定义及工作原理

调制后的射频载波信号携带了数字信息,其瞬时幅度呈现出随机性。在不同的调制方案和信号统计下,某个时刻射频载波信号的幅度可能会非常大,而在一小段时间后,其幅度又可能会很小。这种信号的典型波形如图 4.1 所示。由图可以看出,尽管在某些特定时刻信号的幅度很大,但是信号的平均幅度要远远小于瞬时幅度的峰值。

当这样的信号被放大并通过射频系统时,平均发射功率要小于瞬时功率的峰值。最大的瞬时峰值功率和平均功率的比就称为峰均比(Peak to Average Power Ratio,PAPR),以 dB 为单位。如果大振幅峰值不经常出现且大部分时间信号的幅度很小,那么平均功率就会远小于信号的峰值功率,即峰均比很大。但是,射频系统的有效传输距离取决于传输的平均功率而不是瞬时峰值功率。

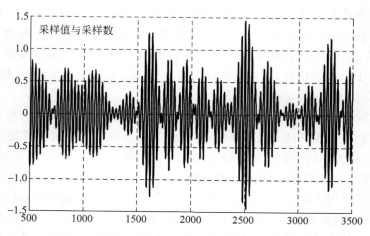

图 4.1　数字调制射频信号的典型样本

为了获得所需要的传输距离，必须传输合适的平均功率。但是如果峰均比较大，则射频功率放大器就要能够处理比所需平均功率大得多的瞬时功率。例如，在正交频分复用(OFDM)/多载波正交幅度调制(QAM)的组合调制方案中，其峰均比可以是 10dB 数量级。因此，为了发送 10W 的平均功率，使用的射频功率放大器就需要能够处理 100W 的峰值功率。这对功率放大器的尺寸、复杂性和成本都是很大的负担。

注意，峰均比是信号的特性而不是功率放大器的特性，但是处理特定峰均比信号以及特定输出功率、线性度的能力却是功率放大器的特性。

均峰比的正式定义如下：用 P_{Peak} 表示在给定的射频系统中瞬时发射功率的最小可能值，用 P_{Avg} 表示在长时间内(理想为无限长时间内)的平均瞬时发射功率。均峰比为它们的比值，通常以 dB 表示为

$$\text{PAPR} = 10\log_{10}\left(\frac{P_{\text{Peak}}}{P_{\text{Avg}}}\right) \tag{4.1}$$

关于这个问题的一般理论详解将会在 4.6.1 节中给出。如上所述，PAPR 是输入信号的特性，并且非常依赖于调制方案以及相同类型的调制方案中的细微差别。

在实践中可能遇到的数字调制方案的 PAPR 值可以在文献中查到，而它们的计算和分析往往非常复杂，不在本书讨论的范围。

当然，我们将关注如何去描述功率放大器的特征，并且基于这种表征，给定特定类型的输入信号，分析以及模拟功率放大器的性能，并了解这个功率放大器的性能如何影响一个收发机系统。但是为了让读者对数字调制方案决定 PAPR 有一个简单的认识，我们来看下面的练习。

4.1.1.1　练习：未经滤波的 16 QAM 的 PAPR

图 4.2(a)给出了一种可能的正方形 QAM 星座图。星座图中的每一个点都被映射为四比特的组合(置于直接相关)，四比特可以得到 16 种组合($2^4 = 16$)。长度为 V_n，相位为 ϕ_n 的相关向量称为一个符号。则 16 QAM 星座图是所有属于同一调制方案的可能的符号集合。在 $T = t_{n+1} - t_n$ 时间内，发射机建立了一个正弦波包 $S_n(t) = V_n\cos(\omega t + \phi_n)$，如图 4.2(b)

所示,代表时域符号。其中 ω 为载波频率,V_n 为幅度,ϕ_n 为相位,T 为持续时间。请估算 16 QAM 的 PAPR。

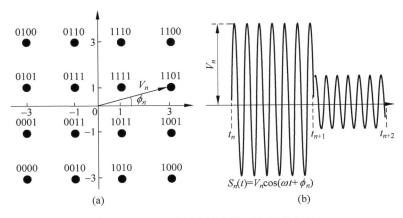

图 4.2 (a) 16 QAM 星座图,(b) 时域符号

解答

为了使问题简单化,假设波包通过射频信道被"按原样"传输到指定的接收机(在实际的系统中,波包在传输之前会被滤波以限制其带宽)。如果接收到的信号没有被噪声和失真过度破坏,则接收机能够正确地解码该符号。也就是说,接收机能够从 S_n 近似恢复 V_n 和 ϕ_n,并将相应的向量与星座图中的所有符号进行比较,找到最接近的符号,从而输出位的组合。该过程在每个时间周期 T 重复,其中每个新符号将携带新数据,因此发送数据的速率为 $4/T(\text{b/s})$。

但是,不同的符号有不同的幅度。从图 4.2(a)中可以看出,每个符号幅度的可能值为 $\sqrt{2}$、$\sqrt{10}$ 或 $\sqrt{18}$。因此,根据传输数据的不同,在每个连续时间段 T 内,波包的载波功率值可能为 1、5 或 9($P_n = V_n^2/2$,由于最后的结果与负载无关,因此通常采用 1Ω 的负载电阻)。

假设所有的符号以相同的概率出现,可以得出功率值为 1 的符号出现的概率为 4/16(由图可知,星座图中有 4 个符号的幅度为 $\sqrt{2}$)。同理,可以得出功率值为 5 的符号出现的概率为 8/16,功率值为 9 的符号出现的概率为 4/16。因此,在一段较长时间内发送的波包的平均功率为

$$P_{\text{Avg}} = 1 \times \frac{4}{16} + 5 \times \frac{8}{16} + 9 \times \frac{4}{16} = 5$$

由于最高峰值功率为 $P_{\text{Peak}} = 9$,所以峰均比为

$$\text{PAPR} = 10\log\left(\frac{P_{\text{Peak}}}{P_{\text{Avg}}}\right) = 10\log\left(\frac{9}{5}\right) = 2.55\text{dB}$$

这个简单的例子强调了峰均比对调制类型的依赖性。显然,如果使用不同类型的调制方法,例如 64 QAM,将得到不同的峰均比,如图 4.3 所示。

待测发射机 → 衰减器 → 功率计

图 4.3 数字调制的 PAPR 的测量

4.1.2 峰均比的测量

图 4.3 描述了用于测量 PAPR 的实验装置。许多现代的功率计具有测量由复杂的基带调制产生的射频信号的峰值功率、平均功率和累积分布函数(Cumulative Distribution Function, CDF)的能力。为了获得足够的测量精度并保护仪表免受损坏，以下步骤是必不可少的：

- 使用类似于待测试的调制方案以及已知特性的信号来校准功率计。
- 仔细验证功率传感器能够处理的最大峰值功率和平均功率，相应地设置衰减器。
  - 如果衰减电平太小，则功率传感器可能会受损；
  - 如果衰减电平过高，则可测量的动态范围可能不足。
- 在设置衰减器后，在相关频带中记录包括电缆、连接器和衰减器在内的整个组合的插入损耗。
- 记录的插入损耗应该是用于校准功率计参考电平的数字。

根据峰值功率和平均功率的测量结果，PAPR 可由公式(4.1)计算得到。

4.2 射频功率放大器的非线性

4.2.1 什么是射频功率放大器的非线性

在 4.6.1 节中介绍的功率放大器的输入通常为窄带信号 $S_i(t)$，这里简单重复。

$$S_i(t) = v(t)\cos[\omega_0 t + \theta(t)], \quad -\infty < v(t) < \infty, \quad -\frac{\pi}{2} \leqslant \theta(t) < \frac{\pi}{2} \quad (4.2)$$

现在足以强调，事实上所有实际使用的射频信号大都是窄带信号，这就意味着调制信号 $v(t)$ 和 $\theta(t)$ 的带宽要远小于载波频率 ω_0。分配给窄带调制信号并且以固定的载波频率 ω_0 为中心的带宽称为"指定信道"。发射系统可以包括许多指定信道，它们通常处于相邻频率。属于同一发射系统的所有指定信道所占用的累积带宽称为系统的"指定频带"。

所有的射频功率放大器都会表现出一些非线性行为，在功率放大器的输出处会产生各种各样的杂散(不需要的)射频分量。这些杂散可能包括位于指定频带外的分量，它们将对邻近系统造成干扰；也可能包括位于指定频带内的杂散分量，这些分量将对自身系统的其他信道造成干扰；甚至包括位于自身指定信道内的杂散分量，这将直接引起系统性能恶化。此外，本地振荡器和时钟的随机馈通可能被放大并出现在功率放大器的输出处。

未经过滤的功率放大器输出的典型频谱图如图 4.4 所示。在第 2 章，我们解释过每个发射机在到达天线之前都有用于滤除在指定频带外的杂散(带外杂散)的器件。与此相对应的，那些并非远离载波频率 ω_0 的杂散则不能够被滤除，这是因为在现代射频系统中，发射机频率可以以随机的方式连续跳过整个指定频带。因此，我们最担心的杂散分量是由于功率放大器失真导致的在指定信道频率附近的频谱扩展，称为带内杂散。这些杂散会干扰指定频带内部或外部的相邻信道，并且会产生带内噪声损耗传输。

4.6.2 节详细阐述了失真机制的分析。现在足以指出最有用的结果，这会让我们对基本机制有一个定性的了解。

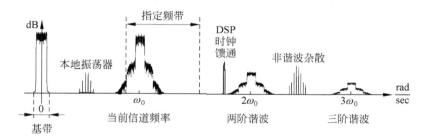

图 4.4　未经过滤功率放大器的典型频谱图

在 4.6.2 节中我们提到,在功率放大器输出端滤除带外杂散后,会留下带内信号,用 $S(t)$ 表示,$S(t)$ 为要发送的信号,它是窄带的,并且是放大的,在某种程度上是带有失真的射频输入信号,表示为

$$S(t) = V[v(t)]\cos\{\omega_0 t + \theta(t) + \varphi[v(t)]\} \tag{4.3}$$

输出信号的幅度有以下形式

$$V[v(t)] = v(t) \cdot f[v^2(t)] \tag{4.4}$$

$f[v^2(t)]$ 表示为 $v^2(t)$ 的某个函数,当 $v(t) \to 0$ 时,$f[v^2(t)] \to$ 常数。更确切地说,$V[v(t)]$ 可表示为如下形式:

$$V[v(t)] = v(t)\sum_{m=0}^{\infty} c_m v^{2m}(t) \tag{4.5}$$

$\{c_m\}$ 为实系数。

如果放大器的输出 y 由输入 x 的非线性函数 $f(x)$ 表示,$f(x)$ 可以 Taylor 级数展开

$$y = f(x) = a_0 + a_1 x + a_2 x^2 + a_3 x^3 + \cdots = \sum_{n=0}^{\infty} a_n x^n \tag{4.6}$$

在 4.6.2 节中,我们知道对于每个 m,可以直接由系数 a_{2m+1} 推导出系数 c_m(参见 4.5 节中的练习 7 和练习 8)

$$c_m = 2^{-2m}\binom{2m+1}{m}a_{2m+1} = \frac{(2m+1)!}{4^m(m+1)!m!}a_{2m+1} \tag{4.7}$$

输出相位的形式如下:

$$\varphi[v(t)] \approx g[v^2(t)] \tag{4.8}$$

$g[v^2(t)]$ 为 $v^2(t)$ 的某种函数,当 $v(t) \to 0$ 时,$g[v^2(t)] \to 0$。

从现在开始,在不搞混的前提下,我们将 $v(t)$ 和 $\theta(t)$ 分别表示为 v 和 θ。

从式(4.3)可以看出,失真对 $S_i(t)$ 有双重影响。

- 振幅 v 的失真称为 AM 到 AM 的转换。
- 相位寄生分量 φ 的引入称为 AM 到 PM 的转换。

如前所述,失真将导致指定信道内部和外部的干扰。

为了理解 AM 到 AM 的转换机制和 AM 到 PM 的转换机制如何影响 16 QAM 星座图,在进一步分析之前,我们将会在 4.6.2 节对如图 4.5 所示的结果进行详细的描述。

这里的模拟将使用 Saleh 模型,该模型因对 PA 行为的定性分析具有简单性以及实用性而广受欢迎。一个 Saleh 模型定义了输出失真信号如下:

$$V(v) = \frac{A_v v}{1 + \left(\dfrac{v}{v_{\text{sat}}}\right)^2} \tag{4.9}$$

$$\varphi(v) = \frac{\pi}{6} \frac{2\left(\dfrac{v}{v_{\text{sat}}}\right)^2}{1 + \left(\dfrac{v}{v_{\text{sat}}}\right)^2} \tag{4.10}$$

这里，A_v 是放大器的线性电压增益，v_{sat} 是输出幅度的形状由于非线性而被"压缩"的输入电压电平。注意当 $v \ll v_{\text{sat}}$ 时 Saleh 模型得到非失真输出为 $V_{(v)} \approx A_v v, \varphi(v) \approx 0$；而当 $v = v_{\text{sat}}$ 时，峰值幅度显示为 6dB 压缩，$V(v) = A_v v/2$，相位被旋转 $\dfrac{\pi}{6}$。同样，我们注意到式(4.9)和式(4.10)与式(4.4)中 $V(v) = vf(v^2)$ 和式(4.8)中 $\varphi(v) = g(v^2)$ 各自具有相同的数学形式。

通过将 16 个 QAM 符号中的每一个符号的幅度和相位代入式(4.9)和式(4.10)，计算出输出幅度和相位，然后就可以画出输出符号。

图 4.5(a)显示了当符号的输入幅度远低于 v_{sat} 时的输出星座图。图 4.5(b)显示了当最大符号输入幅度达到了 v_{sat} 的数量级时的输出星座图。比较这两张图可以得出外部(幅度较大)的符号有较大的失真，而内部(幅度较小)的符号几乎不失真。当尝试恢复所发送的数据时，这种失真导致的错误率会显著增加。

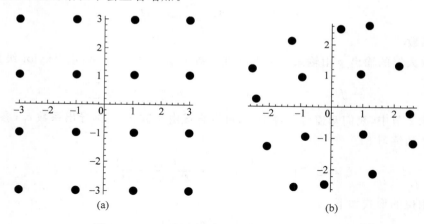

图 4.5　16 QAM 星座图：(a)未失真，(b)失真

应该强调的是，如果幅度是恒定的，则带内分量的相位调制不受非线性失真的影响。事实上，FM 调制发射机可以利用高度非线性 C 类射频放大器最有效地工作。此外，如 4.6.4 节所讨论的，当输入信号带宽完全由 $v(t)$ 决定时会出现最严重的频谱干扰。因此，为了简单起见，我们主要考虑幅度失真，并且仅考虑没有相位调制的信号，即如下形式的信号：

$$S(t) = V[v(t)]\cos\omega_0 t \tag{4.11}$$

用 $\tilde{V}(\omega)$ 来表示 $V[v(t)]$ 的傅里叶变换谱，由傅里叶变换的移位定理可知，形式如式(4.11)表示的信号频谱可由 $\tilde{V}(\omega)$ 左右平移 ω_0 得到。所以为了分析 $S(t)$ 的频谱，只要分析 $\tilde{V}(\omega)$ 就足够了，因为这两者频谱形状是相同的。

4.2.2 功率放大器的三阶主导特性

在大多数实际情况下,可以假设式(4.5)中的三阶失真是主要的,通常对于幅度在功率放大器输入范围内的输入信号,会产生比高阶失真更大的输出信号。因此这里主要关心由三阶失调主导的放大器。在这种情况下,对于一个固定的输入信号 v,式(4.5)可以近似为

$$V(v) = c_0 v + c_1 v^3, \frac{c_1}{c_0} < 0 \tag{4.12}$$

从式(4.12)可以很明显看出,当输入信号幅度很小时,功率放大器的输出是关于 v 的线性函数。这是因为当 $v \to 0$ 时,随着 v 的减小,v^3 要比 v 减小得更快,即

$$v \to 0 \Rightarrow V(v) = c_0 v + c_1 v^3 = c_0 v \left(1 + \frac{c_1}{c_0} v^2\right) \approx c_0 v \tag{4.13}$$

确实,当 v 足够小时,可以得出 $(c_1/c_0) v^2 \ll 1$。对于足够小的输入信号,c_0 即是放大器的线性电压增益。至于 c_0 是正还是负,则取决于该放大器是同相放大器还是反相放大器。因此,对于足够小的输入,当增加输入时,输出也会以同样的速率增加。但是当输入增加到某一特定值时,放大器便开始进入饱和,即放大器输出增加的速率要小于输入增加的速率。这种情况发生在 v 足够大,使得 $c_0 v$ 和 $c_1 v^3$ 能够相比拟时。然而,这就意味着 c_0 和 c_1 必须具有相反的符号。将功率放大器的幅度压缩定义为在没有失真的前提下获得的输出功率和实际输出功率的比,以 dB 表示。

$$\text{Compression} \big|_{\text{dB}} = -20 \log_{10} \left| \frac{V(v)}{c_0 v} \right| \tag{4.14}$$

将饱和点定义为功率放大器输出饱和现象明显时的输入电压(或给定输入电阻上的输入功率)。通常将饱和点定义为 1dB 压缩点,即能够使得 $\text{Compression} \big|_{\text{dB}} = 1$ 的输入电压(或功率)。我们将这一点的电压称为 v_{1dB},相应的功率称为 p_{1dB}。已知 c_0 和 c_1 具有相反的符号,由式(4.14)可以得到

$$-1 = 20 \log_{10} \left| \frac{V(v_{\text{1dB}})}{c_0 v_{\text{1dB}}} \right| = 20 \log_{10} \left| 1 + \frac{c_1}{c_0} v_{\text{1dB}}^2 \right| = 20 \log_{10} \left(1 - \left| \frac{c_1}{c_0} \right| v_{\text{1dB}}^2 \right) \tag{4.15}$$

由上式可以得出

$$v_{\text{1dB}} = \sqrt{0.1087 \left| \frac{c_0}{c_1} \right|} \approx 0.33 \left| \frac{c_0}{c_1} \right|^{\frac{1}{2}} \tag{4.16}$$

如果用 R_{in} 表示功率放大器的输入电阻,其电压有效值为 $V_{\text{rms}} = v/\sqrt{2}$,则可以得到

$$p_{\text{1dB}} = \frac{v_{\text{1dB}}^2}{2 R_{\text{in}}} \tag{4.17}$$

用 p_{Avg} 表示平均输入功率,将回退定义为 p_{1dB} 和 p_{Avg} 的比

$$\text{Backoff} \big|_{\text{dB}} = 10 \log_{10} \left(\frac{p_{\text{1dB}}}{p_{\text{Avg}}} \right) \tag{4.18}$$

当输入信号具有可变幅度时,必须使得功率放大器有足够的回退,即远低于 1dB 压缩点,以避免过度的频谱展开和星座图失真。

接下来可能会遇到这样的问题:如何来验证我们的功率放大器确实是三阶主导型? 精确的验证需要在获得一定的理解后才能给出。现在提供一个直观的解释如下:用 p 表示功率放大器输入端的正弦信号的功率。由于 $p = v^2 / 2 R_{\text{in}}$,通过式(4.14)可以得到

$$\text{Compression} \mid_{\text{dB}} = -20\log_{10}\left(1 - \left|\frac{c_1}{c_0}\right| 2R_{\text{in}} p\right) \tag{4.19}$$

从式(4.19)可以看出，在三阶主导功率放大器中，Compression$\mid_{\text{dB}}$是输入功率的单调递增函数，这意味着功率放大器的功率增益随着输入功率的增加而单调降低。正如将在后面看到的，这可能不会发生。例如，在五阶主导放大器中，我们甚至可以看到当输入功率增加，在饱和之前会有过冲现象。

如果能够想办法测得c_1/c_0的比值，那么便可以利用式(4.12)来对任意的输入信号$v(t)$进行功率放大器的仿真。在展示如何进行这样的仿真之前，先来看下面的练习。

4.2.2.1 练习：三阶主导功率放大器系数的计算

在实验室中已经测量了射频功率放大器的功率增益，结果见表4.1。表中最右列给出了测量的输出功率，最左列给出了相应的输入功率。功率以dBm为单位。放大器输入和输出匹配到50Ω。利用表格中的数据，计算系数c_0、c_1的值。

表 4.1 输入功率对应的输出功率测量值

$p_{\text{in}}[\text{dBm}]$	$G[\text{dB}]$	$p_{\text{out}}[\text{dBm}]$
12	10	22.0
16	10	26.0
20	9.9	29.9
24	9.8	33.8
26	9.6	35.6
28	9.4	37.4
30	9.0	39.0
32	8.5	40.5
34	7.5	41.5

解答

首先已知功率增益由下式给出

$$G\mid_{\text{dB}} = 10\log\left(\frac{p_{\text{out}}\mid_{\text{w}}}{p_{\text{in}}\mid_{\text{w}}}\right) = p_{\text{out}}\mid_{\text{dBm}} - p_{\text{in}}\mid_{\text{dBm}} \tag{4.20}$$

对于小信号输入，$p_{\text{in}} = 12\text{dBm}$，$p_{\text{in}} = 16\text{dBm}$，可以看到测量的功率增益均为10dB。因此，可以得出线性增益为$G_{\text{linear}} = 10\text{dB}$。从$p_{\text{in}} = 20\text{dBm}$到$p_{\text{in}} = 34\text{dBm}$，可以看出功率增益随着输入功率$p_{\text{in}}$的增加而单调减小。

1dB压缩点出现在$p_{\text{in}} = 30\text{dBm}$，对应的输出功率为$P_{\text{out}} = 39\text{dBm}$。在这一点，增益$G = 9\text{dB}$，比线性增益小1dB，因此$p_{\text{1dB}} = 30\text{dBm}$。根据前面的分析，可以得出放大器为三阶主导放大器，所以等式(4.16)成立。首先我们知道

$$p\mid_{\text{dBm}} = 10\log_{10}\left(\frac{p\mid_{\text{w}}}{10^{-3}\text{W}}\right) \tag{4.21}$$

从中可以看出

$$p\mid_{\text{w}} = 10^{\frac{p\mid_{\text{dBm}}}{10}} \times 10^{-3}\text{W} \Rightarrow p_{\text{1dB}}\mid_{\text{w}} = 10^{\frac{30}{10}} \times 10^{-3}\text{W} = 1\text{W} = \frac{v_{\text{1dB}}^2}{2R_{\text{in}}} \tag{4.22}$$

由于$R_{\text{in}} = 50\Omega$，则$v_{\text{1dB}}^2 = 2 \times 50\Omega \times 1\text{W} = 100\text{V}^2$。通过式(4.16)可以得到

$$\left|\frac{c_0}{c_1}\right| = \frac{v_{1dB}^2}{(0.33)^2} \approx \frac{100}{0.1089} \approx 918 \tag{4.23}$$

增益可表示为

$$G = 10\log\left(\frac{P_{out}}{p_{in}}\right) = 10\log_{10}\left(\frac{V^2(v)/2R_{out}}{v^2/2R_{in}}\right) \tag{4.24}$$

将 $v \ll v_{1dB}$ 代入式(4.12),可以得到

$$G_{linear} = 10\log_{10}\left(\frac{(c_0 v)^2 R_{in}}{v^2 R_{out}}\right) = 20\log|c_0| \tag{4.25}$$

从中可以得到 $|c_0| = 10^{\frac{10}{20}} \approx 3.16$, $|c_1| = \frac{3.16}{918} \approx 0.0034$。

注意到,在大多数情况和仿真中,真正重要的仅是 $\left|\frac{c_1}{c_0}\right|$ 的比值,而不是各系数单独的值。

4.2.3　功率放大器的四阶主导特性

我们看到三阶主导功率放大器意味着 c_0 和 c_1 必须具有相反的符号。在 c_0 和 c_1 具有相同符号的情况下,等式(4.12)将会产生越来越大的输出。在一些实际情况中,随着输入信号的增加,会出现过冲现象,即增益高于线性增益,随后功率放大器达到饱和点,高于饱和点之后,增益会逐渐减小。

为了解释过冲效应,考虑到式(4.5)中的五阶因子,以及假设 c_2 与 c_0 和 c_1 的符号相反,可以将功率放大器近似为五阶主导特性。在这种情况下,我们可以用下式近似

$$V(v) = c_0 v + c_1 v^3 + c_2 v^5, \quad \frac{c_1}{c_0} > 0, \quad \frac{c_2}{c_0} < 0 \tag{4.26}$$

在这种情况下,对于较小的 v, $c_1 v^3$ 将大于 $c_2 v^5$。随着 v 的增加,输出幅度近似为 $V(v) \approx c_0 v + c_1 v^3$,大于 $c_0 v$。但是,$c_2 v^5$ 比 $c_1 v^3$ 增加的速率大。因此当 v 增加到足够大时,$c_2 v^5$ 将占主导地位,由于其符号为负,将导致 $V(v)$ 单调减小。

在这种情况下,1dB 压缩点可由下式给出

$$-1 = 20\log_{10}\left(\frac{V(v_{1dB})}{c_0 v_{1dB}}\right) = 20\log\left|\frac{c_0 v_{1dB} + c_1 v_{1dB}^3 + c_2 v_{1dB}^5}{c_0 v_{1dB}}\right| \tag{4.27}$$

可推出

$$20\log\left(1 + \left|\frac{c_1}{c_0}\right| v_{1dB}^2 - \left|\frac{c_2}{c_0}\right| v_{1dB}^4\right) = -1 \Rightarrow \left|\frac{c_2}{c_0}\right|(v_{1dB}^2)^2 - \left|\frac{c_1}{c_0}\right| v_{1dB}^2 + 10^{\frac{-1}{20}} - 1$$

$$= 0 \tag{4.28}$$

该二次方程的有效解为

$$v_{1dB} = \sqrt{\frac{|c_1/c_0| + \sqrt{|c_1/c_0|^2 + 0.435|c_2/c_0|}}{2|c_2/c_0|}} \tag{4.29}$$

为了说明这一点,我们来看下面的练习。

4.2.3.1　练习:五阶主导功率放大器系数的计算

射频放大器的功率增益响应如表 4.2 所示,其输入和输出阻抗匹配到 50Ω。

表 4.2　输入功率以及相应的测量输出功率

$p_{in}[dBm]$	$G[dB]$	$P_{out}[dBm]$
-20	10	-10
-10	10	0
0	11	$+11$
$+3$	9	$+12$

p_{in} 是待测信号 $S_{in}(t)=v\cos\omega t$，$v>0$ 的输入功率，P_{out} 是功率放大器的测量输出功率。

(1) 计算 $\dfrac{c_1}{c_0}$ 和 $\dfrac{c_2}{c_0}$ 的值以及它们的符号。

(2) 忽略过冲效应，并将此功率放大器近似为三阶主导放大器，计算 $\dfrac{c_1}{c_0}$ 的值以及确定其符号。

解答

由表 4.2 可以看出，当输入信号较小时，线性增益为 $G_{linear}=10dB$。同时也可以看出，在 $p_{in}=0dBm$，$p_{in}=+3dBm$ 时，分别有 $1dB$ 过冲和 $1dB$ 压缩。由于过冲，我们假设放大器有五阶主导特性并利用式(4.26)。

(1) 首先找到过充点和压缩点的电压。

用 v_1 表示过冲点的输入电压

$$0dBm = 10\log\left(\frac{v_1^2}{2\times50\times1mW}\right) \Rightarrow 10v_1^2 = 10^{\frac{0}{10}} = 1 \Rightarrow v_1 = \sqrt{0.1} \approx 0.32V \quad (4.30)$$

用 v_2 表示压缩点的输入电压

$$+3dBm = 10\log\left(\frac{v_2^2}{2\times50\times1mW}\right) \Rightarrow 10v_2^2 = 10^{\frac{3}{10}} \approx 2 \Rightarrow v_2 = \sqrt{0.2} \approx 0.45V \quad (4.31)$$

利用式(4.14)可以得到在过冲点的第一个等式

$$10\log_{10}\left(\frac{V(v)}{c_0 v}\right)^2 = 20\log\left|\frac{c_0 v_1 + c_1 v_1^3 + c_2 v_1^5}{c_0 v_1}\right| = +1 \quad (4.32)$$

由 $\dfrac{c_1}{c_0}>0$，$\dfrac{c_2}{c_0}<0$ 可以导出

$$20\log\left(1 + \left|\frac{c_1}{c_0}\right|v_1^2 - \left|\frac{c_2}{c_0}\right|v_1^4\right) = +1 \Rightarrow \left|\frac{c_1}{c_0}\right|v_1^2 - \left|\frac{c_2}{c_0}\right|v_1^4 = 10^{\frac{1}{20}}-1 \approx 0.1220 \quad (4.33)$$

同理，在压缩点也可得到第二个等式

$$20\log\left(1 + \left|\frac{c_1}{c_0}\right|v_2^2 - \left|\frac{c_2}{c_0}\right|v_2^4\right) = -1 \Rightarrow \left|\frac{c_1}{c_0}\right|v_2^2 - \left|\frac{c_2}{c_0}\right|v_2^4$$

$$= 10^{\frac{-1}{20}}-1 \approx -0.1087 \quad (4.34)$$

利用之前算出来的 v_1、v_2，以及式(4.33)、式(4.34)可以导出一个线性方程如下

$$\begin{cases} \left|\dfrac{c_1}{c_0}\right|0.32^2 - \left|\dfrac{c_2}{c_0}\right|0.32^4 = 0.1220 \\ \left|\dfrac{c_1}{c_0}\right|0.45^2 - \left|\dfrac{c_2}{c_0}\right|0.45^4 = -0.1087 \end{cases} \Rightarrow \begin{cases} \dfrac{c_2}{c_0} = -17.26 \\ \dfrac{c_1}{c_0} = 2.96 \end{cases}$$

为了模拟，功率放大器的增益可以被归一化 c_0，然后取 $c_0=1$，可得

$$V(v) = v + 2.96v^3 - 17.26v^5 \qquad (4.35)$$

（2）如果将功率放大器近似为三阶主导特性，在 1dB 点处有

$$20\log\left|\frac{c_0 v_2 + c_1 v_2^3}{c_0 v_2}\right| = 20\log\left(1 - \left|\frac{c_1}{c_0}\right| v_2^2\right) = -1 \qquad (4.36)$$

解方程（4.36），得

$$\frac{c_1}{c_0} = -\frac{1 - 10^{\frac{-1}{20}}}{v_2^2} = -\frac{0.1087}{0.45^2} = -0.537 \qquad (4.37)$$

因此对于相同的功率放大器可以得到另一个模型

$$V(v) = v - 0.537v^3 \qquad (4.38)$$

利用下式，绘制式（4.35）和式（4.38）对应的功率增益图，如图 4.6 所示，

$$\left.\frac{p_{in}}{p_{1dB}}\right|_{dB} = 20\log_{10}\left(\frac{v}{v_2}\right), \qquad \left.\frac{G}{G_{linear}}\right|_{dB} = 20\log_{10}\left(\frac{V(v)}{c_0 v}\right) \qquad (4.39)$$

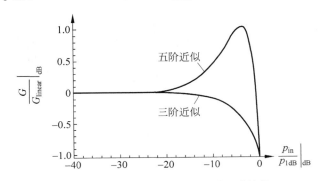

图 4.6　不同输入功率对应的增益计算值

4.2.4　功率放大器输出的带内频谱图

如果过冲不是非常大，那么可以通过忽略过冲和测量 1dB 压缩点来将五阶主导放大器近似为一个三阶主导型放大器。虽然从增益计算的角度来看这可能是正确的，但是只要涉及功率放大器输出端的频谱图，就会存在本质上的差异。4.6.4 节将会详细阐述产生多余的功率放大器频谱扩展的机制。

现在，需要提到如果式（4.5）中的 $V[v(t)]$ 是 n 次多项式，则其带宽（功率放大器的频谱带宽）增长到 $v(t)$ 原始带宽的 n 倍，其频谱形状取决于 $v(t)$ 的幅度和形状。

两个函数乘积的傅里叶变换是各个函数傅里叶变换的卷积，并且两个傅里叶变换的卷积的带宽是两个带宽的和，这是傅里叶变换基本性质的直接结果。因此，$v^n(t)$ 的傅里叶变换等于 $v(t)$ 的傅里叶变换与其自身的 $n-1$ 次的傅里叶变换卷积，而这将使得其带宽将变为原来带宽的 n 倍。因此，多项式 $V(v)$ 的阶数越高，在功率放大器输出端考虑的带宽就会越宽。

由于带宽拓宽的幅度随着频率的升高而急剧降低，通常将 $V(v)$ 近似到七阶就足够了（在大多数情况下，近似到三阶或五阶也是足够的）。

这种频谱扩展通常称为频谱再生长，是相邻信道中干扰的主要来源，如下所述，为了满足各国频谱的强制性规定，频谱罩必须满足预设定的要求（见 4.5 节中练习 10 和练习 11）。

为了获得一个比较直观的感受,我们将对练习 4.2.3.1 中的功率放大器以式(4.35)和式(4.38)分别进行近似以及 VBA 仿真。输入功率设置为低于 1dB 压缩点 10dB 的位置,也即 10dB 的回退。由于频谱的再生长导致了输出频谱变宽,为了获得正确的结果,必须预先相应地增加采样率。

我们使用的输入信号遵从高斯分布(时间信号的幅度遵从正态分布),并且是带限(信号具有有限的频谱宽度)以及类似白噪声(其平均功率在整个带宽上是恒定的)的。这些信号特性是数字调制的典型特征。

- 图 4.7 显示了 $v(t)$ 的归一化样本归一化到采样间隔的时域图。我们以 8 倍于奈奎斯特率的采样率对信号进行采样,以便实现频谱再生的模拟。

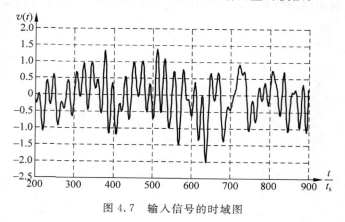

图 4.7　输入信号的时域图

- 图 4.8 显示了输入信号 $|\hat{v}(\omega)|_{dB}$ 的归一化功率谱与归一化到采样频率 ω_s 的角频率 ω。信号在频谱上十分"干净"。本底噪声十分低,比带内功率密度低约 120dB,其主要受信号处理精度的限制。由于采用 8 倍过采样率,导致归一化带宽为原来的 1/8。

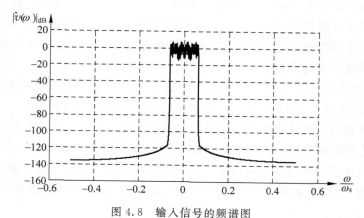

图 4.8　输入信号的频谱图

- 图 4.9 显示了三阶近似的归一化输出功率谱中的 ×3 倍谱扩展。
- 图 4.10 显示了五阶近似的归一化输出功率谱中的 ×5 倍谱扩展。

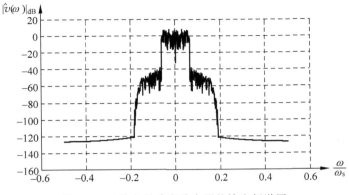

图 4.9　三阶主导功率放大器的输出频谱图

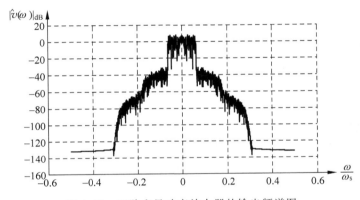

图 4.10　五阶主导功率放大器的输出频谱图

4.2.5　功率放大器的模拟方法

为了帮助读者理解书中使用的功率放大器仿真,以及构建自己的仿真工具,我们简要描述了 VBA 程序的使用方法。为了充分理解所描述的算法,需要了解一些信号处理的背景。但是,讨论信号处理的理论超出了本书的范围,这将留给读者自行去了解。

4.2.5.1　输入信号 $v(t)$

- $v(t)$ 是带限信号。$v(t)$ 的样本构造以 Shannon-Whittaker 内插公式为基础,该公式为采样定理的特定表示,带宽为 $\pm\dfrac{\pi}{T}$[Hz]的带限连续信号可以用下式表示

$$v(t) = \sum_{n=-\infty}^{\infty} v(nT)\mathrm{sinc}\left(\frac{\pi(t-nT)}{T}\right), \quad \mathrm{sinc}(x) \equiv \frac{\sin x}{x} \tag{4.40}$$

$v(nT)$ 是 $v(t)$ 在 $t=nT$ 的采样。换句话说,$v(t)$ 由无限多个 $\mathrm{sinc}(\pi t/T)$ 类型的函数的加权和组成,每个具有不同的时移 nT,而且峰值幅度为采样值 $V(nT)$,其中 $1/T$ 为奈奎斯特率。在 VBA 仿真中,总信号持续时间设置为 $256T$(256 个奈奎斯特采样),这导致了有限求和。因为 $\mathrm{sinc}(x)$ 从其峰值衰减为 $1/x$,在边沿附近由于斩波的存在,有限持续时间内仅仅引入较小的误差。如前所述,为了考虑到频谱的再生长,输入信号必须被过采样。因此在

模拟中,首先生成多个 $8\times$ 过采样 $\text{sinc}(x)$ 函数,每个函数对于 $0\leqslant n\leqslant 255$ 平移 nT,并乘以权重 $v(nT)$。这样,就存在间隔为 T 的 256 个平移的 $\text{sinc}(x)$ 函数,而对于每个移位的 $\text{sinc}(x)$ 函数都存在间隔 $T/8$ 的 2048 个采样。对所有 $v(nT)\text{sinc}\pi(k/8-n)$ 对 $0\leqslant k\leqslant 2047$ 进行求和,就能获得被过采样的信号 $v(kT/8),0\leqslant k\leqslant 2047$。

- $v(t)$ 遵从高斯分布。$v(nT)$ 由从 VBA 随机数发生器提取的 39 个均匀分布的独立随机值求和得到。通过中心极限定理,该和近似遵从高斯分布。
- $v(t)$ 是带限白色的,也就是说,其功率在整个频带范围内是均匀分布的。其中,样本 $v(nT)$ 由随机数发生器构建,是独立统计的。它们的自相关函数遵从狄拉克分布,狄拉克分布的傅里叶变换在频率上是平坦的。因为式(4.40)是离散时间傅里叶变换的卷积,平坦的频率谱乘以带限窗口,就可以得到带限白信号。

4.2.5.2 输出信号 $V[v(t)]$

通过将输入信号过采样得到的时序采样代入式(4.35)或式(4.38),就可以获得输出信号的采样 $V[v(kT/8)]$。

4.2.5.3 输入及输出频谱图

这些频谱图是通过对 $v(t)$ 或 $V[v(t)]$ 的 2048 个采样点进行 FFT(快速傅里叶变换)获得的。FFT 采样的下半绝对值属于正频率,而左移上半部分属于负频率。由于方形窗的频谱泄漏,使得平面 FFT 不能提供所需要的分辨率和基底噪声。因此,可以使用一个窗口 FFT 算法,将样本乘以一个 2048 点的四系数布莱克曼-哈里斯窗口,就能够提供 92dB 主旁瓣的衰减。

4.2.6 N 阶互调失真

在练习 4.2.2.1 和练习 4.2.3.1 中,我们知道如何通过测量 1dB 压缩点和 1dB 过冲点来求得 $|c_1/c_0|$ 和 $|c_2/c_0|$ 的值。然而,在实际情况下,压缩点和过冲点可能在功率放大器的安全工作范围之外,或者由于电源电压的限制而实际上达不到。尽管 $c_k v^{2k+1}$ 值比较小,但它对频谱再生长的影响可能很大,而难点在于这些高阶系数又很难从功率增益求得。

本节将展示一种简单精确的方法来直接测量任意 k 值时的 $|c_k/c_0|$。这有助于调整功率放大器的仿真模型。

测量所有系数最简单最方便的方法是使用由频率相近、幅度相等的两个正弦载波组成的输入信号 S_{in},即

$$S_{\text{in}}(t) = v \cdot \{\cos(\omega - \Delta\omega)t + \cos[(\omega + \Delta\omega)t]\}, \quad \Delta\omega \ll \omega \tag{4.41}$$

式(4.41)中的 $S_{\text{in}}(t)$ 通常被称为双音信号。其傅里叶变换 $\hat{S}_{\text{in}}(\omega)$ 在正半频率面由两个狄拉克脉冲组成,一个位于频率 $\omega - \Delta\omega$ 处,另一个位于 $\omega + \Delta\omega$ 处。为了更具体,我们使用 LTspice Ⅳ 来对如图 4.11 所示的电路进行仿真。双极型晶体管 2N2222 的 SPICE 模型可以在从 LTC 站点免费下载的 LTspice Ⅳ 程序包中得到。或者,任何其他的 SPICE 模拟器和其他的高频晶体管模型也能够满足我们的需要。

先设置信号的幅度为 $v = 2.6\text{mV}$,信号频率为 $f = 10 \pm 0.1\text{MHz}$。输入信号 $S_{\text{in}}(t)$ 的频

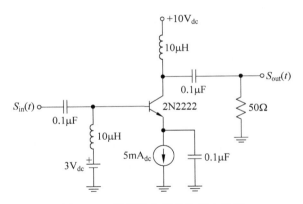

图 4.11　射频放大器的仿真电路图

谱 $\hat{S}_{in}(\omega)$ 的仿真结果如图 4.12 所示，其中振幅被归一化。

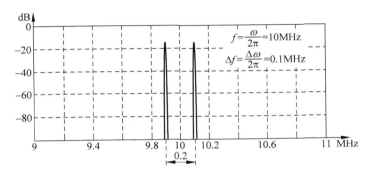

图 4.12　放大器输入端的双音测试信号

双音测试信号通常由信号发生器产生，信号失真可忽略，因此 $\hat{S}_{in}(\omega)$ 的频谱图"很干净"。

在进入计算之前，先来看看输出 $S_{out}(t)$ 的频谱图是什么样的，同时看看当输入电压增加时会发生什么。因为我们已经知道在低输入电平下，$V(v)$ 是 v 的奇次幂多项式，因此输出谱应该为非常接近纯双音的一种。图 4.13 显示了当 $v = 2.6\,mV$ 时 $S_{out}(t)$ 的频谱图 $\hat{S}_{out}(\omega)$。

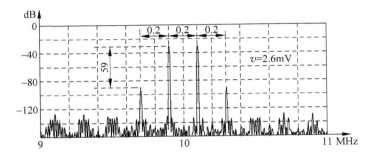

图 4.13　低电平双音输入时输出频谱的 SPICE 仿真

从图 4.13 可以看出，$\hat{S}_{out}(\omega)$ 包括一对附加的边带(两个附加的音频信号)，每个边带具有离最近测试信号 $2\Delta f = 0.2$MHz 的频率偏移，其中 $2\Delta f$ 是测试信号之间的频率间隔。同时可以看出附加边带的功率比放大的测试信号功率低 59dB，正如所预期的，放大器的输出非常接近"线性"输出。

将测试信号的幅度增加到 $v = 10$mV，功率增加 11.7dB，如图 4.14 所示，可以看到 $\hat{S}_{out}(\omega)$ 频谱的变化。现在 $\hat{S}_{out}(\omega)$ 的频谱图包括第二附加边带对，每个边带具有离最近的测试信号 $2 \times 2\Delta f$ 的频率偏移。该第二边带对比放大的测试信号低 72dB，然而，第一边带对有明显的增长，比放大的测试信号仅低 36dB。因此，输出 $S_{out}(t)$ 开始出现明显的失真。此外，可以看到第三对附加边带存在于距离最近的测试信号 $3 \times 2\Delta f$ 的频率处，尽管其功率相当低，但仍然好像从噪声底数"弹出"一样。

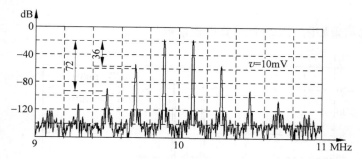

图 4.14　中功率双音输入的输出频谱的 SPICE 仿真

当进一步将测试信号的幅度增加到 $v = 26$mV 时，功率增加 8.3dB，$\hat{S}_{out}(\omega)$ 的频谱急剧改变，如图 4.15 所示。现在可以看见许多新的边带对，其间隔是双音分离频率 $2\Delta f$ 的整数倍。再次看到第一对附加边带有着显著的增长，只低于测试信号 22dB，同时也可以看到第二附加边带的增加，从比测试信号低 72dB 到仅低 42dB，第三对附加边带比测试信号低 60dB。现在得到的 $S_{out}(t)$ 具有非常大的失真。

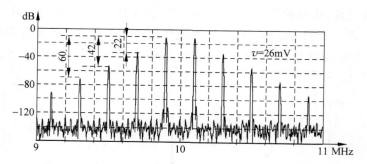

图 4.15　高功率双音信号输入的输出频谱 SPICE 仿真

我们看到，由于放大器的失真，以及位于 $\omega \pm \Delta\omega$ 处被放大的双音测试信号，输出信号包括在角频率 $\omega \pm (2k+1)\Delta\omega$，$k = 1, 2, 3\cdots$ 处的对称边带对，其中 $2\Delta\omega$ 是双音信号的角频率间隔。

边带产生的机制非常复杂，这一点将在 4.6.5 节中详细分析。然而，利用在这一点上获

得的基本了解,能够得知如何从双音输出的频谱图中计算出所有的$|c_k/c_0|$,这是一个简单直接的方式。

首先对之前的讨论进行规范化。为了简单起见,仅考虑c_0,c_1,c_2的影响,事实上,该结论对于任意多次多项式的$V(v)$都适用。图4.16显示了带有双音输入的$\hat{S}_{out}(\omega)$的频谱图。$S_{in}(t)$由频率为$f_T\pm\Delta f$的两个载波组成,边带包括位于频率$f_T\pm(2k+1)\Delta f,k=0,1,2$处,幅度为$V_k$以及功率为$P_k$的双音信号。

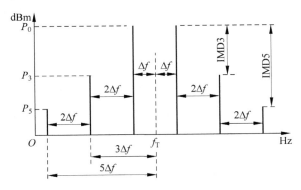

图4.16 三阶和五阶互调失真频谱图

令$N=2k+1$(注意N总是奇数),测试音频的功率与位于$f_T\pm N\Delta f$的边带的功率之比称为N阶互调失真,以dB表示,简称为IMDN。对$k\geqslant 1$的每对边带称为互调积。

$$\text{IMDN}=10\log_{10}\left(\frac{P_0}{P_k}\right)=20\log_{10}\left|\frac{V_0}{V_k}\right|,\quad N=2k+1 \qquad (4.42)$$

在稍后的4.6.5节中,我们会得到,如果双音测试信号足够小,可以用以下等式直接计算各系数$\{c_k\}$的值

$$\text{IMDN}\approx -20\log_{10}\left(\left|\frac{c_k}{c_0}\right|v^{2k}\right),\quad N=2k+1 \qquad (4.43)$$

现在问题出现了:双音信号的v是否足够小使得能利用式(4.43)精确地计算出相应的$\{c_k\}$,进一步的分析将会在4.6.5节中给出。现在说明以下规则:

(1)首先,将双音振幅设置到能够清楚地看到相应的互调积弹出噪声底数时。例如,如果想要计算$|c_k/c_0|$,增加双音信号的电平,观察IMDN,当看到$N=2k+1$时的IMDN高于背景噪声时固定电平的值。

(2)然后,将两个测试信号的幅度增加1dB。如果v足够小能够允许进行正确的测量,那么就能够观察到对于$N=2k+1$ IMDN有$2k$ dB的降低。如果降低速率明显不同,那么v太大了,所以应该进一步减少v,然后再一次检查。应该注意的是,对于每个k所需的降低速率是不同的。

应该强调的是,在大多数实际情况下,需要计算阶数高于c_2的系数非常罕见。事实上,对于大部分实例,仅计算c_1的值就足够了。

仅通过测量IMDN还不能够得出c_k/c_0的符号,但在实际情况中,就频谱再生长的估计而言,c_k/c_0的符号对于v的实际值几乎没有影响,如在后面的分析所示,频谱在任何给定子带宽内的功率主要取决于单个系数的绝对幅度,因此在没有更精确的数据的情况下,并且由

于绝大多数放大器是三阶主导的，因此总是取 $c_1/c_0 < 0$ 以及 $c_2/c_0 > 0$。

以下练习阐明了如何基于 IMDN 测量来构建仿真。

4.2.6.1 练习：基于系数与频谱再生长的 SPICE 仿真

使用式(4.43)和图 4.14，从图 4.11 的电路的 IMDN 的实验测量仿真计算 c_1 和 c_2，并基于式(4.16)找到 1dB 压缩点。然后使用基于等式(4.5)的 SPICE 和 VBA 以及 c_1 和 c_2 的计算值，在 12dB 回退下模拟频谱的再生长。最后比较从基于系数的模拟获得的频谱再生长和用 SPICE 模拟获得的频谱再生长。选择信道频率为几兆赫兹，并且选定特定的信道带宽。

解答

应该注意到这样一个事实，即在基于式(4.5)的模拟和 SPICE 之间有一个根本的区别。而如果式(4.5)独立于载波频率，则为表示幅度 $V(v)$ 的基带频谱，SPICE 模拟则是基于射频信号的实际载波频率展开的。因此对于每一种不同的模拟方法要使用不同特性的输入信号。

- 当使用式(4.5)时，我们构建形式如式(4.40)带限信号 $v_{VBA}(t)$。用 t_s 作为采样间隔，使信号幅度遵从高斯分布。通过综合 39 个统计独立、零均值、均匀分布的随机值 $\{x_k\}_{k=1}^{39}$，$-1 \leqslant x_k \leqslant 1$ 来构建每一个奈奎斯特样本 $v_{VBA}(kt_s)$。这种随机变量 x_k 的概率密度为 $p(x_k) = 1/2$。将奈奎斯特样本与计算的系数 α_{VBA} 相乘，使得射频载波 $v_{VBA}(t)\cos\omega t$ 的平均功率等于固定幅度的射频载波 $v\cos\omega t$ 的功率。然后，选择适当的 v 值，可以设置所需要的回退。用 $E[x_k]$ 表示 x_k 的期望，对于 $n \neq m$，可以得到 $E[x_n x_m] = E[x_n]E[x_m] = 0$。根据式(4.72)，$v_{VBA}(t)$ 满足

$$\lim_{T \to \infty} \frac{1}{T} \int_0^T v_{VBA}^2(t)\,dt \approx \frac{1}{N} \sum_{k=1}^N v_{VBA}^2(kt_s) \approx E\left[\left(\alpha_{VBA} \sum_{k=1}^{39} x_k\right)^2\right]$$

$$= \alpha_{VBA}^2 \sum_{k=1}^{39} E[x_k^2] = \alpha_{VBA}^2 \left(39 \int_{-1}^{1} \frac{1}{2} x_k^2\,dx_k\right) = 13\alpha_{VBA}^2 = v^2 \quad (4.44)$$

其中 N 是模拟的奈奎斯特的样本数。因此

$$\alpha_{VBA} = \frac{1}{\sqrt{13}} v \approx 0.277v \quad (4.45)$$

- 当采用 SPICE 对如图 4.11 所示的电路图进行仿真时，建立输入信号 $v_{SPICE}(t)$，其形式为 39 个射频子载波的总和，其中每个载波的峰值幅度为 1，任意以 $f = 10MHz$ 附近为中心，间隔为 20kHz。每一个载波都有一个随机的初始相位 ϕ_k。这样做的数学方法是设置 $\omega_k = 4\pi\,10^4 k$，$\omega = 2\pi\,10^7$，并将信号转化为以下形式：

$$v_{SPICE}(t) = \alpha_{SPICE}\left(1 + 2\sum_{k=1}^{19} \cos(\omega_k t + \phi_k)\right)\cos\omega t \quad (4.46)$$

事实上，利用三角恒等式 $2\cos\alpha\cos\beta = \cos(\alpha+\beta) + \cos(\alpha-\beta)$，式(4.46)会产生 39 个不同单位幅度的子载波。可以证明，射频信号的功率是各个子载波的功率之和，并且必须满足

$$39\alpha_{SPICE}^2 = v^2 \quad (4.47)$$

因此

$$\alpha_{\text{SPICE}} = \frac{1}{\sqrt{39}} v \approx 0.16 v \tag{4.48}$$

在计算出 $v_{1\text{dB}}$ 之后,所需要做的是替换式(4.45)和式(4.48)中产生 12dB 回退的 v,也就是说

$$20\log\left(\frac{v_{1\text{dB}}}{v}\right) = 12 \Rightarrow v \approx 0.25 v_{1\text{dB}} \tag{4.49}$$

首先,计算 $\left|\dfrac{c_1}{c_0}\right|$ 和 $\left|\dfrac{c_2}{c_0}\right|$ 的值

$$36 = -20\log_{10}\left(\left|\frac{c_1}{c_0}\right| (10\text{mV})^2\right) \Rightarrow \left|\frac{c_1}{c_0}\right| \approx 158 \tag{4.50}$$

$$72 = -20\log_{10}\left(\left|\frac{c_2}{c_0}\right| (10\text{mV})^4\right) \Rightarrow \left|\frac{c_2}{c_0}\right| \approx 25000 \tag{4.51}$$

接下来将式(4.50)代入式(4.16),求 $v_{1\text{dB}}$

$$v_{1\text{dB}} \approx \frac{0.33}{\sqrt{158}} \approx 26\text{mV} \tag{4.52}$$

式(4.52)的结果在我们意料之中。事实上,通过使用在第 6 章中解释的双极型晶体管方程,解析结果显示室温下双极型硅晶体管的 1dB 压缩点约为 $kT/q \approx 26\text{mV}$,其中 k 为玻尔兹曼常量,T 为开氏温度,q 表示电子电荷(见 4.5 节中的练习 6)。

计算出 $v_{1\text{dB}}$ 后,现在可以进行模拟。图 4.17 显示了把 SPICE(光形)叠加到基于 VBA 系数的模拟(暗形)的光谱再生长模拟的结果,两者之间表现出良好的一致性。

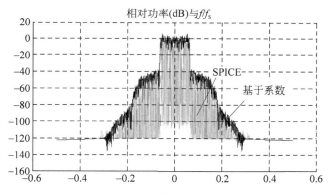

图 4.17 SPICE 和基于系数的光谱再生长模拟叠加

如果对各种回退值运行基于 VBA 系数的模拟并叠加结果,最终得到类似于图 4.18 中所示的频谱图。可以看到频谱再生长随着回退值变小急剧恶化。

4.2.6.2 IMDN 的实验室测量

IMDN 的实验室测量装置如图 4.19 所示。信号发生器 A 和 B 用于将双音信号馈送到被测发射机。

应特别注意验证测量的 IMDN 确实是基于被测发射机,而不是实验室装置。忽略装置的非线性往往是导致测量错误的常见因素。

图 4.19 中的衰减器是绝对必要的,它必须有尽可能高的衰减度(通常≥10dB),同时能

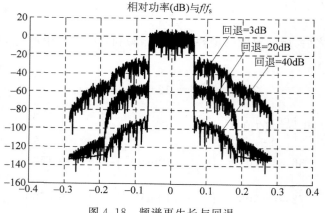

图 4.18　频谱再生长与回退

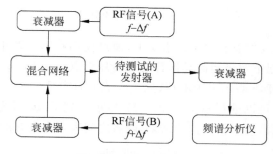

图 4.19　IMDN 的测量

够检测到最低有用边带。这是因为信号发生器 A 和 B 提供较高功率电平时，其内部往往不存在功率衰减器，通过控制输出级的驱动器来控制输出 RF 电平。如果信号发生器没有被很好地隔离，则彼此间的相互泄漏可能会在信号发生器的输出级内产生寄生互调边带。这些边带将进入被测单元并出现在输出端，并且由于它们与被测单元产生的信号不可区分，因此可能导致测量到比发射机的实际 IMDN 更差的测量值。这是一个导致错误并令人困惑的结果的常见因素。

可以通过检查组合网络的输出端的频谱图，绕过被测单元，并且验证任何寄生 IMDN 读数远低于在发射机输出端测量的读数来避免误差。由于其有限的动态范围，可能最终无法测量频谱分析仪的 IMDN。在大多数情况下，在分析仪前增加一个衰减器可以解决该问题。还可以通过检查频谱图来避免误差，同时向频谱分析仪的输入端馈送发射机期望的两个相同电平的信号，并且验证任何寄生边带远低于待测量的边带。

4.2.7　N 阶输入截点

为了代替系数 $\{c_k\}$，通常采用称为 N 阶输入互调点的等效参数(简称 IPNi)来表征 PA 非线性。互调点的详细处理在后面的部分讲解。在这个阶段，足以描述基本机制。

超越 IPNi 的想法如下：对于一些 $N=2k+1$，我们已经看到，随着每个音调的输入功率 p 增加，在输出端，N 阶互调积的功率 P_N 增长得比线性功率 P_0 快。实际上，输入功率 p 每增加 1dB，线性功率 P_0 增长 1dB，而 N 阶互调积 P_N 增长 NdB。因此，理论上对于足够强的输入功率,互调功率变得与线性功率一样大。当 P_N 和 P_0 相等时的值 $p=$ IPNi 被称为输出 N 阶互调点,通常以 dBm 表示,是通过人为地将式(4.43)的有效性扩展到大信号而获得的理论参考点。使用 IPNi,IMDN 的方程为

$$\text{IMDN} = (N-1)(\text{IPNi}\,|_{\text{dBm}} - p\,|_{\text{dBm}}), \quad N = 2k+1 \tag{4.53}$$

由 G 表示以 dB 为单位的线性功率增益,有时引用等效输出截点 $\text{IPNo} = \text{IPNi} + G$ 来替代,上述的图形描述如图 4.20 所示。采用式(4.53)得到的 IPNi,其等于式(4.43),但引入代替电压的功率和代替系数的截距点。注意:IPNi 表征放大器本身,而不管输入信号,而IMDN 取决于输入功率。下面的练习将阐明使用 IPNi 作为表征非线性行为的平均值的便利性。

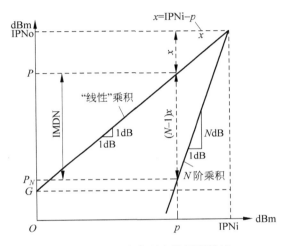

图 4.20 N 阶截距点的图形描述

4.2.7.1 练习:从 IPNi 估计 IMDN

一个提供高达 $P = 80\text{W}$ 的 RF 输出功率的功率放大器。其功率增益在其整个工作范围内是已经测量的恒定值。当输出功率为 20W 时,测得的 IMD3 为 32dB。在式(4.53)的帮助下,估计输出 60W 输出功率时的 IMD3 值。

解答

在 $P_0 = 20\text{W}$ 时,每个音调具有功率 $p\,|_{\text{dBm}}$,那么

$$32 = 2(\text{IP3i} - p) \Rightarrow \text{IP3i} = 16 + p$$

在 $P_0 = 60\text{W}$ 时,$P_0\,|_{\text{dBm}}$ 和 $p\,|_{\text{dBm}}$ 都增加 $10\log_{10}(60/20) \approx 4.8\text{dB}$。

因此,每个输入音调功率现在是 $p + 4.8\text{dB}$,替换掉 IP3i,得到

$$\text{IMD3} = 2(\text{IP3i} - [p + 4.8\text{dB}]) = 2(16 + p - [p + 4.8\text{dB}]) = 22.4\text{dB}$$

以下练习显示了将 1dB 压缩点与三阶互调点相关的众所周知的经验法则的有效性。

4.2.7.2 练习:经验法则

式(4.16)、式(4.43)和式(4.53)显示了经验法则的有效性,指出在三阶主导放大器中三阶互调截点位于比 1dB 压缩点高约 10dB 处。

解答

使 IMD3 等于用式(4.43)和式(4.53)计算的 1dB 压缩点，得到

$$- 20\log_{10}\left(\left|\frac{c_1}{c_0}\right| v_{1\text{dB}}^2\right) = 2(\text{IP3i}\,|_{\text{dBm}} - p_{1\text{dB}}\,|_{\text{dBm}}) \tag{4.54}$$

由式(4.16)，得到

$$\left|\frac{c_1}{c_0}\right| v_{1\text{dB}}^2 \approx (0.33)^2 = 0.1089 \tag{4.55}$$

将式(4.55)代入式(4.54)中，得到

$$- 20\log_{10}(0.1089) = 19.25\text{dB} = 2(\text{IP3i}\,|_{\text{dBm}} - p_{1\text{dB}}\,|_{\text{dBm}}) \tag{4.56}$$

从中得到

$$\text{IP3i}\,|_{\text{dBm}} = p_{1\text{dB}}\,|_{\text{dBm}} + 9.625\text{dB} \tag{4.57}$$

4.2.7.3　练习：使用电压描述 IPNi

使用电压代替功率，找到等效于式(4.53)的表达式。

解答

由 R_{in} 表示输入电阻，并用 v_{IPN} 表示输入互调点电压，可以写出

$$\text{IPNi}\,|_{\text{dBm}} = 10\log_{10}\left(\frac{v_{\text{IPN}}^2}{2\,R_{\text{in}} \times 10^{-3}}\right) \tag{4.58}$$

$$p\,|_{\text{dBm}} = 10\log_{10}\left(\frac{v^2}{2\,R_{\text{in}} \times 10^{-3}}\right) \tag{4.59}$$

将式(4.58)和式(4.59)代入式(4.53)

$$\text{IMDN} = (N - 1) \times 20\log_{10}\left|\frac{v_{\text{IPN}}}{v}\right| \tag{4.60}$$

4.3　发射机技术规范

下面的章节对主发射机技术规范给出相关的介绍。其中许多与 PA 非线性相关，其他与特定的发射机实现或系统特性相关。

4.3.1　频谱罩

频谱扩展的实际结果之一是发射机在相邻信道内产生干扰。为了控制干扰，各国的监管机构规定了必须满足的允许销售或工作的无线电设备的频谱扩展限制。这些限制通常被称为频谱罩。频谱罩定义了不允许发射信号功率超过的一系列边界。频谱罩的典型结构如图 4.21 所示。为了有意义，必须根据具体的装置配置来定义它们，包括积分带宽、平均方法、键控序列、调制方案等。图 4.21 的示例与 5GHz 频带中的 IEEE 801.11a 标准相关。

4.3.2　误差矢量幅度

如图 4.5 所示，QAM 符号在传输时由于 PA 非线性而失真。所传送的符号与星座图点阵不能准确对应，可以定义误差矢量为由星座图点阵内的精确位置和由失真符号指示的近似位置之间的差值。这些误差矢量的时间序列实际上构成了噪声信号，不管通信信道和接

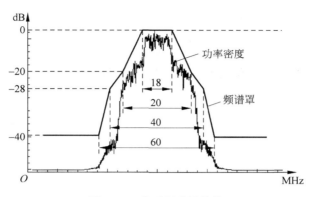

图 4.21 典型频谱罩结构

收机的质量如何,它都对前面的信号构成了干扰,并导致解码数据的错误。因此,重要的是能够测量和量化该噪声的大小。

图 4.22 给出了在 16QAM 星座图中,由于 AM/AM 和 AM/PM 失真,所发送的实际第 n 个符号 S'_n 代替 S_n 的情况。这等效于正确符号 S_n 携带误差矢量 e_n 的传输情况

$$|e_n| = |S'_n - S_n| = \sqrt{\Delta I_n^2 + \Delta Q_n^2} \tag{4.61}$$

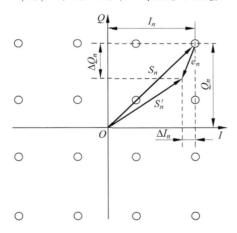

图 4.22 16QAM 点阵中的误差矢量

第 n 个符号的确切振幅为

$$|S_n| = \sqrt{I_n^2 + Q_n^2} \tag{4.62}$$

然后定义误差矢量幅度(或简称为 EVM)为噪声与 N 个发射符号上的信号功率比的平方根

$$\text{EVM} = \sqrt{\frac{\sum_{n=1}^{N}[\Delta I_n^2 + \Delta Q_n^2]}{\sum_{n=1}^{N}[I_n^2 + Q_n^2]}} \tag{4.63}$$

EVM 通常以百分比来定义,是符号误差的均方根值,要与数据符号的均方根值相区分。它由专用设备(通常为矢量频谱分析仪)测量计算。

4.3.2.1 其他导致 EVM 退化的原因

图 4.23 给出了用于 16QAM 星座图(仅显示第一象限)的一系列检测符号的缩略图,其被发射机各种缺陷干扰并叠加在理想星座图上。除了幅度失真,其他干扰取决于综合器相关的问题,将会在第 5、6 章中提到。

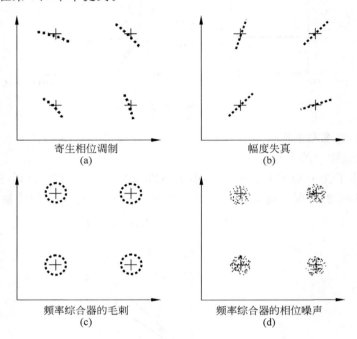

寄生相位调制 (a)   幅度失真 (b)

频率综合器的毛刺 (c)   频率综合器的相位噪声 (d)

图 4.23 由于发射机一系列缺陷而损坏的符号

4.3.3 相邻信道功率比

相邻信道功率比(Adjacent Coupled Power Ratio,ACPR)是用来测量发射机可能给相邻的接收机引起多大的干扰,是由非线性的累积效应、相位噪声、近中心杂散等产生频谱再生长造成。

通常在接收端不存在对这些干扰的抑制,因为干扰正好处于信道上。发射机的"泄漏"进入相邻信道是最糟糕和不可预测的系统杀手之一。它可能在广泛的区域导致强烈的接收机阻塞,有时会在拥挤的电磁环境中引起系统崩溃。

以 dB 为单位相对于平均发射功率表示的相邻信道功率比的值是将由中心频率以外,但接近于发射信道的接收机检测到的相对信号功率,如图 4.24 所示,用 f_T、$2B_T$ 和 f_R、$2B_R$ 分别表示发射机和接收机的中心频率和带宽。虽然通常情况下 B_T 和 B_R 是相同的,但这不是必需的。

用 $S(f)$[W/Hz]表示传输信号的频谱密度,定义:

$$\mathrm{ACPR} = 10\log_{10}\left[\int_{f_R-B_R}^{f_R+B_R} S(f)\mathrm{d}f \Big/ \int_{f_T-B_T}^{f_T+B_T} S(f)\mathrm{d}f\right] \mathrm{dBc} \tag{4.64}$$

例如,主要在欧洲用于公共安全的 TETRA 标准,使用一个 25kHz 信道来传送四个语

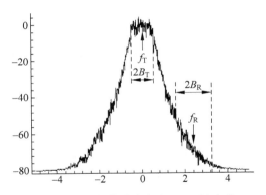

图 4.24 相邻信道功率比(ACPR)定义

音呼叫。一个信道距离的相邻信道功率比规格是在距离发射中心频率 25kHz 处测量为 −60dBc,在 50kHz 处为 −70dBc,在 1MHz 处为 −74dBc。使用带通根升余弦滤波器($\alpha=0.35$、带宽为 18kHz)对功率积分。相邻信道功率比的测量使用与测量 EVM 的相同装置。VSA 可以由标量频谱分析仪代替。

4.3.4 功率放大器(PA)效率

射频(RF)功率放大器将直流(DC)功率转换为射频功率。然而,在从直流电源驱动的能量基本上大于传递到负载的射频能量,这种转换过程通常是低效的。

效率 η 被定义为传送到负载的平均射频功率和由电源传送的平均直流功率的百分比。对于恒定的直流电压和有限的时间段 T:

$$\eta = \frac{P_{\text{Avg}}\big|_{\text{RF}}}{P_{\text{Avg}}\big|_{\text{DC}}} \tag{4.65}$$

其中 $P(t)$ 表示传送到负载的瞬时 RF 功率或由 DC 电源传送的瞬时功率。

在过程中提供的直流功率与传递到负载的射频功率之间的差异在功率放大器的射频器件中以热的形式消散。反过来,散热也影响器件尺寸,其与散热器的物理接触面积必须随着耗散而增加,因此决定了散热器本身的尺寸。更糟糕的是,热量的产生是以电池供电的便携式收发机的工作时间为代价的。功率放大器工作在 AB 类和 B 类模式下,适合以线性特性和良好的效率传送高射频功率。功率放大器的效率还取决于 PAPR(参见 4.5 节中的练习 14)。可以看出,较高的 PAPR 通常意味着较低的效率。

4.3.5 发射机瞬态

大部分收发机工作在间歇模式,在发送和接收状态之间周期性切换。在发射机被接通的时刻,会有几种瞬态现象发生。

直流电源提供功率放大器所需的大驱动电流。由于印制电路板的电源线存在串联电阻或电磁感应,这种电流的突然变化将产生电压的变化,这里称为干扰电压。这种干扰电压可能发生在对频率敏感的器件中,如压控振荡器(VCO)中的变容二极管,如果干扰电压被感应到 VCO 谐振腔将会引起注入锁定现象,或作为电源电压纹波出现在增益敏感电路,如调制级。所得到的频率和幅度调制瞬态变化将在发射频谱中引起杂波。这些现象出现的重复率比较低,因此难以观察和诊断,且校正比较困难,通常需要重新进行电路设计。

在大多数架构中,综合器从接收本地振荡器(LO)的频率切换成发射频率。如果射频功率传输在频率稳定之前开始,则可能导致信道性能劣化,发射帧的部分丢失,或者由于发射功率泄漏到相邻信道而干扰邻近接收机。幸运的是,这种现象比较容易测量,并且在大多数情况下,该问题可以通过软件单独校正。

4.3.5.1 上升时间

"上升时间"被定义为从发射机接通到输出功率达到其最终值的90%所经过的时间。

它通常由所涉及的所有过程确定,包括由软件产生的时间延迟。测量以重复模式进行,其中接通命令用作测量设备的触发。

可以注意到,大部分传输电流通常由最终的功率放大器驱动;那么RF功率大致与DC电源电流成比例。因此,通过仅监测示波器上的直流电源电流,并查找其达到其最终值的90%的瞬间,就可以根据图4.25粗略测量上升时间。

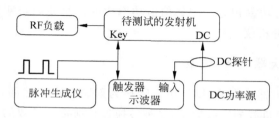

图 4.25 测量上升时间的装置

4.3.5.2 频移键控

如前所述,当收发机接通发射模式时,除非它具有全双工架构,否则综合器必须从接收的本地振荡器频率切换到发射频率。功放控制必须设计为在合成器稳定到足够接近最终频率之前不允许输出RF功率,以便满足正确的发射操作以及发射标准要求。虽然合成器本身可能已经被合理设计,但是感应瞬态电压可以迫使其瞬时远离锁定频率,这将重新启动锁定过程并且增加了频率稳定时间。因此,正确的合成器性能不一定能够保证正确的键控操作,键控操作实际上是系统特性。键控时的频移测量采用与测量综合器锁定时间相同的设置。

4.3.6 空间辐射

不期望的发射机空间辐射是频谱规范、安全和系统性能方面的关键问题之一。然而,其测量非常困难、棘手,且在某些情况下,如吸收辐射率(Specific Absorption Rate,SAR)(人体对RF吸收的一种测量标准),除非使用非常复杂和昂贵的专用设备,否则甚至得不到粗略的估计。在大多数情况下,空间辐射的测量必须在通过认证的实验室开展。

4.3.7 传导辐射

传导辐射是指定发射信道带宽之外的所有不需要的射频信号的集合。在发射期间,通过在发射载波频率处经陷波滤波器滤除信道上的发射功率,然后连接频谱分析仪,可以在天线端口观察到它们,如图 4.26 所示。

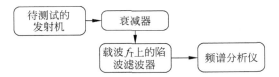

图 4.26　测量传导发射的装置

测试过程中需要陷波滤波器、保护衰减器和频谱分析仪,所以传导辐射的测量相对简单。然而,由于在未知频率处存在很多非期望信号,因此测试过程中可能需要广泛的扫描搜索。可以将传导辐射分为三类。

- 谐波杂散:指出现在发射频率谐波位置的所有类似载波杂散(其带宽是信道带宽的一个到几个数量级)。因为其位置已知,所以谐波杂散可以直接测量。
- 非谐波杂散:指出现在非发射频率谐波位置的所有类似载波杂散。它们包括本地振荡器泄漏、综合器产生的杂散、来自数字处理器的时钟馈通,等等。原则上非谐波辐射是可以直接测量的,但是由于其频率位置而很难发现。由于杂散通常嵌入在宽带噪声中,所以除非频谱分析仪带宽设置为窄带,否则不能测得杂散值,而窄带宽意味着即使在自动完成后仍需要进行缓慢而冗长的搜索。
- 频谱凸起:指在特定频率出现为"丘陵"的所有杂散,其带宽显著宽于一个信道带宽。这种杂散的存在常常表明在该频率附近存在潜在的功放不稳定性,因此该类杂散需要尤其注意。事实上,大多数频谱凸起只是被高度放大的发射机噪声。其存在表明,在大信号操作的前提下,功放在该频率也表现出极高的小信号增益。这是以下事实的结果:尽管功放在没有输入信号的情况下是稳定的,但大信号操作可能产生放大器偏置点的变化,并导致功放不稳定。由于匹配电路中的寄生谐振导致的相移累积,电路在特定频率处发生的较低电平的正反馈可能导致高增益的存在。如果不加以处理,在高温、失配或老化时频谱凸起常常导致功放振荡。图 4.27 显示了在频率 f_0 工作的功放的输出,并且在 f_{bump} 处呈现典型的频谱凸起。

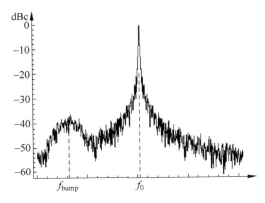

图 4.27　频谱凸起的典型形状

4.4 增强技术

在许多应用中，"自然"功放性能并不令人满意。最常见的问题是：

- 线性度太差，无法满足由星座度密度决定的频谱罩或带内失真限制。我们在前面的章节中看到，为了减少频谱再生长，功放必须工作在稳定的回退电平，并不能充分利用功放的放大能力。
- 效率太差，无法满足所需的电池工作时间或散热限制。

现今已有几种技术用于解决上述问题。这里介绍最有效和最常见的技术。

4.4.1 线性化技术

功放线性化使用的三种主要的技术：

- 笛卡儿反馈；
- 前馈；
- 预失真。

前两个非常有效而且通用。两者都产生大约 60dB 或更高的发射机 IMD3，而大多数未校正的射频功率放大器 IMD3 一般小于 30dB。预失真技术尽管有效，但很复杂，需要利用先进的信号处理算法。

4.4.1.1 笛卡儿反馈

笛卡儿反馈可以有效地用于相对窄的信道带宽系统。这种限制的主要原因是该实现基于有源反馈回路，因此必须密切注意增益和相位裕度以避免振荡。如果带宽较大，则相位累积可能发生在射频滤波器和匹配电路内，最终导致环路不稳定性。

这种技术对于电池供电的便携式单元是有吸引力的，如蜂窝电话。因为其实现价格便宜，增加的电流、成本和物理体积均可忽略。

直接变频发射机的反馈架构如图 4.28 所示。从正交输入到功放输出的整个路径的线性电压增益由 A 表示。功放失真可以被看作为无失真理想功放与具有带内噪声的射频信号 $n(t) = v_n(t)\cos[wt + \varphi_n(t)]$ 在其输出端的叠加。实质上，使用耦合器对失真的射频信号 $S_0(t)$ 进行轻采样，并将采样信号 $\beta S_0(t)$，$|\beta| \ll 1$ 提供给附加接收机，该附加接收机用于检测由功放引起失真的被发射正交分量。反馈操作和减去基带分量 $I_F(t)$ 和 $Q_F(t)$ 的采样（不是射频信号 $S_0(t)$ 的采样）同步进行。从道理上这是讲得通的，因为两个独立变量的反馈可以同时校正射频相位和幅度。

之前已经看到，射频信号完全由其基带正交分量表征。如果复合射频信号通过功放后失真，则相应的失真一定出现在由附加接收机检测的正交信号中。抛掉射频信号，仅观察系统(看起来它是使得正交信号失真的"非线性基带放大器")。因此，通过在正交分量中引入反馈，可以减少射频信号的失真。

该反馈回路的工作原理与常规的低频反馈回路非常类似，将在 4.5 节的练习 12 中进行详细分析。它们之间的主要差别是：需要在两个正交信道上同时执行反馈。为了正确地执行反馈操作，信道 I 和 Q 必须彼此隔离。因为如果发生相互的信道泄漏，反馈环路将不能

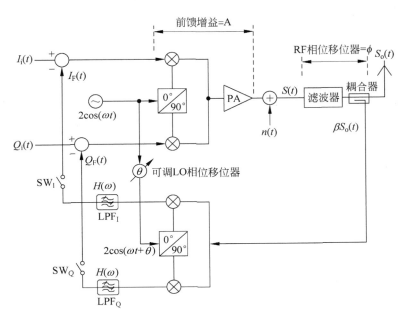

图 4.28　笛卡儿反馈

够校正每个单独分量的失真。

正如我们在第 2 章中所看到的,当 RF 信号由接收机进行解码时,只要接收机的本地振荡器与射频信号的载波相位完全对准,就可以获得很好的 I/Q 隔离。在当前情况下,在射频路径中,无论在功放的谐波滤波器、射频匹配电路、采样耦合器,还是沿着传输线中都存在显著的相移累积,其中累积长度与射频波长约为一个数量级。

相位累积不是已知的,因为它取决于频率、温度、老化和其他不能控制的原因。为了使反馈环正确工作,必须对这种不稳定的相位累加进行补偿。这可以通过引入周期性训练算法来完成,其在每次传输之前适当地对准接收部分中本地振荡器的相位。

这种用于正交信道退耦的算法在概念上非常简单:

- 分离$I_F(t)$和$Q_F(t)$输出端(打开 SW_I 和 SW_Q 开关)。
- 在同相输入端口设置一个恒定直流电压,即 $I_i(t) = V_{dc}$,同时正交输入端接地,即 $Q_i(t) = 0$。将V_{dc}设得足够小,使得功放失真可以忽略不计。在这一点上,如果相位对准不正确,由于 I/Q 相互信道泄漏,在$Q_F(t)$输出端将出现一定的电压。
- 调整如图 4.28 所示的可调本地振荡器相移器,直到$Q_F(t)$(在LPF_Q输出端)达到其最小值(理想情况下应得到$Q_F(t) = 0$,但实际上由于 I/Q 失配仍会存在残留值)。

在相位对准之后,失真信号的幅度$v_n(t)$降低了因子$1 + \beta A$。式(4.72)表示失真信号的功率:

$$P_N = \lim_{T \to \infty} \frac{1}{2T} \int_0^T v_n^2(t) \, dt \tag{4.66}$$

以 dB 为单位,得到:

$$\frac{P_N \big|_{\text{open loop}}}{P_N \big|_{\text{feedback}}} \bigg|_{dB} = 20 \log_{10}(1 + \beta A) \tag{4.67}$$

当 $\beta A \gg 1$ 时,输出信号为:

$$S_o(t) \approx \frac{1}{\beta}[I_i(t)\cos(\omega t + \theta) - Q_i(t)\sin(\omega t + \theta)], \quad \beta A \gg 1 \tag{4.68}$$

4.4.1.2 前馈

从技术而言,前馈可以有效地用于任意信道带宽,然而其实现烦琐、昂贵并且耗时,同时占据大量的物理空间。因此,它主要用于对价格、电流和物理尺寸较不敏感的固定设备,例如宽带蜂窝基站发射机。如其名称所暗示的,前馈是一种开环技术。图4.29展示了在考虑现实之前该技术的原理实现。

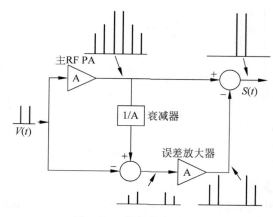

图 4.29 前馈的实现原理

其过程如下:
- 假定功放具有增益 A,最终功放输出端的信号被轻采样,衰减等于 A,得到与功放输入端的驱动信号具有相同电平的失真信号。
- 从采样信号中减去未失真的输入信号。得到的失真信号被称为误差信号。如果误差信号远小于输入信号,则其可以被具有增益 A 的低功率放大器(误差放大器)放大,产生精确等于功放输出端的失真信号。然后从输出信号中减去放大的误差信号,从而消除失真。

实现这个想法有以下几种阻碍:
- 可消除失真的精度取决于采样的精度和误差放大器的增益。
- 误差放大器和到功放输出的路径与主射频路径中的信号延迟时间不同。这些延迟必须精确补偿。
- 得到的线性度受到参与过程的元器件的线性度限制,如误差放大器。
- 校准过程必须连续进行并调节以补偿电压和温度漂移以及发生在功放和其校正电路中的其他变化。

该校准是一个相当复杂的结构,由繁杂的算法进行驱动。图4.30描述了一个实际的实现。尽管复杂,但是当需要宽带操作时,前馈结构仍是最佳选择,并且其开环特性确保没有振荡的风险。

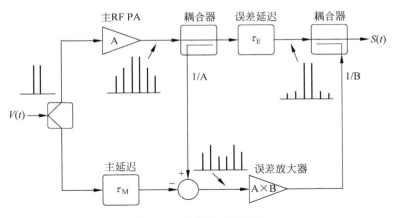

图 4.30 前馈的实际实现

4.4.1.3 预失真

预失真主要基于计算密集型信号处理。可能的基本拓扑如图 4.31 所示,有点类似于笛卡儿反馈。思路如下：分析来自采样接收机的正交输出,并与未失真输入进行比较。然后计算一个"反"非线性正向数字信号处理传递函数,寻找输出端的最小误差功率或某些其他优化标准。

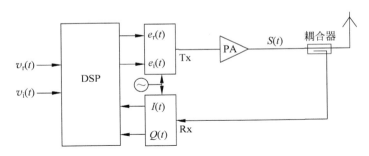

图 4.31 可能的预失真结构

有许多可行的预失真算法,但它们的处理超出了本书的范围,此处不再赘述。

4.4.2 包络跟踪供应

通常情况下大多数功率放大器工作在恒定电源电压下,并在饱和功率附近达到最大效率。我们在之前看到,当发射信号具有高的峰均比时,大多数时间平均功率远小于饱和值,这通常导致实质的效率降低。因此,通过使直流电源电压遵循发射的射频信号包络的瞬时幅度,可以显著改善功放效率(参见 4.5 节中的练习 14)。实际上,这将持续使功放工作在其饱和点附近,这是大多数情况下对应的最佳效率条件。图 4.32 描述了包络跟踪电压的基本概念。

数字信号处理提供两个输出：(适当延迟的)基带包络 $A(t)$ 以及中频幅度和相位调制信号。然后将基带包络输入到包络跟踪调制器。包络跟踪(Envelope Tracking,ET)调制器本质上是一个动态 UP/DOWN 开关转换器,其以低失真、低延迟时间和高效率的特点跟踪

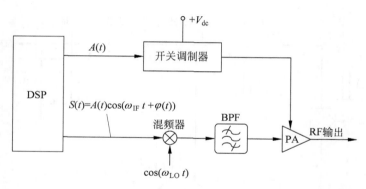

图 4.32　包络跟踪供应

和放大输入包络。中频处被调制信号由本地振荡器混频到射频频率,通过带通滤波以消除镜像信号并馈送到最终的射频功放。功放可具有任意类型的线性架构,无论包括反馈与否。

4.5　习题详解

本节提供一些练习题用来提高读者对以上公式的理解和熟悉运用。同时,与本章内容和公式相关的答案将在练习题后面给出,以便在读者给出解决方案(其可能不是唯一的)后,用来检验所得结果的正确性。通过理解和解题,读者能够完全掌握4.1～4.4节中提到的内容。4.6节和4.6节以后的内容提及的理论和证明提供了更深层次的方程和理解,但这不是必学的。可以使用相关工具进行仿真,但仿真不能用来解决习题并帮助理解概念的本质。

1. 形式为 $S(t) = v(t)\cos\omega t$ 的窄带射频信号进入非线性放大器,其失真输出为 $S_d(t)$。以下哪些函数中能够描述 $S_d(t)$? 哪些不能? 为什么?

(1) $S_d(t) = v^3(t)\cos\left[\omega t + v^3(t)\right]$

(2) $S_d(t) = \left[2^{v^3(t)} \cdot v(t)\right]\cos(\omega t + \tan\left[v^2(t)\right])$

(3) $S_d(t) = \left[10^{v^2(t)} \cdot v(t)\right]\cos(\omega t + 10\log\left[v^4(t)+1\right])$

解答

可能描述 $S_d(t)$ 的唯一函数是 (c),因为根据式 (4.4) 得知幅度必须是 $v \cdot f(v^2)$ 形式,根据式 (4.8) 得到,相位必须是 $g(v^2)$ 形式。

2. 对于 4.2.3.1 节的射频放大器,其测量功率值如表 4.2 所示,近似计算:

(1) 在输入功率为 -10dBm 的情况下的 IMD3(三阶互调失真)和 IMD5(五阶互调失真)。

(2) IP3i(输入三阶截点)和 IP5i(输入五阶截点)。

解答

(1) 在 4.2.3.1 节的放大器中,输入和输出阻抗都被匹配到 50Ω,可以发现 $\left|\dfrac{c_1}{c_0}\right| = 2.96$ 和 $\left|\dfrac{c_2}{c_0}\right| = 17.26$。由于 -10dBm $= 0.1$mW,每个音调输入电压电平满足

$$10^{-4} = \frac{v_{\text{rms}}^2}{50} = \frac{v^2/2}{50} \Rightarrow v = 100\text{mV}$$

然后使用式 (4.43),可得

$$\text{IMD3} \approx -20\log_{10}\left(\left|\frac{c_1}{c_0}\right|v^2\right) = 20\log_{10}(2.96 \times 0.1^2) \approx 30.6\text{dB}$$

$$\text{IMD5} \approx -20\log_{10}\left(\left|\frac{c_2}{c_0}\right|v^4\right) = 20\log_{10}(17.26 \times 0.1^4) \approx 55\text{dB}$$

（2）使用式（4.53），$p = -10\text{dBm}$，计算 IMD3 和 IMD5，得到

$$\text{IMD3} = 30.6 = 2(\text{IP3i}\big|_{\text{dBm}} + 10) \Rightarrow \text{IP3i} = 5.3\text{dBm}$$

$$\text{IMD5} = 55 = 4(\text{IP5i}\big|_{\text{dBm}} + 10) \Rightarrow \text{IP5i} = 3.75\text{dBm}$$

3. 证明：在 1dB 压缩点，以三阶互调失真为主导的放大器的三阶互调失真（IMD3）约为 20dB。

解答

由式（4.16）得

$$v_{\text{1dB}} \approx 0.33\left|\frac{c_0}{c_1}\right|^{\frac{1}{2}}$$

由式（4.43）得

$$\text{IMD3} \approx -20\log_{10}\left(\left|\frac{c_1}{c_0}\right|v^2\right)$$

代入 $v = v_{\text{1dB}}$，得到

$$\text{IMD3} \approx -20\log_{10}\left(\left|\frac{c_1}{c_0}\right|(0.33)^2\left|\frac{c_0}{c_1}\right|\right) = -40\log_{10}(0.33) \approx 19.3\text{dB}$$

4. 式（4.9）中的 Saleh 模型可以推广为

$$V(v) = \frac{\alpha v}{1 + \beta v^2}, \quad \alpha, \beta > 0$$

证明在 $v \leqslant v_{\text{1dB}}$ 时，上述模型近似等效为三阶互调失真为主导的放大器，并且找到 c_0、c_1/c_0 和 c_2/c_0 以 α 和 β 为变量的表达式。

解答

当 $v^2 \to 0$ 时，$V(v) \approx \alpha v$，因此 $c_0 = \alpha$，在 1dB 压缩点

$$20\log_{10}\left(\frac{V(v_{\text{1dB}})}{v_{\text{1dB}}}\right) = -1 \Rightarrow \frac{V(v_{\text{1dB}})}{v_{\text{1dB}}} = \frac{1}{1 + \beta v_{\text{1dB}}^2} = 10^{-1/20} \approx 0.89$$

而 $\beta v_{\text{1dB}}^2 \approx 0.123 \ll 1$，因此，当 $v \leqslant v_{\text{1dB}}$ 时用二阶泰勒展开式近似

$$\frac{1}{1 + \beta v^2} \approx 1 - \beta v^2 + (\beta v^2)^2, \quad v \leqslant v_{\text{1dB}}$$

然后将 Saleh 模型近似为以下形式

$$V(v) = \frac{\alpha v}{1 + \beta v^2} \approx \alpha v(1 - \beta v^2 + \beta^2 v^4), \quad v \leqslant v_{\text{1dB}}$$

和式（4.5）比较可以发现

$$c_0 = \alpha, \quad c_1/c_0 = -\beta, \quad c_2/c_0 = \beta^2$$

因此，当 $v \leqslant v_{\text{1dB}}$ 时，上述模型近似等价于三阶互调失真为主导的放大器，由于 $\beta v^2 \ll 1$，则 $\beta^2 v^4 \ll \beta v^2$，并且在计算 1dB 压缩点时可以忽略。因此，应用式（4.16），得到

$$v_{\text{1dB}} \approx 0.33\left|\frac{c_0}{c_1}\right|^{\frac{1}{2}} = \frac{0.33}{\sqrt{\beta}}$$

5. 解释为什么射频放大器用 IPNi 而不是 IMDN 表征非线性度。

解答

参数 IPNi 表示放大器的固有特性，它与输入信号无关，而 IMDN 取决于输入信号，因此它本身不能表征放大器的固有特性。这可以通过比较式(4.43)和式(4.53)的右边部分看出。

$$-20\log_{10}\left(\left|\frac{c_k}{c_0}\right|v^{2k}\right)=(N-1)(\text{IPNi}\left|_{\text{dBm}}-p\right|_{\text{dBm}}),\quad N=2k+1$$

在上面的等式中代入

$$v^2=2R_{\text{in}}\frac{v^2}{2R_{\text{in}}}=2R_{\text{in}}p=2R_{\text{in}}10^{-3}\frac{p}{10^{-3}}$$

其中 R_{in} 是输入阻抗，方程的左边可写为

$$-20\log_{10}\left[\underbrace{\left|\frac{c_k}{c_0}\right|(2R_{\text{in}}10^{-3})^k}_{\lambda}\left(\frac{p}{10^{-3}}\right)^k\right]=-20\log_{10}(\lambda)-2kp\left|_{\text{dBm}}\right.$$

因为 $N=2k+1$，第一个等式的右边可写为

$$(N-1)(\text{IPNi}\left|_{\text{dBm}}-p\right|_{\text{dBm}})=2k\text{IPNi}\left|_{\text{dBm}}-2kp\right|_{\text{dBm}}$$

因此第一个等式对 $p|_{\text{dBm}}$ 的依赖性被抵消，然后得到

$$\text{IPNi}\left|_{\text{dBm}}=-\frac{10}{k}\log_{10}(\lambda)=-10\log_{10}\left(2R_{\text{in}}10^{-3}\left|\frac{c_k}{c_0}\right|^{\frac{1}{k}}\right)\right.$$

因此 IPNi 和输入信号无关。

6. 根据第 6 章中提出的晶体管理论，证明共发射极双极型晶体管在室温下的 1dB 压缩电压为

$$v_{1\text{dB}}\approx V_T=kT/q=26\text{mV}$$

其中 k 是玻尔兹曼常数，T 是开尔文温度，q 是电子电荷。

解答

在第 6 章中，如果在双极型晶体管中的输入射频信号为 $S(t)=v\cos\omega t$，设 $x=v/V_T$，在频率为 ω 处的集电极电流的分量 $i_C(t)=I_E\cos\omega t$，其中

$$I_E=2I_{\text{dc}}\frac{I_1(x)}{I_0(x)}$$

这里 I_{dc} 是晶体管偏置电流，$I_n(x)$ 是参数为 x 的改进的 n 阶贝塞尔函数。用 R_{out} 表示晶体管的输出负载电阻，频率为 ω 时的输出电压的幅度由下式给出

$$V(v)=2I_{\text{dc}}\frac{I_1(x)}{I_0(x)}R_{\text{out}}$$

从线性双极理论，输出电压由 g_mv 给出，其中 $g_m=I_{\text{dc}}/V_T$，$c_0=g_mR_{\text{out}}$，又因为 $v=V_Tx$，得

$$c_0v=I_{\text{dc}}R_{\text{out}}x$$

然后利用式(4.14)，1dB 压缩电压为下面方程的解

$$-1=20\log_{10}\left|\frac{V(v)}{c_0v}\right|=20\log_{10}\left(\frac{2I_1(x)}{xI_0(x)}\right)\Rightarrow\frac{I_1(x)}{I_0(x)}\approx0.4456x$$

上述方程为非线性的。将 $x=1$ 代入 $\frac{I_1(x)}{I_0(x)}$，可以得到

$$\frac{I_1(1)}{I_0(1)} \approx 0.4464$$

因此,方程的解非常接近 $x=1$,这是因为

$$\left(\frac{I_1(x)}{I_0(x)} - 0.4456x\right)\Bigg|_{x=1} = 0.0008$$

于是可得到

$$v_{1\mathrm{dB}} = xV_{\mathrm{T}} \approx V_{\mathrm{T}} = 26\mathrm{mV}$$

7. 双极型硅晶体管的集电极电流 I_{C} 可用基极发射极电压 V_{BE} 表示。$V_{\mathrm{BE}} = V_{\mathrm{DC}} + v_{\mathrm{AC}}$ (V_{DC} 和 v_{AC} 是基极发射极的直流和交流电压)。

$$I_{\mathrm{C}} = I_{\mathrm{ES}}\mathrm{e}^{V_{\mathrm{BE}}/V_{\mathrm{T}}} = I_{\mathrm{ES}}\mathrm{e}^{(V_{\mathrm{DC}}+v_{\mathrm{AC}})/V_{\mathrm{T}}} = \underbrace{I_{\mathrm{ES}}\mathrm{e}^{V_{\mathrm{DC}}/V_{\mathrm{T}}}}_{I_{\mathrm{dc}}}\mathrm{e}^{v_{\mathrm{AC}}/V_{\mathrm{T}}} = I_{\mathrm{dc}}\mathrm{e}^{v_{\mathrm{AC}}/V_{\mathrm{T}}}$$

其中 I_{ES} 是常数,I_{dc} 是集电极偏置电流,$V_{\mathrm{T}} \approx 26\mathrm{mV}$。

(1) 使用式(4.85)用 I_{C} 的泰勒展开推导式(4.16)中 c_0/c_1 的值。

(2) 使用式(4.16)近似和在(1)中计算的 c_0/c_1 的值,证明双极型晶体管中(如练习6)

$$v_{1\mathrm{dB}} \approx V_{\mathrm{T}}$$

解答

(1) 这里用不同的方式得到与练习6相同的结果,但不采用第6章的方程。方程(4.7)表明,如果放大器传递函数的泰勒展开系数 a_{2m+1} 已知,那么系数 c_m 可由下式给出

$$c_m = \frac{(2m+1)!}{4^m(m+1)!m!}a_{2m+1}$$

R_{out} 表示双极性晶体管放大器的输出负载电阻,电压传递函数由泰勒展开式给出

$$V_{\mathrm{out}} = I_{\mathrm{C}}R_{\mathrm{out}} = I_{\mathrm{dc}}R_{\mathrm{out}}\mathrm{e}^{v_{\mathrm{AC}}/V_{\mathrm{T}}} = I_{\mathrm{dc}}R_{\mathrm{out}}\left[1 + \frac{v_{\mathrm{AC}}}{V_{\mathrm{T}}} + \frac{1}{2!}\left(\frac{v_{\mathrm{AC}}}{V_{\mathrm{T}}}\right)^2 + \frac{1}{3!}\left(\frac{v_{\mathrm{AC}}}{V_{\mathrm{T}}}\right)^3 + \cdots\right]$$

可表示为

$$V_{\mathrm{out}} = a_0 + a_1 v_{\mathrm{AC}} + a_2 v_{\mathrm{AC}}^2 + a_3 v_{\mathrm{AC}}^3 + \cdots$$

可知

$$a_1 = \frac{I_{\mathrm{dc}}R_{\mathrm{out}}}{V_{\mathrm{T}}}, \quad a_3 = \frac{I_{\mathrm{dc}}R_{\mathrm{out}}}{6V_{\mathrm{T}}^3}$$

因此利用式(4.7),可得

$$c_0 = a_1, c_1 = \frac{3}{4}a_3 \Rightarrow \frac{c_0}{c_1} = \frac{24}{3}V_{\mathrm{T}}^2$$

(2) 利用式(4.16),得

$$v_{1\mathrm{dB}} \approx 0.33 \left|\frac{c_0}{c_1}\right|^{\frac{1}{2}} = 0.33\sqrt{\frac{24}{3}}V_{\mathrm{T}} = 0.93V_{\mathrm{T}}$$

8. 使用式(4.43)并根据需要计算在练习7中泰勒展开式中的附加项:

(1) 查找双极性晶体管放大器的 IMD3 和 IMD5 的表达式。

(2) 输入电压峰值 $v=10\mathrm{mV}$,比较(1)中的表达式所得结果与图4.14的 SPICE 仿真结果。假设 $V_{\mathrm{T}}=26\mathrm{mV}$。

解答

(1) 对于 IMD3,采用练习7中计算的结果,即

$$\frac{c_1}{c_0} = \frac{3}{24 \, (0.026)^2} \approx 185$$

利用式(4.43)

$$\mathrm{IMD3} \approx -20\log_{10}(184v^2)$$

为了计算 IMD5，需要计算 c_2 的值，该值很容易从练习 7 中的泰勒级数中的 a_5 推导得到。a_5 很容易得出

$$a_5 = \frac{I_{\mathrm{dc}} R_{\mathrm{out}}}{5! V_{\mathrm{T}}^5}$$

然后，采用练习 7 中的 c_0，从式(4.85)得到 c_2/c_0

$$\frac{c_2}{c_0} = 2^{-4} \frac{a_5}{a_1} \binom{5}{2} = \frac{10}{16 \times 120 \times (0.026)^4} = 11\,400$$

因此，由式(4.43)得

$$\mathrm{IMD5} \approx -20\log_{10}(11400v^4)$$

(2) 注意 c_1/c_0 和 c_2/c_0 已在 4.2.6.1 节练习中用图形方式计算得到，它们的值前后略有不同。原因如下：

来自 SPICE 图形计算的系数忽略了高阶系数 $\{c_m\}$ 并采用唯一的系数对实际结果进行建模。此外，式(4.43)近似的误差随着 v 接近 v_{1dB} 而逐渐增加。然而，互调值相差不是很远。实际上，将 $v = 10\mathrm{mV}$ 代入在(1)中的结果，得到

$$\mathrm{IMD3} \approx -20\log_{10}(184 \times 10^{-4}) = 35\mathrm{dB}$$

$$\mathrm{IMD5} \approx -20\log_{10}(11400 \times 10^{-8}) = 79\mathrm{dB}$$

而 SPICE 仿真中的 IMD3 和 IMD5 值分别为 36dB 和 72dB。因此使用原传递函数的泰勒级数展开仍然提供了对预期结果的合理估计。

9. 射频放大器的输入端被匹配到 50Ω。当测试放大器时，其功率增益单调减小，1dB 增益压缩点出现在 $+20\mathrm{dBm}$ 输入功率时。之后，放大器用双音信号测试。调整音调的幅度以获得 IMD3 $= 36\mathrm{dB}$。在不计算 c_1/c_0 的前提下估计每个音调的峰值电压。

解答

由于增益随功率单调减小，所以放大器是三阶主导的，可以通过式(4.57)用经验法则估计 IP3i。

$$\mathrm{IP3i} \approx p_{\mathrm{1dB}} + 9.6\mathrm{dB} = 29.6\mathrm{dBm}$$

现在，由式(4.53)得到每个音的功率

$$\mathrm{IMD3} = 2(\mathrm{IPNi} - p) \Rightarrow 36 = 2(29.6 - p) \Rightarrow p = 11.6\mathrm{dBm}$$

由于放大器输入阻抗匹配到 50Ω，每个音调的输入电压由下式给出

$$11.6\mathrm{dBm} = 10\log_{10}\left(\frac{v^2}{2 \times 50 \times 10^{-3}}\right) \Rightarrow v = \sqrt{0.1 \times 10^{1.16}} \approx 1.2\mathrm{V}$$

10. 具有中心频率 f_{T} 和指定带宽 $2B_{\mathrm{T}}$ 的发射机使用如图 4.18 中的功放，该功放具有频谱可再生特性。该发射机工作在外来接收机附近，接收机的接收频率为 f_{R}，带宽为 $2B_{\mathrm{R}}$。若已知 $B_{\mathrm{R}} \approx 0.1B_{\mathrm{T}}$，基于图 4.18 和等式(4.64)，功放工作在 backoff $= 3\mathrm{dB}$ 的情况下，估计在 $f_{\mathrm{R}} = f_{\mathrm{T}} + 3B_{\mathrm{T}}$ 时的值。

解答

从图 4.18 可以看出,标准的传输带宽为 $2B_T \approx 0.125$。发射功率密度 $S(f)$ 在指定信道内近似为常数,因此,根据式(4.64),总信道内发射功率 P_T 为

$$P_T = \int_{f_T-B_T}^{f_T+B_T} S(f)\mathrm{d}f \approx 2B_T S(f_T)$$

由于 $B_R \ll B_T$ 和 B_T 外部的功率谱密度缓慢下降,可以假设 B_R 内的功率谱密度近似恒定。因此根据式(4.64),由工作在频率 $f_R = f_T + 3B_T$ 的接收机检测到的功率为

$$P_R = \int_{f_R-B_R}^{f_R+B_R} S(f)\mathrm{d}f \approx 2B_R S(f_R) = 0.2B_T S(f_T + 3B_T)$$

运用上述近似,得到

$$\mathrm{ACPR} \approx 10\log_{10}\left(\frac{0.2B_T S(f_T + 3B_T)}{2B_T S(f_T)}\right)$$

$$= 10\log_{10}(0.1) + 10\log_{10}\left(\frac{S(f_T + 3B_T)}{S(f_T)}\right) = -10 + \left.\frac{S(f_T + 3B_T)}{S(f_T)}\right|_{\mathrm{dB}}$$

观察图 4.18 可以得到,在 backoff=3dB 时

$$\left.\frac{S(f_T + 3B_T)}{S(f_T)}\right|_{\mathrm{dB}} \approx \left.\frac{S(1.875)}{S(0)}\right|_{\mathrm{dB}} \approx -55\mathrm{dB}$$

最后

$$\mathrm{ACPR} \approx -10 + \left.\frac{S(1.875)}{S(0)}\right|_{\mathrm{dB}} = -65\mathrm{dBc}$$

11. 若假设如图 4.18 所示的发射机具有指定带宽 18MHz,请大概估算图 4.18 中哪一个回退电平能够满足图 4.21 的频谱罩。并给出实用结论。

解答

让我们先检查最近的边界。在 $f_T \pm 11\mathrm{MHz}$ 时,频谱密度必须至少低于信道内密度 20dB。在图 4.18 中存在以 f_s 归一化的指定带宽 $2B_T = 0.125$,因此在 f_s 归一化频偏 Δf(远离基带中心频率)处需要 20dB 的抑制,根据式

$$\frac{\Delta f}{B_T} = \pm\frac{22}{18} \approx \pm 1.22 \Rightarrow \Delta f \pm 1.22B_T \approx \pm 0.076$$

在频偏 $\Delta f = \pm 0.076$ 处观察图 4.18,可以看到对于所有回退水平均满足该界限。在 $f_T \pm 20\mathrm{MHz}$ 时,频谱罩需要至少 28dB 的下降。在图 4.18 中,对应的频偏为

$$\frac{\Delta f}{B_T} = \pm\frac{40}{18} \approx \pm 2.22 \Rightarrow \Delta f \pm 2.22B_T \approx \pm 0.134$$

再次观察图 4.18 频偏处 $\Delta f = \pm 0.134$,可以看到工作在 backoff=3dB 已处于边界,从频谱管理上来讲是不可接受的。在 $f_T \pm 30\mathrm{MHz}$ 处,频谱罩需要至少 40dB 的下降。图 4.18 中的相应偏移量为

$$\frac{\Delta f}{B_T} = \pm\frac{60}{18} \approx \pm 3.33 \Rightarrow \Delta f \pm 3.33B_T \approx \pm 0.21$$

对于所有回退电平,在频偏 $\Delta f = \pm 0.21$ 处满足最后条件。其结论是,当回退略高于 3dB 时,图 4.18 中发射机应该能够以合理的裕度满足图 4.21 的频谱罩。

12. 对于图 4.28 的笛卡儿反馈放大器:

(1)证明训练算法引入移相器调整幅度为 $\theta = \phi$。

(2) 假设相位完全对准,用 $I_i(t)$、$Q_i(t)$、$n(t)$、β、θ 和 A 近似表示射频信号 $S_o(t)$。

解答

(1) 参见图 4.28,PA 输出端的 RF 信号可以用正交形式表示(见第 2 章):

$$S(t) = I(t)\cos(\omega t) - Q(t)\sin(\omega t)$$

带内失真信号 $n(t)$ 也可以以正交形式表示为窄带噪声信号

$$n(t) = n_I(t)\cos(\omega t) - n_Q(t)\sin(\omega t)$$

因为基带信号与 RF 路径时间延迟相比变化非常缓慢,所以天线端的失真 RF 信号(RF 相位累积后)表示为

$$S_o(t) = I(t)\cos(\omega t + \phi) - Q(t)\sin(\omega t + \phi)$$

采样输出 RF 信号是 $\beta S_o(t)$。由于接收部分中的本地振荡器相对于发射部分中的本地振荡器而言,具有恒定的 RF 相移调整角度 θ,反馈正交分量由低通滤波器给出

$$I_F(t) = 2\beta S_o(t)\cos(\omega t + \theta)\big|_{LPF}$$
$$Q_F(t) = -2\beta S_o(t)\sin(\omega t + \theta)\big|_{LPF}$$

符号 $X|_{LPF}$ 表示舍弃丢弃 X 的射频部分,因为它被基带低通滤波器滤除。使用三角恒等式

$$\sin(a)\cos(b) = \frac{1}{2}\big[\sin(a-b) + \sin(a+b)\big]$$

$$\cos(a)\cos(b) = \frac{1}{2}\big[\cos(a-b) + \cos(a+b)\big]$$

$$\sin(a)\sin(b) = \frac{1}{2}\big[\cos(a-b) - \cos(a+b)\big]$$

因为包括 ω 和更高频的所有频率分量被基带滤波器滤除,所以可得到以下形式的反馈信号分量

$$I_F(t) = \beta\{I(t)\cos(\omega t + \phi) - Q(t)\sin(\omega t + \phi)\}2\cos(\omega t + \theta)\big|_{LPF}$$
$$= \beta I(t)\cos(\phi - \theta) - \beta Q(t)\sin(\phi - \theta)$$
$$Q_F(t) = \beta\{I(t)\cos(\omega t + \phi) - Q(t)\sin(\omega t + \phi)\}\big[-2\sin(\omega t + \theta)\big]\big|_{LPF}$$
$$= \beta I(t)\sin(\phi - \theta) + \beta Q(t)\cos(\phi - \theta)$$

对于训练算法,设置 $Q_i(t) = 0$,并且将 $I_i(t)$ 设置得足够小从而使 $n(t)$ 可以忽略。因此,在训练期间

$$Q_F(t) \approx \beta I_i(t)\sin(\phi - \theta)$$

根据上一个方程,当 $\theta = \phi$ 时,接收机振荡器的相位被对准从而使 $Q_F(t)$ 振幅最小化。将 θ 值代入到前面的方程中,可以看到正交分量的采样路径相互隔离,从而得到

$$I_F(t) = \beta I(t), \quad Q_F(t) = \beta Q(t)$$

(2) 从图 4.28 可以得出结论

$$[I_i(t) - I_F(t)]A + n_I(t) = I(t), \quad [Q_i(t) - Q_F(t)]A + n_Q(t) = Q(t)$$

在上一个方程中代入 $I_F(t) = \beta I(t)$ 和 $Q_F(t) = \beta Q(t)$,得到

$$I(t) = \frac{A}{1 + \beta A}I_i(t) + \frac{n_I(t)}{1 + \beta A}, \quad Q(t) = \frac{A}{1 + \beta A}Q_i(t) + \frac{n_Q(t)}{1 + \beta A}$$

由上式可看到失真分量的幅度 $v_n(t) = \sqrt{n_I^2(t) + n_Q^2(t)}$ 被降低到原来的 $1/(1 + \beta A)$。

通常情况下 $0<\beta\ll1$ 和 $A\gg1/\beta$,因此 $\beta A\gg1$,最终可得到

$$S_{\text{o}}(t)\approx\frac{1}{\beta}\big[I_{\text{i}}(t)\cos(\omega t+\theta)-Q_{\text{i}}(t)\sin(\omega t+\theta)\big]$$

13. 请解释如我们所见,在传输开始之前需要先进行相位对准。为什么仍必须密切关注笛卡儿反馈放大器的增益裕量,以防止环路振荡?

解答

相位对准通常在指定的传输频率处进行,因此指定信道附近相位抵消在各点均有效。然而,功率放大器的滤波和匹配电路具有大带宽,且大量相位累积可能发生在它们的通带内,尤其是在通带边缘附近。为了防止振荡,必须确保在相位累积超出安全范围的情况下保持足够的增益裕度。这是允许的正向增益受限的原因之一,这反过来又限制了由式(4.67)可以获得的对失真的改进。

14. 在输入射频载波的每个正半周期内,AB 类放大器的输出可以看作是与 RF 输入电压成正比的电流源,在每个负半周期可看作开路。放大器的输入包括类似于图 4.2(b)中描述的 16QAM 信号。放大器的输出连接到负载电阻 R_{L}。请估算一下当给定直流电源时 AB 类功放可实现的最佳效率。

(1)恒压直流电源情况。

(2)包络跟踪电源情况。

解答

参考 4.1.1.1 节,用 V_k 表示放大器输入端第 k 个符号的瞬时峰值 RF 电压。用 $V_{\text{DC}}(k)$ 表示在输入第 k 个符号时的直流电源电压,放大器在正半周期的跨导 $g_{\text{m}}=i_{\text{out}}/v_{\text{in}}$。

(1)这里电源电压 V_{CC} 保持恒定。由于信号持续时间长于 RF 载波的周期 $T=2\pi/\omega$,则在第 k 个符号期间,放大器输出端处的电流 $i_k(t)$ 大致由一系列峰值振幅为 $g_{\text{m}}V_k$ 的正弦半周期信号构成。选取其中一个电流峰值发生的时间为参考时间 $t=0$,脉冲序列为时间的偶函数,这时将 $i_k(t)$ 扩展为傅里叶级数的形式

$$i_k(t)=I_{k,0}+\sum_{n=0}^{\infty}I_{k,n}\cos(n\omega t)$$

这里 $I_{k,0}$ 是第 k 个符号期间电流脉冲序列的平均值,其必须等于第 k 个符号期间电压源提供的直流电流。由于每个脉冲是持续半个周期的正弦脉冲,则

$$I_{k,0}=\frac{1}{T}\int_{-T/4}^{T/4}g_{\text{m}}V_k\cos\left(\frac{2\pi}{T}t\right)\text{d}t=\frac{g_{\text{m}}V_k}{2\pi}\sin\left(\frac{2\pi}{T}t\right)\bigg|_{-T/4}^{T/4}=\frac{g_{\text{m}}V_k}{\pi}$$

在第 k 个符号期间提供的 DC 功率

$$P_k\big|_{\text{DC}}=\frac{g_{\text{m}}V_kV_{\text{CC}}}{\pi}$$

$I_{k,n}$ 是第 k 个符号的 n 阶谐波分量(在频率 $n\omega$ 处)。放大器输出端的谐波滤波器将除 $I_{k,1}\cos(\omega t)$ 以外的所有谐波电流短接到地

$$I_{k,1}=\frac{2}{T}\int_{-T/4}^{T/4}g_{\text{m}}V_k\cos^2\left(\frac{2\pi}{T}t\right)\text{d}t=\frac{g_{\text{m}}V_k}{2}\Rightarrow I_{k,1}\big|_{\text{rms}}=\frac{g_{\text{m}}V_k}{2\sqrt{2}}$$

输出电压频率为基波频率,其峰值为

$$V_{k,1}=I_{k,1}R_{\text{L}}=\frac{g_{\text{m}}V_kR_{\text{L}}}{2}$$

为了防止饱和，恒定直流电压 V_{CC} 至少为最大峰值输出电压，因此

$$V_{CC} = \max_k \{V_{k,1}\} = \frac{g_m R_L}{2} \max_k \{V_k\}$$

将 V_{CC} 代入 $P_k|_{DC}$，得到

$$P_k|_{DC} = \frac{g_m^2 V_k R_L}{2\pi} \max_k \{V_k\}$$

用 $E(X)$ 表示 X 的期望值，根据 4.1.1.1 节，由电源提供的平均 DC 功率

$$P_{Ave}|_{DC} = E[P_k|_{DC}] = E\left[\frac{g_m^2 V_k R_L}{2\pi} \max_k \{V_k\}\right] = \frac{g_m^2 R_L}{2\pi} \max_k \{V_k\} E[V_k]$$

在第 k 个脉符号期间传送到负载的 RF 功率是

$$P_k|_{RF} = (I_{k,1}|_{rms})^2 R_L = \frac{g_m^2 V_k^2 R_L}{8}$$

从中得到

$$P_{Ave}|_{RF} = E[P_k|_{RF}] = E\left[\frac{g_m^2 V_k^2 R_L}{8}\right] = \frac{g_m^2 R_L}{8} E[V_k^2]$$

由式(4.65)得到效率为

$$\eta = \frac{P_{Avg}|_{RF}}{P_{Avg}|_{DC}} = \frac{\pi}{4} \times \frac{E[V_k^2]}{\max_k \{V_k\} E[V_k]}$$

从 4.1.1.1 节可以看到

$$E[V_k^2] = 2 \times \frac{4}{16} + 10 \times \frac{8}{16} + 18 \times \frac{4}{16} = 10$$

$$E[V_k] = \sqrt{2} \times \frac{4}{16} + \sqrt{10} \times \frac{8}{16} + \sqrt{18} \times \frac{4}{16} \approx 3$$

$$\max_k \{V_k\} = \sqrt{18} \approx 4.24$$

代入得

$$\eta = \frac{P_{Avg}|_{RF}}{P_{Avg}|_{DC}} \approx \frac{\pi}{4} \times \frac{10}{4.24 \times 3} \approx 62\%$$

(2) 使用包络跟踪电源，设置

$$V_{CC} = V_{k,1} = \frac{g_m V_k R_L}{2} \Rightarrow P_k|_{DC} = \frac{g_m^2 V_k^2 R_L}{2\pi} \Rightarrow P_{Ave}|_{DC} = \frac{g_m^2 R_L}{2\pi} E[V_k^2]$$

简化掉 $E[V_k^2]$，最终结果与输入信号无关

$$\eta = \frac{P_{Avg}|_{RF}}{P_{Avg}|_{DC}} = \frac{\pi}{4} \approx 78.5\%$$

4.6 方程式相关理论

4.6.1 准静态射频信号的峰均比计算

为了简单起见，采用以下定义：准静态射频信号是中心频率远高于调制(基带)信号带宽的调制载波。

为与实际抑制，在上下文中，该定义等同于"窄带"定义，其更具限制性，也即意味着中心

频率远高于调制信号的带宽(以载波频率为中心)。

大多数射频信号,包括被称为"宽带"的射频信号都是准静态类型。考虑广义(实数的)射频(RF)信号的形式:

$$S(t) = v(t)\cos[\omega t + \theta(t)], \quad -\infty < v(t) < \infty, \quad -\frac{\pi}{2} \leqslant \theta(t) < \frac{\pi}{2} \quad (4.69)$$

由 Bv 和 $B\theta$ 表示 $v(t)$ 和 $\theta(t)$ 的相应带宽并且用 B 表示两者之间的最大值,准静态条件为:

$$\omega \gg 2\pi B, \quad B = \max\{B_v, B_\theta\} \quad (4.70)$$

在时间间隔 $[t_0, t_0 + T]$ 内在 1Ω 电阻上产生的 $S(t)$ 的平均功率为:

$$P_{\text{Avg}} = \frac{1}{T}\int_{t_0}^{t_0+T} S^2(t)\mathrm{d}t = \frac{1}{T}\int_{t_0}^{t_0+T} v^2(t)\cos^2[\omega t + \theta(t)]\mathrm{d}t$$

$$= \frac{1}{2T}\left\{\int_{t_0}^{t_0+T} v^2(t)\mathrm{d}t + \int_{t_0}^{t_0+T} v^2(t)\cos[2\omega t + 2\theta(t)]\mathrm{d}t\right\} \quad (4.71)$$

如果 $v(t)$ 是连续函数,取 $\omega T \gg 1$,则存在一个通用的结果,称为"Riemann-Lebesgue lemma",证明等式(4.71)中的最右面积分可以被忽略。

对 Riemann-Lebesgue 引理的解释如下:如果缓慢变化的函数 $x(t)$ 乘以快速振荡正弦函数 $\cos(\omega t)$,则 $x(t)$ 的值在一个振荡周期期间几乎恒定。结果是,在一个振荡周期上 $x(t)\cos(\omega t)$ 的积分接近于零。等式(4.71)中的最右面积分的幅度最多等于在半个周期上积分的值,因此,如果正弦信号的周期非常短,则积分的值趋于零。

在准静态情况下,如果取 $T \geqslant 1/B$,那么从公式(4.70)得出 $\omega T \geqslant \omega/B \gg 1$,因此可以将公式(4.71)做如下近似:

$$P_{\text{Avg}} \approx \frac{1}{2T}\int_{t_0}^{t_0+T} v^2(t)\mathrm{d}t \approx \lim_{T\to\infty}\frac{1}{2T}\int_{t_0}^{t_0+T} v^2(t)\mathrm{d}t \quad (4.72)$$

在准静态设置中,在 t_p 时刻的"瞬时"功率被定义为在时间间隔 $[t_p, t_p + \tau]$ 中的平均功率,其中 $2\pi/\omega \ll \tau \ll 1/B$。在该时间间隔中,$v(t)$ 和 $\theta(t)$ 大致恒定,并且 $S(t)$ 近似为理想正弦信号,即:

$$S(t) = v(t_p)\cos[\omega t + \theta(t_p)]$$

$$t \in [t_p, t_p + \tau], \{t_p, t_p + \tau\} \in [t_0, t_0 + T] \quad (4.73)$$

在时间间隔 $[t_0, t_0 + T]$ 1Ω 电阻上的峰值瞬时功率 P_{Peak} 是在所有可能间隔 $[t_p, t_p + \tau]$ 上获得的最大平均功率值,即:

$$P_{\text{Peak}} = \max_{t_p}\frac{1}{\tau}\int_{t_p}^{t_p+\tau} S^2(t)\mathrm{d}t \approx \frac{1}{\tau}\max_{t_p}\left\{v^2(t_p)\int_{t_p}^{t_p+\tau}\cos^2[\omega t + \theta(t_p)]\mathrm{d}t\right\}$$

$$= \max_{t_p}\left\{\frac{1}{2}v^2(t_p) + \frac{1}{2\tau}v^2(t_p)\int_{t_p}^{t_p+\tau}\cos[2\omega t + 2\theta(t)]\mathrm{d}t\right\} \quad (4.74)$$

由于 $2\pi/\omega \ll \tau$,然后 $\omega\tau \gg 1$,并且由 Riemann-Lebesgue lemma 得出,最后积分是可忽略的,因此,可以将式(4.74)近似为:

$$P_{\text{Peak}} \approx \frac{1}{2}\max_{t\in[t_0, t_0+T]} v^2(t) \quad (4.75)$$

最后,由式(4.72)和式(4.75)使用等式(4.1)得:

$$\text{PAPR} = \frac{P_{\text{Peak}}}{P_{\text{Avg}}} = T\max_{t\in[t_0, t_0+T]}\{v^2(t)\}\bigg/\int_{t_0}^{t_0+T} v^2(t)\mathrm{d}t \quad (4.76)$$

使用更数学一点的语言,我们可以说,按照信号标准来定义 PAPR 是自然的,即各自给定的无限范数和 2-范数:

$$|| v ||_2 = \left(\int_{t_0}^{t_0+T} v^2(t) \mathrm{d}t \right)^{\frac{1}{2}}, \quad || v ||_\infty = \sup_{t \in [t_0, t_0+T]} | v(t) | \tag{4.77}$$

最终得到有意义的结果:

$$\mathrm{PAPR} = T \, (|| v ||_\infty / || v ||_2)^2 \tag{4.78}$$

从现在开始,假设所有的信号都是准静态的。

注意:上述结果不提供有关包络随时间变化以及峰值功率发生频率的任何信息。

在特定情况下,可以计算包络的概率分布函数(Probability Distribution Function, PDF),提供关于峰值出现的概率信息。基于概率分布函数,可以设计有效的"限幅算法"。

可以猜测,在峰值以较低概率出现的情况下,它们可以在一定程度上被削去,从而产生适度的等效噪声功率,此时系统的总体性能恶化是可以容忍的,而 PAPR 则会有效降低。包络统计和限幅策略的详细分析不在本书的论述范围内,感兴趣的读者请参考关于这个主题的文献(van Nee 和 de Wild,1998)。如前所述,平均发射功率是最终确定系统性能的指标,所以最有效的是尽可能降低峰均比。下面介绍几种降低峰均比的技术。

最简单的方法采用"硬限幅"机制,即在预定义电平之上的每个瞬时峰值被突然截断。如果峰值出现次数极少,则削波仅在发送信号中引入小的失真。这种小失真在相应接收机处检测到削波信号时不会明显降低误码率(BER),但是由失真引起的等效噪声产生的干扰称为"相邻信道功率比"(Adjacent Coupled Power Ratio,ACPR),大幅度提高了散布到相邻信道中的杂散能量。在距发射机物理距离较近的地方,如果由邻近接收机检测到的杂散能量大于热噪声,在噪声受限的情况下,这些杂散将影响接收机灵敏度并使系统性能严重恶化。为此,硬限幅方案未被广泛使用。现今,已存在几种"软限幅"方案,它们是通过在基带级采用信号处理技术进行峰值信号削减。

使用诸如 π/4-DQPSK 的差分调制方案给降低峰均比提供了有效的处理方式。其主要思想是对比特流进行编码,以便在从一个符号到另一个符号的转换期间避免复平面路径中的近零交叉,从而减小基带信号的动态范围。

基带"峰值开窗"是另一种流行的方法。这里,高于某个预定值的每个峰值乘以诸如高斯、汉明、Kaiser 等平滑窗口。峰值开窗技术提供了降低峰均比的合理改进方案,其代价是误码率的轻微降低和部分相邻信道功率比的固有恶化。

诸如流行格雷码的扰频器和代码也在符号级使用,目的是降低符号序列产生峰值的出现概率。

4.6.2　功放非线性的分析模型

为了便于理解,以 Heiter(1973)描述的简单又便于分析的方法作为开始。

射频功放的输入信号由等式(4.69)给出的窄带信号 $S(t)$ 组成。由于与中心频率 ω 相比,$S(t)$ 的调制是准静态的,为了便于谐波分析,通常认为 $v(t)$ 和 $\theta(t)$ 恒定,而瞬时相位 ωt 起主要作用。

非线性功放的输出 $S_{\mathrm{out}}(t)$ 由在式(4.79)中改进的 McLaurin 级数展开近似,包含依赖于阶数的时间延迟。这提供了额外的自由度用以解决记忆效应。

$$S_{out}(t) = \sum_{n=1}^{\infty} a_n (S(t-\tau_n))^n = \sum_{n=1}^{\infty} a_n (v\cos[\omega t + \theta - \omega\tau_n])^n, a_1 = 1 \qquad (4.79)$$

设 $\phi_n = -\omega\tau_n$，以 ϕ_1 为参考相位，可以设置 ϕ_1 恒等于 0，式(4.79)可以变形为：

$$S_{out}(t) = \sum_{n=1}^{\infty} a_n (v\cos[\omega t + \theta + \phi_n])^n, \quad \phi_1 = 0, a_1 = 1 \qquad (4.80)$$

现在，由于 $S_{out}(t)$ 的所有谐波和次谐波在到达天线之前被滤除，因此式(4.80)中唯一需要关注的乘积是落在频率 ω 附近的信号，即带内分量。

为了得到这些带内分量，使用欧拉公式和二次项展开重写 $\cos^n[\omega t + \theta + \phi_n]$

$$(x+y)^n = \sum_{k=0}^{n} \binom{n}{k} x^k y^{n-k} \qquad (4.81)$$

得到

$$S_{out}(t) = \sum_{n=1}^{\infty} a_n \left(\frac{v}{2}\right)^n (e^{j(\omega t + \theta + \phi_n)} + e^{-j(\omega t + \theta + \phi_n)})^n$$

$$= \sum_{n=1}^{\infty} a_n \left(\frac{v}{2}\right)^n \sum_{k=0}^{n} \binom{n}{k} e^{j(\omega t + \theta + \phi_n)k} e^{-j(\omega t + \theta + \phi_n)(n-k)} \qquad (4.82)$$

等式(4.82)仅在 $k-(n-k)=\pm1$ 时产生带内分量，因此，只需关注 $n\pm1=2k$ 为整数时即可，因此这里的 n 必须为奇数。

$$n = 2m+1, \quad k = \frac{n\pm1}{2} = m, \quad m+1, \quad m = 0,1,2,\cdots \qquad (4.83)$$

由式(4.82)知带内信号 $S(t)$：

$$S(t) = \sum_{m=0}^{\infty} a_{2m+1} \left(\frac{v}{2}\right)^{2m+1} \left[\binom{2m+1}{m} e^{-j(\omega t + \theta + \phi_{2m+1})} + \binom{2m+1}{m+1} e^{j(\omega t + \theta + \phi_{2m+1})} \right]$$

$$= v \cdot \sum_{m=0}^{\infty} a_{2m+1} \left(\frac{v}{2}\right)^{2m} \binom{2m+1}{m} \cos(\omega t + \theta + \phi_{2m+1})$$

$$= v \cdot \sum_{m=0}^{\infty} c_m v^{2m} \cos(\omega t + \theta + \phi_{2m+1})$$

$$= \left[v \cdot \sum_{m=0}^{\infty} c_m \cos(\phi_{2m+1}) v^{2m} \right] \cos(\omega t + \theta) - \left[v \cdot \sum_{m=0}^{\infty} c_m \sin(\phi_{2m+1}) v^{2m} \right] \sin(\omega t + \theta)$$

$$= V(v) \cos(\omega t + \theta + \tilde{\phi}(v)) \qquad (4.84)$$

此处

$$c_m = 2^{-2m} a_{2m+1} \binom{2m+1}{m}, \quad \binom{2m+1}{m} = \binom{2m+1}{m+1} \qquad (4.85)$$

我们注意到：

$$c_0 = a_1 \gg 1 \qquad (4.86)$$

c_0 是放大器的线性电压增益，n 值较大时使用 Stirling 公式：

$$n! \approx \sqrt{2\pi n} n^n e^{-n}, \quad n \to \infty \qquad (4.87)$$

很容易得到：

$$2^{-2m} \binom{2m+1}{m} = 2^{-2m} \frac{(2m)!(2m+1)}{(m!)^2(m+1)} \approx \frac{2}{\sqrt{\pi m}}, \quad m \to \infty \qquad (4.88)$$

因此

$$c_m \approx \frac{2}{\sqrt{\pi m}} a_{2m+1}, \quad m \to \infty \tag{4.89}$$

图 4.33 给出了式(4.88)的近似与精确值的比较。

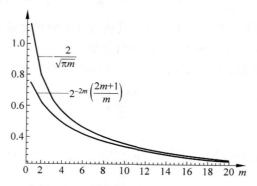

图 4.33　使用 Stirling 方程的近似

　　如果功率放大器是无记忆的，即对所有 m，$\phi_{2m+1}=0$，则没有相位失真，且失真的输出振幅 $V(v)$ 具有如下形式：

$$V(v) = v \sum_{m=0}^{\infty} c_m v^{2m} = v \cdot f(v^2) \tag{4.90}$$

其中 $f(v^2)$ 表示 v^2 的函数，当 $v \to 0$ 时 $f(v^2)$ 为常数。

　　如果器件近似无记忆，则意味着相角 $\{\phi_{2m+1}\}$ 很小（也就是通常情况），式(4.84)可以近似为如下形式：

$$S_{\text{IB}}(t) \approx \left(v \cdot \sum_{m=0}^{\infty} c_m v^{2m} \right) \cos(\omega t + \theta) - \left(v \cdot \sum_{m=0}^{\infty} c_m \phi_{2m+1} v^{2m} \right) \sin(\omega t + \theta) \tag{4.91}$$

　　可以注意到式(4.91)是一个信号幅度为式(4.90)、附加相位为式(4.92)的 $\varphi(v)$ 的正交表示，其中 $g(v^2)$ 表示 v^2 的函数，当 v 趋近于 0 时 $g(v^2)$ 也趋近于 0。可以看到输出幅度失真和输出相位失真都只是输入幅度的函数。

$$\varphi(v) \approx \arctan \left(\frac{\sum\limits_{m=0}^{\infty} c_m \phi_{2m+1} v^{2m}}{\sum\limits_{m=0}^{\infty} c_m v^{2m}} \right) \approx \frac{\sum\limits_{m=0}^{\infty} c_m \phi_{2m+1} v^{2m}}{\sum\limits_{m=0}^{\infty} c_m v^{2m}} = g(v^2) \tag{4.92}$$

　　通过努力调整分析模型，使之更贴近于实验测量数据，到目前为止，业界已存在几种广泛接受的模型。Saleh 模型(Saleh,1981)由于简便在定性分析中最有用，其利用式(4.90)和式(4.92)的数学架构：

$$V[v(t)] = c_0 v_{\text{sat}}^2 \frac{2v(t)}{v^2(t) + v_{\text{sat}}^2}, \quad \varphi[v(t)] = \frac{\pi}{6} \frac{2v^2(t)}{v^2(t) + v_{\text{sat}}^2} \tag{4.93}$$

这里 V 和 φ 是压缩的输出幅度和附加相位，$v_{\text{sat}} > 0$ 是饱和输入电压，通常由实际测量确定，是一种相当松散的定义。稍后将以合理便捷的方式定义 v_{sat}。

　　采用标准化形式给出式(4.93)：

$$r(t) = \frac{v(t)}{v_{\text{sat}}}$$

$$\widetilde{V}(r(t)) \equiv \frac{V(v(t))}{c_0 v_{\text{sat}}} = \frac{2r(t)}{r^2(t) + 1} \tag{4.94}$$

$$\tilde{\phi}(r(t)) \equiv \varphi(v(t)) = \frac{\pi}{6} \frac{2r^2(t)}{r^2(t) + 1}$$

图 4.34 给出了当 $c_0 v_{\text{sat}} = 1$ 时根据方程(4.94)绘制的图。请注意,方程(4.94)意味着:

$$|\widetilde{V}[r(t)]| \leqslant 1 \tag{4.95}$$

更一般化形式的 Saleh 模型使用双参数公式:

$$r = \frac{v}{v_{\text{sat}}}, \quad \widetilde{V}(r) = \frac{\alpha_a r}{\beta_a r^2 + 1}, \tilde{\phi}(r) = \frac{\alpha_\varphi r^2}{\beta_\varphi r^2 + 1} \tag{4.96}$$

参数 α_a、β_a、α_φ、β_φ 由测量可得。

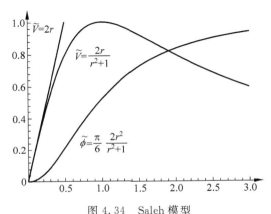

图 4.34　Saleh 模型

4.6.3　功放非线性对数字调制的影响

研究人员在分析发射机失真对数字调制信号星座图的影响方面已经开展了大量工作。简单的归一化 Saleh 模型对于数字传输中非线性现象的定性分析非常有用。

许多工作(Lyman 和 Wang,2002;Feng 和 Yu,2004)通过由式(4.94)的简单归一化模型对 16QAM 的分析进行展开,这是可以清楚地显示由振幅和相位失真产生现象的最简单的调制方案。仍采用这种方法进行下面的分析,结果如图 4.35 所示。

参考等式(4.69),由 v_n 和 θ_n 表示在时间 t_n 发射的符号的振幅和相位,并且由 $r_n = v_n/v_{\text{sat}}$ 表示在标准化 Saleh 模型中的相应振幅。

在时间 t_n 发送的符号 $\widetilde{V}_n$ 是向量:

$$\widetilde{V}_n = \widetilde{V}(r_n) e^{j[\theta_n + \tilde{\phi}(r_n)]} \tag{4.97}$$

公式(4.97)表明,根据 r_n 的值,符号将被压缩并旋转。

因此,具有较大幅度的符号将比接近星座中心的符号遭受更多的失真。

图 4.35 给出了当 $v_{\text{sat}} = 100,10,3,1.5$ 和 $v_n \in \{\sqrt{2}, \sqrt{10}, \sqrt{18}\}$ 时,由式(4.97)计算的 16 QAM 的幅度和相位失真的影响。

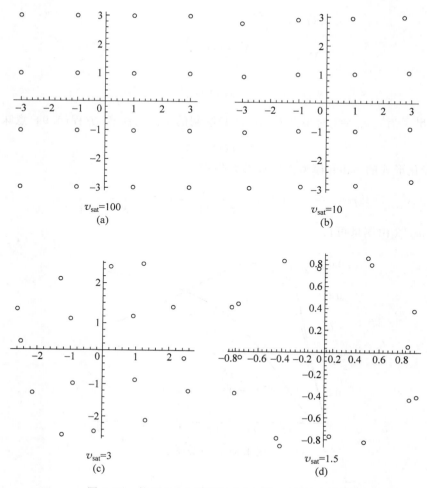

图 4.35 使用 Saleh 模型的 16 QAM 星座图失真

注意到对于$v_{sat}=100$，对应于$r_n=\sqrt{18}/100\approx0.04$，星座图未失真；而对于$v_{sat}=3$，对应于$r_n=\sqrt{18}/3\approx1.4$，外部符号失真，但内部符号几乎不变；而对于$v_{sat}=1.5$，星座图严重失真，以致不能识别到任何符号。

4.6.4 功放非线性对频谱形状的影响

理解和分析，甚至模拟功率放大器的非线性对发射信号频谱形状的影响极为困难：

- 非线性放大器的"传递函数"强烈依赖于输入信号。因此，根本无法得到广义传递函数，并且针对每种特定情况需要特定分析。
- PA 非线性导致带宽扩展：输出信号与输入相比具有更大的带宽。这种效应通常被称为频谱再生。
- 必须特别注意数字采样。由于频谱再生的存在，输出信号所需的采样率要高于输入信号所需的采样率。
- 输入信号必须根据输出端频谱形状的预估情况(非直接)被过采样。

为了更好地理解频谱再生现象,考虑以下几点:

(1) 给定时间 $g_1(t)$ 和 $g_2(t)$ 的两个函数,并且用 $*$ 表示卷积,傅里叶变换具有如下属性:

$$F[g_1(t) \cdot g_2(t)](f) = (F[g_1] * F[g_2])(f) \tag{4.98}$$

对于任何函数 $g(t)$,用 $g(*)^k g$ 表示 $g(t)$ 与其自身的 k 折卷积。这样如果 $g_1(t) = g_2(t) = g(t)$,则式(4.98)可以推广到如下形式:

$$F[g^m](f) = (F[g](*)^{m-1}F[g])(f), \quad m = 1,2,3,\cdots \tag{4.99}$$

即 $[g(t)]^m$ 的傅里叶变换可以通过将 $g(t)$ 的傅里叶变换与其自身卷积 $(m-1)$ 次的乘积来计算,并且正式定义:

$$(F[g](*)^{-1}F[g])(f) = F[v^0](f) = \delta(f) \tag{4.100}$$

(2) 用 $\mathrm{supp}[g]$(g 的支持)表示范围 $[t_1, t_2]$,$t_1 < t_2$,使得如果 t 在该范围以外,则 $g(t) \equiv 0$,但 $g(t_1) \neq 0$ 和 $g(t_2) \neq 0$。用以下形式表达:

$$t \not\subset \mathrm{supp}[g] \Rightarrow g(t) = 0 \tag{4.101}$$

(3) 这就直接证明了 k 折自卷积满足:

$$\mathrm{supp}[g] = [t_1, t_2] \Rightarrow \mathrm{supp}[g(*)^k g] = [(k+1)t_1, (k+1)t_2] \tag{4.102}$$

因此由式(4.99)得出,如果假设如下: $\mathrm{supp}(F[v]) = [-B/2, B/2]$,然后:

$$\mathrm{supp}(F[v^m]) = \mathrm{supp}[(F[v](*)^{m-1}F[v])] = \left[-m\frac{B}{2}, m\frac{B}{2}\right], \quad m \geqslant 1 \tag{4.103}$$

意味着如果 $v(t)$ 是具有带宽 B 的带宽限制,则 $[v(t)]^m$ 有带宽 mB 的带宽限制。因此,对于偶数 m,即 $m = 2k, k = 1,2,\cdots$:

$$\mathrm{supp}(F[v^{2k}]) = [-kB, kB], \quad k \geqslant 0,1,2,\cdots \tag{4.104}$$

这样,尽管输出频谱衰减得足够快以保证收敛,但其不一定是带限的。

如果输入信号的复振幅 $a(t)$ 为:

$$a(t) = v(t)\mathrm{e}^{j\theta(t)}, \quad |v(t)| \ll v_{\mathrm{sat}}, \quad \theta(t) \in \left[-\frac{\pi}{2}, \frac{\pi}{2}\right) \tag{4.105}$$

为了简单起见,假设失真是无记忆的,并且只有 M 个互调积,输出复振幅 $A(t)$ 具有如下形式:

$$A(t) = V[v(t)]\mathrm{e}^{j\theta(t)} \tag{4.106}$$

由式(4.90)知:

$$V(v(t)) = v(t)\sum_{m=0}^{M} c_m [v(t)]^{2m} \tag{4.107}$$

从而

$$F[A](f) = F\left[v\mathrm{e}^{j\theta}\sum_{m=0}^{M} c_m v^{2m}\right](f) = \left(F[a] * F\left[\sum_{m=0}^{M} c_m v^{2m}\right]\right)(f)$$

$$= \left(F[a] * \sum_{m=0}^{M} c_m (F[v](*)^{2m-1}F[v])\right)(f) \tag{4.108}$$

假设未失真信号 $a(t)$ 具有带宽 $\pm B/2$,并且振幅信号 $v(t)$ 具有带宽 $\pm B_v/2$,则从式(4.102)和式(4.104)得出式(4.108)中 $F[A]$:

$$\mathrm{supp}(F[A]) = \left[-\left(\frac{B}{2} + MB_v\right), \left(\frac{B}{2} + MB_v\right)\right] \tag{4.109}$$

如果信号式(4.105)仅有相位调制,则 v 是常数,因此 $F[v]$ 是 Dirac 函数,如所预期的那样,其遵循式(4.108)不产生频谱再生。

下面通过一个例子尝试理解 $a(t)$ 的频谱再生的严重性。由式(4.102)和式(4.105)可以得出结论:

$$\mathrm{supp}\big[F[v](f)\big] \subseteq \mathrm{supp}\big[F[a](f)\big] \tag{4.110}$$

因此,如果假设没有相位调制,这是最坏的情况。为了使事情简单,取一个带限为 $\pm 1/2$ 的单一小脉冲信号,即

$$a(t) = v(t), \quad v(t) = \frac{\sin(\pi t)}{\pi t} v_{\mathrm{sat}}\varepsilon, \quad \varepsilon = \frac{\|v(t)\|_\infty}{v_{\mathrm{sat}}} < 1 \tag{4.111}$$

在继续之前,采用一个更为正式的 v_{sat} 定义。

假设三阶乘积是主导因素(对于相对小的信号而言,通常情况下它比高阶输出幅度更大),在 v 固定的情况下,通过式(4.90)输出幅度:

$$V(v) \approx c_0 v + c_1 v^3 \tag{4.112}$$

当电压增加时,由于增益压缩,输出幅度将小于单独由线性增益 c_0 产生的幅度。注意,压缩的存在意味着 c_0 和 c_1 符号相反。

将 v_{sat} 定义为当输出电压比仅由线性增益产生的输出电压小 1dB 时的输入电压。由式(4.112)知:

$$20\log_{10}\frac{V(v_{\mathrm{sat}})}{c_0 v_{\mathrm{sat}}} = 20\log_{10}\left(1 + \frac{c_1}{c_0}v_{\mathrm{sat}}^2\right) = 20\log_{10}\left(1 - \left|\frac{c_1}{c_0}\right|v_{\mathrm{sat}}^2\right) = -1 \tag{4.113}$$

知道 c_0 和 c_1 符号相反,可以得到:

$$v_{\mathrm{sat}} \approx 0.33 \left|\frac{c_0}{c_1}\right|^{\frac{1}{2}} \tag{4.114}$$

这个 v_{sat} 的定义对应于放大器的 1dB 压缩点的输入值。$v(t)$ 的傅里叶变换为:

$$F[v] = \chi(f)\, v_{\mathrm{sat}}\varepsilon, \quad \chi(f) = \begin{cases} 1, & |f| \leqslant \dfrac{1}{2} \\[2mm] 0, & |f| > \dfrac{1}{2} \end{cases} \tag{4.115}$$

式(4.108)变为:

$$
\begin{aligned}
F[A](f) &= \sum_{m=0}^{M} c_m \left(F[v](*)^{2m}F[v]\right)(f) \\
&= \sum_{m=0}^{M} c_m v_{\mathrm{sat}}^{2m+1}\, \varepsilon^{2m+1}\, \left(\chi(*)^{2m}\chi\right)(f)
\end{aligned} \tag{4.116}
$$

注意到,如果 $c_m = (-1)^m|c_0|$,则式(4.116)与 Saleh 模型对应。实际上,式(4.90)包括产生式(4.94)的收敛几何级数。

考虑合理假设,由线性增益产生的输出幅度大于由任何较高失真积产生的输出幅度,即:

$$|c_m|\, v_{\mathrm{sat}}^{2m+1} \leqslant |c_0|\, v_{\mathrm{sat}} \tag{4.117}$$

采用如下表达式简化并约束公式(4.116):

$$| F[A](f) | \leqslant | c_0 | v_{\text{sat}} \sum_{m=0}^{M} (\chi(*)^{2m}\chi)(f) \varepsilon^{2m+1} \qquad (4.118)$$

为了能够绘制式(4.118),剩下的唯一任务是分析计算卷积。

$\chi(x)$的$(n-1)$折自卷积结果与一个称为n阶基本B样条的已知函数相关联,以$N_n(x)$表示,其具有分析表示。尤其是:

$$(\chi(*)^{n-1}\chi)(x) = N_n\left(x + \frac{n}{2}\right), \quad n = 1, 2, 3, \cdots \qquad (4.119)$$

其中

$$x \in [0,1) \Rightarrow N_1(x) = 1, \quad x \notin [0,1) \Rightarrow N_1(x) = 0 \qquad (4.120)$$

并且,当$n>1$时,$N_n(x)$有紧凑的表示:

$$N_n(x) = \frac{1}{(n-1)!} \sum_{k=0}^{n} (-1)^k \binom{n}{k} (\max\{0, x-k\})^{n-1}, \quad n \geqslant 2 \qquad (4.121)$$

从而支持

$$\text{supp}[N_n(x)] = [0, n] \qquad (4.122)$$

注意,$N_1(x)$不是别的,而是盒子函数$\chi(x)$向右移动了一半,因此在式(4.119)中,以$N_n(x)$为中心,把它的一半移动到左边。然而,$N_n(x)$,$n>1$绝非一般函数。事实上,$N_n(x)$是样条,即分段多项式函数,其在每个子段$x \in [k, k+1)$,$k = 0, 1, \cdots, n-1$上由不同的多项式组成。

B样条强调如下事实,即它们构建了所有分段多项式函数间隔的基础。cardinal指的是所有子段具有单位长度。在Chui(1995)中可以找到对cardinal B样条的彻底处理。顺序为1、2、3和4的基本B样条如图4.36所示。

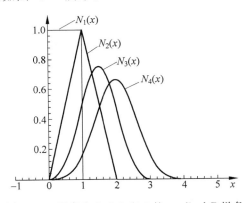

图4.36 顺序为1、2、3和4的cardinal B样条

在cardinal B样条的帮助下,对于给定的输入信号电平,式(4.118)中$|v(t)| \leqslant v_{\text{sat}}\varepsilon$可以写为更方便的分析形式:

$$\frac{| F[A](f) |}{| c_0 | v_{\text{sat}}\varepsilon} \leqslant \chi(f) + \sum_{m=1}^{M} N_{2m+1}\left(f + \frac{2m+1}{2}\right) \varepsilon^{2m} \qquad (4.123)$$

对于各种ε值,式(4.123)以dB形式绘制的曲线如图4.37所示。

注意,由于功率放大器的非线性传递函数,式(4.123)的结果不能简单地扩展到任意的带限信号,尽管经过采样定理,这样的信号可以由类似于式(4.111)的移位脉冲序列来表示。

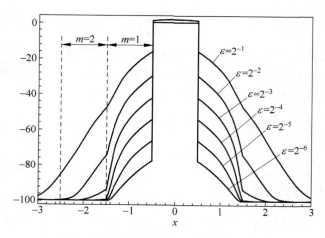

图 4.37 频谱再生与归一化带宽的关系

事实上，Luzzatto、Wulich 和 Shirazi(2009)指出，式(4.123)的边界是用于频谱再生的紧密边界，其一般适用于带限信号。

4.6.5 功率放大器的非线性表征

让我们来研究和理解一些设计师和制造商常用来表征 PA 非线性的几个定量参数。作为第一步，先看看如何测量系数 $\{c_m\}$。

最简便的方法是使用由具有相同恒定幅度且在频率上紧密间隔排列的两个音调(两个正弦载波)组成的测试输入信号。这种输入信号可以明确写为如下形式：

$$S_{in}(t) = v[\cos(\omega - \Delta\omega)t + \cos(\omega + \Delta\omega)t], \quad 0 < \Delta\omega \ll \omega \qquad (4.124)$$

根据式(4.80)对 $\cos^n(x)$ 再次使用二项式展开式(4.81)，在短处理之后，所得到的输出信号 $S_{out}(t)$ 由下式给出：

$$
\begin{aligned}
S_{out}(t) &= \sum_{n=1}^{\infty} a_n (v[\cos(\omega - \Delta\omega)t + \cos(\omega + \Delta\omega)t])^n \\
&= \sum_{n=1}^{\infty} a_n (2v)^n \cos^n \Delta\omega t \, \cos^n \omega t \\
&= \sum_{n=1}^{\infty} a_n \left(\frac{v}{2}\right)^n \sum_{k=0}^{n} \binom{n}{k} e^{j\Delta\omega t(2k-n)} \sum_{l=0}^{n} \binom{n}{l} e^{j\omega t(2l-n)} \qquad (4.125)
\end{aligned}
$$

在 $\Delta\omega/\omega \ll 1$ 和有限 n 的情况下，等式(4.125)仅针对 $2l - n = \pm 1$ 产生带内分量(在 ω 附近)，由此得出 n 必须为奇数。设置 $n = 2m+1$ 为 l 产生两个可能的 l 值：

$$l = \{m, m+1\} \qquad (4.126)$$

使用式(4.125)和式(4.85)并假设只有 V_k 系数具有较大振幅，所得带内信号 $S(t)$ 由下式给出：

$$
\begin{aligned}
S(t) &= \sum_{m=0}^{M} a_{2m+1} \left(\frac{v}{2}\right)^{2m+1} \sum_{k=0}^{2m+1} \binom{2m+1}{k} e^{j\Delta\omega t(2(k-m)-1)} 2\binom{2m+1}{m} \cos\omega t \\
&= \sum_{m=0}^{M} v^{2m+1} 2^{-2m} a_{2m+1} \binom{2m+1}{m} \sum_{k=0}^{2m+1} \binom{2m+1}{k} e^{j\Delta\omega t(2(k-m)-1)} \cos\omega t
\end{aligned}
$$

$$= \sum_{m=0}^{M} c_m v^{2m+1} \sum_{k=0}^{2m+1} \binom{2m+1}{k} \mathrm{e}^{\mathrm{j}\Delta\omega t(2(k-m)-1)} \cos\omega t \tag{4.127}$$

现在,令 $k=2m+1-l$,将式(4.127)中的最后一个求和分解如下:

$$\sum_{k=0}^{2m+1}(\cdot) = \sum_{k=0}^{m} \binom{2m+1}{k} \mathrm{e}^{\mathrm{j}\Delta\omega t(2(k-m)-1)} + \sum_{l=m}^{0} \binom{2m+1}{2m+1-l} \mathrm{e}^{\mathrm{j}\Delta\omega t(2(m+1-l)-1)}$$

$$= \sum_{k=0}^{m} \left[\binom{2m+1}{k} \mathrm{e}^{\mathrm{j}\Delta\omega t(2(k-m)-1)} + \binom{2m+1}{2m+1-k} \mathrm{e}^{-\mathrm{j}\Delta\omega t(2(k-m)-1)} \right] \tag{4.128}$$

对式(4.128)使用二项式系数的属性:

$$\binom{p}{q} = \binom{p}{p-q} \tag{4.129}$$

将结果代入式(4.127)并设置 $u=m-k$,最终得到:

$$S(t) = \sum_{m=0}^{M} c_m v^{2m+1} \sum_{k=0}^{m} \binom{2m+1}{k} 2\cos(2(k-m)-1)\Delta\omega t \cdot \cos\omega t$$

$$= \sum_{m=0}^{M} c_m v^{2m+1} \sum_{u=0}^{m} \binom{2m+1}{m-u} \left[\cos(\omega-(2u+1)\Delta\omega)t \right.$$

$$\left. + \cos(\omega+(2u+1)\Delta\omega)t \right] \tag{4.130}$$

方程(4.130)意味着 $2k+1$ 阶的非线性,在 $\omega\pm(2u+1)\Delta\omega$,$u=0,1,2,\cdots,k$ 处生成等幅度的成对边带。

注意,式(4.130)意味着对边带的贡献 $\omega\pm(2u+1)\Delta\omega$ 仅来自具有 $m\geqslant k$ 的系数 c_m。因此,如果用 V_k 表示频率为 $\omega\pm(2k+1)\Delta\omega$ 的边带对的振幅,在公式(4.130)中设置 $u=k$,得到:

$$V_k = \sum_{m=k}^{M} c_m \binom{2m+1}{m-k} v^{2m+1} = c_k v^{2k+1} + \sum_{m=k+1}^{M} c_m \binom{2m+1}{m-k} v^{2m+1}$$

$$= c_k v^{2k+1} \left[1 + \sum_{m=k+1}^{M} \frac{c_m}{c_k} \binom{2m+1}{m-k} v^{2(m-k)} \right] \tag{4.131}$$

由于式(4.131)的方括号中的最后一个和是 v^n 中的多项式,其中 $n\geqslant 2$,则当 $v\rightarrow 0$ 时,该和至少以与 v^2 相同的速率消失。在数学语言中,则通过下式来表达:

$$\sum_{m=k+1}^{M} \frac{c_m}{c_k} \binom{2m+1}{m-k} v^{2(m-k)} = O(v^2), \quad v\rightarrow 0 \tag{4.132}$$

$O(v^2)$ 的含义是和为 v^2 的数量级,随着 v 变得越来越小,与总体相比,$O(v^2)$ 迅速变得可忽略。在数学语言中,可通过下式表示:

$$O(v^2) = o(1)\rightarrow 0, \quad v\rightarrow 0 \tag{4.133}$$

因此,对于 v 足够小的情况下,式(4.131)可以非常接近形式:

$$V_k = c_k v^{2k+1}(1+o(1)) \approx c_k v^{2k+1}, \quad v\rightarrow 0 \tag{4.134}$$

由于式(4.134)适用于所有的 k 值,所以得到:

$$\left| \frac{V_k}{V_0} \right| \approx \left| \frac{c_k v^{2k+1}}{c_0 v} \right| = \left| \frac{c_k}{c_0} \right| v^{2k}, \quad v\rightarrow 0 \tag{4.135}$$

4.6.5.1 N 阶互调失真

以 dB 表示的比值 $|V_k/V_0|$ 被表示为 $N=2k+1$ 的互调失真,或简称 IMDN。边带

$V_k(k \geqslant 1)$ 被称为互调分量：

$$\text{IMDN} = \left| \frac{V_0}{V_k} \right|_{\text{dB}} \approx -20\log_{10}\left(\left| \frac{c_k}{c_0} \right| v^{2k} \right), \quad N = 2k+1 \qquad (4.136)$$

式(4.135)和式(4.136)指导我们如何从功放输出端的频谱图像测量系数$\{c_m\}$。参见图4.16,可以看到,作为输入端双音测试信号的结果,可以直接从 PA 输出的频谱图中测量IMDN。唯一限制是必须确保双音振幅足够小以确保待测的特定互调产物可被视为仅由根据式(4.136)的相应系数产生。由此产生两个问题：

(1) 多大的v值是足够小从而满足式(4.134)？由式(4.136)知：由于对于足够小的v值,比值$\left| \frac{V_0}{V_k} \right|$如$v^{-2k}$那样增长,则当将两个测试音的振幅$v$增加 1dB 时,比值$\left| \frac{V_0}{V_k} \right|$必须降低$2k$dB。如果你看到不同的$\left| \frac{V_0}{V_k} \right|$的下降率,那么为了得到正确的测量结果,必须减少$v$的值。注意,对于每个$k$,减少速率是不同的。

(2) 当式(4.125)被截断,使得我们只考虑总和中的M个元素,截断多项式模型保持合理真实结果的v的最大值是多少？通过实际考虑：因为我们知道功放最终接近 1dB 压缩点,然后饱和,那么多项式的最高次功率不会无限制增加。所以,合理地设置v的最大值,使得式(4.90)中的最高失真电压分量可以引起最多 1dB 的压缩,即

$$20\log_{10}\left(\frac{|c_0|v - |c_M|v^{2M+1}}{|c_0|v} \right) \geqslant -1 \Rightarrow \left| \frac{c_M}{c_0} \right| v^{2M} \leqslant 0.1087 \qquad (4.137)$$

最终

$$v \leqslant \left(0.1087 \left| \frac{c_0}{c_M} \right| \right)^{\frac{1}{2M}} \qquad (4.138)$$

等式(4.138)产生模型有效性的上限。这是一个合理的边界,因为线性功放总是工作在实际回退的情况下。

人们可能因为不能找出c_k/c_0的实际符号而反对使用 IMDN 测量。这的确是事实,然而在实践中,就频谱再生的估计而言,c_k/c_0的符号没有什么影响,因为对于v的实际值,任何给定子带宽内的频谱功率主要取决于对单个系数的幅度。

4.6.5.2　N 阶输入截点

不使用系数$\{c_k\}$,通常可以通过称为N阶输入截点的等效参数(简称 IPNi)来表征 PA非线性。基于 IPNi 的想法如下：

- 用R_{in}和R_0表示放大器的输入电阻和负载电阻,输入功率为$p = v^2/2R_{\text{in}}$。由式(4.134)可以得出结论。

- 由线性增益引起的输出功率P_0由下式给出：

$$P_0 = \frac{(c_0 v)^2}{2R_0} = \underbrace{\frac{c_0^2 R_{\text{in}}}{R_0}}_{G} p \Rightarrow P_0 \mid_{\text{dBm}} = G \mid_{\text{dB}} + p \mid_{\text{dBm}} \qquad (4.139)$$

因此,在对数-对数标度上的单位斜率的直线,p每增加 1dB,P_0增加 1dB。

- 相反,$N = 2k+1$的N阶互调分量P_N由下式给出：

$$P_N = \frac{(c_k v^{2k+1})^2}{2R_0} = \underbrace{\frac{[2R_{\text{in}}]^N c_k^2}{2R_0}}_{\text{constant} = K} p^N \Rightarrow P_N \mid_{\text{dBm}} = K \mid_{\text{dB}} + N \cdot p \mid_{\text{dBm}} \qquad (4.140)$$

因此,对于在对数-对数标度上的斜率 N 的直线上 p 每增加 1dB, P_N 增加 N dB。

- 正如我们所看到的,在 p 值比较小的情况下,互调分量与线性分量相比非常小, P_N 增长比 P_0 快。但是,当 p 达到足够大的值时,直线(4.139)和(4.140)将在对数-对数标度的某处相交。 P_N 和 P_0 相交处的值 $p=$ IPNi 被称为 IPNi,通常以 dBm 表示。上述内容说明如图 4.20 所示。有时,被称为等效输出截点 IPNo=IPNi+G。

表示 IMDN 的等式是 p 和 IPNi 的函数,可以从图 4.20 的几何形状导出,或者直接从式(4.136)导出,注意 $2k=N-1$:

$$IMDN = -20\log_{10}\left(\left|\frac{c_k}{c_0}\right|v^{2k}\right) = -10\log_{10}\left(\left|\frac{c_k}{c_0}\right|^2 (2R_{in}p)^{2k}\right)$$

$$= \underbrace{-10\log_{10}\left(\left|\frac{c_k}{c_0}\right|^2 (2R_{in})^{2k}\right)}_{\alpha} - 2k \cdot 10\log_{10}\left(\frac{p}{10^{-3}}10^{-3}\right)$$

$$= -\alpha - 2k(p\mid_{dBm} - 30) = -\alpha - (N-1)(p\mid_{dBm} - 30) \tag{4.141}$$

因为 $p=$ IPNi,得到 $P_N=P_0$,这说明 IMDN=0,并且从式(4.141)得到:

$$\alpha = -(N-1)(IPNi\mid_{dBm} - 30) \tag{4.142}$$

把式(4.142)代回到式(4.141)得:

$$IMDN = (N-1)(IPNi\mid_{dBm} - p\mid_{dBm}), \quad N = 2k+1 \tag{4.143}$$

注意:图 4.20 中直线截取的点是在实践中不存在的理论点,因为它人为地假设式(4.134)中的近似也适用于强信号,使得"线性"对数-对数关系(式(4.143))始终成立。然而对于实际计算,这无关紧要,因为线性功放总是工作在功率回退状态下。

参考文献

1　Chui,C. K. (1995) An Introduction to Wavelets,Academic Press,London.

2　Clarke,K. K.,Hess,D. T. (1994) Communication Circuits:Analysis and Design,2nd edn,Krieger Publishing,New York.

3　Dawson,J.,Lee,T. (2004) Cartesian Feedback for RF Power Amplifier Linearization,Proceedings of the 2004 American Control Conference,Boston.

4　Feng,C.,Yu,L. (2004) Nonlinear Compensation and Frequency Domain Equalization for Wireless Communication,MSc Thesis,Chalmers University of Technology,Göteborg.

5　Heiter,George L. (1973). Characterization of nonlinearities in microwave devices and systems. IEEE Transactions on Microwave Theory and Techniques,NTT-21(12).

6　Lee,T. H. (2004) The Design of CMOS Radio-Frequency Integrated Circuits,2nd edn,Cambridge University Press,Cambridge.

7　Li,R. C. (2008) RF Circuits Design,2nd edn,John Wiley & Sons,Ltd,Chichester.

8　Luzzatto,A.,Wulich,D.,Shirazi,G. (2009) Upper Bounds for the Spectral Re-growth and EVM Caused by Power Amplifier Nonlinearity:an Analytic Approach,L and L Scientific,www.llscientific.com.

9　Lyman,R. J.,Wang,Q. (2002) A Decoupled Approach to Compensation for Nonlinearity and Intersymbol Interference,International Telemetering Conference,London.

10　Manganaro,G.,Leenaerts,D. M. W. (2013) Advances in Analog and RF IC Design for Wireless Communication Systems,Academic Press,New York.

11 Nguyen，C. （2015） Radio-Frequency Integrated-Circuit Engineering，John Wiley & Sons，Ltd，Chichester.

12 Raab，F. H. et al. （2003） RF and microwave power amplifier and transmitter technologies-Part 2，High Freq. Electron. ,2003:7.

13 Raab，F. H. et al. （2003） RF and microwave power amplifier and transmitter technologies-Part 4，High Freq. Electron. ,2003:11.

14 Rappaport，T. S. （2009） Wireless Communications：Principles and Practice，2nd edn，Prentice Hall PTR，New Jersey.

15 Razavi，B. （2012） RF Microelectronics，2nd edn，Prentice Hall，New York.

16 Saleh，A. M. （1981） Frequency independent and frequency dependent nonlinear models of TWT amplifiers，IEEE Trans. Comm. ，29:1715-1720.

17 Sklar，B. （2001） Digital Communications，Fundamental and Applications，Prentice Hall，New York.

18 Skolnik，M. （1990） Radar Handbook，McGraw-Hill，New York.

19 van Nee，R. ，de Wild，A. （1998） Reducing the Peak to Average Power Ratio of OFDM，VTC 98，48th IEEE Vehicular Technology Conference，San Francisco.

第5章

综 合 器

在本书中,"综合器"指的是一系列用于产生射频信号和高频数字时钟的系统。频率综合器包括射频、模拟和数字电路,以及混合子系统。在现代设备中,任何需要用到时钟的系统都会使用到频率综合器,这几乎涵盖所有的现代计算机、通信和信号处理应用,并且,频率综合器具有强烈依赖于实际系统特性的多样化的体系结构与特色。例如,在射频收发机中,使用数字综合器、数字信号处理器(DSP)、主机计算机和微控制器实现本地振荡器(LO),这是一种严重影响接收机总性能和发射机频谱纯度的主要构件,同时使用嵌入式综合器生成各种系统时钟。

综合器的实现有各种细微的差异。首先,提供一个针对主要架构方法的原理性描述,称为整数 N 分频、小数 N 分频和直接数字综合。我们给出相关的设计方程和用于解释的习题,并且简要讨论混合综合器架构。在这一点上,读者将能够对结果进行有针对性的使用,而无须深入理解。然后,通过几个完整解答的练习,以建立在不同实际应用框架中使用方程的信心。在后面的部分,为了帮助读者进行更深入的研究,我们给出各种设计方程的证明,并详细解释了相关数学处理的基础理论。

5.1 整数 N 分频综合器

5.1.1 定义及工作原理

整数 N 分频综合器本质上是运行在闭环负反馈装置中的控制系统,可以用各种形式来实现。这里描述一种基本结构,这种类型的综合器是在无线射频收发机中所使用的代表。综合器的输出信号由恒定幅度的低电压正弦射频载波组成,用作接收机或发射机的本振信号。综合器由数字控制字控制,其值唯一决定输出载波的频率。在称为锁定状态的稳态条件下,输出载波具有固定的幅度和频率。在检测到控制字的变化时,输出信号跳到由新数字控制字的值定义的新的稳态频率。频率变化不是瞬时的。事实上,从输出载波离开当前的锁定状态直到它足够接近新的稳态频率以允许适当的操作,是需要时间的。从当前锁定状态跳转到新的锁定状态所需的时间是一个关键系统参数,被称为综合器锁定时间。为了更具体,我们将在被称为二阶锁相环(PLL)的综合器类别这一特定实现的框架下进行讨论;不过,得出的一般原理和结论适用于所有类型的整数 N 分频综合器。

综合器框图如图 5.1 所示,包括五个主要模块。

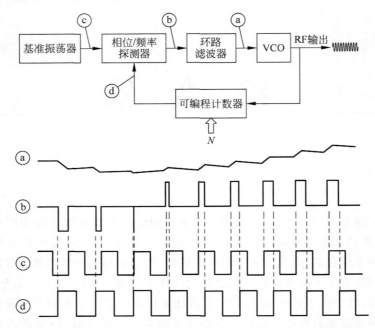

图 5.1 整数 N 框图和相应的波形:(a)控制电压;(b)电荷泵电流;(c)基准振荡器波形;(d)分频 VCO 波形

- 压控振荡器(Voltage Controlled Oscillator,VCO):能够在整个所需频率范围内产生正弦射频载波的振荡器,其频率 ω_0(rad/s) 由在称为控制线的端口处的模拟电压确定(见第 6 章的开头部分和6.4.4 节)。VCO 的输出是所期望的正弦射频信号。除了覆盖的振荡频率范围,VCO 还有一个表示特性的灵敏度常数 K_V[(rad/s)/V],意味着控制线端口的电压变化 ΔV[V] 会使 VCO 的频率产生 $\Delta\omega$ 的变化。其关系如下:

$$\Delta\omega = K_V \Delta V [\text{rad/s}] \tag{5.1}$$

- 基准振荡器:一种具有固定频率、精确度高、低噪声、温度稳定性、老化慢的振荡器,主要基于压电晶体技术,通常在比 VCO 低得多的频率下振荡(见第 6 章开头和6.2.1.1 节)。基准振荡器的输出被限制以产生参考频率为 ω_{ref}[rad/s]的方波(波形 c)。

- 动态可编程数字计数器:将 VCO 频率 ω_0 除以整数 N,得到频率值

$$\omega_N = \omega_0/N \tag{5.2}$$

在稳态条件下,ω_N非常接近或等于参考频率 ω_{ref}。通过对 VCO 的周期进行计数,并在 VCO 的每 N 个周期输出一个数字周期来实现分频。计数值 N 是根据综合器中的期望频率确定的整数。因此,计数器的输出由频率等于 VCO 频率除以 N(波形 d)的方波组成。

- 数字相位/频率检测器:检测可编程计数器输出的方波的上升沿与参考频率的方波的上升沿之间的瞬时时间差的混合数字/模拟电路。用 ΔT 表示来自计数器的上升

沿与来自基准振荡器的上升沿之间的时间差。因此,ΔT 既可以为正也可以为负。如果基准频率的周期为 T,则超前/滞后时间 ΔT 与基准振荡器和 N 分频 VCO 之间的相位差 $\Delta\phi$ 成正比。其式如下

$$\Delta\phi = \frac{2\pi}{T}\Delta T[\text{rad}], \quad -T < \Delta T < T \tag{5.3}$$

检测器的输出由称为电荷泵的双极电流源组成,其产生具有固定幅度 $I_0[\text{A}]$ 的双极电流脉冲序列(波形 b),如果相位差为零,则电荷泵进入三态模式(断开)。鉴相器的特征在于鉴相器常数 $K_\phi[\text{A/rad}]$。也就是说,$K_\phi = I_0/2\pi$,这意味着如果分频 VCO 相位超前/滞后 $\Delta\phi[\text{rad}]$,则鉴相器短期平均电流为

$$I_\phi = I_0\frac{\Delta T}{T} = I_0\frac{\Delta\phi}{2\pi} = K_\phi\Delta\phi[\text{A}], \quad K_\phi = \frac{I_0}{2\pi}[\text{A/rad}] \tag{5.4}$$

鉴相器输出的信号被称为相位误差信号。只要时间差不超过一个周期($\pm 2\pi$),检测器就工作在称为相位模式的模式,否则它进入称为频率模式的模式。稍后将详细讨论这些模式。

- 低频模拟网络,被称为环路滤波器:环路滤波器本质上是一个作为积分器的 RC 网络,前面有一个低通滤波器。在所讨论的具体实现中,环路滤波器包括一个电阻器 R 和两个电容器 C 和 C_0,如图 5.2 所示。电容器 C_0 被称为预积分电容器。如果 $C \gg C_0$,则组合 RC_0 作为 3dB 频率 $\omega_p = 1/RC_0$ 的低通滤波器,使得进入串联 RC 组合的电流可以有效地视为低频电流,其值等于式(5.4)中给出的短期平均电流,而 C_0 对综合器运行的影响是可忽略的,并且为了环路计算方便可以忽略 C_0。更多理论的深入讨论将在 5.6 节和 5.5 节的练习 3 和练习 4 中给出。在这一点上足以说明必须选择合适的电容器使得

$$\omega_p = \frac{1}{RC_0} \ll \omega_{\text{ref}}, \quad C \gg C_0 \tag{5.5}$$

环路滤波器的输出连接到 VCO 的控制线,并决定其振荡频率。

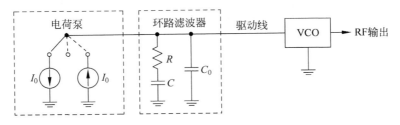

图 5.2 电荷泵、环路滤波器和 VCO 互连

5.1.1.1 锁定机制

综合器各个模块输出端的波形如图 5.1 所示。如果计数器输出波形(波形 d)的上升沿滞后于基准振荡器(波形 c)的上升沿,则相位检测器的电流脉冲(波形 b)为正,从而使控制线的电压增加(波形 a)。反过来,控制线上的电压增加使 VCO 频率上升,从而使得计数器产生的 N 分频频率也增加,直到波形 d 的上升沿最终跟随波形 c 的上升沿。如果波形 d 的上升沿超前,则在相反方向上发生类似的过程。最终,波形 d 的相位和频率(VCO 输出波形的频率和相位 N 分频)最终与基准振荡器的相位和频率相同。这是一个稳态条件,因为

VCO 频率的任何变化都会产生一系列误差脉冲序列,它使得 VCO 的频率朝着相反的方向变化,使得波形 d 的频率和相位跟随波形 c 的频率和相位(基准振荡器),直到波形 c 和 d 的上升沿在时间上对齐,并且鉴相器输出的电流脉冲宽度变为零,即在式(5.4)中 $\Delta T = 0$。结果,电流 I_ϕ 的平均值为零,施加到控制线上的电压保持恒定,并且 VCO 频率保持固定在某个值 $f_0 = \omega_0/2\pi[\text{Hz}]$。因此,在稳态下,计数器产生的 N 分频 f_0/N 等于固定参考频率 $f_{\text{ref}} = \omega_{\text{ref}}/2\pi[\text{Hz}]$,因此 VCO 的频率恰好等于参考频率的 N 倍:

$$f_0 = N \times f_{\text{ref}} \tag{5.6}$$

因此,将计数器设置到某个计数值 N 可以唯一确定 VCO(综合器的输出)的稳定频率 f_0。在这种情况下,我们说 VCO 被锁定到参考频率。由于该锁定情况发生在计数器的上升沿和基准振荡器的上升沿同时出现的时刻,因此相应的方波具有相同的相位,因而上述反馈环路被称为锁相环(PLL)。在稳态锁定完成后,图 5.1 的波形变成如图 5.3 所示。波形 b 中出现的窄误差脉冲是因为 VCO 表现出固有的频率漂移,并且其顶部的电容器经历轻微的自然自放电,鉴相器可能会在 $\Delta\phi = 0$ 附近出现死区,因此波形 d 中连续出现随机相位干扰(杂散)。因此,在窄、随机、零均值相位误差的电流脉冲出现在检测器输出触发器上时,控制线上产生 FM 调制 VCO 的电压纹波,从而在距载波数倍参考频率的范围内产生不需要的频谱,称之为参考杂散,如 3.3.1.3 节所述,如图 3.10 所示。之后将更详细地讨论参考杂散。现在只强调它们必须保持在确保选择性所需的相位噪声功率之下。

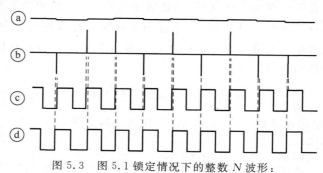

图 5.3　图 5.1 锁定情况下的整数 N 波形:
(a) 控制电压；(b) 电荷泵电流；(c) 基准振荡器；(d) 分频 VCO

降低参考杂散可以通过使用大的预积分电容器 C_0 来实现,以更好地过滤来自电荷泵的窄脉冲。然而,根据式(5.5),这意味着将使用很大的环路滤波电容器 C。后面将会提到,大的 C 值使得频率锁定过程变慢,降低了综合器快速跳频的能力。可以使用高参考频率作为保持小 C_0 的替代方案,从而增加电容器的滤波作用。然而,应当注意到,由于在锁定时 VCO 频率 f_0 恰好等于 N 倍 f_{ref},所以综合器能够仅产生参考频率整数倍的频率。得出结论,整数 N 综合器的频率分辨率等于参考频率 f_{ref},不能更精细。因此,使用高参考频率虽然减小了参考杂散的振幅,但是使得频率分辨率更粗糙。我们得出结论,整数 N 综合器不能同时实现快速的频率调整和精细的频率分辨率,这是整数 N 综合器的固有限制。

5.1.1.2　锁定时间

在重新设置数字计数器时,综合器锁定的速度与具体应用密切相关。例如,当将 FM 接收机调节到特定的音乐台时,锁定到新频道所需的时间并不重要,基本上在 0.5s 的数量级,对于用户几乎没有影响。与此相反,在诸如蓝牙的应用中,综合器必须每秒跳频(改变频率)1600 次,即锁定必须在 0.625s 内完成,是 FM 的 800 倍。此外,锁定条件的定义不是唯一的(见 5.6 节),取决于具体的系统。例如,即使本振偏离标称频率超过 10kHz,商用接收机也能够工作,而 900MHz 范围内的公共安全设备则不能正常工作,除非本振接近其标称频率到 1kHz。在综合器锁定期间,VCO 频率接近其最终值的稳定性和速度的分析是一项相当复杂的任务,需要拉普拉斯变换理论中的一些背景知识,5.6 节将向感兴趣的读者详细地介绍。不过,5.6 节不是完成练习和理解其本质的必读内容,下面简化的讨论足以将设计方程的理论运用到实际应用中。

假设当计数值为 N_1 时,综合器处于稳态锁定状态,根据式(5.6)对应的 VCO 频率 $f_1 = N_1 \times f_{ref}$,换句话说,$f_1/N_1 = f_{ref}$,图 5.1 中波形 d(计数器的输出频率)的上升沿与波形 c(基准频率)的上升沿同时出现,波形 b 中的脉冲宽度全部为零,因此波形 a 中的控制线电压是恒定的,从而 VCO 频率是固定的。现在,在 $t=0$ 时刻,假设 $N_2 > N_1$(对于 $N_1 > N_2$ 的分析是类似的)时,使用新的计数值 N_2 重置计数器。然后,波形 d 的频率值为 $f_1/N_2 < f_{ref}$,并且波形 d 的上升沿时间相对于基准振荡器的上升沿(波形 c)开始滞后,从而导致从鉴相器输出产生误差脉冲。这些误差脉冲会导致正的平均电流进入环路滤波器,正电流对环路滤波器的电容器充电,使得控制线上的电压变得更正,并且将 VCO 的频率变高。最终,VCO 频率达到满足 $f_2/N_2 = f_{ref}$ 的值 f_2,波形 d 的上升沿赶上波形 c 的上升沿,误差脉冲的宽度再次消失,并且系统稳定在新的锁定状态,对应的 VCO 频率为 $f_2 = N_2 \times f_{ref}$。

然而,到新的锁定状态的转变不是瞬时发生的。事实上,在重置计数器时,综合器的频率逐渐接近 f_2,瞬时 VCO 频率 $f_0(t) = f_2 + \Delta f(t)$ 振荡在高于或低于 f_2 的附近,直到一段时间 t_{lock}(称为综合器锁定时间)后,VCO 频率误差 $|\Delta f(t)| = |f_0(t) - f_2|$ 小到允许适当的系统操作时,就认为综合器是锁定的。考虑上述讨论,假定在时刻 $t=0$,将计数器从 N_1 重置为 N_2,计数器的设置值的变化为

$$\Delta N = N_2 - N_1 \tag{5.7}$$

锁定过程中从 f_1 到 f_2 的瞬时频率为

$$f_0(t) = f_1 + \Delta f(t) \tag{5.8}$$

假设最终频率稳定到值 f_2,即当 $t \to \infty$ 时

$$f_0(\infty) = f_1 + \Delta f(\infty) = f_2 \tag{5.9}$$

这里 $\Delta f(t)$ 是从锁定过程的 f_1 到最终的频率 f_2 之间的瞬时频率偏差。根据式(5.6)和式(5.9),频率跳变 $\Delta f(\infty)$ 为

$$\Delta f(\infty) = f_2 - f_1 = (N_2 - N_1) \times f_{ref} = \Delta N \times f_{ref} \tag{5.10}$$

因此,在 $t > 0$ 的任意时刻,可以通过式(5.8)减去式(5.9)得到绝对频率误差 $f_{err}(t)$ 的大小

$$|f_{err}(t)| = |f_0(t) - f_0(\infty)| = |\Delta f(t) - \Delta f(\infty)| \tag{5.11}$$

根据式(5.10),频率跳变的频率误差由下式给出

$$\left| \frac{f_{err}(t)}{f_2 - f_1} \right| = \left| \frac{\Delta f(t) - \Delta f(\infty)}{\Delta f(\infty)} \right| = \left| \frac{\Delta f(t) - \Delta N \times f_{ref}}{\Delta N \times f_{ref}} \right| \tag{5.12}$$

在 5.6 节中,我们说过式(5.12)的值受一个随时间单调递减的函数约束,其形式为

$$\left| \frac{f_{err}(t)}{f_2 - f_1} \right| \leqslant \frac{e^{-\xi \omega_n t}}{\sqrt{1 - \xi^2}}, \quad 0 < \xi < 1 \tag{5.13}$$

在式(5.13)中,t 是计数器从 N_1 重新编程到 N_2(开始频率跳变)经过的时间,ω_n 为固有频率,$0<\xi<1$ 称为阻尼因子。ω_n 和 ξ 的值由 5.6 节中的综合器特性计算,由下式给出

$$\xi = \frac{1}{2}\sqrt{\frac{K_\phi K_V R^2 C}{N}}, \quad \omega_n \xi = \frac{K_\phi K_V R}{2N} \tag{5.14}$$

这里 N 是数字计数器中设置的当前值。接下来可以看到,在综合器的工作频率范围内,计数值最多只能变化一小部分。因此,在式(5.14)中,可以使用 $N=N_1$ 或 $N=N_2$,误差可忽略。K_V 和 K_ϕ 分别是 VCO 灵敏度和鉴相器常数,如 5.1.1 节中所定义的,R 和 C 是图 5.2 的环路滤波器中相应的电阻器和电容器的值,为了环路计算简便,忽略预积分电容器 C_0,前提是满足式(5.5)的条件。

现在假设当绝对频率误差 $|f_{\text{err}}(t)|$ 变得足够小时,系统开始工作,使得从某一时刻 t_0

$$\left|\frac{f_{\text{err}}(t)}{f_2-f_1}\right| \leqslant \varepsilon, \quad t \geqslant t_0 \tag{5.15}$$

这里 ε 是相对于跳频幅度的最大允许频率误差,详见式(5.12)。参考本节开头的讨论,式(5.15)中的 ε 的最大允许值是系统要求规定的参数。由于式(5.13)的右边单调地随时间减少,式(5.15)从时刻 $t=t_0$ 肯定满足

$$\frac{e^{-\xi\omega_n t_0}}{\sqrt{1-\xi^2}} = \varepsilon \Rightarrow t_0 = \frac{1}{\omega_n \xi}\ln\left(\frac{1}{\varepsilon\sqrt{1-\xi^2}}\right) \tag{5.16}$$

显然式(5.15)对于任何 $t \geqslant t_0$ 都成立,但是由于式(5.13)的右边有界,所以即使在较短的时间 $t_{\text{lock}} \leqslant t_0$ 后也可能会满足式(5.15),用 t_{lock} 表示锁定时间。因此,将锁定时间定义为从频率开始跳变到系统再次运行所经过的时间。因为计数器在时刻 $t=0$ 被重置,所以最多必须等待 t_0 秒以使系统变得可操作,因此 $t_{\text{lock}} \leqslant t_0$,可以用下式确立锁定时间的界限。

$$t_{\text{lock}} \leqslant \frac{1}{\omega_n \xi}\ln\left(\frac{1}{\varepsilon\sqrt{1-\xi^2}}\right), \quad 0<\xi<1 \tag{5.17}$$

注意,当 $\xi \to 0$ 或者 $\xi \to 1$ 时,式(5.16)中的 $t_0 \to \infty$,t_{lock} 变得无穷大。此外,由式(5.14),ξ 有频率依赖性,因为它取决于 N(尽管 N 的相对变化很小)。因此,如 5.6 节中所述,将 ξ 的值设为 0.5 在很宽的工作频率范围内是一个稳健的折中。当 ξ 取这个值时,式(5.14)可推出

$$R^2 C = \frac{N}{K_\phi K_V} \tag{5.18}$$

将式(5.18)代入式(5.14)中得到

$$\xi = \frac{1}{2}, \quad \omega_n = \frac{1}{RC} \tag{5.19}$$

根据式(5.19),锁定时间约束得到式(5.17)的简化形式

$$t_{\text{lock}} \leqslant 2RC \times \ln\left(\frac{1}{0.87\varepsilon}\right) \tag{5.20}$$

边界条件式(5.20)意味着,随着常数 RC 增加,锁定时间变得更长。反过来,式(5.5)意味着,当 ω_{ref} 变得更小以实现更精细的频率分辨率,RC_0 必须变得更大,这意味着 RC 必须成比例地增加。因此,如前所述,整数 N 综合器不能同时兼顾频率变化的速度和精细的频率分辨率。以下练习阐明了设计方程的使用。

5.1.1.3 练习:估计整数 N 锁定时间

一个频率分辨率为 25kHz 的整数 N 频率综合器,通过将计数器从 N_1 重置为 N_2,跳变

13.9MHz，即从 $f_1 = 820.025\text{MHz}$ 跳转到 $f_2 = 806.125\text{MHz}$。当频率误差低于 50Hz 时，嵌入综合器的系统是可操作的。VCO 和鉴相器参数为

$$K_V = 8 \times 10^6 \left[\frac{\text{rad}}{\text{s} \cdot \text{V}} \right], \quad K_\phi = 0.1 \left[\frac{\text{mA}}{\text{rad}} \right]$$

鉴相器具有产生参考杂散的死区。为了保持参考杂散低于 -70dBc，预积分电容至少达到 $C_0 \approx 80\text{nF}$。

(1) 计算 N_1 和 N_2。

(2) 完成综合器的设计，并估计完成 13.9MHz 跳变所需的锁定时间。

解答

(1) 参考频率与分辨率相同，因此，由 $f_{\text{ref}} = 25\text{kHz}$，$N_1 = \dfrac{f_1}{f_{\text{ref}}} = \dfrac{820.025\text{MHz}}{25\text{kHz}} = 32\ 801$，

$N_2 = \dfrac{f_2}{f_{\text{ref}}} = \dfrac{806.125\text{MHz}}{25\text{kHz}} = 32\ 245$，令 $\overline{N} = \dfrac{N_2 + N_1}{2} = 32\ 523$，差量 $\left| \dfrac{N_2 - N_1}{N} \right| = \left| \dfrac{32\ 801 - 32\ 245}{32\ 523} \right| \approx 1.7\%$。

(2) 利用式(5.18)以得到鲁棒性设计，并且 $N = \overline{N}$

$$R^2 C = \frac{N}{K_\phi K_V} = \frac{32\ 523}{8 \times 10^6 \times 0.1 \times 10^{-3}} \approx 40.7$$

为了满足式(5.5)，令

$$C = \frac{40.7}{R^2} \gg C_0 \Rightarrow R \ll \sqrt{\frac{40.7}{80 \times 10^{-9}}} \approx 22\text{k}\Omega$$

取 $R = 2\text{k}\Omega$。将 R 代入上式得到

$$C = \frac{40.7}{R^2} = \frac{40.7}{4 \times 10^6} \approx 10\mu\text{F} \Rightarrow \frac{C}{C_0} = \frac{10 \times 10^{-6}}{80 \times 10^{-9}} = 125 \gg 1$$

由于 $\omega_{\text{ref}} R C_0 \approx 25 \gg 1$，式(5.5)中的两个要求都满足，由式(5.15)

$$\varepsilon = \left| \frac{500\text{Hz}}{820.025\text{MHz} - 806.125\text{MHz}} \right| \approx 3.6 \times 10^{-5}$$

利用式(5.20)，最终得到

$$t_{\text{lock}} \leqslant 2 \times 2 \times 10^3 \times 10 \times 10^{-6} \times \ln\left(\frac{1}{0.87 \times 3.6 \times 10^{-5}} \right) \approx 414\text{ms}$$

5.1.1.4　更多关于参考杂散和预积分电容器的内容

如 5.1.1 节所述，在锁定条件下，鉴相器以等于参考频率的速率输出序列脉冲或非常窄的随机电流脉冲。类似于图 5.3 中的波形 b，这种近似周期性的窄电流脉冲序列由集中在频率 $f_n = n \times f_{\text{ref}}$ 附近的正弦电流分量组成，即在(基准)参考频率的整数倍处，并且具有几乎恒定的幅度(实际缓慢下降)。这些电流分量进入环路滤波器，并在控制线上产生纹波电压，其对 VCO 进行窄带 FM 调制(见 6.4.2.1 节)，在 VCO 载波的两侧产生对称的参考杂散，与载波频率间隔为 f_n，其幅度相对于载波幅度为 $A_n[\text{dBc}]$，如图 5.4 所示。由于窄带 FM 调制的特性，参考杂散具有与每个调制正弦分量的峰值振幅成正比的振幅，并与其频率成反比，因此最靠近 VCO 载波的分量(位于 $\pm \omega_{\text{ref}} = \pm 2\pi f_{\text{ref}}$ 之间的)最大。如果满足式(5.5)的条件，则环路滤波器表现为具有 3dB 带宽 $\omega_p = 1/RC_0$ 的低通滤波器，滤除了那些

频率较高的调制正弦波。因此,位于载波的$\pm\omega_{ref}$处的参考杂散衰减较少,约为

$$\text{Attenuation} \approx 20\log_{10}(\omega_{ref}/\omega_p)\,[\text{dB}], \qquad \omega_p = 1/RC_0 \tag{5.21}$$

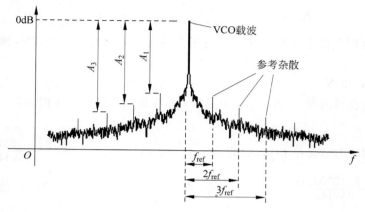

图 5.4　参考杂散

根据我们的讨论,只需要考虑最大杂散满足所需衰减电平即可(距 VCO 载波频偏$\pm\omega_{ref}$的杂散)。如前所述,为滤除的参考杂散电平可能同时由几种原因引起,并且通常只能通过在频谱分析仪上测量来实验确定。以下练习阐明了这一点。

5.1.1.5　练习:估计参考杂散衰减

如果在 5.1.1.3 节练习中忽略预积分电容C_0,估计最大参考杂散的电平。

解答

最强的参考杂散是由调制正弦在频率$\omega_{ref}=2\pi\times25\text{kHz}$处产生的。由式(5.21),环路滤波器的 3dB 频率为$\omega_p = 1/(2\times10^3\times80\times10^{-9})\approx6250\,(\text{rad/s})$,因此,杂散衰减了$20\log_{10}(\omega_{ref}/\omega_p)=28\text{dB}$。如果忽略$C_0$,则最大杂散变为$A_1=-70\text{dBc}+28\text{dB}=-42\text{dBc}$。

5.1.1.6　更多关于相频检测器模式的内容

相频检测器模式值得我们更多地研究。在图 5.5 中示意性地给出了许多可能的鉴相器-电荷泵组合的一种原理实现的电路图。图 5.5 中的波形参见图 5.2 的框图。MOSFET晶体管用作恒定的直流电流源。当$Q_{hi}=$"1"时,上面的晶体管(pMOS)传导直流电流I_0,对电容器充电并使 VCO 控制线电压V_{steer}上升;当$Q_{hi}=$"0"时,此晶体管断开。当$Q_{low}=$"1"时,下面的晶体管(nMOS)传导直流电流I_0,电容器放电,V_{steer}下降;并且当$Q_{low}=$"0"时再次开启。当$Q_{hi}=$"0"和$Q_{low}=$"0"时,两个晶体管都处于截止状态,并且电荷泵与环路滤波器断开,这种状态称为三态。两个触发器(FF)都是 D 触发器,其中数据(D)输入端永久地连接到逻辑"1"。上触发器的时钟输入连接到基准振荡器的输出(波形 c),下触发器的时钟输入连接到计数器的输出(波形 d)。波形 c 和 d 都在"1"和"0"之间切换。时钟工作在上升沿模式,即在时钟输入的上升沿出现时,相应触发器的输出进入逻辑"1"状态。当$Q_{hi}=$"1"和$Q_{low}=$"1"时,与门将Q_{hi}和Q_{low}都复位为"0"。

相频检测器可以在以下两种可能的情况之一中工作。

相位模式:如果分频 VCO 的频率足够接近参考频率,使得波形 d 的相移在参考周期

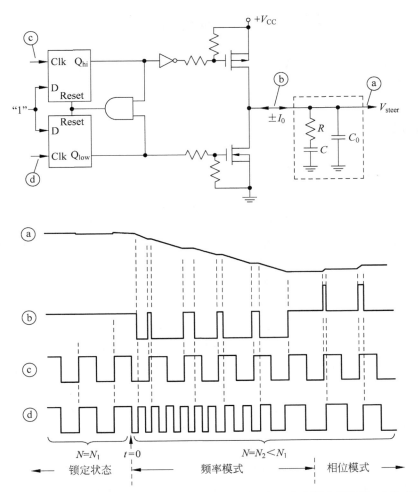

图 5.5 相位-频率检测模式：(a) 控制电压；(b) 电荷泵电流；(c) 参考振荡器波形；(d) 分频 VCO 波形

$T_{\text{ref}} = 1/f_{\text{ref}}$ 期间不超过 $\pm 2\pi$，则相位检测器工作在相位模式，因为此时电荷泵产生的电流脉冲宽度等于波形 c 和 d 上升沿之间的时间（相位）差。如果波形 d 的上升沿首先在复位之后出现，则对电容器充电（从而增加 VCO 频率），若波形 c 的上升沿首先出现在复位之后，则对电容器放电（从而降低 VCO 频率），直到最后波形 c 和 d 的上升沿（相位）对齐，系统达到如图 5.3 所示的锁定条件。

频率模式：如果分频 VCO 频率与参考频率相差够大，使得波形 d 的相移在参考周期 $T_{\text{ref}} = 1/f_{\text{ref}}$ 期间超过 $\pm 2\pi$，则相位检测器工作在频率模式。在这里，来自电荷泵的电流脉冲的宽度连续变化，并且不与相移成比例；然而，如果分频 VCO 频率低于参考频率（从而增加 VCO 频率），则电流脉冲的平均值为正；如果分频 VCO 频率高于参考频率（从而降低 VCO 频率），则电流脉冲的平均值为负。

因此，分频 VCO 频率接近参考频率，直到相位检测器进入相位模式，并且如前所述发生锁定过程。边界[式(5.17)]在频率模式下不成立，在正确设计的系统中，仅在初始启动或非常大的频率跳变时才进入频率模式。图 5.5 显示了在 $t < 0$ 时处于锁定状态的系统，在 $t = 0$ 时突然的频率跳变导致相位检测器进入频率模式。

注意,工作模式不需要设置,而是由于相频检测器的结构而自然触发。当进入频率模式时,无法根据式(5.17)预测锁定时间,因为超前/滞后时间与电流脉冲宽度之间的线性关系丢失。然而,如前所述,在精心设计的系统中,这是没有什么影响的,因为仅在上电或启动/复位时才会进入频率模式。

5.2　分数 N 综合器

5.2.1　定义及工作原理

如5.1节中所讨论的,整数 N 综合器的主要缺点是不能同时实现精细的频率分辨率和较短的锁定时间。正如结论中提到的,原因在于为了保证低的参考杂散,以及短的锁定时间, f_{ref} 必须变高,但可能的 VCO 频率值都是 f_{ref} 的整数倍,这导致频率解析度变低。事实表明,通过修改计数器的工作方式,可以使 VCO 频率变为参考频率分数倍,而不是整数倍,因此可以使 f_{ref} 更高,从而实现更精细的分辨率以及更短的锁定时间。该想法是根据长度为 D 的一些预定义的循环模式,即 $N_1,N_2,\cdots,N_D$,改变运行中计数器的分频数 N 。在输出波形 d 的上升沿时,计数器依次重置为下一个 N 值。如果正确地定义了计数模式,则可以将 VCO 频率有效地除以分数(有理数)而不是整数。这么做的话,图5.2中的波形 c 和 d 的上升沿不会如图5.3中那样稳定地对准,而是交替地超前或滞后,使得鉴相器的误差脉冲具有显著的宽度。然而,如果对于某些 VCO 频率,在计数周期上的平均超前/滞后时间为零,则来自电荷泵的电流脉冲的平均值为零,并且系统达到锁定状态。但是,为此付出的代价是系统复杂性增加,并且由于电流脉冲的脉冲宽度调制而产生了在频率上扩展的附加杂散。这里只进行一个基本的分数 N 概念的原则性讨论。为了理解可变计数模式如何有效地将 VCO 频率除以分数,假设根据整数周期为 D 的周期性计数模式 $N_1,N_2,\cdots,N_n,\cdots,N_D$,用第 n 个计数值 N_n 编程计数器。令 VCO 频率为 $f_0=1/T_0$,基准振荡器频率为 $f_{ref}=1/T_{ref}$,并且假设在全分频模式期间,相位检测器总是工作在相位模式。在该假设下,波形 d 的上升沿在波形 c 的每个周期期间恰好出现一次。因此,在模式周期期间,电荷泵准确地产生 D 个脉冲,其宽度和极性与两个信号的上升沿之间的超前/滞后时间相匹配。如前所述,如果分频的 VCO 边缘在时间上超前,则电流脉冲的极性被假定为负,否则为正。

对于每个不同的计数值 N_n ,计数器输出(波形 d)的分频 VCO 频率的周期为 $N_n T_0$,而基准振荡器(波形 c)的周期固定为 T_{ref} 。假设在计数周期开始时,波形 c 和 d 的上升沿是时间对齐的。如果在每个计数周期结束时重置计数值,则在完整计数模式周期结束时,相对于波形 c 的上升沿,波形 d 的上升沿累积的时间偏移为 E_D :

$$E_D=\sum_{n=1}^{D}(N_nT_0-T_{ref})=\sum_{n=1}^{D}N_nT_0-DT_{ref}, \quad T_0=\frac{1}{f_0},T_{ref}=\frac{1}{f_{ref}} \tag{5.22}$$

为了发生锁定, D 脉冲上的平均时间误差必须为零,因为从电荷泵输出的平均电流为零。因此,在锁定条件下

$$\frac{E_D}{DT_{ref}}=\frac{1}{DT_{ref}}\left(\sum_{n=1}^{D}N_nT_0-DT_{ref}\right)=0 \tag{5.23}$$

当满足式(5.23)时,在锁定状态下,可得到

$$\sum_{n=1}^{D} N_n T_0 - D T_{\text{ref}} = 0 \Rightarrow \frac{T_{\text{ref}}}{T_0} = \frac{f_0}{f_{\text{ref}}} = \frac{1}{D} \sum_{n=1}^{D} N_n \tag{5.24}$$

由于在式(5.24)中的 $\{N_n\}$ 和 D 是整数,因此 f_0/f_{ref} 是有理数(分数)。将整数 N_n 写为固定整数 N 和可变整数 Δn 的和

$$N_n = N + \Delta_n, \quad n = 1, 2, \cdots, D \tag{5.25}$$

每个 Δ_n 可以是正整数或负整数,选择适当的模式使得

$$0 \leqslant \sum_{n=1}^{D} \Delta_n = M < D \tag{5.26}$$

式(5.26)中的 M 是小于 D 的整数。将式(5.25)和式(5.26)代入式(5.24)

$$\frac{f_0}{f_{\text{ref}}} = \frac{1}{D} \sum_{n=1}^{D} (N + \Delta_n) = \frac{1}{D} \left(DN + \sum_{n=1}^{D} \Delta_n \right) = N + \frac{M}{D} \tag{5.27}$$

由式(5.27)推出

$$f_0 = \left(N + \frac{M}{D} \right) f_{\text{ref}}, \quad 0 \leqslant \frac{M}{D} < 1 \tag{5.28}$$

从式(5.28)得出,可实现的最精细的频率分辨率是

$$\text{频率分辨率} = \frac{f_{\text{ref}}}{D} \tag{5.29}$$

随着计数周期变长,即 D 变得更大,频率分辨率变得更精细,因此可以使 f_{ref} 更高。正如在前面的讨论中指出的,f_{ref} 越高,锁定时间越短。除了计数模式的改变,综合器的其余部分保持相同,并且由于 $M/D < 1 \Rightarrow N + M/D \approx N$,式(5.17)中给出的锁定时间界限也大致保持不变,其中式(5.18)中的 N 是在式(5.25)中给出的固定值 N。

确定对应于输出频率 f_0 的 N 和 M 的值是一件简单的事情。给定 f_0、f_{ref} 和 D,并且用 Int $[x]$ 表示 x 的整数部分,由式(5.28)推出

$$N = \text{Int} \left[N + \frac{M}{D} \right] = \text{Int} \left[\frac{f_0}{f_{\text{ref}}} \right] \tag{5.30}$$

式(5.30)表明,随着 f_{ref} 变得更高,N 变得更小,并且式(5.14)表示 $1/\omega_n \xi$ 与 N 成正比,因此式(5.17)表明,N 越小,锁定时间越短。一旦确定了 N,就很容易从式(5.28)中得到 M 的形式

$$M = \left(\frac{f_0}{f_{\text{ref}}} - N \right) \times D \tag{5.31}$$

请记住,综合器频率 f_0 必须与频率分辨率一致,即 f_0 必须是 f_{ref}/D 的倍数。原理上的分数 N 框图如图 5.6 所示。以下练习将阐明式(5.30)和式(5.31)的使用。

5.2.1.1 练习:估计分数 N 综合器的锁定时间

使用参考频率为 2.1MHz 的分数 N 架构(而不是参考频率为 25MHz 的原始整数 N 分频器)重新设计 5.1.1.3 节的综合器。计算分频模式的长度,以及在 500Hz 误差内,频率从 820.025MHz 跳变 13.9MHz 到 806.125MHz 所需的时间。

解答

由于综合器必须具有 25kHz 的分辨率,那么必须

$$\frac{2.1\text{MHz}}{D} = 25\text{kHz} \Rightarrow D = 84 \tag{5.32}$$

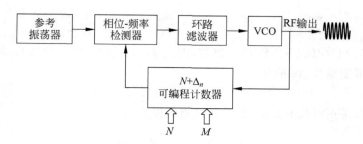

图 5.6 分数 N 频率综合器框图

由式(5.30)和式(5.31)得到

跳变前：$N_1 = \text{Int}\left[\dfrac{820.025}{2.1}\right] = 390, M_1 = \left(\dfrac{820.025}{2.1} - 390\right) \times 84 = 41$

跳变后：$N_2 = \text{Int}\left[\dfrac{806.125}{2.1}\right] = 383, M_2 = \left(\dfrac{806.125}{2.1} - 383\right) \times 84 = 73$

平均计数周期 $\overline{N} = \dfrac{383 + 390}{2} \approx 386$

计数变化 $\left|\dfrac{N_2 - N_1}{\overline{N}}\right| = \dfrac{390 - 383}{386} \approx 1.8\%$ 很小。和 5.1.1.3 节一样，令

$$\varepsilon \approx 3.6 \times 10^{-5}, \quad K_V = 8 \times 10^6 \, \frac{\text{rad}}{\text{sec} \cdot \text{V}}, \quad K_\phi = 0.1 \, \frac{\text{mA}}{\text{rad}}$$

如 5.2.1 节中所述，在分数 N 综合器中，参考杂散可能不是主要杂散，因为计数周期会产生额外的杂散，从而影响预积分电容器的所需电容值。在没有更确切的信息的情况下，为了做这个练习，让我们保持 $R = 2\text{k}\Omega$。为了满足式(5.18)，并且取 $N = \overline{N}$，得到

$$C = \frac{N}{K_\phi K_V R^2} = \frac{386}{8 \times 10^6 \times 0.1 \times 10^{-3} \times 4 \times 10^6} \approx 120\text{nF}$$

为了满足式(5.5)中的 $C \gg C_0$，和之前一样，令 $C/C_0 \approx 125$

$$C_0 \approx 960\text{pF}$$

因为 $\omega_{\text{ref}} R C_0 = 2\pi \times 2.1 \times 10^6 \times 2 \times 10^3 \times 960 \times 10^{-12} \approx 25 \gg 1$，两个要求都满足。根据式(5.20)最终得到

$$t_{\text{lock}} \leqslant 2 \times 2 \times 10^3 \times 120 \times 10^{-9} \times \ln\left(\frac{1}{0.87 \times 3.6 \times 10^{-5}}\right) \approx 4.9\text{ms}$$

和预期的一样，在本练习中，分数 N 综合器的锁定时间比整数 N 中的锁定时间快大约 100 倍，这正好是在两种情况下 N 的比值。这是一个预期的结果，因为 R 保持固定，式(5.18)意味着 C 必须减少与 N 相同的比例，并且由于 t_{lock} 与 RC 成比例，因此锁定时间缩短相同的比例。

5.2.2 示例：双计数分数 N 综合器

最简单的分数 N 方法采用二进制计数的模式实现，其中 Δ_n 为 0 或 1。更确切地说，在 M 个计数周期 $\Delta_n = 1$，并且 $D - M$ 个计数周期 $\Delta_n = 0$，然而从式(5.26)得出，值 1 和 0 出现的序列不影响稳态综合器频率 f_0。真正重要的是，计数值从 M 次到 $N + 1$ 次和 $D - M$ 次到 N 次以何种顺序排列。这是因为式(5.26)只依赖于"1"的数量而不是它们出现的顺序。然

而,就综合器的杂散而言,计数模式确定了通过脉冲宽度调制产生的噪声的频谱形状,其以某种难以预测的方式依赖于 f_0。分数 N 噪声通常由实验确定。即使在这种简单的情况下,数字计数器的实现也采用了称为 $\Sigma\text{-}\Delta$ 调制器的复杂架构,根据 M 的值确定计数序列,其讨论超出了我们的范围。计数器有两个编程输入:N 和 M,如图 5.6 所示。

5.3　直接数字综合器

定义及工作原理

直接数字综合器通过使用由存储正弦函数幅度的样本的查找表驱动的快速数模转换器(DAC)来产生 RF 载波。为了更具体,我们参考如图 5.7 所示的基本直接数字频率综合器(DDS)架构,对操作理论进行原则性的讨论。除了一个任何时候都需要的参考(时钟)振荡器、一个快速 DAC 和一个接在 DAC 输出后的可选的可重构滤波器(未在图中标明)以外,直接数字综合器基于全数字电路,这使得它成为集成的理想选择。数字频率产生的明显方法是建立一个包含 $\cos(x)$ 值的查找表,其中 $0 \leqslant x \leqslant 2\pi$,然后由参考时钟确定的速率读取查找表,并使用 DAC 将读取的值转换为模拟电压。这种简单的方法的主要缺点是为了改变在 DAC 的输出端处的正弦信号的频率,必须改变参考时钟频率 f_c。DDS 思想的核心点是读取查找表中的值序列的方式,使得综合器在频率上相当灵活,同时使用固定的基准振荡器。DDS 策略包括查找表中 M 个跨度的跳跃,以及读取由相位累加器电路产生的地址对应的余弦值。

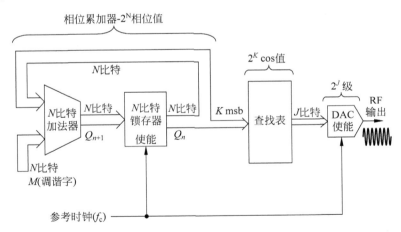

图 5.7　DDS 结构:$24 \leqslant N \leqslant 48$,$12 \leqslant K \leqslant 19$(由 N 得到的最高有效位),$10 \leqslant J \leqslant 14$

结果是随着 M 变得更大,综合器读取完整余弦周期花费的时间更少,从而有更高的输出频率。因此,通过设置适当的 M 值,同时保持基准时钟频率 f_c 固定,可以数字地改变输出频率 f_0。该 M 值被称为调谐字。

DDS 的独特性质包括瞬时频率锁定、相位相干频率跳变、亚赫兹范围内的频率分辨率和多倍频程输出频率范围。

然而,由于输出信号包含参考速率的余弦样本,奈奎斯特采样要求 $f_c \geqslant 2f_0$,也就是说,参考频率必须高于最高输出频率的两倍。因此，数字电路必须以高速操作，这将 DDS 限制在某些特定的应用。一些附加的限制来自高频数模转换，以及在输出样本的相位和幅度量化之后产生的杂散和大量噪声。噪声和杂散电平强烈依赖于每个特定的 DDS 实现以及 M 的值，它们相对于载波的最坏情况下的功率通常被指定为无杂散动态范围(SFDR)。DDS 噪声的分析十分复杂，讨论超出了本书的范围。

为了了解 DDS 如何产生可变频率，假设每次参考时钟的上升沿到达时，图 5.7 中的锁存寄存器加载在加法器输出端出现的 N 位字。如果用 Q_n 表示在 n 个参考时钟之后存储在锁存器输出端的数字的值，则加法器计算 $Q_{n+1} = Q_n + M$。然而，加法器是 N 位宽，使得 Q_{n+1} 不能取大于 $2^N - 1$ 的值。因此，如果 $Q_n + M \geqslant 2^N$，则加法器执行模 2^N 的加法。

$$Q_{n+1} = (Q_n + M) \bmod 2^N \tag{5.33}$$

由式(5.33)得出，值 $\{Q_n\}$ 的序列是循环的，所以

$$0 \leqslant Q_n \leqslant 2^N - 1 \tag{5.34}$$

在图 5.7 中，查找表的地址由 Q_n 的 K 个最高有效位(msb)组成。现在，假设令 $K = N$，并且使用具有 2^N 个余弦值的查找表，也就是说

$$\text{地址中存储的值} \ \sharp m = \cos\left(\frac{2\pi m}{2^N}\right), \quad m = 0, 1, 2, \cdots, 2^N - 1 \tag{5.35}$$

遍历查找表的地址范围式(5.35)表明存储的值恰好覆盖一个完整的余弦周期。在参考时钟之后，当前地址是 Q_n，式(5.35)意味着存储在存储器中的相应值为

$$\text{地址中存储的值} \ \sharp Q_n = \cos\left(\frac{2\pi Q_n}{2^N}\right), \quad 0 \leqslant Q_n \leqslant 2^N - 1 \tag{5.36}$$

相位累加器产生的地址值随每个参考时钟增加 M。由式(5.33)和式(5.36)，与从查找表读取的两个连续余弦值对应的相位增量 $\Delta\theta$ 为：

$$\Delta\theta = \frac{2\pi M}{2^N} \tag{5.37}$$

每个相位增量式(5.37)仅在一个时钟周期 Δt 内完成

$$\Delta t = T_c = \frac{1}{f_c} \tag{5.38}$$

因为余弦波形的相位为 $\theta = \omega_0 t$，由式(5.37)和式(5.38)可得

$$\omega_0 = 2\pi f_0 = \frac{\Delta\theta}{\Delta t} = \frac{2\pi M / 2^N}{1/f_c} = \frac{2\pi M}{2^N} f_c \tag{5.39}$$

DAC 输出波形的频率为

$$f_0 = M \frac{f_c}{2^N} \tag{5.40}$$

由于 M 可以以单位步长推进，则

$$\text{频率分辨率} = \frac{f_c}{2^N} \tag{5.41}$$

通常 N 会很大，一般为 $24 \sim 48$ 位，这样容易实现亚赫兹频率分辨率和瞬时频率变化。

如果实际使用 Q_n 进行寻址，它将产生一个不切实际的大型查找表。因此，只有 Q_n 的第一个 $K \approx 12 \sim 19$ 个最高有效位被用作查找表的地址才能产生合理大小的查找表，这以余弦样本的较粗略的相位量化为代价，使得输出处噪声增加。DAC 可以取为 $J \approx 10 \sim 14$ 位，

与其他噪声分量相比,它在余弦值上产生一个适当振幅的量化噪声电平。尽管如此,相位累加器中 Q_n 的全部 N 位仍然需要保持总体上的相位相干,并达到频率分辨率。

以下练习阐明了设计方程的使用。

5.3.1.1 练习:基本 DDS 设计

请使用带有 24 位相位累加器的 DDS,以 1Hz 分辨率覆盖 4~6MHz 的频率范围。参考时钟由晶体振荡器生成。晶体在 5~20MHz 的频率范围内可用。选择合适的晶体频率,确定适当的可重构滤波器,并检查设计的正确性。

解答

参考频率必须高于最高输出频率的两倍,因此必须令 $f_c > 12\text{MHz}$。由于 $N = 24$,于是 $2^N = 2^{24} = 16\ 777\ 216$。如果取在频率 $f_c = 2^N \text{Hz} = 16.777\ 216\text{MHz}$ 处的晶体,由式(5.41)得所需的分辨率

$$\text{频率分辨率} = \frac{f_c}{2^N} = 1[\text{Hz}] \tag{5.42}$$

将式(5.42)代入式(5.40)得出输出频率

$$f_0 = \frac{M}{2^N}f_c = M[\text{Hz}]$$

所需的输出频率范围是针对该范围内的调谐字实现的

$$4\ 000\ 000 \leqslant M \leqslant 6\ 000\ 000$$

上述 M 的值是适当的,因为 $M \leqslant 6\ 000\ 000 < 2^{23}$,可得

$$f_0 < \frac{2^{23}}{2^{24}}f_c = \frac{1}{2}f_c$$

根据香农采样定理,在 DAC 输出处一个合适的可重构滤波器可以具有 -3dB 频率为 $f_c/2 \approx 8.4\text{MHz}$ 的低通滤波器。

5.4 整数 N/DDS 混合频率综合器

5.4.1 定义及工作原理

前面讨论的每种综合器都有一些独特的优点和缺点。

- 整数 N 综合器:架构简单,具有频率独立性、一致性和可控的杂散,但不能同时实现精细的频率分辨率和快速锁定。
- 分数 N 综合器:可以同时实现精细的频率分辨率和快速锁定,但其结构复杂,同时杂散与频率相关,难以预测和控制。
- 直接数字综合器:非常适合数字集成,无论频率跳变大小如何,都具有瞬时和相位相关锁定功能,能实现具有亚赫兹分辨率的多倍频程输出范围,但需要频率高于最高输出频率的基准振荡器,具有与频率相关的杂散,需要高速 D/A 转换,不适合非常高频的应用。

混合综合器包括上述三种基本综合器的多种不同组合,目的是利用优点并最大限度地减少缺点。然而,大多数混合架构不仅复杂,并且仅在特定应用中或在特定频率范围上有

效,不具有一般适用性。

不过,有一种特定的方法,整数 N/DDS 的组合,值得更加深入地了解。这种混合方法看起来特别灵活和有前途,因为它具有简单的架构,可以在高频率范围工作,并且具有精细的频率分辨率和短的锁定时间。

回想一下,在整数 N 综合器中出现的精细频率分辨率和快速锁定时间之间的冲突,一方面是因为,输出频率是固定参考频率的整数倍;而另一方面是因为,快速锁定需要使用高参考频率。因此,快速锁定将导致粗略的频率分辨率。

整数 N/DDS 方法背后的思想是使用常规整数 N 综合器,同时用 DDS 代替其基准振荡器。DDS 产生在下限值和上限值之间变化的瞬时可调谐参考频率 f_{ref},即 $f_L \leqslant f_{ref} \leqslant f_H$。这样做,$f_{ref}$ 可以保持很高,因此允许快速锁定,而由于 DDS 可以提供 mHz 级别的频率分辨率,所以 f_L 的两个整数倍之间的间隙可以通过调谐 f_{ref} 来填充。综合器以计数值 N 和 $f_{ref} \approx f_L$ 开始,因此输出频率为 $f_0 \approx N \times f_L$。那么可以通过调谐 DDS 来将 f_{ref} 增加到 f_L 以上。输出频率将增加到 $f_0 \approx N \times f_{ref} > N \times f_L$。当 f_{ref} 达到值 f_H 时,使得 $N \times f_H = (N+1)f_L$,计数值增加到 $N+1$,并且 DDS 重新调谐到 $f_{ref} \approx f_L$。

应当注意的是,这样产生的填充频率是不精确的,然而,由于 DDS 的频率分辨率非常精细,它的频率误差在对应锁定状态工作所需的限制之内。在 5.5 节的练习 7 中给出了如何处理这种混合结构的设计的详细说明示例。

5.5　习题详解

1. 一个适用于 $806 \sim 825\text{MHz}$ 的整数 N 频率合成器频率分辨率为 12.5kHz,嵌入在输出相对于其额定工作频率不超过 600Hz 仍可操作的系统中。电荷泵灌电流/源电流为 $I_0 = 1\text{mA}$ 和频率 VCO 的灵敏度为 $K_V = 20\text{MHz/V}$。

(1) 估计在 $\xi = 0.5$ 时的环路滤波器的 RC 时间常数,以保证范围频率跳变时的锁定时间小于 0.1s。

(2) 计算上面(1)中的 R 和 C 的值。

提示:在(1)中计算 RC 时,使用式(5.14)计算 R。

解答

(1) 由式(5.15)

$$\varepsilon = \left| \frac{600\text{Hz}}{825\text{MHz} - 806\text{MHz}} \right| = 3.2 \times 10^{-5} \tag{5.43}$$

因为 $\xi = 0.5$,由式(5.20),得

$$t_{lock} \leqslant 2RC \times \ln\left(\frac{1}{0.87 \times 3.2 \times 10^{-5}} \right) = 0.1\text{s} \Rightarrow RC \approx 4.8\text{ms} \tag{5.44}$$

(2) 首先,我们注意到 K_V 以 MHz/V 为单位,并且应当被转换为(Mrad/s)/V,即

$$K_V = 2\pi \times 20 \approx 126 \frac{\text{Mrad}}{\text{s} \cdot \text{V}} \tag{5.45}$$

使用式(5.4)利用 I_0 计算相位检测器常数 K_ϕ

$$K_\phi = \frac{I_0}{2\pi} = \frac{1\text{mA}}{2\pi} \approx 0.16 \frac{\text{mA}}{\text{rad}} \tag{5.46}$$

为了保持锁定时间尽可能短,参考频率要尽可能高,即等于频率分辨率。最高和最低值是

$$f_{\text{ref}} = 12.5\text{kHz} \Rightarrow N_1 = \frac{806\text{MHz}}{12.5\text{kHz}} = 64\,480, \quad N_2 = \frac{825\text{MHz}}{12.5\text{kHz}} = 66\,000 \quad (5.47)$$

N 相对于其平均值的变化为

$$\overline{N} = \frac{66\,000 + 64\,480}{2} = 65\,240 \Rightarrow \left| \frac{N_2 - N_1}{\overline{N}} \right| = \frac{66\,000 - 64\,480}{65\,240} < 2.4\% \quad (5.48)$$

N 的变化相对于 $\overline{N}$ 小于 $\pm1.2\%$。因此可以设置

$$N \approx \overline{N} = 65\,240 \quad (5.49)$$

将式(5.44)中的 RC 代入式(5.14)的最左边方程中,使用式(5.45)式(5.46),设置 $\xi = 0.5$,得到

$$\xi = 0.5 = \frac{1}{2} \sqrt{\frac{0.16 \times 10^{-3} \times 126 \times 10^6 \times R \times 4.8 \times 10^{-3}}{65\,240}} \Rightarrow R \approx 674\Omega \quad (5.50)$$

由式(5.50)和式(5.44),得到

$$674 \times C = 4.8 \times 10^{-3} \Rightarrow C \approx 7\mu\text{F} \quad (5.51)$$

注意:在现实设计中,要使用标准电阻值 $R = 680\Omega$ 和 $C = 6.8\mu\text{F}$。

为了使设计可行,必须满足式(5.5)。为了安全考虑,采用 $C_0 = 700\text{nF}$,这是 C 的 10 倍。满足式(5.5),因为

$$\omega_{\text{ref}} R C_0 = 2\pi \times 12.5 \times 10^3 \times 674 \times 700 \times 10^{-9} \approx 37 \gg 1$$

根据式(5.21),C_0 使参考频率有 $20\log_{10}(37) = 31\text{dB}$ 的衰减。

2. 如果用和练习 1 中频率合成器相同的 VCO 的分数 N 和电荷泵重新设计参考频率为 $f_{\text{ref}} = 2.1\text{MHz}$ 的系统:

(1) 计算最短的计数模式的长度。

(2) 计算操作边缘处 N 和 M 的取值范围。

(3) 如果我们保持练习 1 中找到的 R 的值,计算全程跳跃的锁定时间。

解答

(1) 所需的分辨率为 12.5kHz,因此式(5.29)产生最短计数模式的频率分辨率 $= \frac{2.1\text{MHz}}{D} = 12.5\text{kHz} \Rightarrow D = 168$。

因此,最短可能的计数模式的长度是 $D = 168$。

(2) 使用式(5.30),得到

$$f_{\text{ref}} = 2.1\text{MHz} \Rightarrow N_1 = \text{Int}\left[\frac{806}{2.1}\right] = 383, \quad N_2 = \text{Int}\left[\frac{825}{2.1}\right] = 392$$

平均计数为 $\overline{N} = \frac{383 + 392}{2} \approx 387$。使用式(5.31),得到

$$M_1 = \left(\frac{806}{2.1} - 383\right) \times 168 = 136, \quad M_2 = \left(\frac{825}{2.1} - 392\right) \times 168 = 144$$

因为 $\frac{M}{D} < 1 \ll N$,所以可以忽略 M 对锁定时间计算时的影响。

(3) 为了得到 $\xi = 0.5$,必须满足式(5.18),使用式(5.45)、式(5.46)和在式(5.50)中计算的值 $R = 674\Omega$,以及 $N = \overline{N}$,产生

$$C = \frac{N}{K_\phi K_V R^2} = \frac{387}{0.16 \times 10^{-3} \times 126 \times 10^6 \times (674)^2} \approx 42\text{nF} \tag{5.52}$$

为了使设计可行，必须满足式(5.5)。如在练习1，为使设计安全，取 C 的十分之一 C_0。然后满足式(5.5)，因为

$$\omega_{\text{ref}} R C_0 = 2\pi \times 2.1 \times 10^6 \times 674 \times 4.2 \times 10^{-9} \approx 37 \gg 1$$

根据式(5.21)，C_0 使频率产生 $20\log_{10}(37) = 31\text{dB}$ 的参考衰减。这能否满足需求取决于在合成器在使用时的具体内在杂散电平，必须仔细检查。

由式(5.52)，计算得

$$RC = 42 \times 10^{-9} \times 674 \approx 28\mu\text{s} \tag{5.53}$$

使用式(5.20)和式(5.43)可以得到

$$t_{\text{lock}} \leqslant 2 \times 28 \times 10^{-6} \times \ln\left(\frac{1}{0.87 \times 3.2 \times 10^{-5}}\right) \approx 0.6\text{ms} \tag{5.54}$$

可以看到，对于相同的跳转大小，式(5.54)中的锁定时间大约是式(5.44)的 $1/167$。这是在式(5.14)直接用 $\xi = 0.5$ 的后果。

3. 假设式(5.5)适用于图 5.2 的环路滤波器：

(1) 证明，对于频率为 $\omega \gg 1/RC$ 的任何电流分量，环路滤波器为 3dB 衰减频率为 $\omega_p = 1/RC_0$ 的低通滤波器。

(2) 证明进入 RC 串联组合的低频电流值等于在式(5.4)中的短期移动平均值 I_ϕ。

(3) 证明预积分电容 C_0 对锁定时间的影响可以忽略不计，但是在有杂散电平时是至关重要的。

解答

(1) 串联 RC 组合的阻抗 $Z_1(j\omega)$ 和预积分电容 C_0 的阻抗 $Z_2(j\omega)$ 由下式给出

$$Z_1(j\omega) = R + \frac{1}{j\omega C}, \quad Z_2(j\omega) = \frac{1}{j\omega C_0} \tag{5.55}$$

因此，环路滤波器的阻抗采取形式

$$Z_L(j\omega) = \frac{Z_1(j\omega)Z_2(j\omega)}{Z_1(j\omega) + Z_2(j\omega)} = \frac{\left(R + \frac{1}{j\omega C}\right)\frac{1}{j\omega C_0}}{R + \left(\frac{1}{j\omega C}\right) + \left(\frac{1}{j\omega C_0}\right)}$$

$$= \frac{1}{j\omega C} \times \frac{j\omega RC + 1}{j\omega RC_0 + (C_0/C) + 1} \tag{5.56}$$

由式(5.5)$C_0/C \ll 1$，假设 $\omega RC \gg 1$。因此，在式(5.56)中，可以利用近似 $C_0/C + 1 \approx 1$ 和 $j\omega RC + 1 \approx j\omega RC$，得到

$$Z_L(j\omega) \approx \frac{R}{j(\omega/\omega_p) + 1}, \quad \omega_p = \frac{1}{RC_0} \tag{5.57}$$

因此 $Z_L(j\omega)$ 呈现截止频率 ω_p 为 -3dB 的低通特性。

(2) 随着频率在大于 ω_p 的频段升高，阻抗式(5.57)越来越类似于短路。因此，环路滤波器几乎将所有电流接地短路分量在频率 $\omega \geqslant \omega_{\text{ref}}$。然而，脉冲的基本频率相位检测器的输出是 ω_{ref} 和由于式(5.5)$\omega_{\text{ref}} \gg \omega_p$。因此所有当前系统中电荷泵以外的电流(除了短时间的平均值)处于频率 $\omega \geqslant \omega_{\text{ref}}$ 时相当于接地，通过 $Z_L(j\omega)$ 对转向电压的影响很小。唯一可能频率在 ω_{ref} 以下的电流分量是脉冲序列的移动平均值。因此，使线性转向电压显著变化的唯一

电流是式(5.4)中的短时移动平均电流 I_ϕ。预积分电容器 C_0"清除"在频率 ω_{ref} 的电压转向线并且保持短期移动平均电流。

(3) 如上面(2)所讨论的,转向电压取决于短期平均电流,其分量可以在远低于 ω_p 的频率处,甚至下降到直流状态。对于这些慢变分量,假设 $\omega \gg 1/RC_0$ 不再保持,尽管仍然 $C_0/C \ll 1$。频率的下降使得 $\omega \ll \omega_p$ 即 $\omega RC_0 \ll 1$,因此环路滤波器在式(5.56)中阻抗可以近似为形式

$$Z_L(j\omega) = \frac{1}{j\omega C} \times \underbrace{\frac{j\omega RC + 1}{j\omega RC_0 + (C_0/C) + 1}}_{\approx 1} \approx R + \frac{1}{j\omega C} \tag{5.58}$$

因此,短期平均相位检测电流 I_ϕ"仅看到"在式(5.55)中的串联 RC 组合电路的阻抗 $Z_1(\omega)$,而电容器 C_0 在式(5.58)中不出现。因此,只有串行 RC 组合参与确定锁定时间。然而,电容器 C_0 的作用同样关键。如上面(2)中所讨论的,预积分电容器 C_0 从处于 ω_{ref} 的倍数的频率的电压"清除"转向线,其除非被衰减,否则将通过 VCO 进行频率调制来产生高电平参考杂散。

4. 假设整数 N 分频器的环路滤波器中的电容器 C 具有大约 $1\mu A$ 的漏电流。合成器具有以下特性:

$$f_{ref} = 25\text{kHz}, \quad K_\phi = 30\frac{\mu A}{\text{rad}}, \quad K_V = 4\frac{\text{MHz}}{\text{V}}, \quad C \approx 2\mu F, \quad C_0 \approx 0.2\mu F, \quad R = 1.6\text{k}\Omega$$

(1) 假设由漏电流引起的 C 的自放电比其他效应占优势,并且证明在锁定条件下,计数器的上升沿在时间上总是滞后于参考振荡器的上升沿。

(2) 估算电荷泵输出的电流脉冲宽度(单位为 rad,单位为 s)。

(3) 估算最差情况参考杂散的电平(以 dBc 为单位),即偏离载波 $\pm f_{ref}$ 的电平。

解答

(1) 如果没有泄漏,并且在锁定条件下,参考振荡器和计数器同时具有上升沿。假设在参考周期的开始,两个上升沿都确实对齐。由于泄漏,电容器 C 放电,VCO 频率在下一个周期期间连续下降,并且来自计数器的上升沿相对于参考在时间上滞后。

(2) 由式(5.4),电荷泵电流为

$$I_0 = 2\pi K_\phi \approx 188\mu A$$

电容 C 的漏电流为

$$I_{leak} \approx 1\mu A$$

参考周期为

$$T_{ref} = \frac{1}{25\text{kHz}} = 40\mu s$$

在完整参考周期的时间 T_{ref} 期间损失的电荷必须在时间 ΔT 内恢复,在该时间期间内电荷泵"推"电流 I_0 到环路滤波器

$$I_{leak} T_{ref} = I_0 \Delta T \Rightarrow \frac{\Delta T}{T_{ref}} = \frac{\Delta \phi}{2\pi} = \frac{I_{leak}}{I_0} = \frac{1\mu A}{188\mu A} = 0.0053 \tag{5.59}$$

因此

$$\Delta T = 0.0053 \times 40\mu s \approx 0.2\mu s, \quad \Delta \phi = 0.0053 \times 2\pi \approx 0.033\text{rad}$$

(3) 转换 VCO 灵敏度,单位是 $[(\text{rad/s})/\text{V}]$。

$$K_V \approx 25\frac{\text{Mrad}}{\text{s} \cdot \text{V}}$$

来自电荷泵的窄脉冲的电流序列 $S(t)$ 具有固定幅度 I_0，平均值 I_{dc} 固定脉冲宽度 $\Delta T \ll T_{ref}$ 和固定基频 $\omega_{ref} = 2\pi/T_{ref}$。众所周知，这样的一系列窄脉冲电流可以用傅里叶级数形式表示，或者用以下形式

$$S(t) \approx I_{dc} + 2I_{dc}\cos(\omega_{ref}t) + 高频谐波分量 \qquad (5.60)$$

在锁定条件下，式(5.59)表明 $I_{dc} = I_{leak}$，为了恢复由于漏电流而在一个周期期间由电容器 C 损失的电荷。式(5.60)中的基本电流分量 $i_1(t) = 2I_{leak}\cos(\omega_{ref}t)$，都是具有最大峰值并且被环路滤波器衰减最小的一个，因为它具有最低频率。从给定的值

$$\omega_{ref}/\omega_p = \omega_{ref}RC_0 = 2\pi \times 25 \times 10^3 \times 1.6\text{k}\Omega \times 0.2\mu\text{F} = 50 \gg 1$$

由于 $\omega_{ref}/\omega_p \gg 1$，式(5.57)中的环路滤波器的阻抗变为

$$Z_L(j\omega_{ref}) \approx \frac{R}{j\dfrac{\omega_{ref}}{\omega_p}+1} = \frac{R}{j\omega_{ref}RC_0+1} \approx \frac{1}{j\omega_{ref}C_0} \qquad (5.61)$$

式(5.61)表明，除了平衡电容器泄漏的平均(直流)电流之外，来自电荷泵的所有谐波分量，仅"看见"预积分电容器 C_0。因此，基频分量 $i_1(t)$ 在频率 ω_{ref} 使转向电压 $v_1(t)$ 具有峰值振幅 V_1

$$V_1 = 2I_{leak}\left|Z_L(j\omega_{ref})\right| = \frac{2I_{leak}}{\omega_{ref}C_0} \qquad (5.62)$$

电压 $v_1(t)$ 到达 VCO 的操纵线，并以峰值偏差 $\Delta\omega$ 对其进行频率调制

$$\Delta\omega = V_1K_V = \frac{2I_{leak}K_V}{\omega_{ref}C_0} = \frac{2\times1\mu\text{A}\times25\text{Mrad/(s}\cdot\text{V)}}{2\pi\times25\text{kHz}\times0.2\mu\text{F}}$$

$$\approx \frac{3.2\times10^{-4}}{C_0} = 1600\ \frac{\text{rad}}{\text{s}} \qquad (5.63)$$

因此，VCO 利用调制指数进行频率调制

$$\beta = \frac{\Delta\omega}{\omega_{ref}} = \frac{1600}{2\pi\times25\times10^3} \approx 0.01$$

如 6.4.2.1 节所述，$\beta \ll 1$ 意味着调制是窄带调频类型，根据式(6.113)，偏移 $\pm\omega_{ref}$ 处的杂散电平为：

$$\left.\frac{边带功率}{载波器功率}\right|_{\text{dBc}} = 20\log_{10}\left(\frac{\beta}{2}\right) = 20\log_{10}(0.005) = -46\text{dBc}$$

5. 分数 N 综合器的参考振荡器的频率为 5.12MHz。式(5.25)中的计数序列的增量值 Δ_n 存储在由地址字为 16 位宽的存储器芯片组成的查找表中。查找表对整个存储器空间循环读取，每个值被添加到固定值 N，并且结果被顺序馈送到可编程计数器。综合器锁定在频率 821.025MHz。通过一个完整周期计算 N 的值和增量值的总和。验证结果。

解答

由于存储器地址是 16 位宽并且被循环读取，所以伪随机序列的长度是 $D = 2^{16} = 65\,536$。根据式(5.30)

$$N = \text{int}\left[\frac{821.025}{5.12}\right] = 160$$

根据式(5.26)和式(5.31)，有

$$\sum_{n=1}^{65\,536}\Delta_n = M = \left(\frac{821.025}{5.12} - 160\right)\times 65\,536 = 23\,360$$

根据式(5.28)

$$f_0 = \left(160 + \frac{23\,360}{65\,536}\right) \times 5.12\text{MHz} = 821.025\text{MHz}$$

6. 在调制解调器中使用 DDS 综合器来产生具有固定幅度和频率的正弦频移键控(FSK)信号

$$f_n = f_0 + b_n \Delta f$$

这里，b_n，$n = 0, 1, 2, 3, \cdots$ 是在每个时间段 $t_n \leqslant t \leqslant t_{n+1}$ 期间可取值 $+1$ 或 -1 的随机数据序列。不用考虑每个时间段开始时的初始值。中心频率为 $f_0 = 1.3\text{MHz}$。在 f_0 的每一侧偏移频率 $\Delta f = 12\text{kHz}$。DDS 的参考频率为 $f_c = 20.8\text{MHz}$。调谐字宽为 24 位。用 M_n 表示时间段 $t_n \leqslant t \leqslant t_{n+1}$ 中的 M 的值，找到在时刻 t_n 加载到相位累加器中的作为数据位 b_n 的函数的值 M_n 的表达式。检查与预期频率分辨率相比的频率误差。

解答

由于 M 是 24 位宽，所以 N 也是 24 位宽。将 $N = 24$ 代入式(5.40)，对应于 f_0 的调谐字为

$$f_0 = 1.3\text{MHz} = \frac{M_0}{2^{24}}20.8\text{MHz} \Rightarrow M_0 = \frac{1.3}{20.8} \times 2^{24} \approx 1\,048\,576$$

偏移字 ΔM 为

$$\Delta f = 12\text{kHz} = \frac{\Delta M}{2^{24}}20.8\text{MHz} \Rightarrow \Delta M = \frac{12\text{kHz}}{20.8\text{kHz}} \times 2^{24} \approx 9679$$

使用这些值，计算出的上截止频率 f_H 为

$$f_H = \frac{M_0 + \Delta M}{2^{24}}20.8\text{MHz} = \frac{1\,058\,255}{2^{24}}20.8\text{MHz} = 1.311\,999\text{MHz}$$

同样，计算出下截止频率为

$$f_L = \frac{M_0 - \Delta M}{2^{24}}20.8\text{MHz} = \frac{1\,038\,897}{2^{24}}20.8\text{MHz} = 1.288\,000\text{MHz}$$

准确值应为 $f_L = 1.288\,000\text{MHz}$ 和 $f_H = 1.312\,000\text{MHz}$。在式(5.41)中给出的频率分辨率内可以看到最大频率误差约 1Hz。

$$\text{频率分辨率} = \frac{f_c}{2^N} = \frac{20.8\text{MHz}}{2^{24}} = 1.23\text{Hz} \tag{5.64}$$

M_n 作为 b_n 的函数的表达式，现在可以写成如下形式：

$$M_n = M_0 + b_n \Delta M = 1\,048\,576 + b_n \times 9679$$

7. 混合整数-N/DDS 综合器使用 DDS 来产生参考频率。DDS 的相位累加器为 27 位宽。综合器嵌入在工作在 800～900MHz 范围内的发射器中，并且当输出频率在超出标称值 500Hz 以内时系统可正常操作。为了实现快速锁定时间，整数 N 部分的参考频率被设置为 $f_{ref} \approx 250\text{kHz}$；然而，所需的信道间隔是 25kHz，并且综合器必须能够扫描所有信道。DDS 部分的参考是以振荡频率为 $f_c = 13.000\,000\text{MHz}$ 的晶体振荡器。为信道频率计算整数 N 计数器的计数值和 DDS 的调谐字：(1) $f_1 = 806.125\text{MHz}$；(2) $f_2 = 806.275\text{MHz}$。检查每种情况下的频率误差是否满足要求。

解答

N_{int} 表示综合器的整数 N 部分的计数值。用 M 表示 DDS 的调谐字。相位累加器为 27

位宽，DDS 参考频率为 13.000 000MHz，因此 DDS(而不是整个综合器)的频率分辨率 f_R 为

$$f_R = \frac{13.000\,000\text{MHz}}{2^{27}} = 0.096\,857\,5\text{Hz} \tag{5.65}$$

为了估计 N_{int}，让我们暂时从参考频率 $f_{ref} = 250\text{kHz}$ 开始。假设输出频率是 f_{ref} 的整数倍。最接近 f_1 的频率(也是 250kHz 的整数倍)为 806.000 000MHz，而下一个 250kHz 的倍数的数为 806.250 000MHz。因此，可以使用 $N_{int} = N_1$ 来覆盖范围 806.000 000~806.225 000MHz(包括 f_1)，同时调整 f_{ref} 以填充间隙。为了覆盖范围 806.250 000~806.475 000MHz(包括 f_2)，将使用值 $N_{int} = N_2 = N_1 + 1$，并再次用 250kHz 扫描 f_{ref}。因此对于第一范围

$$N_1 = \frac{806\text{MHz}}{250\text{kHz}} = 3224 \tag{5.66}$$

请注意，DDS 不能准确地生成 250kHz，因为只允许 M 的整数值，但是非常接近。使用式(5.40)和式(5.65)，可以发现没有整数值 M，产生 $f_{ref} = M \times f_R = 250\text{kHz}$。实际上设置 M 为

$$M = \text{Int}\left[\frac{f_{ref}}{f_R}\right] = \text{Int}\left[\frac{250\text{kHz}}{0.096\,857\,5\text{Hz}}\right] = 2\,581\,111$$

再次检查我们的解答，我们得到 $2\,581\,111 \times 0.096\,857\,5\text{Hz} = 249\,999\,958\text{kHz}$。现在，混合综合器的整体分辨率是我们通过使用调谐字的整数值对频率进行四舍五入而导致的误差的界限，并且它由下式给出

$$整体混合分辨率 = N_1 \times f_R = 3224 \times 0.096\,857\,5\text{Hz} \approx 312\text{Hz} \tag{5.67}$$

式(5.67)是总误差的界限，其原因在于标称频率是在 $N_1 \times M \times f_R$ 和 $N_1 \times (M+1) \times f_R$ 之间的 f_{ref}。我们看到式(5.67)中的最大稳态频率误差远低于所需的 500Hz 精度。

现在，为了生成 f_1，使用式(5.66)中的整数 N 计数值寻找调谐字 M_1 的所需值。根据式(5.66)，新的参考频率 $f_{ref1} = M_1 \times f_R$ 必须满足

$$f_1 = N_1 \times f_{ref1} = N_1 \times M_1 \times f_R \Rightarrow 806.125\text{MHz} = 3224 \times M_1 \times 0.096\,857\,5\text{Hz}$$

$$\Rightarrow M_1 = \text{Int}\left[\frac{806.125\text{MHz}}{3224 \times 0.096\,857\,5\text{Hz}}\right] = 2\,581\,511 \tag{5.68}$$

再次检验，得到

$$f_{ref1} = 2\,581\,511 \times f_R = 250.038\,701\text{kHz}, \quad f_1 = N_1 f_{ref1} = 806.124\,774\text{MHz}$$

频率误差为 806.125 000MHz − 806.124 774MHz = 226Hz。

为了生成 $f_2 = 806.275\text{MHz}$，以类似于式(5.68)的方式进行，其中 $N_2 = N_1 + 1 = 3225$，

$$M_2 = \text{Int}\left[\frac{806.275\text{MHz}}{3225 \times 0.096\,857\,5\text{Hz}}\right] = 2\,581\,191 \tag{5.69}$$

再次核查

$$f_{ref2} = 2\,581\,191 \times f_R = 250.007\,707\text{kHz}, \quad f_2 = N_2 f_{ref2} = 806.274\,855\text{MHz}$$

频率误差为 806.275MHz − 806.274 855MHz = 145Hz。

5.6　公式背后的原理

在许多类型的综合器架构中，我们准确地回顾了最实用和常用的结构，通常被称为包括电荷泵的鉴相器驱动的二阶锁相环。它的流行源自其简单的结构和直接的数学处理，以及良好的性能和稳定性。为了使情况简单化，我们开发了整数 N 综合器的架构设计方程；然

而，如 5.2.1 节所述，其结果也适用于分数 N 综合器。

5.6.1 整数 N 频率综合器分析

图 5.8 展示了图 5.1 的基本锁相环框图的功能细节。假设综合器在 $t<0$ 的时候保持稳定并被锁定。

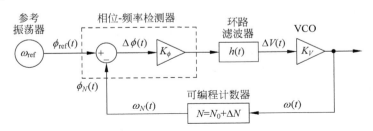

图 5.8 PLL 功能细节图

- ω_{ref}（rad/s）表示基准振荡器信号的固定角频率。基准振荡器的瞬时相位是

$$\phi_{ref}(t) = \omega_{ref}t (\text{rad}) \tag{5.70}$$

- $N=N_0+\Delta N$ 是当前加载至可编程计数器的值，假设 $\Delta N=0$，$t<0$ 且 $\Delta N\neq0$，$t\geqslant0$。

- ΔN 是表示在 $t=0$ 时刻整数 N 变化的值，使压控振荡器离开当前稳定状态并跳转到新的稳定状态。

- 振荡器的瞬时角频率由以下公式给出

$$\omega(t) = \omega_0 + \Delta\omega(t) \tag{5.71}$$

① ω_{ref}（rad/s）表示 $t<0$ 时压控振荡器的稳态角频率，同时 $N=N_0$（且 $\Delta N=0$）。

② $\Delta\omega_{ref}(t)$（rad/s）表示压控振荡器相对之前的稳态值 ω_0 的瞬时频率偏移。显然，$t\leqslant0$ 时，$\Delta\omega(t)=0$。因此，$\Delta\omega(t)$ 描述了 $t>0$ 时 $\omega(t)$ 的行为，在从 $t=0$ 和 $\Delta N=0$ 时的，稳态条件 $\omega(0)=\omega_0$，经过从 $N=N_0$ 到 $N=N_0+\Delta N$ 的变化之后，达到当 $t\rightarrow\infty$ 时的新的稳态条件 $\omega(\infty)=\omega_0+\Delta\omega(\infty)$。

③ 在 $t=0$ 时将参考 VCO 相位置零，并将幅值归一化，在频率跃变开始时（$t\geqslant0$），VCO 输出端的信号 $S(t)$ 的归一化形式为

$$S(t) = \cos\left(\int_0^t \omega(t)dt\right) = \cos\left(\omega_0 t + \int_0^t \Delta\omega(t)dt\right), \quad t\geqslant0 \tag{5.72}$$

- 由于计数器在输入波形的每 N 个周期输出一个波形周期，所以计数器输出端的频率是输入频率除以 N，即

$$\omega_N(t) = \frac{\omega(t)}{N}[\text{rad/s}] \tag{5.73}$$

- 分频后的瞬时相位为

$$\phi_N(t) = \int_0^t \omega_N(t)dt[\text{rad}] \tag{5.74}$$

- 鉴相器输出的瞬时相位差为

$$\Delta\phi(t) = \phi_{ref}(t) - \phi_N(t)[\text{rad}] \tag{5.75}$$

- $h(t)[\text{V/A}]$ 表示环路滤波器的冲激响应（IR），其也包含关联的低通滤波器。环路滤波器以鉴相器电流作为其输入，并在输出端输出电压。

注意：应该注意的是,鉴相器以等于参考频率的频率和与相位误差成比例的宽度输出脉冲序列,并且这些序列经过环路滤波器。为满足采样定理,相关的低通滤波器的带宽必须小于 $\omega_{ref}/2$,那么 $\Delta\phi(t)$ 被隐含地取为正比于序列的短期平均值。由于环路中的所有相关信号都来自 $\Delta\phi(t)$,因此可以忽略鉴相器在采样模式下工作的事实,并且可以像处理模拟信号那样进行计算。

- $K_\phi[A/rad]$ 是一个表示鉴相器中电荷泵增益的常数。该类型检测器在其输入端接受两个方波,并以参考速率输出一系列电流脉冲,其短期平均值正比于它的相位差模 2π。当 $|\Delta\phi(t)|<2\pi$ 时,鉴相器正常工作。在这种条件下,两个信号被认为是相同的频率,并且检测器被认为工作在相模式下。如果相位误差超过 $\pm2\pi$,在一个参考周期内,两个信号被解释为处于不同的频率,并且检测器自动切换到称为频率模式的模式,输出具有助于校正频率差的极性的电流,如 5.1.1.6 节所述。在正确设计的系统中,频率模式仅在启动期间有效,并且在随后的频率跃变期间不会激活;因此,出于计算的目的,检测器总是处于相位模式。

- $K_V[(rad/s)/V]$ 是压控振荡器的控制线端口的灵敏度,它是一个常数。VCO 接受从环路滤波器到控制线的电压信号 $\Delta V(t)$,并且呈现与该电压信号成正比的角频率的变化,即

$$\Delta\omega(t) = K_V \Delta V(t) \tag{5.76}$$

$\Delta\omega(t)$ 是正比于 $\Delta\phi(t)$ 的。

在分析频率跃变中的综合器特性时,通常在参考频率的步长变化之后计算锁相环的行为。这几乎等价表征为稍微简化了的分析,但并不反映实际的过程。

实际上,参考频率是固定的,并且通过将时刻 $t=0$ 将可编程计数器从某一当前值 $N=N_0$ 重新编程为新值 $N=N_0+\Delta N$ 来获得频率跃变。为了清晰和易于理解,最后一种情况是我们将在分析中使用的情况。

5.6.1.1 瞬态分析

对于 $t\leqslant 0$,假设 PLL 在稳态条件下被锁定,即 $\phi_N(t)$ 与 $\phi_{ref}(t)$ 相同,$N=N_0$,从而

$$\Delta\phi(t) = 0 \Rightarrow \omega_N(t) = \frac{\omega_0}{N_0} = \omega_{ref} \Rightarrow \Delta\omega(t) = 0, \quad t \leqslant 0 \tag{5.77}$$

在 $t=0$ 时刻,用新的 N 值重新编程计数器,使得

$$N = N_0 + \Delta N, \quad \Delta N \neq 0, \quad t \geqslant 0 \tag{5.78}$$

我们的任务是弄清楚在 $0\leqslant t\leqslant\infty$ 时,上述 N 的变化是如何影响 $\Delta\omega(t)$ 的。由于瞬时相位是瞬时频率的积分,所以可以这么写

$$\phi_{ref}(t) - \phi_{ref}(0) = \int_0^t \omega_{ref} d\xi = \omega_{ref} t \tag{5.79}$$

$$\phi_N(t) - \phi_N(0) = \int_0^t \frac{\omega_0 + \Delta\omega(\xi)}{N} d\xi = \frac{1}{N_0+\Delta N}\Big[\omega_0 t + \int_0^t \Delta\omega(\xi) d\xi\Big] \tag{5.80}$$

假设总是有 $\Delta N\ll N_0$,使用一阶泰勒展开,可以近似得到

$$\frac{1}{N_0+\Delta N} \approx \frac{1}{N_0}\Big(1 - \frac{\Delta N}{N_0}\Big) \tag{5.81}$$

假设综合器在稳态条件下被锁定,因此设式(5.77)中的 $t=0$,利用式(5.75)可以得到

$$\Delta\phi(0) = \phi_{\text{ref}}(0) - \phi_N(0) \Rightarrow \phi_N(0) = \phi_{\text{ref}}(0) \tag{5.82}$$

用式(5.79)减去式(5.80)，利用式(5.81)，并且考虑式(5.82)，得到当 $t \geqslant 0$ 时

$$\Delta\phi(t) \approx \omega_{\text{ref}}t - \frac{1}{N_0}\left(1 - \frac{\Delta N}{N_0}\right)\left[\omega_0 t + \int_0^t \Delta\omega(\xi)\mathrm{d}\xi\right]$$

$$= \underbrace{\omega_{\text{ref}}t - \frac{\omega_0 t}{N_0}}_{=0} + \frac{\Delta N}{N_0}\frac{\omega_0 t}{N_0} - \int_0^t \frac{\Delta\omega(\xi)}{N_0}\underbrace{\left(1 - \frac{\Delta N}{N_0}\right)}_{\approx 1}\mathrm{d}\xi, \quad t \geqslant 0 \tag{5.83}$$

由式(5.77)，$\omega_{\text{ref}} = \omega_0/N_0$，由于 $\Delta N/N_0 \ll 1$，最终得到

$$\Delta\phi(t) \approx \frac{\Delta N}{N_0}\frac{\omega_0 t}{N_0} - \int_0^t \frac{\Delta\omega(\xi)}{N_0}, \quad t \geqslant 0 \tag{5.84}$$

由于环路滤波器是线性时间不变(LTI)系统，由式(5.76)，图5.8的框图满足等式

$$\Delta\omega(t) = K_V\Delta V(t) = K_V K_\phi[\Delta\phi * h](t) \tag{5.85}$$

用简写的 $[\Delta\phi * h](t)$ 表示 $\Delta\phi(t)$ 和 $h(t)$ 之间的时间卷积。式(5.84)和式(5.85)组成一组积分方程，其解很容易通过拉普拉斯变换找到（读者可以复习一下拉普拉斯变换的基础知识）。将 $f(t)$ 的拉普拉斯变换表示为 $F(s)$，其中 s 是变换域中的复数变量，简写为 $f(t) \Leftrightarrow F(s)$，我们定义单侧拉普拉斯变换对

$$\Delta\phi(t) \Leftrightarrow \Delta\Phi(s), \quad \Delta\omega(t) \Leftrightarrow \Delta\Omega(s), \quad h(t) \Leftrightarrow H(s) \tag{5.86}$$

对式(5.84)和式(5.85)两侧进行拉普拉斯变换，得到未知数 $\Delta\Phi(s)$ 和 $\Delta\Omega(s)$ 的代数方程

$$\begin{cases} \Delta\Phi(s) = \dfrac{\Delta N}{N_0 s^2}\omega_{\text{ref}} - \dfrac{\Delta\Omega(s)}{N_0 s} \\[3mm] K_\phi K_V \Delta\Phi(s)H(s) = \Delta\Omega(s) \end{cases} \tag{5.87}$$

在式(5.87)中，使用对于 $t \geqslant 0$ 有效的单侧拉普拉斯变换对[针对我们考虑的具体情况，因为对于 $t < 0$，$\Delta\phi(t)$ 和 $\Delta\omega(t)$ 没有意义]

$$\int_0^t \Delta\phi(\xi)\mathrm{d}\xi \Leftrightarrow \frac{1}{s}\Delta\Phi(s), \quad [\Delta\phi * h](t) \Leftrightarrow \Delta\Phi(s)H(s), \quad t \Leftrightarrow \frac{1}{s^2}, \quad t \geqslant 0 \tag{5.88}$$

假设当 $t \to \infty$ 时 $\Delta\phi(t)$ 是有界的，即假设综合器可以稳定到新的稳态频率，可以从式(5.87)中消除 $\Delta\Phi(s)$，获得

$$\Delta\Omega(s) = \frac{1}{s}\frac{K_\phi K_V H(s)}{N_0 s + K_\phi K_V H(s)}\Delta N\omega_{\text{ref}} \tag{5.89}$$

将拉普拉斯变换的最后结果代入式(5.89)，即

$$\lim_{t \to \infty}\Delta\omega(t) = \lim_{s \to 0}s\Delta\Omega(s) \tag{5.90}$$

得到由于 N 变化 ΔN 导致的稳态输出频率变化

$$\lim_{t \to \infty}\Delta\omega(t) = \lim_{s \to 0}\frac{K_\phi K_V H(s)}{N_0 s + K_\phi K_V H(s)}\Delta N\omega_{\text{ref}} = \Delta N\omega_{\text{ref}} \tag{5.91}$$

可以看到，独立于环路特性，综合器最终稳定在新的频率值

$$\omega(\infty) = \omega_0 + \Delta\omega(\infty) = \omega_0 + \Delta N\omega_{\text{ref}} \tag{5.92}$$

然而，一个重要问题是：$\Delta\omega(t)$ 如何快速和稳定地接近 $\Delta N\omega_{\text{ref}}$？为了回答这个问题，计算图5.2中环路滤波器的拉普拉斯域传递函数 $H(s)$。5.5节的练习3中的等式(5.58)表示，对于低频信号 $\Delta\phi(t)$，环路滤波器的阻抗由 R 和 C 的串联阻抗近似给出，而 $C_0 \ll C$ 可以

被忽略。因此，就 PLL 的而言，用 $I(s)$ 表示输入电流，用 $V(s)$ 表示输出电压，环路滤波器的传递函数 $H(s)$ 为

$$H(s) = \frac{V(s)}{I(s)} \approx R + \frac{1}{sC} = R \cdot \frac{s + \omega_L}{s}, \quad \omega_L = \frac{1}{RC} \tag{5.93}$$

将式(5.93)中的 $H(s)$ 代入式(5.89)得到显式表达式

$$\Delta\Omega(s) = \frac{\alpha s + \alpha\omega_L}{s(s^2 + \alpha s + \alpha\omega_L)}\Delta N\omega_{\text{ref}}, \quad \alpha = \frac{K_\phi K_V R}{N_0}, \quad \omega_L = \frac{1}{RC} \tag{5.94}$$

习惯上将式(5.94)的二次表达式写成以下形式

$$s^2 + \alpha s + \alpha\omega_L s^2 + 2\xi\omega_n s + \omega_n^2, \quad \xi, \omega_n > 0 \tag{5.95}$$

ω_n 被称为固有频率，ξ 被称为阻尼因子。式(5.95)意味着

$$\xi = \frac{1}{2}\sqrt{\frac{\alpha}{\omega_L}}, \quad \omega_n = \sqrt{\alpha\omega_L} \tag{5.96}$$

设

$$s^2 + 2\xi\omega_n s + \omega_n^2 = (s - \gamma_1)(s - \gamma_2) \tag{5.97}$$

将式(5.94)重写为

$$\Delta\Omega(s) = \frac{-(\gamma_1 + \gamma_2)s + \gamma_1\gamma_2}{s(s - \gamma_1)(s - \gamma_2)}\Delta N\omega_{\text{ref}}, \quad \gamma_1, \gamma_2 = \omega_n(-\xi \pm \sqrt{\xi^2 - 1}) \tag{5.98}$$

如 5.1.1.2 节所述，鲁棒设计要求 $0 < \xi < 1$，尤其是要求 ξ 约为 0.5。因此，从式(5.98)的最右边的表达式得出，在实际设计中，$\gamma_1 \neq \gamma_2$，因此可以用部分分数展开形式重写式(5.98)

$$\Delta\Omega(s) = \left(\frac{1}{s} + \frac{\gamma_1}{\gamma_2 - \gamma_1} \cdot \frac{1}{s - \gamma_1} - \frac{\gamma_2}{\gamma_2 - \gamma_1} \cdot \frac{1}{s - \gamma_2}\right)\Delta N\omega_{\text{ref}}, \quad \gamma_1 \neq \gamma_2 \tag{5.99}$$

现在可以通过使用单侧拉普拉斯变换对得到 $\Delta\omega(t)$

$$\frac{1}{s + \lambda} \Leftrightarrow e^{-\lambda t}u(t), \quad \frac{1}{(s + \lambda)^2} \Leftrightarrow te^{-\lambda t}u(t) \tag{5.100}$$

在式(5.100)中，λ 是复数常数，$u(t)$ 是海维赛特函数

$$u(t) = \begin{cases} 1, & t \geq 0 \\ 0, & t < 0 \end{cases} \tag{5.101}$$

将式(5.100)代入式(5.99)，得到

$$\Delta\omega(t) = \left(1 + \frac{\gamma_1}{\gamma_2 - \gamma_1}e^{\gamma_1 t} - \frac{\gamma_2}{\gamma_2 - \gamma_1}e^{\gamma_2 t}\right)u(t)\Delta N\omega_{\text{ref}}, \quad \gamma_1 \neq \gamma_2 \tag{5.102}$$

从式(5.98)可以看到，由于 $\xi < 1$，根 γ_1 和 γ_2 由复共轭对组成

$$\gamma_1 = -\omega_n\xi + j\omega_n\sqrt{1 - \xi^2}, \quad \gamma_2 = -\omega_n\xi - j\omega_n\sqrt{1 - \xi^2} \tag{5.103}$$

将式(5.103)代入式(5.102)，经过长时间的运算之后(这些留给读者完成)，我们得到任何对于 $t \geq 0$ 时的 $\Delta\omega(t)$ 的表达式，即从时刻 $t = 0$ 开始计数器从 $N = N_0$ 重编程到 $N = N_0 + \Delta N$。$\Delta\omega(t)$ 的表达式在式(5.104)中给出

$$\Delta\omega(t) = \left[1 + \frac{e^{-\xi\omega_n t}}{\sqrt{1 - \xi^2}}\sin\left(\omega_n\sqrt{1 - \xi^2}t - \sin^{-1}\sqrt{1 - \xi^2}\right)\right]\Delta N\omega_{\text{ref}}, \quad t \geq 0 \tag{5.104}$$

通常通过绘制 $\Delta\omega/\Delta N\omega_{\text{ref}}$ 与 $\omega_n t$ 的图像来表示式(5.104)的归一化形式，如图 5.9 所示。

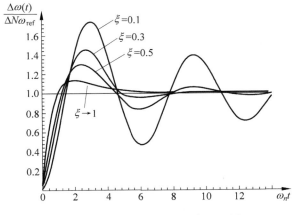

图 5.9 归一化 $\Delta\omega/\Delta N\omega_{\mathrm{ref}}$ 与 $\omega_n t$ 图

5.6.1.2 锁定时间分析

锁定时间是一个相当宽松的定义,它取决于一个人对综合器锁定状态的认识,且非常依赖于实际应用程序。在大多数情况下,一旦 VCO 频率处于距离最终状态的某个绝对误差范围内,嵌入 PLL 的系统就变得可操作。可以合理地假定,在窄频跃变的情况下,瞬时 VCO 频率 $\omega(t)$ 将比在宽频跃变的情况下更早地接近最终稳态值 $\omega(\infty)$。因此,锁定条件可以用以下形式表示

$$\left| \frac{\omega(t) - \omega(\infty)}{\omega(\infty) - \omega(0)} \right| \leqslant \varepsilon \tag{5.105}$$

这里 $|\omega(\infty) - \omega(0)|$ 是跳变的大小,$|\omega(t) - \omega(\infty)|$ 是时间 $t \geqslant 0$ 后的绝对频率误差。因此式(5.105)是相对于跳跃大小的绝对频率误差。从式(5.71)得到 $\omega(t) = \omega_0 + \Delta\omega(t)$,从式(5.92)得到 $\omega(\infty) = \omega_0 + \Delta N\omega_{\mathrm{ref}}$,并且回想到 $t=0$ 时 $\Delta\omega(t) = 0$,

$$\left| \frac{\omega_0 + \Delta\omega(t) - (\omega_0 + \Delta N\omega_{\mathrm{ref}})}{(\omega_0 + \Delta N\omega_{\mathrm{ref}}) - \omega_0} \right| = \left| \frac{\Delta\omega(t) - \Delta N\omega_{\mathrm{ref}}}{\Delta N\omega_{\mathrm{ref}}} \right| \leqslant \varepsilon \tag{5.106}$$

现在可以将式(5.104)重写成以下形式

$$\frac{\Delta\omega(t) - \Delta N\omega_{\mathrm{ref}}}{\Delta N\omega_{\mathrm{ref}}} = \frac{e^{-\xi\omega_n t}}{\sqrt{1 - \xi^2}} \sin\left(\omega_n \sqrt{1 - \xi^2}\, t - \sin^{-1} \sqrt{1 - \xi^2} \right) \tag{5.107}$$

对式(5.107)取绝对值并注意到 $|\sin x| \leqslant 1$,得到

$$\left| \frac{\Delta\omega(t) - \Delta N\omega_{\mathrm{ref}}}{\Delta N\omega_{\mathrm{ref}}} \right| = \left| \frac{e^{-\xi\omega_n t}}{\sqrt{1 - \xi^2}} \sin\left(\omega_n \sqrt{1 - \xi^2}\, t - \sin^{-1} \sqrt{1 - \xi^2} \right) \right| \leqslant \frac{e^{-\xi\omega_n t}}{\sqrt{1 - \xi^2}} \tag{5.108}$$

然后,使用式(5.106)可以重写式(5.105)为如下形式

$$\left| \frac{\omega(t) - \omega(\infty)}{\omega(\infty) - \omega(0)} \right| = \left| \frac{\Delta\omega(t) - \Delta N\omega_{\mathrm{ref}}}{\Delta N\omega_{\mathrm{ref}}} \right| \leqslant \frac{e^{-\xi\omega_n t}}{\sqrt{1 - \xi^2}} \tag{5.109}$$

如果给出允许的最大相对误差 ε 和频率跃变 $\Delta N\omega_{\mathrm{ref}}$,并且由于 $e^{-\xi\omega_n t}$ 是 t 的单调递减函数,因此 $t = t_0$ 时,从式(5.109)和式(5.105)可以容易地推断出与锁定时间 t_{lock} 的界限,满足

$$\frac{e^{-\xi\omega_n t_0}}{\sqrt{1-\xi^2}} = \varepsilon \tag{5.110}$$

由(5.108)可知，t_0 是 t_{lock} 的紧界，因此，取式(5.110)的自然对数，最终得到

$$t_{\text{lock}} \leqslant t_0 = \frac{1}{\xi\omega_n}\ln\left(\frac{1}{\varepsilon\sqrt{1-\xi^2}}\right) \tag{5.111}$$

参考文献

1　Analog Devices (1999) A Technical Tutorial on Digital Signal Synthesis, Analog Devices, New York.

2　Darabi, H. (2015) Radio Frequency Integrated Circuits and Systems, Cambridge University Press, Cambridge.

3　Hajimiri, A., Limotyrakis, S., Lee, T. H. (1999) Jitter and phase noise in ring oscillators, IEEE J. Solid State Circuits, 34:6.

4　Jordan, E. C. (1989) Reference Data for Engineers: Radio, Electronics, Computer and Communications, Howard W. Sams and Company, New York.

5　Kennet H., Rozen, K. H. (2003) Discrete Mathematics and its Applications, McGraw-Hill, New York.

6　Kester, W. (2009) Fundamentals of Direct Digital Synthesis, MT-085, Analog Devices, New York.

7　Krauss, H. L., Bostain, C. W., Raab, F. H. (2006) Solid State Radio Engineering, John Wiley & Sons, Inc., New York.

8　Lee, T. H. (2004) The Design of CMOS Radio-Frequency Integrated Circuits, 2nd edn, Cambridge University Press, Cambridge.

9　Leeson, D. B. (1966) A simple model of feedback oscillator noise spectrum, Proc. IEEE, 54:329-330.

10　Maxim Integrated (2004) Clock, Jitter and Phase Noise Conversion, Application Note 3359, http://www.maximintegrated.com/app-notes/index.mvp/id/3359, accessed 1 January 2015.

11　Nguyen, C. (2015) Radio-Frequency Integrated-Circuit Engineering, John Wiley & Sons, Ltd, Chichester.

12　Perrott, M. H., Trott, M. D. (2002) A modeling approach for Σ-Δ fractional-N frequency synthesizers allowing straightforward noise analysis, IEEE J. Solid State Circuits, 37:8.

13　Razavi, B. (2012) RF Microelectronics, 2nd edn, Prentice Hall, New York.

14　Rohde, U. L. (1997) Microwave and Wireless Synthesizers, John Wiley & Sons, Inc., New York.

15　Schwartz, M. (1990) Information, Transmission, Modulation and Noise, McGraw-Hill, New York.

第6章

振 荡 器

　　振荡器是几乎所有现代电子系统（无论是模拟、数字还是混合系统）中的必不可少的频率源。它构成了频率合成器的基本组成部分（见第 5 章），并作为数字系统中的时间参考。RF 振荡器在确定接收机关键参数方面起到了重要作用，例如选择性、阻塞（见第 3 章）和发射机干扰规范（如 ACPR）（见第 4 章）。它还被用于产生数字时钟提供给主机、数字信号处理器（DSP）；也被用来作分布式系统和数据传输协议的同步信号。然而，由于应用、尺寸约束、成本和电流消耗要求的巨大差异，人们不能总是找到合适的现成模块，因此在许多情况下，必须在器件层次上设计振荡器。在本书中讨论的收发机系统中，振荡器覆盖频率很宽，低至 30kHz，高到 10GHz。决定振荡器频率的电路被称为谐振器，可以使用多种技术来实现，具体使用哪种技术取决于振荡频率和应用范围。在非常低的频率，最高达几十兆赫兹，通常使用集总元件或压电晶体。对于 100MHz 以上的频率，谐振器通常使用分布式结构，如微带线、带状线、螺旋线和同轴电缆，这些元件或电路可以直接在印制电路板（PCB）上构建或以独立形式（通常使用高介电常数陶瓷材料）实现。

　　为了得到频率可调谐的振荡器，通常在谐振器中加入电压敏感元件，并设置谐振器工作在所需频率范围内（参见 6.4.3.3 节）。在这种情况下，可以将可变控制电压施加到被称为操纵线的端口来确定振荡频率，该振荡器被称为 VCO（电压控制振荡器）。如果操纵线端口加电压常量，不受可变电压控制，或者忽略电压敏感元件，则振荡器是自由震荡的。另外，使用诸如压电晶体的机电结构实现谐振器，振荡器可以产生稳定的精确固定频率，即使环境和电压变化或者器件老化，频率依然稳定。在这种情况下，振荡器被称为基准振荡器。尽管各种谐振器的工艺和实现方法多种多样，仍然可以用等效电感、电容和电阻组成的集总等效形式来建模；因此，无论频率范围或实际实现技术如何，人们都能够统一设计振荡器。虽然振荡器可以实现的方式非常多；但是本章只描述一些最常用的电路，这足以让读者理解振荡器的重要设计原则。首先，将讲解设计方程的基本概念并简要练习；在这一点上，读者将能熟练使用方程结论，但不需要深入理解理论。然后，在不同应用框架下，练习使用设计方程。最后，在后面的部分，对于想进一步理解设计原理的读者，本书给出了各种设计方程的证明，并详细解释了相关的基础理论以及数学处理方法。

6.1 低功耗自限幅振荡器

6.1.1 定义及工作原理

本书讨论的所有实际振荡器都是低功率类型，即它们的射频信号功率最高只有几 dBm，并且能够自动限制输出功率不会变大，振荡器自限幅的特点来源于振荡器有源元件固有的非线性特性。这种限制机制使输出振荡幅度保持稳定，这也是设计可靠振荡器的关键。

振荡器的任务是输出具有预定频率、稳定振幅和低相位噪声的正弦射频载波信号，同时保持尽可能低的功耗。振荡器可以作为频率合成器的一部分，或者独立使用。振荡器输出信号可以用于接收机中本地振荡器(LO)的载波(CW)，或者作为发射机中的偏移振荡器，还可以用于驱动正交调制器(见第 2 章)，或者用于产生数字电路或处理器的时钟信号。

理论上，振荡器分析是一个复杂的任务。在这个阶段，本书提供一个原则性的讨论，尽管很简单，但足以让读者理解振荡器工作原理并能够使用这些方程设计电路。感兴趣的读者在 6.4 节中将可以看到进一步的讨论。

6.1.1.1 自限幅振荡机制

为了更清楚地了解自限幅振荡机制，可以借助如图 6.1 所示的电路简单了解一下。该电路包括：

- 一个恒定幅度的纯正弦输入电压源。

$$v_i(t) = V\cos\omega_0 t \tag{6.1}$$

- 一个非线性、非记忆的跨导放大器(电压输入，电流输出)。

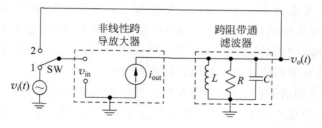

图 6.1 自限幅振荡机制

由于放大器是非线性并且没有记忆效应(输出信号仅取决于当前信号)，如果输入 v_{in} 由类似于式(6.1)形式的纯正弦波电压组成，则对于每个固定值 V，输出 i_{out} 是由谐波项组成的相对于 v_{in} 的零相移电流，频率包含 ω_0 的整数倍。因此，i_{out} 可以扩展成傅里叶级数的形式。

$$i_{out} = \sum_{n=0}^{\infty} i_n(t), \quad i_n(t) = I_n\cos n\omega_0 t \tag{6.2}$$

其中 $I_n \equiv I_n(V)$ 是输出电流的 n 次谐波分量的峰值幅度。对于 V 的每个值，傅里叶级数展开式(6.2)中的每个系数 I_n 可以取不同的值，并且特别地，输出电流的基波分量 $i_1(t)$ 的振幅 I_1 是输入电压信号振幅 V 的非线性函数。假设(稍后证明)当振幅 V 变得足够大时，由于饱和效应，I_1 的值稳定到最大极限值 $I_{1\max}$。通过下述公式描述这一点：

$$I_1 = G(V)V \Rightarrow i_1(t) = G(V)V\cos\omega_0 t \tag{6.3}$$

其中 $G(V) \geqslant 0$ 是 V 的单调递减函数,即 V 的值越大,$G(V)$ 的值越小,直到 $V \to \infty$

$$V \to \infty \Rightarrow G(V)V \to I_{1\max} \tag{6.4}$$

随着 V 减小,$G(V)$ 增加,最终,对于非常小的 V 值达到最大值 g_{m},g_{m} 称为小信号跨导。

$$V \to 0 \Rightarrow G(V) \to g_{\mathrm{m}} = \left. \frac{I_1}{V} \right|_{V \to 0} \tag{6.5}$$

- 以中心频率为 ω_0 的跨阻(电流输入,电压输出)窄带带通滤波器。在 6.4.1 节中详细分析了一个适合大多数实际滤波器的模型。为了简化,在图 6.1 的电路中,使用谐振在频率 ω_0(源 $v_{\mathrm{i}}(t)$ 的频率)窄带并联 RLC 网络。这种 RLC 滤波器的阻抗 $Z(\omega)$ 在谐振频率是纯阻性的,并假设在 dc 和谐波频率 $n\omega_0(n>1)$ 时阻抗几乎为零,即

$$Z(n\omega_0) \begin{cases} = R, & n = 1 \\ \approx 0, & n \neq 1 \end{cases} \tag{6.6}$$

现在,参考图 6.1,首先将开关 SW 设置在位置 1。这将连接电压源 $v_{\mathrm{i}}(t) = V\cos\omega_0 t$ 到放大器的输入。将初始幅度设置为 $V = 0$。逐渐增加 V,输出电流开始增加,其值将跟随电压幅值,其基频分量将取式(6.3)的值。由于在所有谐波频率处,RLC 滤波器表现为接近零阻抗,在滤波器输出端出现的唯一电压信号是由流经阻抗 $Z(\omega_0) = R$ 的基频电流分量引起的。因此,在滤波器的输出处的电压 $v_{\mathrm{o}}(t)$ 为

$$v_{\mathrm{o}}(t) = i_1(t)R = I_1 R\cos\omega_0 t, \quad I_1 = G(V)V \tag{6.7}$$

注意,由于在谐振时 RLC 电路是纯电阻性的,所以相对于输入信号,它不会在输出信号中引入任何相移。函数 $G(V)$ 取决于非线性放大器的特性,并且对于所使用的特定放大器是已知函数。下面将说明如何在一些最常用场景中确定 $G(V)$。现在,假设 $G(V)$ 是已知的。首先,对于小的 V 值,根据式(6.5)$G(V) = g_{\mathrm{m}}$;因此,如果选择 R 使得 $g_{\mathrm{m}}R > 1$,则 $v_{\mathrm{o}}(t)$ 的幅度将大于 $v_{\mathrm{i}}(t)$ 的幅度。如果保持增加 V,则 $G(V)$ 单调减小,直到对于一些 $V = V_0$,滤波器输出的 $v_{\mathrm{o}}(t)$ 的振幅变得等于输入源 $v_{\mathrm{i}}(t)$ 的振幅。事实上,将 $V = V_0$ 代入式(6.1)和式(6.7),得到

$$v_{\mathrm{i}}(t) = V_0\cos\omega_0 t = G(V_0)V_0 R\cos\omega_0 t = v_{\mathrm{o}}(t) \tag{6.8}$$

由于 $v_{\mathrm{i}}(t)$ 和 $v_{\mathrm{o}}(t)$ 之间没有相位差,式(6.8)意味着

$$[1 - G(V_0)R]V_0\cos\omega_0 t = 0 \Rightarrow G(V_0)R = 1 \tag{6.9}$$

这被称为在基频 ω_0 处的放大器/滤波器组合环路的大信号环路增益。一般来说,式(6.9)和 $G(V_0)R$ 可以写成:

$$G(V_0)Z(\omega_0) = 1, \quad Z(\omega_0) = \left. \frac{V_0}{I_1} \right|_{\omega = \omega_0}, \quad G(V_0) = \frac{I_1}{V_0} \tag{6.10}$$

此时:

- $\omega_0 = 2\pi f_0$ 是振荡频率。
- V_0 是放大器输入端的稳态振荡幅度。
- $I_1 \equiv I_1(V_0)$ 是稳态基频输出电流分量。
- $G(V_0)$ 是稳态基频跨导。
- $Z(\omega_0)$ 是滤波器在频率 ω_0 处的跨阻电阻。

式(6.10)中的条件 $G(V_0)Z(\omega_0) = 1$ 被称为巴克豪森准则。如果在 $V = V_0$ 时保持

式(6.10)，返回到开关 SW 的触点 2 的信号在幅度和相位上与源信号 $v_i(t)$ 相同；因此，如果现在将开关从位置 1 移动到位置 2，则信号 $v_o(t)$ 将完全替代输入源 $v_i(t)$，使得 $v_o(t)$ 自生成并且继续无限地存在，振幅为 V_0。这种信号自产生状态意味着形成了振荡器。根据非线性方程(6.9)的解，振幅 V_0 为振荡器自稳定时的幅度，振荡频率为滤波器的谐振频率(此时阻抗为实阻抗)。巴克豪森准则指出，为了振荡的产生，通过整个环路的往返路径必须产生单位幅度增益和零相移。换句话说，环路增益必须是正实数，等于 1。只有这样，返回的信号与输入信号相同，并且发生自循环。

实际上，"理论开关"SW 从一开始就总是处于位置#2，并且没有外部输入电压源 $v_i(t)$。输入电压源的作用由 3.1.1 节中讨论的无处不在的热噪声产生。放大器输入端的"白色"热噪声总是包含频率为 ω_0 的电压分量。由于噪声振幅很小，因此最初在频率 ω_0 处的非线性电压增益较大；此时 $G(V)R = g_m R > 1$，噪声分量被放大，反馈到输入，再次放大。结果，只要 $G(V)R > 1$，则在频率 ω_0 处产生一个幅度不断增大的正弦信号，直到其达到振幅 V_0，其中 $G(V_0)R = 1$。幅度稳定在 V_0，因为如果 V 增长大于 V_0，由于 $G(V)$ 的单调减小，电压增益变为 $G(V)R < 1$，信号将减小。正如我们很快看到的，假定的非线性单调递减跨导模型 $G(V)$ 天然出现在三极管和 MOSFET 振荡器中。

6.1.1.2　振荡器相位噪声

在 3.3 节和 3.4 节中，讨论了振荡器相位噪声在接收机选择性和抗阻塞性能中的重要作用，其中提到其数学行为由 Leeson 方程描述。对于需要进一步理解的读者，在 6.4.2 节中展示了一种通过将振荡器建模为由热噪声驱动的反馈放大器来推导 Leeson 方程的方法。

这里展示(忽略证明过程的)Leeson 方程，根据 3.3.1.1 节的讨论，它定义了振荡器相位噪声频谱密度 $L(\Delta f)$，以 dBc/Hz 为单位，以相对于中心频率 $f_0 = \omega_0/2\pi$ 偏移 $\Delta f = f - f_0$ 处的噪声功率和振荡频率处的功率比值来计算。$L(\Delta f)$ 为：

$$L(\Delta f) = 10\log_{10}\left\{\frac{kTF}{2P_s}\left[1 + \left(\frac{f_0}{2Q_l\Delta f}\right)^2\right]\right\}[\text{dBc/Hz}] \tag{6.11}$$

这里 k 是玻尔兹曼常数，F 是放大器的噪声因子，P_s 是传递到放大器的输入端口的功率(在阻抗匹配下)，被称为限制端口，Q_l 是谐振带通滤波器的带载 Q 值。带载 Q 值是对与滤波器相连的总欧姆 RF 损耗的量度(在图 6.1 中 $Q_l = \omega_0 RC$，在图 6.2 中 $Q_l = \omega_0 L/r$)，该值的作用将在处理实际电路时详细讨论。当接近载波频率时，即对于 $\Delta f \to 0$，式(6.11)的方括号中的常数 1 相对于二次幂项变得可忽略，得到在式(3.19)中描述的行为。当远离载波频率，既 $\Delta f \to \infty$ 时，二次方项消失，达到式(3.27)的本底噪声。根据式(6.11)，可以得到远端底噪由 P_s 确定，即由振荡的幅度确定，而近端相位噪声由 Q_l 确定。P_s 越大，底噪越好。Q_l 越大，近端噪声接近底噪值越快。

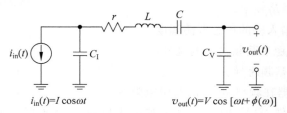

图 6.2　实用的谐振 π 型滤波器

在非常接近振荡频率 f_0 的频率 f 处,例如对于 $|f - f_0| < f_c$,其中 f_c 取决于器件工艺,被称为闪烁噪声拐角,等效放大器的噪声因子恶化,此时值为

$$F \to F \left(1 + \frac{f_c}{|\Delta f|} \right), \quad |\Delta f| \leqslant f_c \tag{6.12}$$

闪烁噪声拐角频率 f_c 在三极管工艺中为 1kHz 的量级,在 MOSFET 工艺中为 100kHz 的量级。然而,在本书的讨论中,我们总是假定闪烁噪声拐角频率是低的,总是使用式(6.11)。这是合理的,因为数字调制方案在非常低的频率下不包含任何能量。

然而,当使用诸如 AM、单边带(SSB)和模拟 FM 的等老式模拟调制方案时,应考虑低于 f_c 的噪声。

6.1.2　实际电路

在大多数实际电路中,放大器是反相的,因此为了获得正环路增益,并联 RLC 电路必须由反相谐振器代替,以便保持总环路增益为正。在 $\omega = \omega_0$ 处谐振的合适的 π 型滤波器起到该作用,如图 6.2 所示。为了说明相位反转,这里输入电流的正方向从滤波器中取出,与图 6.1 的方向相反,而输出电压的方向与图 6.1 保持一致。从 6.4.1 节的分析可以看出,滤波器的传递函数非常接近于表达式

$$Z(\omega) = \frac{1}{\omega_0^2 C_1 C_V r} \times \frac{1}{1 + j2Q_1[(\omega - \omega_0)/\omega_0]} \tag{6.13}$$

$$Q_1 = \frac{\omega_0 L}{r}, \quad \omega_0 = \sqrt{\frac{1}{L C_T}}, \frac{1}{C_T} = \frac{1}{C} + \frac{1}{C_V} + \frac{1}{C_I} \tag{6.14}$$

注意:

- 谐振频率由电感和所有三个电容器 C、C_1、C_V 的串联组合的值决定。
- 如果不存在其他损耗,则 Q_1 等于谐振频率 $\omega = \omega_0$ 处的电感器的品质因数 Q_1。
- 电阻器 r 考虑了谐振电路中的所有欧姆损耗。大的 Q_1 意味着低功率损耗。
- 在谐振时,正电流和电压方向如图 6.2 所示,传递函数式(6.13)产生

$$Z(\omega_0) = \left. \frac{V}{I} \right|_{\omega = \omega_0} = \frac{1}{\omega_0^2 C_1 C_V r} \tag{6.15}$$

- 总是需要 $Q_1 \gg 1$,从式(6.13)得出在谐振频率的倍数处

$$|Z(n\omega_0)| \approx \frac{1}{\omega_0^2 C_1 C_V r} \cdot \frac{1}{|1 + j2Q_1(n-1)|} \approx \frac{Z(\omega_0)}{2Q_1(n-1)} \ll Z(\omega_0) \tag{6.16}$$

式(6.16)意味着在滤波器输入端的谐波电流(在频率的倍数处的电流)产生的电压相对于基频(谐振频率)电压可忽略。因此,从现在开始,只考虑电流的基波部分。

使用如图 6.2 所示的反相放大器和滤波器,基频下振荡器的交流等效电路如图 6.3 所示(偏置未显示)。我们将展示在实际电路中这将如何实现。将使用图 6.2 的谐振滤波器的振荡器称为 π 型结构振荡器,当 $C < \infty$ 时称为"克拉泼振荡器",当 C 由短路替换时称为"考毕兹振荡器"。许多实际振荡器表现出 π 型结构。

在谐振频率 ω_0 处,图 6.3 的电路的基频跨导 $G(V_0)$ 和滤波器传递函数由下式给出:

$$Z(\omega_0) = \frac{V_0}{I_1} = \frac{1}{\omega_0^2 C_1 C_V r}, \quad G(V_0) = \frac{I_1}{V_0} \tag{6.17}$$

从巴克豪森法则(6.10)和式(6.17)可以得出,稳态振荡的自限幅度是满足非线性方程

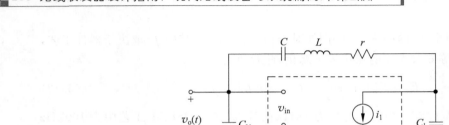

$$v_{in}=v_o(t)=V_0\cos\omega_0 t \qquad\qquad i_1(t)=I_1\cos\omega_0 t$$

图 6.3　π 型振荡器的交流等效原理图

的值 V_0（$I_1=G(V_0)V_0$ 是 V_0 的非线性函数）

$$G(V_0)Z(\omega_0)=\frac{I_1}{V_0\omega_0^2 C_I C_V r}=1 \tag{6.18}$$

良好的振荡器设计必须始终寻求在 V_0 的值尽可能大的情况下自稳定,原因有二:

- 根据 Leeson 公式(6.11), V_0 越大, P_s 越大,因此相位噪声越好。
- 如式(6.4)中所指出的,当 V_0 变得足够大时,基频电流分量 I_1 接近极限值 I_{1max},几乎独立于 V_0。此时,振荡电压 V_0 对放大器特性的变化不那么敏感。为了理解这一点,假设 I_{1max} 是已知的。然后对于 V_0 足够大的基频输出电流达到渐近值。

$$I_1=G(V_0)V_0\approx I_{1max} \tag{6.19}$$

然后,将 $I_1=I_{1max}$ 代入式(6.18),得到大 V_0 的近似(渐近)方程,其解可以立即得到

$$V_0\approx\frac{I_{1max}}{\omega_0^2 C_I C_V r} \tag{6.20}$$

对于给定的 ω_0、r、L、C 和 I_{1max},结果是当 $C_V=C_I$ 时(参见 6.3 节的练习 5),振荡振幅 V_0 最大

$$\max_{C_V,C_I}\{V_0\}=\frac{I_{1max}}{\omega_0^2 C_I^2 r}, \quad C_V=C_I \tag{6.21}$$

V_0 的值受到任何滤波电路元件的电阻负载以及传送到负载的 RF 功率的影响。例如,这样的负载可以从有源器件的有限输入电阻产生。由电阻负载引起的能量损耗可以被建模为与 r 串联的附加电阻,其增加式(6.20)中的 r 的有效值(因此减小 Q_I),并且导致 V_0 的减小和相位噪声恶化。大部分实用的振荡器设计实现了图 6.3 的结构。然而,这一点不容易看出,该等效结构只有在绘制交流等效电路时才能识别(见 6.3 节练习 2 和练习 7)。

以下两个例题给出了如何使用上述方程:(i)用于数字应用中的与非门驱动 CMOS 振荡器,(ii)晶体管驱动三极管(BJT)振荡器。在练习的框架中,展示一个有用的阻抗变换定理,并且显示了计算 r 的有效值的一般方法,以计算电路负载和电感损耗。

6.1.2.1　实例:与非门驱动振荡器

与非门通常用于在数字设备中生成时钟。图 6.4 显示了使用采用 CMOS 技术构建的与非门振荡器,工作在 $10\sim20$MHz 频率范围内。图 6.4 中的与非门是开漏型,其输出表现为电流源,对称最大抽/灌电流能力为 $\pm250\mu A$。

带有电压缓冲器的门电路被当作电压源来对待,这将在 6.3 节的练习 10 中讨论。

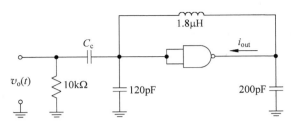

图 6.4 具有 π 型结构的与非门驱动振荡器

直流阻塞耦合电容器 C_c 很大，并且对除了直流之外的所有信号表现为短路。$10\mathrm{k}\Omega$ 电阻表示输出端的负载电阻。与非门的输入阻抗非常大，在这里可以忽略。假设与非门阈值电压 v_{thr} 处于电源电压的一半，并且接近阈值电压时，与非门的跨导非常大。电感是直流短路，因此与非门保持在阈值（有效工作）区域附近，其工作状态非常类似于运算放大器。电感器在工作频率范围内的品质因数 $Q_L \approx 50$。由于门电路非常大的跨导增益，交流输出电流 i_{out} 和电压 v_i 的函数可以近似为：

$$i_{out} \approx \begin{cases} +250\mu\mathrm{A}, & v_i > v_{thr} \\ -250\mu\mathrm{A}, & v_i < v_{thr} \end{cases} \tag{6.22}$$

（1）画出振荡器类似于图 6.3 所示模型的交流等效电路。

（2）计算振荡频率 $f_0 = \omega_0/2\pi$。

（3）计算输出信号 $v_o(t) = V_0 \cos\omega_0 t$ 的峰值电压。

（4）计算输出到 $10\mathrm{k}\Omega$ 负载的 RF 功率，单位为 dBm。

解：

（1）电感器 L 在频率 ω_0 的品质因数 Q_L 被定义为

$$Q_L = \frac{\omega_0 L}{r_L} \tag{6.23}$$

其中 r_L 是与电感器串联的等效电阻，其值随电路损耗增加而增加，并且对于无损电感器为零。与非门输入端的稳态交流电压为

$$v_{in} = v_i - v_{thr} = v_o(t) = V_0 \cos\omega_0 t \tag{6.24}$$

C_c 作为交流频率的短路，振荡器的交流等效电路采用如图 6.5 所示的形式，其中 $C_V = 120\mathrm{pF}$，$C_I = 200\mathrm{pF}$，$L = 1.8\mu\mathrm{H}$，$r_L = \omega_0 L/Q_L$（在计算 ω_0 之后确定）。然后，如果在图 6.3 中设置 $C = \infty$，除了与输入端口并联的额外的 $10\mathrm{k}\Omega$ 电阻，图 6.5 的电路具有与图 6.3 相同的形式。

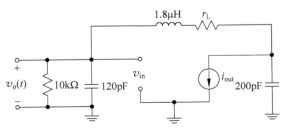

图 6.5 π 型结构与非门振荡器 AC 等效电路

（2）$10\text{k}\Omega$ 电阻表示接受 RF 功率的负载值。尽管看起来很奇怪,有源器件的输入端口也是振荡器的方便的输出端口,因为在这一点上,振荡 RF 信号由于滤波而在频谱上是清洁的,并且具有稳定的幅度。作为输入交流电压的函数的交流输出电流直接从式(6.22)推导出

$$i_{\text{out}} = I_0\text{Sign}(V_0\cos\omega_0 t), \quad I_0 = 250\mu\text{A} \tag{6.25}$$

其中符号函数 $\text{Sign}(x)$ 得到 x 的符号,并且电流在箭头的方向上取正值。因此,即使对于小的稳态振荡幅度,与非门输出电流也由如图 6.6 所示的方波组成。

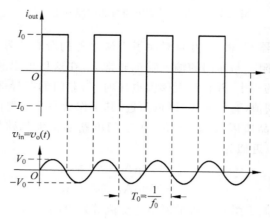

图 6.6　与非门输出电流与输入电压的关系

应该强调的是,由于大的跨导增益,输出电流已经对于小的 ac 输入电压达到其最大值,并且变得独立于 v_{in} 的幅度。因此,现在可以将图 6.6 的 i_{out} 扩展为傅里叶级数,获得基波分量的极限值 $I_{1\text{max}}$。

$$i_{\text{out}}(t) = \frac{4}{\pi}I_0\cos(\omega_0 t) - \frac{4}{3\pi}I_0\cos(3\omega_0 t) + \cdots \tag{6.26}$$

$$I_1 \approx I_{1\text{max}} = \frac{4}{\pi}I_0 \tag{6.27}$$

电流的正方向根据图 6.5 中的箭头。因此式(6.27)产生

$$I_{1\text{max}} \approx \frac{4}{\pi}250\mu\text{A} = 318\mu\text{A} \tag{6.28}$$

振荡频率由式(6.14)给出,并且

$$\frac{1}{C_{\text{T}}} = \frac{1}{120\text{pF}} + \frac{1}{200\text{pF}} \Rightarrow C_{\text{T}} = 75\text{pF} \tag{6.29}$$

因此振荡频率为

$$\omega_0 = \sqrt{\frac{1}{1.8\mu\text{H} \times 75\text{pF}}} \approx 86.066 \times 10^6 \Rightarrow f_0 = \frac{\omega_0}{2\pi} \approx 13.7\text{MHz} \tag{6.30}$$

使用式(6.30)和式(6.23)估计出与电感损耗相关的电阻为

$$r_{\text{L}} = \frac{\omega_0 L}{Q_{\text{L}}} = \frac{86.066 \times 10^6 \cdot 1.8 \times 10^{-6}}{50} \approx 3.1\Omega \tag{6.31}$$

（3）为了计算振荡振幅 V_0,必须首先估计 $10\text{k}\Omega$ 负载电阻的影响。如 6.1.2 节末尾所述,由电阻引起的损耗可以被建模为与电感串联的附加电阻。这是通过使用变换定理来完成的,其证明在 6.3 节的练习 4 中给出。

图 6.7 中所示的定理表明,对于在低损耗条件下的大品质因数品质因数 Q_p 值,电容器-电阻器并联电路可以等效于电容器-电阻器串联电路,其中电容的值不变,电阻的值根据式(6.32)变换。根据式(6.33),当 Q_s 值比较大时,该变换也可以反向传输。

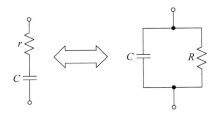

图 6.7 串并联双向转换

并联到串联变换:

$$Q_p = \omega_0 RC \gg 1 \Rightarrow r \approx \frac{R}{Q_p^2} \qquad (6.32)$$

串联到并联变换:

$$Q_s = \frac{1}{\omega_0 rC} \gg 1 \Rightarrow R \approx Q_s^2 r \qquad (6.33)$$

将式(6.32)代入式(6.33)得到

$$R \approx Q_s^2 r \approx \frac{Q_s^2}{Q_p^2} R \qquad (6.34)$$

这意味着

$$Q_s \approx Q_p \Rightarrow \frac{1}{\omega_0 rC} \approx \omega_0 RC \gg 1 \qquad (6.35)$$

进一步意味着在 $10\text{k}\Omega$ 的负载电阻可以等效为一个外加的与 r_L 串联的等效串联电阻 r',所以与电感串联的总电阻值为:

$$r_{eq} = r_L + r' \qquad (6.36)$$

使用式(6.30)中的 ω_0,r' 计算如下:

$$Q_p = 2\pi \times 13.7\text{MHz} \times 10\text{k}\Omega \times 120p \approx 103 \Rightarrow r' = \frac{10\text{k}\Omega}{103^2} = 0.94\Omega \qquad (6.37)$$

r_L 通过式(6.31)计算,串联到电感的总等效电阻为

$$r_{eq} = r_L + r' = 3.1 + 0.94 = 4.04\Omega \qquad (6.38)$$

根据式(6.20)和式(6.28),计算出振荡的幅度

$$V_0 \approx \frac{I_{1\max}}{\omega_0^2 C_I C_V r_{eq}} = \frac{318\mu\text{A}}{(2\pi \times 13.7\text{MHz})^2 \times 120p \times 200p \times 4.04} \approx 442\text{mV} \qquad (6.39)$$

(4)振荡电压均方根值为 $V_0/\sqrt{2}$,因此输送到负载的功率为

$$P_o = \frac{(442\text{mV}/\sqrt{2})^2}{10\text{k}\Omega} \approx 9.8\mu\text{W} \Rightarrow P_o\mid_{dBm} = 10\log_{10}\left(\frac{9.8\mu\text{W}}{1\text{mW}}\right) \approx -20\text{dBm} \qquad (6.40)$$

6.1.2.2 实例:三极管驱动振荡器

如图 6.8 所示为考毕兹振荡器电路。忽略晶体管内部电容和基极-发射极电阻。耦合电容器 C_c 在 RF 频率处呈现低阻抗,对 RF 信号可以看作短路,对直流信号为开路。

RF 扼流器(RFC)是在 RF 频率处呈现高阻抗的大电感,对 RF 信号可以看作开路,

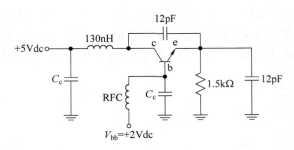

图 6.8　三极管驱动的考毕兹振荡器

对直流信号为短路。假设 130nH 电感的 $Q_L=30$，整个晶体管放大器电路的 NF＝3.5dB，包括 1.5kΩ 偏置电阻。

（1）画出振荡器的 π 型结构交流等效电路。

（2）计算振荡频率 $f_0＝\omega_0/2\pi$。

（3）计算 1.5kΩ 电阻上的峰值基波 RF 电压。

（4）估计在 25kHz 频率偏移下的相位噪声 $L(\Delta f)$。

解：

Clarke 详细分析了三极管(BJT)的大信号高频特性(1994)。为了完成本例的分析，引用以下结果：

- 由 $v_{be}(t)$ 表示施加在基极-发射极结两端的幅度为 V_0 的正弦电压，x 表示比率 $V_0/25\text{mV}$，即

$$v_{be}(t) = V_0\cos\omega_0 t, \quad x = V_0/25\text{mV} \tag{6.41}$$

在施加 $v_{be}(t)$ 的情况下，集电极电流 $i_c(t)$ 由傅里叶级数给出

$$i_c(t) = I_{dc} + \sum_{n=1}^{\infty} I_n\cos(n\omega_0 t), \quad I_n \approx 2I_{dc}e^{-n^2/2x} \tag{6.42}$$

式(6.42)中的 I_{dc} 是集电极直流偏置电流，I_n 是集电极电流的 n 次谐波分量的峰值幅度。

- 如果式(6.41)中的 $v_{be}(t)$ 的幅度足够大而且满足条件

$$x > 4 \Rightarrow V_0 > 100\text{mV} \tag{6.43}$$

那么 $e^{-1/2x}=e^{-1/8}\approx 0.88$，并且式(6.42)中集电极电流的基波交流分量 $i_1(t)$ 很好地近似为

$$i_1(t) = I_1\cos\omega_0 t, \quad I_1 \approx 2I_{dc}\times 0.88 \approx 2I_{dc} = I_{1\max} \tag{6.44}$$

换句话说，如果式(6.43)成立，则集电极电流的基波分量的幅度约为直流偏置电流值的两倍，独立于(输入)基极-发射极信号的幅度 V_0。此外，每个高次谐波电流的幅度 I_n 小于 I_1，并且对于较高次谐波迅速下降。

（1）现在画出图 6.8 的交流等效电路，通过用短路代替直流电压源和电容器 C_c，用开路电路代替射频扼流圈(RFC)，将接地缩短连接在一起，并将所得到的图像顺时针旋转 90°得到的交流等效电路的结果如图 6.9 所示。接地符号没有实际意义，因为它仅仅表示任意参考电位，并且在进行任何电路分析时可以忽略。用共发射极导模型替换晶体管，并忽略基极-发射极负载，得到如图 6.10 所示的电路，其显示出 π 型结构特性。在如图 6.10 所示的模型中，忽略集电极电流的所有谐波，因为它们通过谐振在振荡频率 ω_0 处的带通滤波器的滤波，v_{be} 产生的电流只剩下基波 $i_1 = I_1\cos\omega_0 t$。

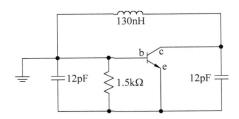

图 6.9　图 6.8 所示电路的交流等效电路

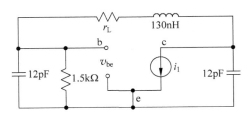

图 6.10　图 6.9 所示振荡器的模型

（2）由于已经确定振荡器具有 π 型结构，所以可以从式（6.14）计算出 $C_V = C_I = 12\text{pF}$，$C = \infty$ 和 $L = 130\text{nH}$ 时的振荡频率，得到

$$
\begin{cases}
\dfrac{1}{C_T} = \dfrac{1}{C} + \dfrac{1}{C_V} + \dfrac{1}{C_I} = \dfrac{1}{\infty} + \dfrac{1}{12\text{pF}} + \dfrac{1}{12\text{pF}}, & \Rightarrow C_T = 6\text{pF} \\[2mm]
\omega_0 = \sqrt{\dfrac{1}{LC_T}} \Rightarrow f_0 = \dfrac{1}{2\pi}\sqrt{\dfrac{1}{130\times10^{-9}\times6\times10^{-12}}} \approx 180.2\text{MHz}
\end{cases}
\tag{6.45}
$$

（3）根据式（6.23），由 130nH 电感器中的损耗产生的等效电阻为

$$
r_L = \frac{\omega_0 L}{Q_L} = \frac{2\pi \times 180.2\text{MHz} \times 130\text{nH}}{30} \approx 4.9\Omega
\tag{6.46}
$$

为了能够使用式（6.20）计算振荡幅度 V_0，必须将 1.5kΩ 电阻转换为与电感串联的等效附加小电阻 r'。使用并行到串行变换式（6.32）完成这个任务，

$$
Q_p = \omega_0 RC = 2\pi \times 180.2\text{MHz} \times 1.5\text{k}\Omega \times 12\text{pF} \approx 20.4 \gg 1
$$

$$
Q_p^2 = 3410 \Rightarrow r' \approx \frac{R}{Q_p^2} = \frac{1.5\text{k}\Omega}{416} = 3.6\Omega
\tag{6.47}
$$

那么图 6.10 中的电路可以等效为图 6.11 中的电路。通过式（6.35）并联-串联变换意味着 $Q_s \approx Q_p \gg 1$，因此

$$
Q_s = \frac{1}{\omega_0 r'C} \gg 1 \Rightarrow r' \ll \frac{1}{\omega_0 C}
\tag{6.48}
$$

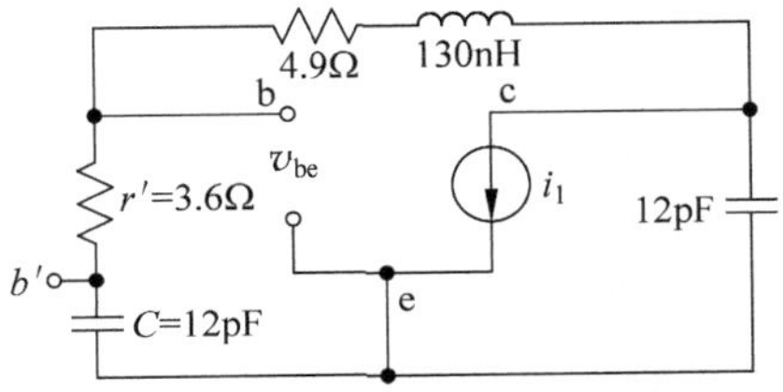

图 6.11　图 6.10 中 1.5kΩ 电阻的等效串联电阻

等式(6.48)意味着每当并联-串联变换适用时,等效串联电阻远小于电容器的阻抗的绝对值,因此在图6.11中的点 b' 处看到的电压,和在点 b 处看到的电压是一样大的,振幅和相位都相同(见6.3节的练习4)。因此,图6.11的电路可以很好地由图6.12的电路近似,其中与电感串联的总等效电阻为

$$r_{eq} = r_L + r' = 4.9 + 3.6 \approx 8.5\Omega \tag{6.49}$$

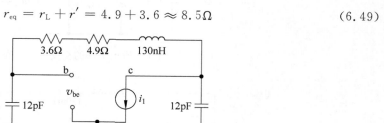

图6.12 最终振荡器等效电路

现在假设(并稍后验证)式(6.43)在达到稳态振荡条件时成立,因此可以设置 $I_1 \approx I_{1max} = 2I_{dc}$。偏置电流 I_{dc} 由图6.8计算,假设基极-发射极直流电压为 $0.7V$, I_{dc} 为

$$I_{dc} = \frac{2V - 0.7V}{1.5k\Omega} \approx 0.87mA \tag{6.50}$$

在式(6.20)中代入 $C_I = C_V = 12pF$, $r = r_{eq} = 8.5\Omega$ 和 $I_{1max} = 2I_{dc} = 1.74mA$,得到基极-发射极结两端的稳态峰值振荡电压 V_0

$$V_0 \approx \frac{1.74mA}{(2\pi \times 180.2MHz \times 12pF)^2 \times 8.5\Omega} \approx 1.1V \tag{6.51}$$

式(6.51)中的结果证实式(6.43)成立,并且近似式(6.44)是合理的。在上述分析中,忽略了被称为厄利电压的BJT大信号二阶效应(Clarke,1994)。

(4) 谐振网络的带载 Q 值为

$$Q_l = \frac{\omega_0 L}{r_{eq}} = \frac{2\pi \times 180.2MHz \times 130nH}{8.5\Omega} \approx 17.3 \tag{6.52}$$

注意 $Q_l \approx 0.5Q_L$,因为 $r' \approx r_L$。这意味着放大器输入近似匹配到谐振器电阻。放大器输入RF功率为

$$P_s \approx \frac{(V_0/\sqrt{2})^2}{1.5k\Omega} \approx \frac{(1.1/\sqrt{2})^2}{1.5k\Omega} \approx 0.4mW$$

晶体管噪声因子为

$$F = 10^{NF/10} = 10^{0.35} \approx 2.24$$

使用式(6.11) $\Delta f = 25kHz$, $k = 1.38 \times 10^{-23} J/K$ 和 $T = 300K$,估计出

$$L(25kHz) = 10\log_{10}\left\{\frac{1.38 \times 10^{-23} \times 300 \times 2.24}{2 \times 0.4 \times 10^{-3}}\left[1 + \left(\frac{180.2MHz}{2 \times 17.3 \times 25kHz}\right)^2\right]\right\}$$

$$\approx -123\frac{dBc}{Hz}$$

总结实例,可以得出一些重要结论:

- 为简单起见,忽略了晶体管的基极发射极扩散电容 C_{be}。如果不被忽略, C_{be} 应与图6.11中的外部电容 C 并联,因此实际外部基极-发射极电容的值应设置为

$$C = 12\text{pF} - C_{\text{be}} \tag{6.53}$$

C_{be} 从晶体管电流增益截止频率 f_{T} 计算

$$C_{\text{be}} \approx \frac{I_{\text{dc}}}{2\pi f_{\text{T}} V_{\text{T}}}, \quad V_{\text{T}} = \frac{kT}{q} \approx 26\text{mV} @T = 300\text{K} \tag{6.54}$$

这里 $q = 1.6 \times 10^{-19}\text{C}$ 是电子电荷量。例如,如果晶体管被指定为 $f_{\text{T}} = 4\text{GHz}$,并且 $I_{\text{dc}} = 1\text{mA}$,得到

$$C_{\text{be}} \approx \frac{1\text{mA}}{2\pi \times 4\text{GHz} \times 26\text{mV}} \approx 1.5\text{pF}$$

因此由式(6.53),外部电容必须取为 $C = 12 - 1.5 = 10.5\text{pF}$。

可以得到结论,作为经验法则,只要 f_{T} 足够大,使得 C_{be} 远小于式(6.53)中的 C,晶体管就适合于设计一致性好的振荡器。

- 类似地,这里忽略了基极-发射极电阻 R_{be}。如果不忽略,为了进行交流计算,R_{be} 应与外部 $1.5\text{k}\Omega$ 电阻并联。然后,当计算 r' 时,并联电阻器将具有 $1.5\text{k}\Omega /\!/ R_{\text{be}} < 1.5\text{k}\Omega$ 的值,并且 r' 的等效值将增加。当然,R_{be} 在计算 I_{dc} 时没有效果。作为初始估计,可以取 $R_{\text{be}} \approx h_{\text{ie}}$,其中 h_{ie} 是使用 h 参数计算的交流基极-发射极电阻,并且可以从共发射极电流增益 h_{fe} 导出

$$h_{\text{ie}} \approx \frac{h_{\text{fe}} \times 26\text{mV}}{I_{\text{dc}}} \tag{6.55}$$

例如,如果练习中的晶体管在振荡频率下指定为 $h_{\text{fe}} = 50$,并且由于 $I_{\text{dc}} = 0.87\text{mA}$,得到

$$h_{\text{ie}} \approx \frac{50 \times 26\text{mV}}{0.87\text{mA}} \approx 1.5\text{k}\Omega \tag{6.56}$$

然后,与 12pF 电容并联的总电阻 R 变为

$$R \approx 1.5\text{k}\Omega /\!/ 1.5\text{k}\Omega = 750\Omega$$

执行并联-串联变换

$$Q_{\text{p}} = \omega_0 RC = 2\pi \times 180.2\text{MHz} \times 750\Omega \times 12\text{pF} \approx 10.2 \gg 1$$

等效串联电阻变为

$$r' = \frac{R}{Q_{\text{p}}^2} = \frac{750\Omega}{(10.2)^2} \approx 7.2\Omega$$

式(6.49)中的总电阻变为

$$r_{\text{eq}} = r_{\text{L}} + r' = 4.9 + 7.2 \approx 12.1\Omega$$

输出振荡电压幅度变为(6.51)

$$V_0 \approx \frac{1.74\text{mA}}{(2\pi \times 180.2\text{MHz} \times 12\text{pF})^2 \times 12.1\Omega} \approx 0.78\text{V}$$

6.2　基于分布式谐振器的振荡器

工作原理简介

到目前为止,我们已经掌握了当谐振器(频率确定电路)由集总元件(即电容器、电感器和电阻器)组成时如何设计振荡器。然而,在许多情况下,集总谐振器既不能实现基准振荡器所需的频率精度,也不能实现低相位噪声高频振荡器中所需的品质因数。然而,可以使用

基于压电材料的分布式谐振器来实现具有很高频率精度和稳定性的基准振荡器，也可以使用分布式谐振结构(例如传输线)来实现具有低相位噪声和低底噪的高频振荡器。尽管各种分布式谐振器所采用的技术非常不同，但是都可以由等效集总电路表示。一旦确定了分布式谐振器的等效集总电路模型，就可以设计振荡器，并且可以采用前述章节中集总电路相同的方式设计，这两种振荡器允许采用同一种设计方法。下面将描述两种典型的实例：使用晶体谐振器的基准振荡器和使用传输线谐振器的高频振荡器。

6.2.1.1　晶体谐振器

蜂窝收发机中的本地振荡器使用频率被基准振荡器锁定的压控振荡器(VCO)来实现，并且需要在不同环境条件下保持 2PPM 量级的频率精度，包括电源电压变化、温度和寿命老化。例如，在 900MHz 蜂窝频带中，2PPM 要求本振频率在所有条件下距标称值偏差在 ± 1.8kHz 以内。

在数字应用中，当振荡器被用作产生数字时钟的基准时，要求略低，所需的频率精度为 20PPM 量级。作为对比，用集总元件构建的振荡器可以达到最高 1% 的频率精度，即 10 000PPM。通过采用基本模式压电晶体的谐振器，可以实现 1PPM 范围内的频率精度，基本模式压电晶体本质上是分布式机电元件。在大多数应用中，晶体可以工作在高达大约 50MHz 的频率。对标称基本模式频率 f_0，在 $f_s < f_0 < f_p$ 的范围内，其中 f_s 称为串联谐振频率，f_p 为并联谐振频率，晶体具有集总等效模型，可以代替图 6.2 中的 r、L 和 C。在 Clarke(1994)中可以找到更多关于晶体工作理论的见解。对于实际的振荡器设计，下面的解释将是足够的。

图 6.13 显示了压电晶体的符号。在制造商规定的额定工作频率 f_0 下，基本模式晶体可以看作是与等效电阻 r_{eq} 串联的等效电感 L_{eq}。应该强调的是，L_{eq} 和 r_{eq} 都是频率相关的；然而，由于晶体仅在以固定的额定频率 f_0 工作，为了设计振荡器，可以将它们视为集总元件，条件是严格遵循以下规则：

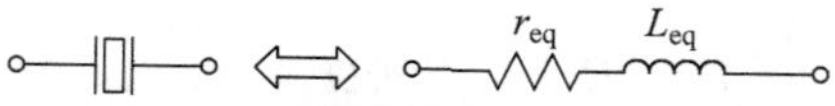

图 6.13　石英晶体符号和基模集总等效电路模型

- 制造商规定了三个晶振参数：负载电容 C_{load}、等效串联电阻(ESR)和品质因数 Q。ESR 对应于 r_{eq}。负载电容 C_{load} 是要与晶体连接并联放置的电容的值，以使 L_{eq} 与标称频率 f_0(数据手册中规定的晶体频率)处的 C_{load} 谐振。如果用晶体代替图 6.2 的串联 rLC 电路，则很明显，与晶体并联的总电容是 C_I 和 C_V 串联的值。因此，为了使晶体呈现标称值 L_{eq} 和 r_{eq}，并且为了使谐振器在标称频率 f_0 谐振，必须选择电容器 C_V 和 C_I，使得

$$\frac{C_I C_V}{C_I + C_V} = C_{load} \tag{6.57}$$

不满足式(6.57)可能导致振荡器故障，甚至导致晶体损坏。一旦满足式(6.57)，振荡器将以标称晶振频率 f_0 振荡，振荡振幅 V_0 将如前所述由式(6.20)给出，即

$$V_0 \approx \frac{I_{1max}}{\omega_0^2 C_I C_V r_{eq}} \tag{6.58}$$

　　然而,应该强调的是,由于 L_{eq} 和 r_{eq} 严格依赖于频率,因此 $Q\neq\omega_0 L_{\text{eq}}/r_{\text{eq}}$, Q_1 的值不能用式(6.14)计算。实际上, Q 的值必须在考虑到 L_{eq} 和 r_{eq} 的频率依赖性的情况下计算。对于晶体, Q 变得非常大,大约为 $Q>10\,000$。这个大值是使晶体振荡器非常稳定并且对组件变化不敏感的特征。晶体 Q 值的计算在某些领域是涉及的,然而,它在大部分实际应用中不是必需的,因此这里不再讨论。

　　晶体振荡器特有的另一个要求是晶体上允许的最大功率,大约为 0.1mW。过大的功率可能会导致晶体损坏。

　　完整的晶体振荡器设计和晶体功率消耗分析,将在 6.3 节的练习 6 和练习 8 中进行。典型"皮尔斯结构"的与非门驱动晶体振荡器电路 如图 6.14 所示。5MΩ 大电阻不影响设计,但需要将与非门保持在有效工作区域(见 6.1.2.1 节),因为晶体连接是直流隔离的。

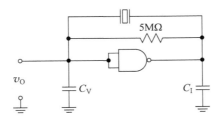

图 6.14　典型皮尔斯结构晶体振荡器

6.2.1.2　传输线谐振器

　　高频振荡器(例如接收机中使用的本振)必须呈现低的近端相位噪声。然而,Leeson 方程(6.11)意味着,为了在实际应用中实现低近端相位噪声,谐振器的品质因数 Q_1 必须为 $Q_1\approx30\sim100$ 的数量级。使用集总组件可实现的品质因数随频率急剧下降,在大约 100MHz 以上急剧衰减。这部分是由于集总电感器具有并联谐振频率,在谐振频率之上,它们不再表现电感器,而是变得类似于高损耗的电容器。

　　可以通过采用振荡频率下接近四分之一波长长度的传输线来建立所需的高品质因数。传输线集总等效模型将在 6.4.3 节中详细分析,以帮助有兴趣了解更多的读者。为了说明设计过程,在这里(忽略证明过程)描述了一个接近谐振的开路低损耗传输线可以等效于具有相对高的 Q_L 的集总串联谐振电路,它通过替换图 6.2 中的 r、L 和 C 的值得到,然后分析了 6.3 节练习 7 中的全传输线振荡器设计。图 6.15 显示了开路传输线的符号及其集总等效电路。集总等效模型是在谐振频率 f_{res} 下计算得到的,其中传输线的物理长度 ℓ 精确对应于谐振波长的四分之一。用 c 表示光速,对于用填充相对介电常数 ε_r 的介质的长度为 ℓ 的低损耗线,谐振频率为:

$$f_{\text{res}} = \frac{c}{4\ell\sqrt{\varepsilon_r}} \tag{6.59}$$

　　用 $Z_0[\Omega]$ 表示传输线特征阻抗,用 P_{loss} 表示在频率 f_{res} 上匹配线上每单位长度以 dB 为单位表示的功率损耗。假设损耗足够小,有:

$$\alpha\ell\ll 1,\quad \alpha = \frac{P_{\text{loss}}}{20\log_{10}(e)}\approx 0.115\times P_{\text{loss}}\,[1/\text{单位长度}] \tag{6.60}$$

　　然后,假设式(6.60)中的低损耗条件 $\alpha\ell\ll 1$ 成立,则开路传输线的集总等效模型由下式

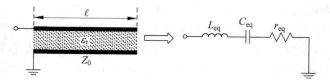

图 6.15 开路谐振传输线的集总等效电路

给出：

$$Q_{\mathrm{L}} = \frac{\pi}{4\alpha\ell}, \quad r_{\mathrm{eq}} = \frac{Z_0 \pi}{4Q}, \quad L_{\mathrm{eq}} = \frac{Z_0}{8f_{\mathrm{res}}}, \quad C_{\mathrm{eq}} = \frac{2}{\pi^2 Z_0 f_{\mathrm{res}}} \tag{6.61}$$

由式(6.61)可以看出，等效串联集总电路的谐振频率为

$$f_{\mathrm{res}} = \frac{1}{2\pi \sqrt{L_{\mathrm{eq}} C_{\mathrm{eq}}}} \tag{6.62}$$

虽然在谐振频率 f_{res} 下计算集总等效模型，但在设计 π 型结构传输线振荡器时，振荡频率 f_0 将总是略高于 f_{res}（见 6.3 节的练习 7）。这是因为图 6.3 中的电容 C_{V}、C_{I} 与电容器 C_{eq} 串联，使得与 L_{eq} 串联的总电容小于 C_{eq}。然而，式(6.61)的集总等效在宽频率范围（直到大约 $\pm30\%$ f_{res}）仍然成立。典型的开路同轴线振荡器如图 6.16 所示。由于图 6.15 的集总等效振荡器属于 Clapp 结构。对于所有 ac 频率，电容器 C_c 是有效的短路，而 RF 扼流圈 RFC 和 dc 电流源 I_{dc} 对交流信号是有效的开路。

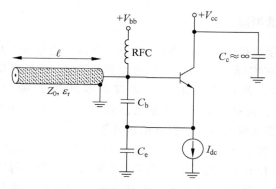

图 6.16 Clapp 结构的开路同轴线振荡器

6.3 节的练习 7 表明，在用等效集总串联谐振电路代替同轴线之后，图 6.16 的交流等效电路表现出与图 6.3 完全相同的 π 型结构。

6.3 习题详解

本节分析几个习题，使读者熟悉前述的分析方法。给出习题后，本书随即给出了一个完整的解决办法，以及引用的章节和方程，让读者熟悉解决方案（可能不是唯一方案）并帮助读者检查结果的正确性。只要掌握了 6.1 节至 6.2.1.2 节的内容，就可以理解并解答习题。6.4 节的理论和证明，可以帮助读者深入理解设计方程的建立。然而对于解决练习题和理解其本质而言，6.4 节不是必读内容。

1. 在如图 6.17 所示的振荡器中,电感是无耗的,与非门是漏极开路型,具有 $50\mu A$ 灌/拉电流能力。

(1) 计算振荡频率 f_0。

(2) 计算与非门输入端的峰值振荡电压。

(3) 计算 50Ω 负载电阻上的峰值振荡电压。

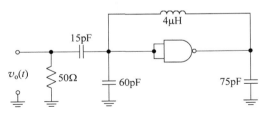

图 6.17 练习 1 中的振荡器

解答

(1) 为了计算 f_0,假设(后面验证)可以将串联-并联变换(6.33)应用于 50Ω 和 $15pF$ 的串联组合。在这种假设下,$15pF$ 电容将与 $60pF$ 电容并联,产生 $75pF$ 的总电容,如图 6.18 所示。

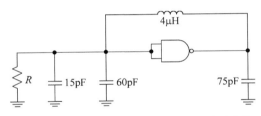

图 6.18 练习 1 中串联 $50\Omega/15pF$ 的并联变换

在计算变换电阻 R 之前,必须计算 f_0。从图 6.18 可以看出,在与非门输入端的总电容为 $75pF$。

代入式(6.14) $C_I = C_V = 75pF, C = \infty, L = 4\mu H$,得到 $C_T = 37.5pF$,因此

$$f_0 = \frac{1}{2\pi \sqrt{4\mu H \times 37.5pF}} \approx 13MHz$$

(2) 将 $r = 50\Omega, C = 15pF$ 和 $\omega_0 = 2\pi f_0$ 代入式(6.33)中,得到

$$Q_s = \frac{1}{2\pi \times 13MHz \times 50\Omega \times 15pF} \approx 16.3 \gg 1 \Rightarrow R \approx Q_s^2 r = 266 \times 50 = 13.3k\Omega$$

由于 $Q_s \gg 1$,可以应用串并转换的假设是有道理的。将 $R = 13.3k\Omega, C = 75pF$ 和 $\omega_0 = 2\pi f_0$ 代入式(6.32)中,与 $75pF$ 电容并联的电阻 R 可以变换为与电感串联的小电阻 r',如 6.1.2.2 节中的练习。得到

$$Q_p = 2\pi \times 13MHz \times 13.3k\Omega \times 75pF \approx 81 \gg 1 \Rightarrow r' \approx \frac{R}{Q_p^2} = \frac{13.3k\Omega}{6638} = 2\Omega$$

根据式(6.27)得到

$$I_1 \approx I_{1max} = \frac{4}{\pi} 50\mu A \approx 63.7\mu A$$

在式(6.20)中代入 $I_{1max} = 63.7\mu A$，$r = 2\Omega$，$C_I = C_V = 75pF$ 和 $\omega_0 = 2\pi f_0$，得到与非门输入端的峰值振荡电压 V_0

$$V_0 \approx \frac{63.7\mu A}{(2\pi \times 13MHz \times 75pF)^2 \times 2\Omega} \approx 850mV$$

（3）为了计算 50Ω 负载电阻上的峰值振荡电压 V_L，我们注意到，通过能量守恒定理，在与门输入并联的变压电阻 $R = 13.3k\Omega$ 上计算的功耗必须与在 50Ω 负载电阻上计算的功耗相同，因此

$$\frac{V_0^2}{13.3k\Omega} = \frac{V_L^2}{50\Omega} \Rightarrow V_L = \sqrt{\frac{50\Omega}{13.3k\Omega}} \times 850mV \approx 52mV$$

2. 在如图 6.19 所示的考毕兹振荡器的工作频率范围内，90nH 电感的品质因数为 $Q_L \approx 14$。假定 0.7V 有源直流基极-发射极电压。忽略晶体管负载和内部电容。

（1）解释振荡器表现出 π 型结构。

（2）计算振荡频率和基极-发射极振幅峰值。

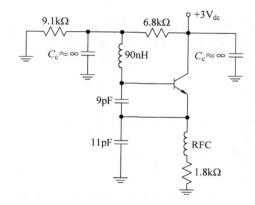

图 6.19　练习 2 中的考毕兹振荡器

解答

（1）用短路代替 C_c 的，用开路代替 RF 扼流器 RFC，得到图 6.20 中的 ac 等效物，其具有 π 型结构。接地符号没有实际意义，因为它仅仅表示任意参考电位，并且为了电路分析的目的可以省略它。

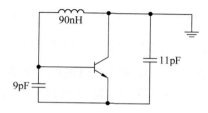

图 6.20　练习 2 中图 6.19 电路的交流等效电路

（2）忽略晶体管基极电流，晶体管基极处的直流电压为

$$V_b = \frac{3V}{6.8k\Omega + 9.1k\Omega} \times 9.1k\Omega = 1.71V$$

发射极直流偏置电流由下式给出

$$I_{dc} = \frac{1.71 - 0.7}{1800} \approx 0.56 \text{mA}$$

使用式(6.14)计算振荡频率

$$C_T = \frac{9 \times 11}{9 + 11} = 4.95 \text{pF} \rightarrow f_0 = \frac{1}{2\pi \sqrt{90\text{nH} \times 4.95\text{pF}}} \approx 238 \text{MHz}$$

使用式(6.23),计算与电感串联的等效损耗电阻为

$$r_L = \frac{\omega_0 L}{Q_L} = \frac{2\pi \times 238\text{MHz} \times 90\text{nH}}{14} \approx 9.6\Omega$$

使用式(6.20)并假设根据式(6.43)和式(6.44)的大振荡幅度,基极-发射极峰值振荡电压为:

$$V_0 \approx \frac{2 \times 0.56\text{mA}}{(2\pi \times 238\text{MHz})^2 \, 9\text{pF} \times 11\text{pF} \times 9.6\Omega} \approx 527 \text{mV}$$

因此,满足式(6.43),并且式(6.44)的近似是合理的。

3. 对于具有直流偏置发射极电流 I_{dc} 的三极管,式(6.5)中的小信号跨导 g_m 由下式给出:

$$g_m = \frac{I_{dc}}{V_T}, \quad V_T = \frac{kT}{q} \approx 26 \text{mV} \tag{6.63}$$

(1)基于式(6.18)中巴克豪森判断法则的 π 型结构应用,并注意到对于小峰值起振振荡幅度遵循式(6.5),得到

$$V_0 \rightarrow 0 \Rightarrow G(V_0) \approx g_m = \frac{I_1}{V_0} \tag{6.64}$$

表明对于双极 π 型结构振荡器,若发生振荡,则有

$$I_{dc} \geq V_T \omega_0^2 C_I C_V r \tag{6.65}$$

(2)基于启动条件式(6.65),计算图6.8中的基极电压 V_{bb} 的值,当低于该值时,振荡将停止。

解答

(1)巴克豪森判断法则式(6.10)要求

$$G(V_0)Z(\omega_0) = 1 \tag{6.66}$$

在振荡启动时,有 $I_{dc} = I_{dc} \mid_{startup}$,振幅 V_0 非常小,因此由式(6.64) $G(V_0) = g_m$。用式(6.63)替换 g_m,式(6.15)替换式(6.66)中的 $Z(\omega_0)$,得到

$$G(V_0)Z(\omega_0) = \frac{g_m}{\omega_0^2 C_I C_V r} = \frac{I_{dc} \mid_{startup}}{V_T \omega_0^2 C_I C_V r} = 1 \Rightarrow I_{dc} \mid_{startup} = V_T \omega_0^2 C_I C_V r \tag{6.67}$$

对于大振幅,根据式(6.43),有:

$$V_0 > 100 \text{mV} > 3V_T \approx 78 \text{mV} \tag{6.68}$$

因此,式(6.44)成立,有 $I_1 \approx 2I_{dc} \mid_{large}$,将式(6.66)用式(6.18)的形式表示,再加上式(6.68),得到

$$\frac{I_1}{V_0 \omega_0^2 C_I C_V r} \approx \frac{2I_{dc} \mid_{large}}{V_0 \omega_0^2 C_I C_V r} = 1 \Rightarrow I_{dc} \mid_{large} = \frac{V_0}{2} \omega_0^2 C_I C_V r > \frac{3V_T}{2} \omega_0^2 C_I C_V r$$

因此

$$I_{dc}\mid_{large} > \frac{3}{2}V_T\omega_0^2 C_I C_V r > V_T\omega_0^2 C_I C_V r = I_{dc}\mid_{startup} \tag{6.69}$$

式(6.67)和式(6.69)一起等于式(6.65)的要求。得到：

$$I_{dc} = \begin{cases} I_{dc}\mid_{startup} = V_T\omega_0^2 C_I C_V r \\ I_{dc}\mid_{large} > I_{dc}\mid_{startup} \end{cases} \Rightarrow I_{dc} \geqslant V_T\omega_0^2 C_I C_V r$$

(2) 在图 6.8 中，$f_0 = 180.2\mathrm{MHz}$，$C_I = C_V = 12\mathrm{pF}$，$r = r_{eq} = 19.7\Omega$，然后用式(6.67)，

$$I_{dc}\mid_{startup} = \frac{V_{bb} - 0.7\mathrm{V}}{4.3\mathrm{k}\Omega} = 26\mathrm{mV} \times (2\pi \times 180.2\mathrm{MHz} \times 12\mathrm{pF})^2 \times 19.7 \approx 95\mu A$$

得到

$$V_{bb} = 0.7\mathrm{V} + 95\mu A \times 4.3\mathrm{k}\Omega \approx 1.1\mathrm{V}$$

4. 将 $Q_p = \omega RC$ 代入式(6.32)中，将 $Q_s = 1/\omega rC$ 代入式(6.33)中，并且假设 $Q_p \gg 1$

(1) 证明式(6.32)成立，并且表明 $Q_s \approx Q_p$。

(2) 证明如果 $Q_p \gg 1$，图 6.11 很好地近似于图 6.12。

解答

(1) 图 6.7 右侧的并联 RC 电路的阻抗 $Z(\omega)$ 为

$$Z(\omega) = \frac{\frac{1}{j\omega C} \times R}{\frac{1}{j\omega C} + R} = \frac{R}{1 + j\omega RC} \tag{6.70}$$

将式(6.70)的分子和分母乘以分母的复共轭得到

$$Z(\omega) = \frac{R \times (1 - j\omega RC)}{(1 + j\omega RC) \times (1 - j\omega RC)} = \frac{R - jR^2 C}{1 + (\omega RC)^2} \tag{6.71}$$

将式(6.71)的分子和分母除以 $(\omega RC)^2 = Q_p^2$，并重新表示 $1/j = -j$，式(6.71)可以表示为：

$$Z(\omega) = \frac{R/(\omega RC)^2 - j/\omega C}{1/(\omega RC)^2 + 1} = \underbrace{\left(\frac{R/Q_p^2}{1/Q_p^2 + 1} \right)}_{r} + \underbrace{\frac{1}{j\omega[C(1/Q_p^2 + 1)]}}_{C_s} \tag{6.72}$$

$Z(\omega) = r + 1/j\omega C_s$ 在式(6.72)中是串联 rC 电路的阻抗

$$r = \frac{R/Q_p^2}{1/Q_p^2 + 1}, \quad C_s = C(1/Q_p^2 + 1) \tag{6.73}$$

对于 $Q_p \gg 1$，$1/Q_p^2 + 1 \approx 1$，因此式(6.73)可能很好地近似于

$$r = \frac{R/Q_p^2}{\underbrace{1/Q_p^2 + 1}_{1}} \approx \frac{R}{Q_p^2}, \quad C_s = C\underbrace{(1/Q_p^2 + 1)}_{1} \approx C \tag{6.74}$$

式(6.73)中的 $Z_s(\omega)$ 是 $r = R/Q_p^2$ 和 $C_s = C$ 的串联 rC 电路的阻抗。然后，对于 $Q_s = 1/\omega rC_s$ 并使用变换值(6.74)，得到

$$Q_s = \frac{1}{\omega r C_s} \approx \frac{1}{\omega(R/Q_p^2)C} = \frac{Q_p^2}{\underbrace{\omega RC}_{Q_p}} = Q_p$$

(2) 由式(6.15)，在谐振时，图 6.11 中 b' 点的电压相量 $V'(\omega_0)$ 是实数值，由

$$V'(\omega_0) = V_0 = Z(\omega_0)I_1 = \frac{I_1}{\omega_0^2 C^2 r_{eq}}$$

因此,通过 C 和 r' 的电流相量 $I(\omega_0)$ 是

$$I(\omega_0) = \mathrm{j}\omega_0 C V'(\omega_0) = \mathrm{j}\omega_0 C V_0$$

对于 $Q_s \gg 1$,点 b 处的电压相量 $V(\omega_0)$ 由下式给出

$$V(\omega_0) = V'(\omega_0) + rI(\omega_0) = V_0(1 + \mathrm{j}\omega_0 rC) = V_0\sqrt{1 + (r\omega_0 C)^2}\,\mathrm{e}^{\mathrm{jarctan}(\omega_0 rC)}$$

$$= V_0\underbrace{\sqrt{1 + \frac{1}{Q_s^2}}}_{\approx 1}\,\underbrace{\mathrm{e}^{\mathrm{jarctan}\overbrace{(1/Q_s)}^{\approx 0}}}_{\approx 1} \approx V_0 = V'(\omega_0) \qquad (6.75)$$

5. 证明对于 ω_0、r、L、C 和 I_{1max} 的给定值,当 $C_V = C_I$ 时,式(6.20)中的振幅 V_0 是振荡的最大值。

解答

将共振条件(6.14)重新整理为下式

$$\omega_0^2 = \frac{1}{LC_T} \Rightarrow \omega_0 L = \frac{1}{\omega_0 C_T} = \frac{1}{\omega_0 C} + \frac{1}{\omega_0}\left(\frac{1}{C_V} + \frac{1}{C_I}\right)$$

得到

$$X_L(\omega_0) = \omega_0 L - \frac{1}{\omega_0 C} = \frac{1}{\omega_0}\left(\frac{1}{C_I} + \frac{1}{C_V}\right) \qquad (6.76)$$

由于 ω_0、L 和 C 是固定的并且已经给定,因此 $X_L(\omega_0)$ 是正的常数。然后可以把式(6.76)写成

$$\omega_0 = \frac{1}{X_L(\omega_0)}\left(\frac{1}{C_I} + \frac{1}{C_V}\right) = \frac{1}{X_L(\omega_0)C_I}\left(1 + \frac{1}{x}\right), \quad x = \frac{C_V}{C_I} \qquad (6.77)$$

将式(6.77)代入式(6.20)并设置 $C_I C_V = xC_I^2$ 得出

$$V_0 \approx \frac{I_{1max}}{\omega_0^2 C_I C_V r} = \frac{X_L^2(\omega_0)C_I^2 I_{1max}}{\left(1 + \frac{1}{x}\right)^2 xC_I^2 r} = \frac{X_L^2(\omega_0)I_{1max}}{r\left(1 + \frac{1}{x}\right)^2 x} \qquad (6.78)$$

$X_L(\omega_0)$、r 和 I_{1max} 的值是正常数,因此式(6.78)变为

$$V_0 \approx \frac{A}{\left(1 + \frac{1}{x}\right)^2 x} = A\frac{x}{(x+1)^2}, \quad A = \frac{X_L^2(\omega_0)I_{1max}}{r} > 0 \qquad (6.79)$$

对式(6.79)做相对于 x 的微分,并寻找极值点,得到

$$\begin{cases} \dfrac{\mathrm{d}V_0}{\mathrm{d}x} = A\dfrac{(x+1)^2 - 2(x+1)x}{(x+1)^4} = 0 \Rightarrow (x+1) - 2x = 0 \Rightarrow x = 1 \\ \dfrac{\mathrm{d}^2 V_0}{\mathrm{d}x^2}\Big|_{x=1} = -\dfrac{A}{8} < 0 \Rightarrow \mathrm{maxima} \end{cases} \qquad (6.80)$$

因此,对于 $x = C_V/C_I = 1, V_0$ 是最大的。

6. 假设图 6.14 的皮尔斯振荡器使用具有可控吸/源电流能力 I_0 的与非门,并且 $C_V = C_I$。晶体的规格是

- 额定频率 = 2.600 000MHz。
- 负载电容 = 16pF。
- 等效串联电阻 = 140Ω。
- 功耗 < 100μW。

(1) 确定 I_0 的最大允许值。

（2）确定在输出端口可达到的最大峰值 RF 振幅。

解答

（1）在固定标称频率 $f_0 = 2.600\,000\text{MHz}$，可以使用图 6.21 集总等效电路，$r_{eq} = 140\Omega$。晶体的负载电容为 $C_{load} = 16\text{pF}$。为了使振荡处于标称频率，必须满足式（6.57），即

$$\frac{C_I C_V}{C_I + C_V} = \frac{C_V}{2} = C_{load} = 16\text{pF} \Rightarrow C_V = C_I = 32\text{pF} \tag{6.81}$$

注意到

$$Q_s = \frac{1}{\omega_0 r_{eq} C_V} = \frac{1}{2\pi \times 2.6\text{MHz} \times 140\Omega \times 32\text{pF}} \approx 13.7 \gg 1 \tag{6.82}$$

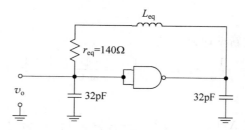

图 6.21　练习 6 的皮尔斯振荡器的集总等效电路

因此式（6.33）成立。根据 6.1.2.2 节和练习 4 的结果，图 6.21 的电路可以由图 6.22 的电路近似。然后，使用串并转换式（6.33），可以用一个并联到 32pF 电容的大电阻 R_{eq} 替换小电阻 r_{eq}，即

$$R_{eq} \approx Q_s^2 r_{eq} = (13.7)^2 \times 140\Omega \approx 26\text{k}\Omega, \quad Q_s = \frac{1}{\omega_0 r_{eq} C_V} \tag{6.83}$$

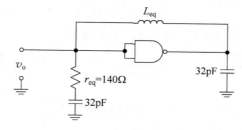

图 6.22　图 6.21 的近似等效电路

最终的近似等效电路如图 6.23 所示。注意电阻分量只有 R_{eq}，其来自晶体的等效串联电阻。因此，通过能量守恒原理，R_{eq} 上消耗的功率事实上是消耗在晶体上。

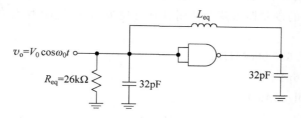

图 6.23　图 6.21 的最终近似等效电路

使用式(6.20)计算振荡振幅 V_0，$I_{1\max}$ 由式(6.27)给出

$$V_0 \approx \frac{\frac{4}{\pi}I_0}{\omega_0^2 C_1 C_V r_{\text{eq}}} = \frac{1.27I_0}{(2\pi \times 2.6\text{MHz} \times 32\text{pF})^2 \times 140} = 33.2 \times 10^3 I_0 [\text{V}] \quad (6.84)$$

峰值电压 V_0 产生在 R_{eq} 上，因此功率限制要求为

$$\frac{(V_0/\sqrt{2})^2}{R_{\text{eq}}} = \frac{(33.2 \times 10^3)^2 I_0^2}{2 \times 26\text{k}\Omega} = 21.2 \times 10^3 I_0^2 < 100\mu\text{W} \Rightarrow I_0 < 69\mu\text{A} \quad (6.85)$$

（2）根据式(6.21)，当 $C_V = C_1$ 时，峰值幅度 V_0 被最大化，根据式(6.84)V_0 与 I_0 成正比。因此，允许的最大电流 I_0 产生最大振荡幅度 V_0。将 $I_0 = 69\mu\text{A}$ 代入式(6.84)中得到

$$V_0 \approx 33.2 \times 10^3 \times 69 \times 10^{-6} \approx 2.3\text{V} \quad (6.86)$$

7. 如图 6.16 所示的开路同轴线 Clapp 振荡器中的传输线特性如下

- 特征阻抗：$Z0 = 100\Omega$。
- 长度：$\ell = 0.074\text{m}$。
- 填充材料：特氟隆，相对介电常数 $\varepsilon_r = 2.1$。
- 每 10m 长度的功率损耗：15dB。

给定 $C_b = C_e = 20\text{pF}$ 和 $I_{\text{dc}} = 2\text{mA}$，并忽略晶体管基极-发射极电阻和内部电容，

（1）证明振荡器表现出 π 型结构。

（2）计算振荡频率。

（3）计算峰值基极-发射极振荡电压。

解答

（1）四分之一波长传输线谐振频率由式(6.59)给出

$$f_{\text{res}} = \frac{3 \times 10^8}{4 \times 0.074\sqrt{2.1}} \approx 699\text{MHz} \quad (6.87)$$

每单位长度线路的功率损耗为 $P_{\text{loss}} = 15\text{dB}$，除以 10m=1.5dB/m。然后使用式(6.60)

$$\alpha \approx 0.115 \times P_{\text{loss}} = 0.115 \times 1.5 = 0.172\text{m}^{-1} \Rightarrow \alpha\ell = 0.172\text{m}^{-1} \times 0.074\text{m} \approx 0.013 \ll 1$$

因此，低损耗条件 $\alpha\ell \ll 1$ 成立，可以使用式(6.61)中给出的集总等效模型，得到：

$$Q_L = \frac{\pi}{4\alpha\ell} = \frac{\pi}{4 \times 0.013} \approx 60.4$$

$$r_{\text{eq}} = \frac{Z_0\pi}{4Q} = \frac{100\Omega \times \pi}{4 \times 60.4} \approx 1.3\Omega$$

$$L_{\text{eq}} = \frac{Z_0}{8f_{\text{res}}} = \frac{100\Omega}{8 \times 699\text{MHz}} \approx 18\text{nH}$$

$$C_{\text{eq}} = \frac{2}{\pi^2 Z_0 f_{\text{res}}} = \frac{2}{\pi^2 \times 100\Omega \times 699\text{MHz}} \approx 2.9\text{pF} \quad (6.88)$$

集总振荡器等效电路如图 6.24 所示。对于 ac 信号 RF 扼流圈 RFC 和直流电流源 I_{dc} 是有效的开路，并且 C_c 是有效短路，在图 6.25 中画出图 6.24 的 ac 等效电路图。图 6.25 很容易被认出是表现出 π 型结构的图 6.3。如前所述，地符号没有实际意义，因为其仅表示任意参考电位，并且为了电路分析的目的可以省略。

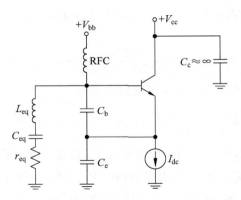

图 6.24　图 6.16 中同轴线克拉泼振荡器的集总等效电路

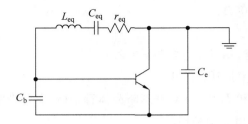

图 6.25　图 6.24 的交流等效电路

（2）由于振荡器具有 π 型结构，振荡频率用式(6.14)

$$\frac{1}{C_T} = \frac{1}{C_{eq}} + \frac{1}{C_V} + \frac{1}{C_I} = \frac{1}{2.9\,pF} + \frac{1}{20\,pF} + \frac{1}{20\,pF} \Rightarrow C_T \approx 2.25\,pF$$

$$f_0 = \frac{1}{2\pi\,\sqrt{L_{eq}C_T}} = \frac{1}{2\pi\,\sqrt{18\,nH \times 2.25\,pF}} \approx 791\,MHz \tag{6.89}$$

注意，如 6.2.1.2 节所述，f_0 比 f_{res} 稍高（13%）。

（3）假设大信号振荡条件式(6.43)成立（要验证），可以将式(6.44)中的 $I_{1max} = 2I_{dc}$ 代入到式(6.20)并计算峰值 RF 电压

$$V_0 \approx \frac{2I_{dc}}{\omega_0^2 C_e C_b r_{eq}} = \frac{2 \times 2\,mA}{(2\pi \times 791\,MHz \times 20\,pF)^2 1.3\,\Omega} \approx 310\,mV \tag{6.90}$$

因此式(6.43)成立，使用近似式(6.44)是合理的。

8. 图 6.14 的振荡器中的晶体具有额定频率 f_0 和等效串联电阻 $ESR = r_{eq}$。I_0 表示与非门的拉/源电流能力，$C_V = C_I = C$，并假设

$$Q_s = \frac{1}{\omega_0 r_{eq} C} \gg 1 \tag{6.91}$$

证明晶体上消散的 RF 功率 P_c 由下式给出

$$P_c = \frac{8I_0^2}{\pi^2 \omega_0^2 C^2 r_{eq}} \tag{6.92}$$

解答

将式(6.27)代入式(6.20)中，门输入处的峰值 RF 振幅由下式给出

$$V_0 \approx \frac{4I_0}{\pi\omega_0^2 C^2 r_{eq}} \tag{6.93}$$

在式(6.91)中,可以使用如在练习 6 中所做的串并转换式(6.33),因此 r_{eq} 被变换成并联电阻 R_{eq},如图 6.23 所示,给出

$$R_{eq} \approx Q_s^2 r_{eq} = \frac{r_{eq}}{(\omega_0 r_{eq} C)^2} = \frac{1}{\omega_0^2 C^2 r_{eq}} \tag{6.94}$$

由于 V_0 是峰值 RF 电压,所以平方根电压是 $V_{rms} = V_0/\sqrt{2}$。通过能量守恒原理,R_{eq} 上消耗的功率正好是晶体上耗散的功率 P_c,并且由 $V_{rms}^2/R_{eq} = V_0^2/2R_{eq}$,因此

$$P_c = \frac{V_0^2}{2R_{eq}} = \frac{16I_0^2}{\pi^2\omega_0^4 C^4 r_{eq}^2} \times \frac{\omega_0^2 C^2 r_{eq}}{2} = \frac{8I_0^2}{\pi^2\omega_0^2 C^2 r_{eq}}$$

9. 如果 $Q_s = 1/\omega r C_I \gg 1$ 且 $X(s) = sL + 1/sC$,则如图 6.26 所示的电路的传递函数很好地由图 6.2 的滤波器的传递函数近似,写出图 6.27 中的传输函数。

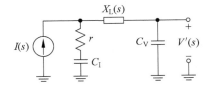

图 6.26　练习 9 的电路

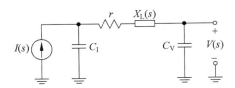

图 6.27　图 6.26 的近似等效电路

解答

对于如图 6.27 所示的电路,设定 $Z_1 = 1/sC_I$,$Z_3 = 1/sC_V$,$Z_2 = r + X_L(s)$,然后

$$H(s) = \frac{V(s)}{I(s)} = \frac{Z_1 Z_3}{Z_1 + Z_2 + Z_3}, \quad Z_1 Z_3 = \frac{1}{s^2 C_I C_V}$$

对于如图 6.26 所示的电路,设定 $Z_1' = 1/sC_I + r$,$Z_3' = 1/sC_V$,$Z_2' = X_L(s)$。由于 $Z_1' + Z_2' + Z_3' = Z_1 + Z_2 + Z_3$,可以得出

$$H'(s) = \frac{V'(s)}{I(s)} = \frac{Z_1' Z_3'}{Z_1 + Z_2 + Z_3}, \quad Z_1' Z_3' = \frac{1}{s^2 C_I C_V} + \frac{r}{sC_V}$$

然后,令 $s = j\omega$,并且由于 $Q_s = 1/\omega r C_I \gg 1$,得到

$$\frac{H'(s)}{H(s)} = \frac{Z_1' Z_3'}{Z_1 Z_3} = 1 + srC_I = 1 + j\omega rC_I = 1 + j\frac{1}{Q_s} = \underbrace{\sqrt{1 + \frac{1}{Q_s^2}}}_{\approx 1} e^{j\arctan\overbrace{(1/Q_s)}^{\approx 0}}_{\approx 1} \tag{6.95}$$

因此,$H'(j\omega)$ 在幅度和相位上都很好地用 $H(j\omega)$ 近似。

10. 使用在电源电压 $V_{cc} = +5V$ 下工作的固定能力电压缓冲与非门,重新计算练习 6 的皮尔斯振荡器的振荡振幅。与非门的输入阈值电压为 $v_{thr} = +2.5V$ 与非门表现为电压

源,并且无论负载大小如何,对于任何给定的输入电压 v_{in},输出电压 v_{out} 都能满足下式:

$$v_{out} = \begin{cases} 0V, & v_{in} > v_{thr} \\ +5V, & v_{in} < v_{thr} \end{cases} \tag{6.96}$$

解答

如 6.1.2.1 节所述,在直流时,与非门偏置输入/输出电压稳定在阈值电压 $v_{thr} = +2.5V$,就像运算放大器一样。由于与非门表现为电压源,并且由于较大的电压增益,在输入端的任何正弦电压,与非门的输出将为在 0V 和 +5V 之间的方波形式(6.96)。因此,在以频率 ω_0 振荡时,与非门输出的电压由相对于 v_{thr} 的幅度为 ±2.5V 的方波组成。这个对应于围绕直流偏置电压 v_{thr} 的峰值振幅 $V_{sq} = 2.5V$ 的对称交流方波。通过添加一个电阻 R 修改图 6.14 的电路,如图 6.28 所示。然后使用诺顿等效的交流信号,与电阻 R 串联的门电压源的交流部分被等效为与电阻 R 并联的交流电流源,如图 6.29 所示。

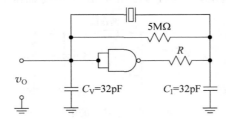

图 6.28 修改的练习 10 的振荡器

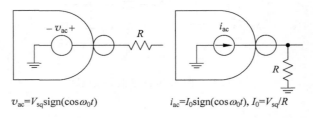

$v_{ac} = V_{sq}\text{sign}(\cos\omega_0 t)$ $i_{ac} = I_0\text{sign}(\cos\omega_0 t)$, $I_0 = V_{sq}/R$

图 6.29 缓冲门的诺顿交流等效电路,增加了一个电阻

等效电流源是幅度对称的方波:

$$I_0 = \frac{V_{sq}}{R} = \frac{2.5V}{R} \tag{6.97}$$

现在假设串并变换式(6.32)对此电路成立(要验证),可以将并联电阻器 R 变换为与 C_I 串联的等效电阻 r'

$$Q_p = \omega_0 R C_I \gg 1 \Rightarrow r' = \frac{R}{Q_p^2} \tag{6.98}$$

使用式(6.98)中的 r',集总振荡器等效电路模型如图 6.30 所示。如果式(6.32)成立,那么

$$Q'_s = 1/\omega_0 r' C_I = Q_p \gg 1 \tag{6.99}$$

因此,根据练习 8 的结果(参见图 6.26 和图 6.27),电阻器 r'(仍然待确定)可以直接与晶体电阻 r_{eq} 串联,产生总串联电阻 r_t,其由下式给出

$$r_t = r_{eq} + r' \tag{6.100}$$

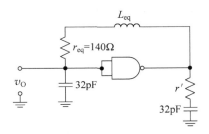

图 6.30 图 6.28 振荡器的电阻 R 进行了等效转换

晶体电阻 r_{eq} 由式(6.83)中给出的并联于电容 C_V 的电阻 R_{eq} 变换而来,因此满足石英晶体功耗极限的最大允许振幅是 $V_0 = 2.3\text{V}$,与式(6.86)计算所得值相同。将式(6.100)中的总串联电阻代入式(6.20)中,得到振幅 V_0,并且用式(6.27)替换 I_{1max},I_0 用式(6.97)替换,用式(6.98)替换 r',$C_V = C_1 = C = 32\text{pF}$,$f_0 = 2.6\text{MHz}$ 得出

$$V_0 = 2.3\text{V} \approx \frac{I_{1max}}{\omega_0^2 C^2 r_t} = \frac{(4/\pi) I_0}{\omega_0^2 C^2 (r_{eq} + r')} = (4/\pi) I_0 / (\omega_0^2 C^2 r_{eq} + \omega_0^2 C^2 \underbrace{R/Q_p^2}_{r'})$$

$$= \frac{(4/\pi)(V_{sq}/R)}{\omega_0^2 C^2 r_{eq} + \omega_0^2 C^2 R/Q_p^2} = (4/\pi) V_{sq} / (\omega_0^2 C^2 r_{eq} R + \underbrace{\omega_0^2 C^2 R^2}_{Q_p^2} / Q_p^2) = \frac{(4/\pi) V_{sq}}{\omega_0^2 C^2 r_{eq} R + 1}$$

$$= \frac{(4/\pi) \times 2.5\text{V}}{(2\pi \times 2.6\text{MHz} \times 32\text{pF})^2 \times 140\Omega \times R + 1} \approx \frac{3.18\text{V}}{3.82 \times 10^{-5}\Omega^{-1} \times R + 1} \qquad (6.101)$$

求解式(6.101)得出 R

$$R = \left(\frac{3.18}{2.3} - 1\right) \frac{1}{3.82 \times 10^{-5}} \approx 10\text{k}\Omega \qquad (6.102)$$

使用这个 R 的值得到:

$$Q_p = \omega_0 RC = 2\pi \times 2.6\text{MHz} \times 10\text{k}\Omega \times 32\text{pF} \approx 5.2 \gg 1$$

因此式(6.98)的近似是合理的。根据 R 值算出 $I_0 \approx 250\mu\text{A}$,这大约是练习 10 中电流的 3.6 倍。实际上

$$r' \approx \frac{R}{Q_p^2} = \frac{10\text{k}\Omega}{27} = 370\Omega \Rightarrow \frac{r_{eq} + r'}{r_{eq}} = \frac{140 + 370}{140} \approx 3.64$$

由于 V_0 与总串联电阻成反比,并与 I_0 成正比,并且由于 $r_t \approx 3.6 r_{eq}$,为了获得与练习 10 中相同的 V_0 值,I_0 应该增加 r_t/r_{eq}。注意

$$V_{sq} = \frac{1}{2} V_{cc} \qquad (6.103)$$

根据式(6.97),对于给定的振荡振幅 R 值,I_0 与 V_{sq} 成正比,所以 V_0 与电源电压 V_{cc} 成正比。

6.4 方程基础理论

6.4.1 通用 π 型结构滤波器分析

我们讨论的反馈网络,无论是否具有调谐功能,以及无论是使用集总元件、传输线、压电

晶体、分布式结构还是任何其他方式；都可以用图 6.31 的集总等效模型等效。在 $jX_L(\omega)$ 项中，$x_L(\omega) > 0$，表明该部分是感抗，假设，X_L 可以在谐振频率点附近作一阶泰勒展开，如式(6.104)所示。其中 $X_L(\omega)$ 是 ω 的实函数，满足

$$X_L(\omega) \approx X_L(\omega_0) + X'_L(\omega_0)(\omega - \omega_0), \quad |\omega - \omega_0|/\omega_0 \ll 1$$

$$X_L(\omega_0) = \frac{1}{\omega_0}\left(\frac{1}{C_I} + \frac{1}{C_V}\right), \quad X'_L(\omega_0) \equiv \frac{dX_L(\omega)}{d\omega}\bigg|_{\omega=\omega_0} \tag{6.104}$$

在图 6.31 中，电阻 r 与电抗串联，表示网络引起的功率损耗，包括传送到负载的功率。

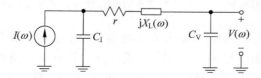

图 6.31 通用 π 型结构滤波器

$V(\omega)$ 表示输出电压相量，$I(\omega)$ 表示输入电流相量，$Z(\omega) = V(\omega)/I(\omega)$ 是网络的跨阻，等于式(6.104)中的 $X_L(\omega_0)$ 的值，证明：

(1) 电路在 $\omega = \omega_0$ 处谐振，换句话说，$Z(\omega_0)$ 是实数。

(2) 对于满足式(6.104)的任何 $X_L(\omega)$，谐振时的阻抗为 $Z(\omega_0) = -1/\omega_0^2 C_I C_V r$。

证明

首先令 $\omega = \omega_0[1 + (\omega - \omega_0)/\omega_0]$，有：

$$Z(\omega) = \frac{V(\omega)}{I(\omega)} \approx -\frac{1}{\omega_0^2 C_I C_V r} \frac{1}{1 + j\frac{1}{r}[X_L(\omega_0) + \omega_0 X'_L(\omega_0)]\frac{\omega - \omega_0}{\omega_0}} \tag{6.105}$$

下面是式(6.105)的证明，令：

$$Z_I(\omega) = 1/j\omega C_I, \quad Z_V(\omega) = 1/j\omega C_V, \quad \Delta\omega = \omega - \omega_0$$

省略对 ω 的显式依赖，基于式(6.104)，有：

$$Z(\omega) = \frac{Z_I(jX_L + r + Z_V)}{Z_I + jX_L + r + Z_V} \frac{Z_V}{jX_L + r + Z_V} = \frac{Z_I Z_V}{Z_I + jX_L + r + Z_V}$$

$$= -\frac{1}{\omega^2 C_I C_V} \frac{1}{r - j\frac{1}{\omega}\left(\frac{1}{C_I} + \frac{1}{C_V}\right) + jX_L(\omega_0) + jX'_L(\omega_0)\Delta\omega} \tag{6.106}$$

在谐振点附近，假设式(6.104)满足

$$\left|\frac{\Delta\omega}{\omega_0}\right| = \left|\frac{\omega - \omega_0}{\omega_0}\right| \ll 1$$

那么可以对 $1/\omega$ 作一阶泰勒级数展开

$$\omega = \omega_0\left(1 + \frac{\omega - \omega_0}{\omega_0}\right) = \omega_0\left(1 + \frac{\Delta\omega}{\omega_0}\right) \Rightarrow \frac{1}{\omega} = \frac{1}{\omega_0\left(1 + \frac{\Delta\omega}{\omega_0}\right)} \approx \frac{1}{\omega_0}\left(1 - \frac{\Delta\omega}{\omega_0}\right) \tag{6.107}$$

将式(6.107)中的 $1/\omega$ 代入式(6.106)得到

$$Z(\omega) \approx -\frac{1}{\omega_0^2 C_I C_V} \times \frac{1}{r - j\frac{1}{\omega_0}\left(\frac{1}{C_I} + \frac{1}{C_V}\right)\left(1 - \frac{\Delta\omega}{\omega_0}\right) + jX_L(\omega_0) + j\omega_0 X'_L(\omega_0)\frac{\Delta\omega}{\omega_0}} \tag{6.108}$$

鉴于式(6.104)中的 $jX_L(\omega_0)$ 和 $-j\dfrac{1}{\omega_0}\left(\dfrac{1}{C_I}+\dfrac{1}{C_V}\right)$ 互相抵消,因此式(6.108)和式(6.105)相同。

对于任何 $X_L(\omega_0)>0$,式(6.104)和式(6.105)成立。在 6.1.2 节中,$jX_L(\omega)$ 是电感器 L 与电容器 C 串联的电抗。代入式(6.105)

$$\begin{cases} X_L(\omega) = \omega L - \dfrac{1}{\omega C} \\ X'_L(\omega) = L + \dfrac{1}{\omega^2 C} \end{cases} \Rightarrow X_L(\omega_0) + \omega_0 X'_L(\omega_0) = 2\omega_0 L$$

并使用式(6.104)的低阶方程中的谐振条件,得到

$$Z(\omega) \approx \frac{V(\omega)}{I(\omega)} \approx -\frac{1}{\omega_0^2 C_I C_V r} \times \frac{1}{1 + j2Q_L \dfrac{\omega - \omega_0}{\omega_0}}, \quad Q_L = \frac{\omega_0 L}{r}, \quad \omega > 0 \quad (6.109)$$

$$X_L(\omega_0) = \omega_0 L - \frac{1}{\omega_0 C} = \frac{1}{\omega_0}\left(\frac{1}{C_I} + \frac{1}{C_V}\right) \Rightarrow \omega_0^2 = \frac{1}{L}\left(\frac{1}{C} + \frac{1}{C_V} + \frac{1}{C_I}\right) \quad (6.110)$$

关于 6.1.2 节中讨论的具体情况:

- 式(6.109)与式(6.13)相同。式(6.109)的符号是负的,因为这里流入滤波器的电流方向取正,以便强调电路在谐振下反相的事实。
- 由方程式(6.104)左边部分产生的方程(6.109)与式(6.14)相同。

6.4.2 Leeson 方程

Leeson 方程是估算通信系统中相位噪声的影响的主要工具,同时它揭示了寄生相位调制的产生机制。因此,有必要花费一些精力详细推导这个方程。然而,Leeson 方程的数学推导有些棘手,在推导方程之前,需要在接下来的几节中讨论它的初步背景。

6.4.2.1 窄带 FM

考虑振幅 A 的 RF 载波,FM 调制的调制系数 β

$$S_i(t) = A\cos(\omega_0 t + \beta\sin\omega_m t), \quad 0 \leqslant \beta \ll 1, \quad \omega_m \ll \omega_0 \quad (6.111)$$

使用三角恒等式并给出 $\beta \ll 1$,式(6.111)可以近似为

$$S_i(t) = A\Big[\cos(\omega_0 t)\underbrace{\cos(\beta\sin\omega_m t)}_{\approx 1} - \sin(\omega_0 t)\underbrace{\sin(\beta\sin\omega_m t)}_{\approx \beta\sin\omega_m t}\Big]$$

$$\approx A\Big[\cos\omega_0 t + \frac{\beta}{2}\cos(\omega_0 + \omega_m)t - \frac{\beta}{2}\cos(\omega_0 - \omega_m)\,t\Big] \quad (6.112)$$

可以看到,对于 $\beta \ll 1$,FM 调制的 RF 信号大约仅由两个边带组成,每个边带幅度为 $\beta/2$,与载波的频差为 ω_m。除了边带之间的负号关系,式(6.112)的频谱图类似于 AM。每个边带相对于载波的功率是

$$\frac{\text{边带功率}}{\text{载波功率}}\bigg|_{dBc} = 20\log_{10}\left(\frac{\beta}{2}\right)[dBc] \quad (6.113)$$

因此,每个边带相对于载波的功率仅取决于调制系数 β。当然,反过来也适用:调制系数 β 取决于每个边带相对于载波的功率比。当 $\beta \ll 1$ 时,调制被称为窄带 FM。预计振荡器

相位噪声由窄带 FM 调制产生。

6.4.2.2　基于窄带滤波器的窄带 FM

由于窄带 FM 在频谱上类似于 AM,在下面的分析中,我们使用 Clarke(1994)提出的一种用于分析 AM 信号通过窄带带通滤波器的方法。用 $F[x(t)] = \hat{x}(\omega)$ 表示 $x(t)$ 的傅里叶变换,用 $F^{-1}[\hat{x}(\omega)] = x(t)$ 表示逆傅里叶变换。考虑到一般窄带 FM 调制的恒定幅度 RF 信号可以表示成以下形式

$$S_i(t) = \cos[\omega_0 t + \theta(t)], \quad 0 \leqslant |\theta(t)| \ll 1 \tag{6.114}$$

假设 $\theta(t)$ 是可进行傅里叶变换的带宽充分小于 ω_0 的信号。对于 $|\theta(t)| \ll 1$,在 6.4.2.1 节的相同考虑下,可以得到:

$$S_i(t) \approx \cos\omega_0 t - \theta(t)\sin\omega_0 t = \cos\omega_0 t - \frac{\theta(t)}{2j}(e^{j\omega_0 t} - e^{-j\omega_0 t}) \tag{6.115}$$

现在,让使用 $S_i(t)$ 作为窄带滤波器的输入,类似于式(6.109)中的正频率的归一化频率响应为:

$$H(\omega) \approx \frac{1}{1 + j2Q_l \dfrac{\omega - \omega_0}{\omega_0}}, \quad \omega > 0, \quad Q_l \gg 1 \tag{6.116}$$

接下来的任务是确定滤波器式(6.116)中的输出信号 $S_o(t)$。具体来说,需要了解滤波器如何影响式(6.114)中的 $\theta(t)$。为了完成这个任务,注意到 $H(\omega)$ 的近似是从图 6.31 中描述的类型的滤波器导出的,在物理上是可实现的。反过来,由 X^* 表示 X 的复共轭,可物理实现的滤波器必须满足

$$H(-\omega) = H^*(\omega) \tag{6.117}$$

这是因为式(6.117)意味着滤波器的脉冲响应 $h(t)$ 是实数值。式(6.116)的近似仅针对正频率导出,并且在正频率和负频率上都不满足式(6.117)。然而,由于 $Q_l \gg 1$,滤波器是窄带的,因此 $H(\omega)$ 仅在 $\pm\omega_0$ 附近与零显著不同,因此,对于可实现的滤波器是,当 $\omega < 0$ 时,校正式(6.116)为

$$H(\omega) \approx \frac{1}{1 + j2Q_l \dfrac{\omega - \omega_0}{\omega_0}} + \frac{1}{1 + j2Q_l \dfrac{\omega + \omega_0}{\omega_0}}, \quad -\infty \leqslant \omega \leqslant \infty \tag{6.118}$$

注意到,由于 $Q_l \gg 1$,对于 $\omega > 0$,最右边项基本上为零,因此式(6.118)对于正频率实质上等于式(6.116)。此外式(6.118)满足条件(6.117),因此滤波器是物理上可实现的。现在,定义低通传递函数为

$$H_L(\omega) = \frac{1}{1 + j2Q_l \dfrac{\omega}{\omega_0}}, \quad h_L(t) = F^{-1}[H_L(\omega)] \tag{6.119}$$

式(6.119)中的 $H_L(\omega)$ 满足条件(6.117),因此脉冲响应 $h_L(t)$ 是实数值。使用式(6.119),可以重写式(6.118)为:

$$H(\omega) \approx H_L(\omega - \omega_0) + H_L(\omega + \omega_0) \tag{6.120}$$

回到式(6.115),令

$$g_i(t) = \frac{\theta(t)}{2j}(e^{j\omega_0 t} - e^{-j\omega_0 t}) \tag{6.121}$$

使用傅里叶变换的调制定理

$$F[x(t)\mathrm{e}^{\mathrm{j}\omega_0 t}] = \hat{x}(\omega - \omega_0) \tag{6.122}$$

方程(6.121)变为

$$\hat{g}_\mathrm{i}(\omega) = \frac{\hat{\theta}(\omega - \omega_0) - \hat{\theta}(\omega + \omega_0)}{2\mathrm{j}} \tag{6.123}$$

当$\hat{g}_\mathrm{i}(\omega)$通过滤波器式(6.120)时,滤波器输出$\hat{g}_\mathrm{o}(\omega)$由下式给出

$$\hat{g}_\mathrm{o}(\omega) = \frac{\hat{\theta}(\omega - \omega_0) - \hat{\theta}(\omega + \omega_0)}{2\mathrm{j}} \times [H_\mathrm{L}(\omega - \omega_0) + H_\mathrm{L}(\omega + \omega_0)]$$

$$\approx \frac{\hat{\theta}(\omega - \omega_0)H_\mathrm{L}(\omega - \omega_0) - \hat{\theta}(\omega + \omega_0)H_\mathrm{L}(\omega + \omega_0)}{2\mathrm{j}} \tag{6.124}$$

这是因为,由于$H_\mathrm{L}(\omega \mp \omega_0)$是窄带的,在$\pm\omega_0$附近以外频率基本上为零,式(6.124)中的交叉乘积不叠加,从而消失,

$$\hat{\theta}(\omega + \omega_0)H_\mathrm{L}(\omega - \omega_0) \approx 0, \quad \hat{\theta}(\omega - \omega_0)H_\mathrm{L}(\omega + \omega_0) \approx 0 \tag{6.125}$$

调用傅里叶变换的卷积定理,其中 $*$ 表示时间卷积

$$F[x(t) * y(t)] = \hat{x}(\omega)\,\hat{y}(\omega) \tag{6.126}$$

使用式(6.122)和式(6.126),得到

$$F^{-1}[\hat{x}(\omega - \omega_0)\,\hat{y}(\omega - \omega_0)] = [x(t) * y(t)]\mathrm{e}^{\mathrm{j}\omega_0 t} \tag{6.127}$$

因此式(6.124)产生:

$$g_\mathrm{o}(t) = F^{-1}[\hat{g}_\mathrm{o}(\omega)] = \frac{[\theta(t) * h_\mathrm{L}(t)]\mathrm{e}^{\mathrm{j}\omega_0 t} - [\theta(t) * h_\mathrm{L}(t)]\mathrm{e}^{-\mathrm{j}\omega_0 t}}{2\mathrm{j}}$$

$$= [\theta(t) * h_\mathrm{L}(t)]\sin\omega_0 t \tag{6.128}$$

最后,注意到式(6.115)中的载波 $\cos\omega_0 t$ 不受滤波器(6.118)的影响,因为 $H(\omega_0) = H(-\omega_0) \approx 1$。因此,当式(6.114)中的信号 $S_\mathrm{i}(t)$ 通过滤波器(6.118)时,得到的输出信号 $S_\mathrm{o}(t)$ 为:

$$S_\mathrm{o}(t) = \cos\omega_0 t - [\theta(t) * h_\mathrm{L}(t)]\sin\omega_0 t \approx \cos(\omega_0 t + [\theta(t) * h_\mathrm{L}(t)]) \tag{6.129}$$

从式(6.129)可以得出结论,通过带通滤波器(6.116)的具有载波频率 ω_0 的窄带 FM 调制信号等效于通过低通滤波器(6.119)的相位调制信号 $\theta(t)$。

6.4.2.3　Leeson 模型

根据 6.4.2.1 节和 6.4.2.2 节的结果,现在可以讨论自限幅噪声振荡器的 Leeson 模型。振荡器被建模为具有输入噪声的反馈电压放大器,如图 6.32 所示。想象它是一个类似于 6.1.2.1 节工作在电压限制模式的 NAND 门振荡器。

然后,输入信号 $v_\mathrm{i}(t)$ 中存在的任何幅度调制都被"剥离",并且输出信号 $v_\mathrm{o}(t)$ 仅表现出相位调制。反馈信号 $v_\mathrm{F}(t)$ 由 $v_\mathrm{o}(t)$ 通过在式(6.116)中给出的滤波器 $H(\omega)$ 的信号组成,$H(\omega)$低频可以等效为(6.119)中的$H_\mathrm{L}(\omega)$。噪声电压 $v_\mathrm{n}(t)$ 可以以正交形式表示为:

$$\begin{cases} v_\mathrm{n}(t) = A(t)\cos(\omega_0 t + \phi(t)) = a(t)\cos\omega_0 t - b(t)\sin\omega_0 t \\ a(t) = A(t)\cos\phi(t), \quad b(t) = A(t)\sin\phi(t) \end{cases} \tag{6.130}$$

根据 6.4.2.1 节的内容,当$|\phi(t)| \ll 1$时,$\cos\phi(t) \approx 1$,$\sin\phi(t) \approx \phi(t)$,在下面,窄带 FM 调制信号可以近似为:

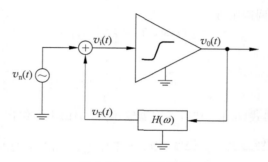

图 6.32 振荡器模型

$$\cos(\omega_0 t + \phi(t)) \approx \cos\omega_0 t - \phi(t)\sin\omega_0 t, \quad |\phi(t)| \ll 1 \tag{6.131}$$

输出电压信号 $v_0(t)$ 具有剥离的 AM 调制，但输入电压信号 $v_i(t)$ 引起的任何窄带 FM 调制不变，

$$v_0(t) \approx V_0[\cos\omega_0 t - \theta_0(t)\sin\omega_0 t], \quad |\theta_0(t)| \ll 1, \quad \theta_0(t) = \theta_i(t) \tag{6.132}$$

根据 6.4.2.2 节的结果，反馈信号具有以下形式

$$v_F(t) \approx V_0[\cos\omega_0 t - \theta_F(t)\sin\omega_0 t], \quad \theta_F(t) = \theta_0(t) * h_L(t) \tag{6.133}$$

输入电压的可以表示为 $v_i(t) = v_F(t) + v_n(t)$，即

$$v_i(t) = V_0\{[1 + a(t)/V_0]\cos\omega_0 t - [\theta_F(t) + b(t)/V_0]\sin\omega_0 t\} \tag{6.134}$$

令

$$\begin{cases} \theta_n(t) = b(t)/V_0, & |b(t)| \ll V_0 \\ 1 + a(t)/V_0 \approx 1, & |a(t)| \ll V_0 \end{cases} \tag{6.135}$$

得到

$$v_i(t) \approx V_0\{\cos\omega_0 t - [\theta_F(t) + \theta_n(t)]\sin\omega_0 t\} \tag{6.136}$$

注意到，$\theta_n(t) = b(t)/V_0$ 是式(6.130)中给出的 $v_n(t)$ 对无噪声载波信号 $V_0\cos\omega_0 t$ 的相位调制。将式(6.136)中的输入电压的相位调制表示为 $\theta_i(t)$，它从式(6.134)和式(6.135)得出，式(6.136)可以转换为：

$$v_i(t) \approx V_0[\cos\omega_0 t - \theta_i(t)\sin\omega_0 t], \quad \theta_i(t) = \theta_F(t) + \theta_n(t) \tag{6.137}$$

将式(6.132)中的 $\theta_i(t) = \theta_0(t)$ 和式(6.133)中的 $\theta_F(t) = \theta_0(t) * h_L(t)$ 代入式(6.137)右边的方程 $\theta_i(t) = \theta_F(t) + \theta_n(t)$，并假设 $\theta_n(t)$ 是确定的且可以进行傅里叶变换

$$\theta_0(t) = \theta_0(t) * h_L(t) + \theta_n(t) \Rightarrow \hat{\theta}_0(\omega) = \hat{\theta}_0(\omega)H_L(\omega) + \hat{\theta}_n(\omega) \tag{6.138}$$

最后，根据式(6.138)得到：

$$\hat{\theta}_0(\omega) = H_T(\omega)\hat{\theta}_n(\omega), \quad H_T(\omega) = \frac{1}{1 - H_L(\omega)} \tag{6.139}$$

$H_T(\omega)$ 是线性时不变(LTI)滤波器的传输函数。使用式(6.119)，其频率响应为

$$H_T(\omega) = \frac{1}{1 - [1/\{1 + j2Q_l(\omega/\omega_0)\}]} = \frac{1 + j2Q_l\dfrac{\omega}{\omega_0}}{j2Q_l(\omega/\omega_0)} = 1 + \frac{\omega_0}{j2Q_l\omega} \tag{6.140}$$

将式(6.140)代入式(6.139)中得到

$$\hat{\theta}_0(\omega) = \left(1 + \frac{\omega_0}{j2Q_l\omega}\right)\hat{\theta}_n(\omega) \tag{6.141}$$

如果 $\theta_n(t)$ 是属于具有频谱密度 $S_n(\omega)$ 的随机过程,则式(6.141)中 $\theta_0(t)$ 的频谱密度 $S_0(\omega)$ 为

$$S_0(\omega) = |H_T(\omega)|^2 S_n(\omega) = \left|1 + \frac{\omega_0}{j2Q_l\omega}\right|^2 S_n(\omega) = \left[1 + \left(\frac{\omega_0}{2Q_l\omega}\right)^2\right]S_n(\omega) \quad (6.142)$$

接下来需要确定由噪声引起的 $\theta_n(t)$ 的频谱密度。反过来,可以看到 $\theta_n(t)$ 是由输入噪声电压 $V_n(t)$ 对无噪声载波 $V_0\cos\omega_0 t$ 的相位调制。

为了估计 $\theta_n(t)$,注意到 $v_n(t)$ 是由放大器的输入的电路电阻 R 产生的热噪声电压。可以通过将噪声频谱离散化为许多连续的子带宽 B_m 来模拟热噪声,每个 1Hz 宽并且以频率 $\omega_0 + \omega_m$ 为中心。为了考虑有源器件的噪声因子 F 的影响,将放大器输入噪声功率乘以 F 来等效放大器的热噪声,而放大器本身被认为是无噪声的。为简单起见,假设放大器的输入阻抗与噪声源匹配,因此,根据 3.1.1 节中的式(3.4),等效噪声功率在每个 1Hz 带宽中进入放大器是相同的并且给出

$$P_m = kTF \quad (6.143)$$

在(窄)1Hz 带宽 B_m 内产生的噪声电压可以被建模为具有 rms 值 V_{+m} 的近似正弦噪声电压,其功率 P_{+m} 集中在频率 $\omega_0 + \omega_m$ 附近,的其峰值振幅 V_{+m},为

$$P_{+m} = kTF \Rightarrow v_{+m,rms} = \sqrt{kTFR}, \quad v_{+m,peak} = \sqrt{2}\,v_{+m,rms} \quad (6.144)$$

表示振荡器的无噪声载波为:

$$v_0(t) = V_0\cos\omega_0 t \quad (6.145)$$

在图 6.32 的求和点处,振幅 $v_{+m,peak}$ 的噪声信号峰值加到大幅度的振荡器载波 $v_0(t)$ 上,如图 6.33 所示。这导致对复合信号 $v_c(t)$ 的同时振幅调制 $a_{+m}(t)$ 和相位调制 $\phi_{+m}(t)$,如图 6.33 所示。由于 $v_{+m,peak} \ll V_0$, $V_c(t)$ 的峰值相位调制为

$$\phi_{+m,peak} = \tan^{-1}\left(\frac{v_{+m,peak}}{V_0}\right) \approx \frac{v_{+m,peak}}{V_0} \quad (6.146)$$

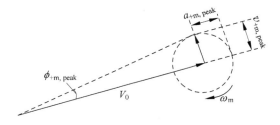

图 6.33　具有偏移 ω_m 处的噪声分量的纯载波的相量图

从式(6.144)和式(6.146)可以得出:

$$\phi_{+m,rms} \approx \frac{v_{+m,rms}}{V_0} = \frac{\sqrt{kTFR}}{V_0} = \sqrt{\frac{kTF}{V_0^2/R}} \quad (6.147)$$

注意,由于载波频率是 ω_0,并且噪声频率以 $\omega_0 + \omega_m$ 为中心,则 $\phi_{+m}(t)$ 的频谱由 ω_m 附近的频率组成。在载波的对称侧上,存在以频率 $\omega_0 - \omega_m$ 为中心的另外一个 1Hz 带宽 B_{-m},通过用刚刚完成的相同的分析,得到另一相位调制分量 $\phi_{-m}(t)$,位于 ω_m 附近,具有相同的 rms 值

$$\phi_{-m,rms} = \phi_{+m,rms} \quad (6.148)$$

由于 $\phi_{+m}(t)$ 和 $\phi_{-m}(t)$ 是不相关的随机变量,它们通过功率相加。由 P_s 表示传送到输入

端匹配的放大器的载波功率,在频偏 ω_m 处 1Hz 带宽内的噪声引起的相位调制为:

$$\theta_{m,rms} = \sqrt{\phi_{+m,rms}^2 + \phi_{-m,rms}^2} = \sqrt{\frac{2kTF}{V_0^2/R}} = \sqrt{\frac{kTF}{P_s}}, \quad P_s = \frac{V_0^2}{2R} \tag{6.149}$$

因此,对于载波频率 ω_0 的任何偏移 ω_m 处的相位调制 $\theta_n(t)$ 的单边带频谱密度 $S_n(\omega_m)$ 是恒定的

$$S_n(\omega_m) = \theta_{m,rms}^2 = \frac{kTF}{P_s} \tag{6.150}$$

因此,从式(6.142)得到 $\theta_o(t)$ 的单边带频谱密度为:

$$S_0(\omega_m) = \left[1 + \left(\frac{\omega_0}{2Q_1\omega_m}\right)^2\right]\frac{kTF}{P_s} \tag{6.151}$$

然而,由于以偏移频率 ω_m 为中心的 1Hz 带宽的正弦相位调制信号的峰值是

$$\beta_m = \sqrt{2}\sqrt{S_0(\omega_m)} \tag{6.152}$$

根据式(6.113),以频率 $\omega_0 \pm \omega_m$ 为中心的调制边带在每个 1Hz 带宽中的峰值幅度相对于载波仅为 $\beta_m/2$,因此相对于载波的边带噪声功率密度是

$$\left(\frac{\beta_m}{2}\right)^2 = \frac{1}{2}S_0(\omega_m) = \left[1 + \left(\frac{\omega_0}{2Q_1\omega_m}\right)^2\right]\frac{kTF}{2P_s} \tag{6.153}$$

再次注意,式(6.151)中的 ω_m 只是对振荡载波频率的偏移。根据式(6.151),载波频偏 ω_m 处每 1Hz 边带内的相噪相对于载波的功率比可以由 $10\log_{10}[S_0(\omega_m)]$ 给出,即 Leeson 方程

$$L(\omega_m)\mid_{dBc/Hz} = 10\log_{10}\left\{\frac{kTF}{2P_s}\left[1 + \left(\frac{\omega_0}{2Q_1\omega_m}\right)^2\right]\right\}(dBc/Hz) \tag{6.154}$$

令 $\omega_m = 2\pi\Delta f$,$\omega_0 = 2\pi f_0$,则式(6.154)与式(6.11)相同。

6.4.2.4 从振荡器相位噪声计算时钟抖动

假设系统的采样时钟由通过对平均频率为 f_s 的有噪声正弦振荡器信号经过限幅放大产生的方波组成,有以下形式

$$v_0(t) = \cos(\phi(t)), \phi(t) = \omega_s t + \theta(t), \quad \omega_s = 2\pi f_s, \quad \mid\theta(t)\mid \ll 1 \tag{6.155}$$

根据 6.4.2.3 节中讨论的 Leeson 的模型,相位 $\theta(t)$ 属于随机过程。从 Abidi(2006)描述的方法开始。假设每 $T_s = 1/f_s$ 秒对振荡器的瞬时相位 $\phi(t)$ 进行采样。由于 $\omega_s T_s = 2\pi$,两个连续采样之间的相位差对 2π 求模,得到:

$$\phi(t) - \phi(t - T_s) = \omega_s(T_s + \tau(t)) \Rightarrow \Delta\theta(t) = \theta(t) - \theta(t - T_s) = \omega_s\tau(t) \tag{6.156}$$

由于平均频率固定为 ω_s,则式(6.156)中的 $\tau(t)$ 是表示相对于周期 T_s 的时间抖动(由于频率调制),该值为平均值为零的随机变量。相位偏差 $\Delta\theta(t)$ 可以被看作具有 $\theta(t)$ 作为输入,经过冲激响应为 $h(t)$ 的线性时间不变(LTI)系统的输出

$$h(t) = \delta(t) - \delta(t - T_s) \tag{6.157}$$

根据线性系统理论,使用 $*$ 时间卷积运算符表示如下

$$\Delta\theta(t) = h(t) * \theta(t), \quad \tau(t) = \frac{\Delta\theta(t)}{\omega_s} \tag{6.158}$$

$\Delta\theta(t)$ 也属于随机过程。$h(t)$ 的傅里叶变换 $H(\omega)$ 为:

$$H(\omega) = 1 - e^{-j\omega T_s} = 1 - e^{-j2\pi\omega/\omega_s} \quad T_s = 2\pi/\omega_s \tag{6.159}$$

回想一下，$\theta(t)$ 是具有在式(6.151)中给出的单边带频谱密度为 $S_\theta(\omega)$ 的随机过程，其中 ω 仅是来对载波频率 ω_s 的偏移，

$$S_\theta(\omega) = \left[1 + \left(\frac{\omega_s}{2Q_1\omega}\right)^2\right]\frac{kTF}{P_s} \tag{6.160}$$

$\Delta\theta(t)$ 在 LTI 系统的输出处的单边带频谱密度为

$$S_{\Delta\theta}(\omega) = |H(\omega)|^2 S_\theta(\omega) = |1 - e^{-j2\pi\omega/\omega_s}|^2 \left[1 + \left(\frac{\omega_s}{2Q_1\omega}\right)^2\right]\frac{kTF}{P_s} \tag{6.161}$$

经过一个简单的变换，式(6.161)可以重写为以下形式

$$S_{\Delta\theta}(\omega) = 4\sin^2(\pi\omega/\omega_s) \times \left[1 + \left(\frac{\omega_s}{2Q_1\omega}\right)^2\right]\frac{kTF}{P_s} \tag{6.162}$$

分解式(6.162)，$S_{\Delta\theta}(\omega)$ 产生如下两个基本上不同的分量

$$S_{\Delta\theta}(\omega) = S_F(\omega) + S_Q(\omega) \tag{6.163}$$

其中

$$S_F(\omega) = \frac{4kTF}{P_s}\sin^2(\pi\omega/\omega_s), \quad S_Q(\omega) = \frac{kTF\pi^2}{P_sQ_1^2} \times \frac{\sin^2(\pi\omega/\omega_s)}{(\pi\omega/\omega_s)^2} \tag{6.164}$$

$S_F(\omega)$ 项来自于振荡器的（平坦的）本底噪声，而 $S_Q(\omega)$ 来自于接近载波处的以 6dB/倍频程衰减的相位噪声。从式(6.164)可以看出，相位抖动的均方根值非常依赖于时钟产生电路的振荡器输入端口的带宽。为了合理地估计总相位抖动的大小同时保持计算简单，假设振荡器输出到时钟发生器的输入之间以中心频率为 f_s 和带宽为 $\pm f_s/2$ 的带通滤波器滤波。根据 6.4.2.2 节的分析，相位调制信号由具有带宽 $f_s/2$ 的低通等效滤波器 $H_L(\omega)$ 进行滤波，因此每个周期采样一次 $\Delta\theta(t)$ 不会引入混叠。令 $\omega = 2\pi f$，由 $S_F(\omega)$ 导致的 $\Delta\theta(t)$ 的变化 σ_F^2 为：

$$\sigma_F^2 \approx \int_0^{f_s/2} S_F(\omega)\,df = \frac{4kTF}{P_s}\int_0^{f_s/2}\sin^2(\pi f/f_s)\,df = \frac{kTFf_s}{P_s} \tag{6.165}$$

由 $\hat{S}_Q(\omega)$ 引起的变化 σ_Q^2 满足

$$\sigma_Q^2 \approx \int_0^{f_s/2} S_Q(\omega)\,df < \frac{kTF\pi^2}{P_sQ_1^2}\int_0^\infty \frac{\sin^2(\pi f/f_s)}{(\pi f/f_s)^2}\,df = \frac{kTFf_s}{2P_s}\left(\frac{\pi}{Q_1}\right)^2 \tag{6.166}$$

因为对于任何低噪声振荡器 $Q_1 \gg 1$，得到

$$\frac{\sigma_Q^2}{\sigma_F^2} < \frac{1}{2}\left(\frac{\pi}{Q_1}\right)^2 \ll 1 \tag{6.167}$$

因此，本底噪声是主导的，并注意到

$$\frac{kTF}{2P_s} = 10^{L(\infty)/10} \tag{6.168}$$

其中 $L(\infty)$ 是振荡器本底噪声，相位抖动的均方根值 $\Delta\theta_{rms}$ 由下式给出

$$\Delta\theta_{rms} \approx \sigma_F = \sqrt{\frac{kTFf_s}{P_s}} = \sqrt{2f_s10^{L(\infty)/10}} \tag{6.169}$$

为了获得对相位噪声大小的量级的概念，在 2.5GHz 为了获得 0.1% 的 rms 相位抖动，噪声基底需要满足以下条件，该条件是相对容易实现的

$$\Delta\theta_{rms} = \frac{2\pi}{1000} \Rightarrow L(\infty) = 10\log_{10}\left[\frac{1}{2f_s}\left(\frac{2\pi}{1000}\right)^2\right] = -141\text{dBc/Hz} \tag{6.170}$$

当在 DRFS 接收机中计算阻塞时，使用式(6.169)。为了估计均方根抖动，从式(6.156)注

意到相位误差均方根值τ_{rms}满足

$$\Delta\theta_{rms} \approx \sqrt{E[\{\omega_s\tau(t)\}^2]} = \omega_s\tau_{rms}, \quad \tau_{rms} = \sqrt{E[\{\tau(t)\}^2]} \qquad (6.171)$$

将式(6.169)代入式(6.171)，得到均方根时间抖动

$$\tau_{rms} \approx \frac{\Delta\theta_{rms}}{2\pi f_s} = \frac{1}{\pi}\sqrt{\frac{10^{L(\infty)/10}}{2f_s}} \qquad (6.172)$$

将式(6.156)代入式(6.162)，并回顾相位抖动信号已经被等效低通滤波器滤波

$$H_L(\omega) = \begin{cases} 1, & \omega \leqslant \omega_s/2 \\ 0, & \omega > \omega_s/2 \end{cases} \qquad (6.173)$$

并使用式(6.154)，$\tau(t)$的单边带频谱密度由下式给出

$$S_\tau(\omega) = \begin{cases} \dfrac{8\sin^2(\pi\omega/\omega_s)}{\omega_s^2} \times 10^{L(\omega)/10}, & \omega \leqslant \omega_s/2 \\ 0, & \omega > \omega_s/2 \end{cases} \qquad (6.174)$$

6.4.3　谐振传输线的集总等效电路

由P_0表示馈送到端接理想负载的特征阻抗Z_0的传输线的输入功率。假定该线在距离馈电点ℓ处端接匹配的电阻性负载（负载的电阻等于Z_0）。消耗到负载中的功率P_{Load}(Collin,2001)如下

$$P_{Load} = P_0 e^{-2\alpha\ell} \qquad (6.175)$$

其中$\alpha[Neper/m]$被称为衰减常数。从上面可以得出，如果功率损耗对于某个长度l是已知的，则α可以容易地从下面的等式计算出：

$$\text{loss}\mid_{dB} = -10\log_{10}(P_{Load}/P_0) = 20\alpha\ell\log_{10}(e) \Rightarrow \alpha = \frac{\text{loss}\mid_{dB}}{20\ell\log_{10}(e)} \qquad (6.176)$$

后面假定传输线损耗很小。即$\alpha\ell \ll 1$。对图6.34的传输线，其特征阻抗为Z_0，长度为ℓ，一端接负载阻抗Z_ℓ。用λ表示波长并令$\beta = 2\pi/\lambda$，根据标准传输线理论(Collin,2001)，在线输入端看到的阻抗Z_{in}可以近似为

$$\frac{Z_{in}}{Z_0} = \frac{\dfrac{Z_\ell}{Z_0} + \alpha\ell + j\left(1 + \dfrac{Z_\ell}{Z_0}\alpha\ell\right)\tan\beta\ell}{1 + \dfrac{Z_\ell}{Z_0}\alpha\ell + j\left(\dfrac{Z_\ell}{Z_0} + \alpha\ell\right)\tan\beta\ell}, \quad \beta = \frac{2\pi}{\lambda}, \quad \alpha\ell \ll 1 \qquad (6.177)$$

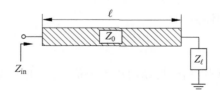

图6.34　低损耗谐振传输线

如果介质相对介电常数为ε_r，根据电磁场理论，介质内的波长等于自由空间波长除以$\sqrt{\varepsilon_r}$。

6.4.3.1　开路$\lambda/4$谐振器的集总等效电路

用v表示传输线内的波速，用f和λ表示实际频率和相应的波长，用f_0和λ_0表示$\ell =$

$\lambda_0/4$ 对应的频率和波长. 然后, 使用已经知道的关系

$$\lambda f = v \Rightarrow \ell = \frac{\lambda_0}{4} = \frac{v}{4f_0} = \frac{\lambda}{4} \frac{f}{f_0} \tag{6.178}$$

并令 $f = f_0 + \Delta f$, 可以将 $\beta\ell$ 写为:

$$\beta\ell = \frac{2\pi}{\lambda} \frac{\lambda}{4} \frac{f}{f_0} = \frac{\pi}{2} \frac{f_0 + \Delta f}{f_0} = \frac{\pi}{2} + \frac{\pi}{2} \frac{\Delta f}{f_0}, \quad \Delta f = f - f_0 \tag{6.179}$$

在 f_0 附近, 即如果 $|\Delta f/f_0| \ll 1$, 可以近似为

$$\tan\beta\ell = \tan\left(\frac{\pi}{2} + \frac{\pi}{2} \frac{\Delta f}{f_0}\right) = -\cot\frac{\pi}{2} \frac{\Delta f}{f_0} \approx -\left(\frac{\pi}{2} \frac{\Delta f}{f_0}\right)^{-1}, \quad \left|\frac{\pi}{2} \frac{\Delta f}{f_0}\right| \ll 1 \tag{6.180}$$

因此 $\tan^2\beta\ell \gg 1$, 假定传输线具有小的损耗, 即 $(\alpha\ell)^2 \ll 1$. 如果传输线一端开路, 即 $Z_\ell = \infty$. 代入式 (6.177) 得到

$$Z_{\text{in}} = Z_0 \frac{1 + j\alpha\ell\tan\beta\ell}{\alpha\ell + j\tan\beta\ell} \tag{6.181}$$

将式 (6.181) 的分子和分母同时乘以分母的复共轭, 再加上 $\tan^2\beta\ell \gg (\alpha\ell)^2$, 得到

$$Z_{\text{in}} = Z_0 \frac{(1 + j\alpha\ell\tan\beta\ell)(\alpha\ell - j\tan\beta\ell)}{(\alpha\ell)^2 + \tan^2\beta\ell} \approx Z_0 \frac{\alpha\ell\tan^2\beta\ell - j\tan\beta\ell}{\tan^2\beta\ell} \tag{6.182}$$

将式 (6.180) 中的 $\tan\beta\ell$ 代入式 (6.182) 中得到

$$Z_{\text{in}} \approx Z_0 \frac{\alpha\ell\tan^2\beta\ell - j\tan\beta\ell}{\tan^2\beta\ell} = Z_0\left(\alpha\ell - j\frac{1}{\tan\beta\ell}\right) \approx Z_0\alpha\ell\left(1 + j\frac{\pi}{2\alpha\ell} \frac{\Delta f}{f_0}\right) \tag{6.183}$$

回到图 6.15, 令 $\omega = \omega_0 + \Delta\omega$, 其中 ω_0 是串联谐振频率, 串联谐振电路的阻抗由下式给出:

$$Z_{\text{in}} = r_{\text{eq}} + j\left[(\omega_0 + \Delta\omega)L_{\text{eq}} - \frac{1}{(\omega_0 + \Delta\omega)C_{\text{eq}}}\right] \tag{6.184}$$

由于 $|\Delta\omega/\omega_0| = |\Delta f/f_0| \ll 1$, 可以使用一阶泰勒展开 $\frac{1}{1+\varepsilon} \approx 1 - \varepsilon$, 当 $\varepsilon \ll 1$, 并且由于 $\omega_0 L_{\text{eq}} = 1/\omega_0 C_{\text{eq}}$, 式 (6.184) 可以近似为:

$$\begin{aligned}
Z_{\text{in}} &\approx r_{\text{eq}} + j\left[\omega_0\left(1 + \frac{\Delta\omega}{\omega_0}\right)L_{\text{eq}} - \frac{1}{\omega_0 C_{\text{eq}}}\left(1 - \frac{\Delta\omega}{\omega_0}\right)\right] \\
&= r_{\text{eq}} + j\left[\left(\omega_0 L_{\text{eq}} - \frac{1}{\omega_0 C_{\text{eq}}}\right) + \frac{\Delta\omega}{\omega_0}\left(\omega_0 L_{\text{eq}} + \frac{1}{\omega_0 C_{\text{eq}}}\right)\right] \\
&= r_{\text{eq}} + j\frac{\Delta\omega}{\omega_0} 2\omega_0 L_{\text{eq}} = r_{\text{eq}}\left(1 + j2Q_{\text{L}} \frac{\Delta f}{f_0}\right), \quad Q_{\text{L}} = \frac{2\pi f_0 L_{\text{eq}}}{r_{\text{eq}}}
\end{aligned} \tag{6.185}$$

式 (6.185) 的形式与式 (6.183) 相同. 对比已经证明的表达式, 得到:

$$Q_{\text{L}} = \frac{\pi}{4\alpha\ell}, \quad r_{\text{eq}} = Z_0\alpha\ell = \frac{Z_0\pi}{4Q_{\text{L}}}, \quad L_{\text{eq}} = \frac{Q_{\text{L}}r_{\text{eq}}}{2\pi f_0} = \frac{Z_0}{8f_0}, \quad C_{\text{eq}} = \frac{1}{(2\pi f_0)^2 L_{\text{eq}}} \tag{6.186}$$

注意到, 只有当 $Q_{\text{L}} \gg 1$ 时, 表达式才适用, 这意味着 $\alpha\ell \ll 1$ 并且该谐振器是窄带的, 即当满足 $|\Delta f/f_0| \ll 1$ 时, 该近似有效.

6.4.3.2 短路 $\lambda/4$ 谐振器的集总等效

在短路线的情况下可以应用类似的方法. 在这种情况下, 用 $Z_\ell = 0$ 代替, 以将式 (6.177) 分子分母同乘以分子的复共轭, 并且谐振器可以等效于类似于图 6.1 中的窄带并

联 RLC 谐振电路,该谐振电路输入阻抗可以近似为(Clarke,1994)：

$$Z_{\text{in}} \approx \frac{R_{\text{eq}}}{1 + \text{j}2Q_c \dfrac{\Delta f}{f_0}}, \quad Q_c = \omega_0 R_{\text{eq}} C_{\text{eq}} \tag{6.187}$$

等效并联电路为

$$Q_c = \frac{\pi}{4\alpha\ell}, \quad R_{\text{eq}} = \frac{Z_0}{\alpha\ell} = \frac{4Q_c Z_0}{\pi}, \quad C_{\text{eq}} = \frac{Q_c}{2\pi f_0 R_{\text{eq}}} = \frac{1}{8 f_0 Z_0}, \quad L_{\text{eq}} = \frac{1}{(2\pi f_0)^2 C}$$

$$\tag{6.188}$$

由于 $\alpha\ell \ll 1$,所以 $Q_c \gg 1$,并且谐振电路是窄带的,因此满足 $|\Delta f/f_0| \ll 1$。

6.4.4　压控振荡器

可以通过压控电容来使谐振器可调谐。这种类型的最常见的部件是变容二极管,也称为可变电容(Varicap)。当向二极管施加反向电压时,Varicap 可以看作是电容器随着二极管上的反向电压的增加而减小的电容器。因此,Varicap 的电气符号具有二极管-电容器组合的形式。图 6.35 显示了把图 6.16 的传输线振荡器修改为作为压控振荡器(VCO)工作。Varicap VC 的电容直接与谐振器的等效电容 C_{eq} 串联。控制电压被称为压控电压。当电压 V_{steer} 降低时,VC 上的反向电压增加,因此等效串联谐振电路的总等效串联电容减小,振荡频率增加。

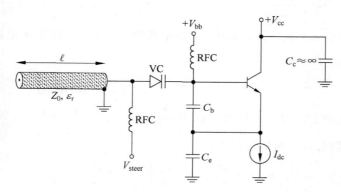

图 6.35　图 6.16 中的振荡器修改为作为 VCO 工作

参考文献

1　Abidi, A. A. (2006) Phase noise and jitter in CMOS ring oscillators. *IEEE J. Solid State Circuits*, 41:8.

2　Abramovitch, M., Stegun, I. (1970) *Handbook of Mathematical Functions*, Dover, New York.

3　Bender, C. M., Orszag, S. A. (1978) *Advanced Mathematical Methods for Scientists and Engineers*, McGraw-Hill, New York.

4　Clarke, K. K., Hess, D. T. (1994) *Communication Circuits: Analysis and Design*, 2nd edn, Krieger Publishing Company, New York.

5　Collin, R. E. (2001) *Foundation for Microwave Engineering*, McGraw-Hill, New York.

6　Hajimiri, A., Limotyrakis, S., Lee, T. H. (1999) Jitter and phase noise in ring oscillators. *IEEE J.*

Solid State Circuits，34：6.

7　Kester，W. (2009)*Aperture Time*，*Aperture Jitter*，*Aperture Delay Time-Removing the Confusion*，MT-007. Analog Devices，New York.

8　Kester，W. (1996)*High Speed Design Techniques*，Analog Devices，New York.

9　Leeson，D. B. (1966) A simple model of feedback oscillator noise spectrum，*Proc. IEEE*，54：329-330.

10　Luzzatto，A.，Shirazi，G. (2009)*Designing MOSFET RF Oscillators*：*an Analytic Approach*，L&L Scientific Ltd.，http：//llscientific. com/，accessed 1 January 2015.

11　Maxim Integrated (2004)*Clock*，*Jitter and Phase Noise Conversion*，Application Note 3359，http：//www. maximintegrated. com/app-notes/index. mvp/id/3359，accessed 1 January 2015.

12　Papoulis，A. (1991)*Probability*，*Random Variables*，*and Stochastic Processes*，McGraw-Hill，New York.

13　Razavi，B. (2004) A study of injection locking and pulling in oscillators，*IEEE J. Solid State Circuits*，39：9.

14　Schwartz，M. (1990)*Information*，*Transmission*，*Modulation and Noise*，McGraw-Hill，New York.

第7章

RF模块

当今世界上虽然有许多现成的具有特定功能的通用 RF 模块可以拿来直接用,但对于其工作原理的彻底理解会对我们很有帮助,尤其是当我们遇到系统集成上的困难或意想不到的故障的时候。本章将详细讨论一些最重要的 RF 功能模块的原理。

7.1 天线

7.1.1 天线的定义

天线是一种使导行波(比如传输线)和空间自由波相互转换的无源元件。每根天线可以工作在发射模式或接收模式。用于发射电磁波时,从 RF 发射机(即源)传递到天线上的信号以电磁波的形式发射到自由空间中。用于接收电磁波时,天线将空间中的电磁辐射转换成接收电路中的电流。同一根天线可同时工作在发射和接收模式。根据天线的互易定理,天线的许多参数在这两种模式中是相同的。

7.1.2 天线的工作原理

天线产生的电磁波由电磁感应(存储能量)和辐射场组成。根据空间位置与天线之间的距离和工作波长的关系,上述场的特性也有很大的不同。基于电磁场表现出的性质,发射天线周围的空间一般可被分为两个主要场区:

- 近场区是紧邻天线的区域,距离大约小于 $2D^2/\lambda$,式中 D 是天线的最大线度,λ 是工作波长。在这个区域中,电磁场有很强的相互作用和不同步性,因此没有向外发射的能量。
- 远场区是距离大于 $2D^2/\lambda$ 的区域,在远场区辐射场占主要优势,电场与磁场相位保持同步并互相垂直。

近场区与远场区的分界不是精确的,有时候我们把分界区域称为辐射近场区,其中电磁场的相互作用较弱且有一定能量被向外辐射出去。

7.1.3 天线的基本参数

7.1.3.1 辐射波瓣图

真实的天线不会向各方向均匀地辐射能量,而是向某个(或某些)方向上的辐射较强。天线的辐射波瓣图描述了它向空间各方向辐射的能量大小。波瓣图是天线远场辐射(一般以 dB 为单位)的三维(3D)图表,与到天线的距离无关,仅能代表天线的指向性。辐射波瓣图一般从两个截面展示:(a)E 平面,包括电场和最大辐射方向;(b)H 平面,包括磁场和最大辐射方向。辐射波瓣图可被概括地分成三大类:

(1)各向同性辐射波瓣图——功率在各方向上相等。

(2)全向辐射波瓣图——由一个平面上的一个均匀波瓣组成(通常是水平面)。

(3)定向辐射波瓣图——在天线的径向有一个主瓣。

如图 7.1 所示为 E 平面上两种不同的辐射波瓣图:(a)定向波瓣图(b)双向波瓣图。定向波瓣图一般由少数几个波瓣组成,包括主瓣和旁瓣。天线的主瓣是围绕其最大发射方向或接收方向的波瓣。旁瓣(旁瓣或后瓣)是较小的、我们不想要的波瓣。旁瓣大小通常是表征辐射波瓣图性能的一个重要参数。图 7.1(a)的波瓣图包括一个主瓣和二个旁瓣。

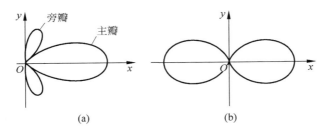

图 7.1 2D 波瓣图举例 (a)定向波瓣图(b)双向波瓣图(E 平面)

7.1.3.2 定向性

天线的定向性描述其辐射波瓣的定向性,定义为此天线的辐射功率密度与一个假想的发射相同功率的各向同性天线的辐射功率密度的比值。定向性与辐射功率密度 $I(\theta,\varphi)$(单位是 W/str)成正比,辐射功率密度即单位立体角 (θ,φ) 的辐射功率,其中 θ 和 φ 分别是高度角和方位角。在整个空间内对 $I(\theta,\varphi)$ 积分可以得到总的辐射功率。$D(\theta,\varphi)$ 的最大值 D_{max} 是天线的最大定向性。

7.1.3.3 效率

天线输入端的平均功率(或者说是输入功率)P_{in} 是辐射功率 P_{rad} 与总的损耗功率 P_{loss} 之和:

$$P_{in} = P_{rad} + P_{loss} \tag{7.1}$$

天线的效率定义为辐射功率与输入功率的比:

$$\eta = \frac{P_{rad}}{P_{inc}} = \frac{P_{rad}}{P_{rad} + P_{loss}} \tag{7.2}$$

天线的损耗包括电介质损耗、传导损耗、反射损耗。电介质损耗和传导损耗会在天线中损失一部分输入功率。反射损耗是由于天线与馈线失配导致的。

7.1.3.4 增益

增益 $G(\theta, \varphi)$ 的定义与定向性相似,但对应的是输入功率而不是辐射功率,因此 $G(\theta, \varphi) \leqslant D(\theta, \varphi)$。天线的定向性与天线的效率无关,但增益既是定向性的函数,也是效率的函数。天线的增益一般用对数坐标来表示,一般基于各向同性天线(单位 dBi),或者基于偶极子天线(单位 dBd)。

7.1.3.5 口径

天线增益适用于发射和接收模式。但利用口径来表征接收天线效率更高。天线口径定义为输入功率通量与向匹配的负载传递的功率之比。口径与增益的关系如下:

$$G = \frac{4\pi A_e}{\lambda^2} \tag{7.3}$$

线状天线,例如偶极子天线的口径,与天线本身任何物理参数无关。

7.1.3.6 输入阻抗和辐射电阻

天线的输入阻抗定义为从其馈电端看进去的阻抗,记做:

$$Z_a = R_a + jX_a \tag{7.4}$$

其中

$$R_a = R_{rad} + R_{loss} \tag{7.5}$$

R_{rad} 是天线的辐射电阻,代表天线的有用功部分,而 R_{loss} 代表天线损耗。

为了避免传输线上功率的反射,天线的输入阻抗必须等于传输线的特征阻抗。在实际中,很难做到在整个工作频带的完美匹配,一定的功率势必会被反射。反射的功率用电压驻波比(Voltage Standing Wave Ratio, VSWR)描述,只与反射系数有关。

如果天线与馈线之间的匹配很差,那么输入功率中只有一小部分被天线发射出去或者接收进来。

7.1.3.7 天线输入阻抗的测试

天线输入阻抗的频率响应可使用矢量网络分析仪(Vector Network Analyzer, VNA)来测试。基于对天线反射系数 ρ(也可称为 S_{11},即回波损耗)的测试或对 VSWR 的测试。例如,假设一个发射天线 $S_{11} = -10\text{dB}$,则被反射的功率大约为输入功率的 10%,其余功率被发射或损耗。一般 S_{11} 低于 -10dB 就可认为匹配程度较好(最大功率传输)。

由于 VNA 的特征阻抗一般为 50Ω,S_{11} 较低意味着天线阻抗接近 50Ω。在完美的匹配下,输入阻抗纯实,天线谐振。图 7.2 是一个典型的测试结果,图中在频率 $f = 800\text{MHz}$ 下 $S_{11} = -16\text{dB}$。

需要指出的是,低的 S_{11} 并不能说明天线在发射能量,因为发射功率变低的原因也可能是高损耗。另外,阻抗匹配无法在天线不谐振的频率上使它发射能量。把天线匹配在一个与它自己谐振频率不同的频率上会导致天线性能下降(例如低效率、窄带宽)。另外,不佳的天线尺寸也会导致其辐射电阻下降。

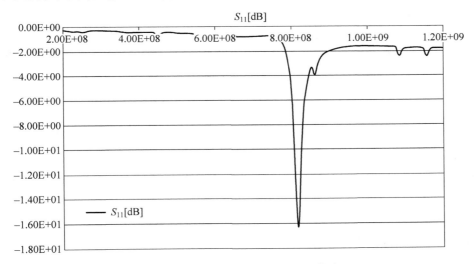

图 7.2　某天线反射系数 $\rho(S_{11})$ 的仿真

7.1.3.8　波束宽度

天线的波束宽度描述了它主瓣的角宽度,定义分为半功率波束宽度(Half Power Beam Width,HPBW)或者第一零点波束宽度(First Null Beam Width,FNBW)。HPBW 是辐射强度为主瓣最大功率的一半处的角度,FNBW 是主瓣两边零点间的角度(见图 7.3)。

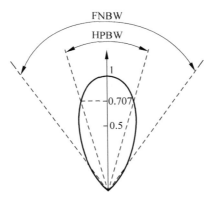

图 7.3　天线波束宽度

7.1.3.9　极化

电磁波的极化方向定义为其电场的方向,天线的极化方向定义为其远场的极化方向。为了最大化地采集能量,要将接收天线与射频电磁波的极化方向对齐。

电磁波的极化方向包括线极化、圆极化、椭圆极化,或非偏振的电磁波。为方便起见,可以将射频电磁波分类为两种正交的线极化方式,即垂直极化和水平极化。发射/接收天线对在极化方式相同的时候工作效果最好。

偶极子天线在远场区产生沿着其轴线线性极化的电磁波。它在共极化模式下可接收到最大的功率，亦即其轴线与辐射过来的电磁波的极化方向相同。相对的，在交叉极化模式下，亦即其轴线与辐射过来的电磁波的极化方向正交，将无法接收到功率。天线在共极化模式下最大接收功率与交叉极化模式下最大接收功率之比称为交叉极化电平(单位 dB)。

7.1.4 天线阵列

天线阵列由一系列辐射单元(通常是相同的)组成。可组装成一维或二维的拓扑结构。

单根天线的设计，例如谐振线天线，允许改变的参数非常有限，尤其是增益和辐射波瓣图。为了实现更大的设计自由度，提高天线性能，我们牺牲复杂度和尺寸，将多个分立的、分别馈电的天线在空间上排列成阵列。天线阵列可用来增加其增益、抑制特定方向的影响、控制波瓣指向和测向。

7.1.4.1 波瓣图图乘法原理

如前所述，天线阵列由一系列相同的辐射单元组成，改变激励来实现特定的辐射波瓣图。天线阵列，如相控阵可以用来通过电子方法控制主瓣指向，具体而言，即控制对每个单元馈电信号的相位。

天线阵列的区别在于其阵列系数，这是由以下参数决定的：单元数量、间隔、不同射频单元馈电信号的幅度与相位间的关系。天线阵列的波瓣可以通过阵列系数和单个单元的波瓣(假设每个单元都是相同的)来表示。这就是波瓣图的图乘法。

7.1.5 智能天线

智能天线是指可以动态改变其主瓣指向的天线。通过这种方式我们能使天线在特定的方向达到最大增益，并在冲突的区域达到最小增益。这类天线可以动态地改变其 RF 环境，如是它们被称为智能天线。它们能将主瓣指向某期望的信号，在不需要的区域显著地减小增益。

智能天线可分为两类：
- 波束切换天线——可实现有限个固定的预定的波瓣图。
- 自适应阵列天线——可实现无限个波瓣图，且有实时调整的能力。

智能天线可被用于空分多址(SDMA)应用，它能定位和跟踪多个固定以及移动的终端，并能自适应地引导传来的信号。另外，还可用于电子干扰抑制、远距离覆盖、大面积覆盖、减少同波道干扰(Co-Channel Interference，CCI)等应用。

7.1.5.1 相控阵

相控阵天线由连接到移相器的一系列辐射单元组成。它能够通过改变输入每个辐射单元的信号的相位来动态控制主瓣指向某特定方向。如果输入的信号相位相等，则主瓣会变得尖锐，这是由于电磁波在这个方向的相长干涉以及在其他方向上的相消干涉。改变指向的过程称为波束形成。

7.1.6　天线类型

天线可被分为两大类：

- 线天线，例如，单极子天线、偶极子天线、环天线、螺旋天线等由导线制成的天线。
- 口径天线，例如，喇叭天线、微带天线等由平面开口制成的天线。

7.1.6.1　各向同性天线

各向同性天线辐射的能量在各个方向相等，因此 $D=1$。这种天线在实际生活中是无法制备的，但是可以作为一种简便的用于数学计算的参考天线。

7.1.6.2　偶极子天线

偶极子是最简单的天线，由两段直的导线或金属棒组成，在中间加入激励，如图 7.4 所示。偶极子的每一极的长度决定了它的性质，例如阻抗、工作频率、增益等。

偶极子辐射能量大多集中在与其轴线垂直的方向，在轴线上没有能量（如图 7.5 所示）。因此，偶极子是有方向性的。对于非常短的偶极子（赫兹、偶极子），其定向性可表示为：

$$D(\theta,\phi) = 1.5 \sin^2\theta \tag{7.6}$$

亦即最大定向性 $D_{\max}=1.5$。为了增加偶极子的增益，必须增加它的长度。$\lambda/2$ 偶极子天线 $D_{\max}=1.64$，HPBW 是 $78°$，辐射电阻是 73.13Ω。

半波偶极子天线是最常用的偶极子天线，但除此之外也有许多形式的偶极子天线，包括（a）多重（奇数）偶极子，（b）折合偶极子，即向自己往回折的偶极子，（c）短偶极子，$L<\lambda/2$（L 是偶极子长度），以及（d）非谐振偶极子，工作在非自谐振频率（见图 7.4）。

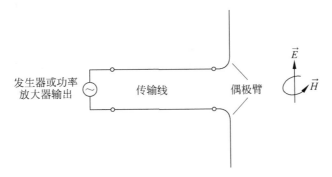

图 7.4　对称偶极子

7.1.6.3　鞭状天线

鞭状天线是最常见的单极收音机天线。包括一个通常垂直安装在车辆上、垂直极化的柔性导线。与偶极子相同，单极子也是全向天线。但二者不同点在于，偶极子是平衡天线，而单极子是非平衡天线，因此它们能通过非平衡馈线导入激励，例如同轴电缆。鞭状天线安装容易，操作简单，但是如果缺乏一个稳定的地接触，其效率会降低。

鞭状天线的长度决定了它工作的波长。可以通过在天线任意位置插入一段线圈来减小长度。

7.1.6.4 平面倒 F 天线

平面倒 F 天线(PIFA)是由线性倒 F 天线(IFA)进化而来的，将线状辐射单元改为一个平面元件来增加带宽。平面倒 F 天线是一个平面单极天线，高度很低，非常适合用于移动手机。它包括一个平面辐射单元、一个地平面、一条馈线和一个在一端连接地平面与辐射单元的直流短路金属片。馈入点位置需经过良好的设计以达到好的匹配。

平面倒 F 天线的优点在于易于制备，低成本，结构简单。但是平面倒 F 天线的带宽相对较窄(虽然比传统贴片天线好)。图 7.6 是平面倒 F 天线的几何结构。

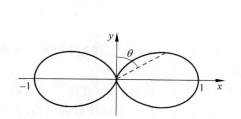

图 7.5　短偶极子的辐射波瓣图

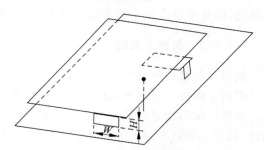

图 7.6　平面倒 F 天线的结构(横截面)

7.1.6.5 缝隙天线

缝隙天线被广泛用于飞机和其他快速移动的车辆上，因为我们不想让这些车辆表面有突出的天线。缝隙天线通过在金属表面(例如飞机机身)切割形成。缝隙天线辐射出的电磁场是由缝隙中的场产生的。缝隙天线与偶极子天线是对偶的，亦即他们的数学分析是相同的，只不过要交换一下 E 场与 H 场。

缝隙天线通常是由波导管、背后的空腔或一条与其连接的传输线(例如，同轴电缆)激励的。

缝隙天线阵列可以通过在波导壁上切割出多个缝隙制备(见图 7.7)。缝隙阵列可以提高定向性，减小旁瓣。

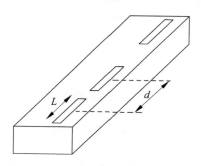

图 7.7　波导壁上的缝隙阵列

7.1.6.6 微带(贴片)天线

微带天线或贴片天线是一种印刷天线，是一种印刷在基材介质上的平面天线，基材另一面是地平面(见图 7.8)。此天线相对于地面被激励。

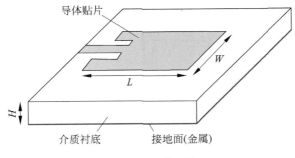

导体贴片

W

L

H

介质衬底　　　　　接地面(金属)

图 7.8　微带天线

微带天线可以通过微带传输线(通常阻抗为 50Ω)馈入。其重要的缺点是带宽低(很小的百分比),这也成为此类天线设计中的一大挑战。微带天线能轻易地与有源或无源元件连接。

微带天线是一种谐振天线,因此低频微带天线的尺寸大得离谱。为了减小尺寸,一般微带天线被用于 1~100GHz。

微带天线的尺寸与频率成反比。它是一种电路板边缘的辐射器,波瓣宽度相对较大,增益相对较小。最常用的微带天线是方形贴片。

微带天线阵列及其馈入网络可以通过简单的光刻法实现。

7.1.7　习题详解

1. 本题研究最基本的偶极子天线,即通常所谓的赫兹偶极子天线的基本性质。它是一小段长为 $\mathrm{d}l$ 的导线,远小于辐射波长($\mathrm{d}l \ll \lambda$),因此天线上有统一的电流。

对于一个垂直(轴向沿着 z 轴)安装在原点的 Herzian 天线,馈入频率为 ω 正弦电流 $I = I_0 \cos\omega t$。远场辐射为:

$$E_\theta = -\eta_0 \frac{\beta I_0 \mathrm{d}l}{4\pi r} \sin\theta \sin(\omega t - \beta r)$$

$$H_\phi = \frac{E_\theta}{\eta_0} = -\frac{\beta I_0 \mathrm{d}l}{4\pi r} \sin\theta \sin(\omega t - \beta r)$$

$$E_r = E_\phi = H_r = H_\theta = 0$$

式中 η_0 是介质的固有(特征)阻抗,$\beta = 2\pi/\lambda$ 是相位常量。自由空间中 $\eta_0 = 376.7\Omega$。

瞬时坡印亭矢量可以同时表示传播方向和功率密度(单位 W/m^2):

$$\vec{P} = \vec{E} \times \vec{H} = \hat{r} E_\theta H_\phi = \hat{r} \eta_0 \left(\frac{\beta I_0 \mathrm{d}l}{4\pi r}\right)^2 \sin^2\theta \sin^2(\omega t - \beta r)$$

辐射强度可以通过将平均坡印亭矢量 $|\vec{P}_{\mathrm{av}}|$(平均功率密度)乘以 r^2 得到:

$$I(\theta, \phi) = |\vec{P}_{\mathrm{av}}| r^2 = \eta_0 \frac{(\beta I_0 \mathrm{d}l)^2}{32\pi^2} \sin^2\theta$$

这是一个关于 θ 的函数(与 ϕ 无关),因此 I 是与 ϕ 无关的,亦即基本的偶极子天线是全向的。对于向量分析,平均功率密度为:

$$|\vec{P}_{av}| = 0.5\text{Re}\{\vec{E} \times \vec{H}^*\}$$

辐射功率可以通过将坡印亭矢量在球形面上积分得到：

$$P_{rad} = \frac{2\pi\eta_0 I_0^2}{3}\left(\frac{dl}{\lambda}\right)^2 \sin^2(\omega t - \beta r)$$

含时平均总功率为：

$$\bar{P}_{rad} = \frac{\pi\eta_0 I_0^2}{3}\left(\frac{dl}{\lambda}\right)^2$$

天线的定向性可通过下式计算：

$$D = 4\pi\frac{I(\theta,\phi)}{\bar{P}_{rad}} = 1.5\sin^2\theta$$

且 $D_{max} = 1.5$。

2. 一个半波偶极子天线的输入阻抗为 $75+j40\Omega$，损耗电阻为 2Ω，通过一个电压为 $5\cos\omega_0 t$，内阻为 $50+j30\Omega$ 的功放激励(见图 7.9)。

求出输入天线的功率，辐射功率，天线上的功率损耗(欧姆损耗)。

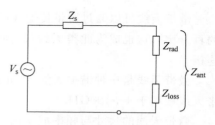

图 7.9 习题 2 的偶极子阻抗

解答

首先，算出回路中的复电流

$$I = \frac{V_s}{Z_s + Z_{ant}} = \frac{5}{50 + j30 + 75 + j40}$$

$$I \approx 35\angle-29.2°\text{mA}$$

功放输出的功率为：

$$p_{in} = \frac{1}{2}\text{Re}\{V_s \cdot I^*\} = \frac{1}{2}\text{Re}\{5 \cdot 0.035\angle29.2\} = 76.4\text{mW}$$

辐射功率为

$$p_{rad} = \frac{1}{2}|I|^2 R_{rad} = \frac{1}{2}(0.035)^2 \cdot 73 = 44.7\text{mW}$$

耗散功率为

$$P_{diss} = \frac{1}{2}|I|^2 R_{loss} = \frac{1}{2}(0.035)^2 \cdot 2 = 1.2\text{mW}$$

7.2 低噪声放大器

7.2.1 定义及工作原理

一般情况下，低噪声放大器(Low Noise Amplifier，LNA)是 RF 接收机前端的第一个有源级，对接收机总的噪声系数起到了决定性的作用。其主要工作是将接收到的 RF 信号放大的同时，自身不引入过多的噪声。它的增益应足够大以削弱后级电路的噪声对信号的影响。

LNA 设计中最主要的挑战是需同时满足高增益(约 15dB)、绝对稳定性、低噪声系数(小于 2dB)、输入输出端的隔离匹配、高线性度和低功耗(10mW)的需求。这些设计需求往往是对立统一的。

LNA 的组成包括一个晶体管放大器、输入和输出匹配回路（MNs）、电源和一个负载。LNA 工作在甲类状态下，一般占用有源器件 20% 的最大工作电流与工作电压。LNA 设计中最重要的一步是有源器件的选取，例如，CMOS LNA 中的金属氧化物半导体场效应晶体管（MOSFET）。在工作频率下，此晶体管需要有好的噪声性能以及高的 S21。

过去提高 RF 接收机的噪声性能的工作一直靠的是 GaAs 和双极型晶体管（BJT）技术。近些年出现了许多基于 CMOS 技术设计 LNA 的工作，CMOS 是一种有前途的技术，因为它即便宜又有其他多种优点。总而言之，场效应晶体管（FET）相比 BJT，在噪声和线性度的取舍中表现得更好。

本节将以 CMOS 结构为例介绍 LNA 的原理。首先简要介绍两端口网络的噪声分析，于其间详细考虑 MOSFET 的噪声参数。然后，讨论 LNA 的匹配并讨论不同结构 LNA 的性能。

7.2.2 两端口网络的噪声（经典方法）

一个（实际）有噪两端口网络可等效为一个无噪网络和两个输入噪声源，如图 7.10 所示。一般情况下这两个噪声源是相关的。

两端口网络的噪声系数定义为

$$F = \frac{\text{总的输出噪声功率}}{\text{输入噪声产生的输出噪声功率}} \tag{7.7}$$

这噪声系数一般是在温度 $T_0 = 290°C$ 时计算的，换句话说呢，输入噪声等于 kT_0B，其中 k 是 Boltzman 常数，B 是带宽测量值。

从定义中可以看出，两端口网络的噪声系数取决于源阻抗。这是因为等效噪声电压源和等效噪声电流源都出现在等效两端口网络的输入端（见图 7.10）。一般地，电压为主导时高阻抗表现更佳，电流为主导时低阻抗带来的噪声系数更小。

对于给定的源阻抗 Z_s 而言，存在最优的 $\overline{v_n^2}/\overline{i_n^2}$ 比，而对于给定的二口网络而言存在能带来最小噪声系数 $F_{\min}$ 的最优的源阻抗 $Z_{s,\text{opt}}$。$F_{\min}$ 可通过将该网络与一个阻抗匹配网络连接得到，这个匹配网络将源阻抗（一般是 50Ω）转变成 $Z_{s,\text{opt}}$。MOSFET 的数据表（data sheet）中会给出不同频率下的 $Z_{s,\text{opt}}$ 和 $F_{\min}$ 的经验值。低频情况下的 $F_{\min}$ 是推算出的。匹配网络不应引入额外的损耗。如果 $Z_s \neq Z_{s,\text{opt}}$，则 $F > F_{\min}$。

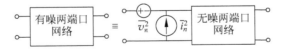

图 7.10 经典噪声分析中的输入噪声模型

为了达到最小的噪声系数和最优的源阻抗，使用式（7.7）来计算两端口网络的噪声系数。该式可被重写为

$$F = \frac{\overline{i_{ns}^2} + \overline{|i_n + Y_s v_n|^2}}{\overline{i_{ns}^2}} \tag{7.8}$$

其中 i_{ns} 是信号源的噪声电流，G_s 是源电导，$Y_s = 1/Z_s$ 是源导纳。因为一般而言 i_n 与 v_n 是部分相关的（以 MOSFET 为例），我们可将 i_n 分为不相关部分 i_u 和相关部分 i_c：

$$i_n = i_u + i_c$$

定义 Y_c 作为相关系数导纳，亦即 $i_c = Y_c \cdot v_n$，得出

$$F = \frac{\overline{i_{ns}^2} + \overline{|i_u + (Y_c + Y_s)v_n|^2}}{\overline{i_{ns}^2}}$$

通过 $\overline{v_n^2} = 4kTR_nB$ 和 $\overline{i_n^2} = 4kTG_uB$ 定义 R_n 和 G_u，可得：

$$F = 1 + \frac{G_u + R_n[(G_c + G_s)^2 + (B_c + B_s)^2]}{G_s} \tag{7.9}$$

通过式(7.9)可以得出满足最小噪声系数的最优的源的电导 G_s 和电纳 B_s：

$$G_{s,opt} = \sqrt{\frac{G_u}{R_n} + G_c^2}, \quad B_{s,opt} = -B_c, \quad Y_{s,opt} = G_{s,opt} + jB_{s,opt} \tag{7.10}$$

相应的最小值是

$$F_{min} = 1 + 2R_n[G_{s,opt} - G_c] \tag{7.11}$$

对于一般的情况，也就是任意 $Y_s \neq Y_{s,opt}$ 时，噪声系数的值是：

$$F = F_{min} + \frac{R_n}{G_s}|Y_s - Y_{s,opt}|^2 \tag{7.12}$$

因此，满足最小噪声系数的最优的源导纳是 $Y_s = Y_{s,opt}$，与满足最大功率传输的共轭匹配是不同的。这是通过一个给定 G_c、R_n、G_u 的晶体管得出的。从 data sheet 中，可以找到满足 F_{min} 的源阻抗和偏置点。

本章不会探讨通过对晶体管本身的设计(例如器件的尺寸)进行改进来满足最小的噪声系数。我们的分析是基于分立晶体管进行设计。另外，对于低功耗的追求会使设计变得更复杂，这固然重要，但在此处不讨论。

7.2.2.1 MOS 晶体管热噪声

MOSFET 是一个受电压控制的电阻，因此产生了热噪声(由于沟道载流子的热运动)。MOSFET 基本的噪声模型包括两部分噪声源：漏极噪声和栅极噪声。漏极噪声是由于热噪声和闪烁噪声产生的；栅极噪声是由沟道噪声感应产生以及多晶硅栅电阻的热噪声产生的。漏极噪声是晶体管尺寸和偏置电流的函数。如图 7.11 所示为 MOSFET 漏极噪声模型。

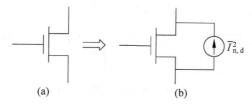

$$(a) \qquad\qquad (b)$$

图 7.11　MOSFET 的漏极噪声模型：(a)有噪 MOSFET，(b)无噪 MOSFET

当 $V_{DS} = 0$，噪声电流等于漏-源沟道电导 g_{do} 上的热噪声。在饱和区，漏极热噪声可表示为：

$$\overline{i_{nd}^2} = 4kT\gamma g_{do}B \tag{7.13}$$

其中，B 是带宽，γ 是经验常数，称为噪声因子。对于长沟道器件 $\gamma = 2/3$，对于短沟道器件 $2 < \gamma < 3$。

沟道热噪声经由电容耦合到栅极形成栅极感应噪声，可表示为：

$$\overline{v_{\mathrm{ng}}^2} = 4kT\delta r_{\mathrm{g}}B \tag{7.14}$$

式中 $r_{\mathrm{g}} = 5g_{\mathrm{do}}$，$\delta$ 是栅噪声系数，也是一个经验常数，一般情况下 $\delta \approx 2\gamma$。v_{ng} 的频率响应平坦。对于长沟道器件 $g_{\mathrm{do}} \approx g_{\mathrm{m}}$。如图 7.12 所示为 MOSFET 栅极噪声模型。

栅极噪声取决于晶体管的尺寸（随着栅面积的增加，噪声电压降低）和偏置电流。沟道噪声和栅极噪声间的电容耦合向我们暗示了它们之间具有某种程度的相关性。

栅极噪声不是白噪声，而是会随着频率的上升而上升（蓝噪声）。在低频下可被忽略，但在高频下不能忽略。图 7.13 中的 MOSFET 交流等效模型考虑了漏极与栅极的噪声。

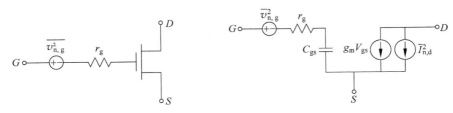

图 7.12　MOSFET 栅极噪声模型　　　　图 7.13　MOSFET 有噪小信号模型

除了热噪声，MOSFET 也有一定闪烁噪声 $\left(\dfrac{1}{f}\ \text{噪声}\right)$。闪烁噪声不是白色的，其功率谱随着频率的增加而减少。闪烁噪声是由于 Si-SiO$_2$ 缓变界面处陷阱对载流子（电子和空穴）的随机俘获和释放而产生的。这种机理产生的漏极噪声电流为：

$$\overline{i_{\mathrm{nd},1/f}^2} \approx \frac{K_{\mathrm{F}}}{f}\ \frac{g_{\mathrm{m}}^2}{WLC_{\mathrm{OX}}^2}B \tag{7.15}$$

式中 K_{F} 是经验常数，W 和 L 分别是栅极宽度和长度，C_{OX} 是单位面积栅氧层电容，g_{m} 是晶体管跨导。n 沟道 MOS（NMOS）的闪烁噪声远大于 p 沟道 MOS（PMOS）晶体管。

由于 MOSFET 中的电流不经过任何势垒，所以不会造成散粒噪声。

7.2.2.2　稳定性

理想状态下，LNA 应当满足绝对的稳定性，也就是说，它的稳定性不随输入输出阻抗变化而改变，而且能在远大于工作频段的宽带范围内保持稳定。通过 S 参数，可以分析、定量和作图表示器件的稳定性。稳定性可以通过 Rollet 因子或 μ 因子轻易地估计出来。Rollet 因子定义为：

$$k = \frac{1 + [S_{11}S_{22} - S_{21}S_{12}]^2 - S_{11}^2 - S_{22}^2}{2S_{11}S_{12}^*} \tag{7.16}$$

k 必须大于 1 以实现绝对的稳定。在某些情况下有必要牺牲增益以获得绝对稳定性。可以通过输入与输出的增加电阻负载使 LNA 达到绝对的稳定。但前者增加噪声系数，因此我们更倾向于后者，但它会降低增益和 IIP3 点。

$k < 0.8$ 意味着电抗不匹配时非常有可能失去稳定性，$k < 0$ 意味着绝对不稳定（振荡）。

7.2.2.3　匹配

LNA 一般通过传输线（TL）或 PCB 上的一段微带线与信号源连接，如天线等。TL 与 LNA 间良好的匹配可保证较大的功率传输和较少的回波损耗（RL）。另外的优点是，在阻抗匹配的情况下,从信号源看过去的阻抗与传输线长度无关。正是靠着这样良好的阻抗匹配(例如 50Ω),LNA 可以通过任意长度的传输线(TL)连接信号源(例如天线)。

如前所述,任何晶体管达到制造商所指定的最低噪声系数 F_{min} 时与之连接的信号源阻抗为最佳的源阻抗 $Z_{s,opt}$(也会由制造商给出)。一般情况下考虑到稳定性的问题,我们会利用匹配网络来使源阻抗看上去接近最佳阻抗。但是,$Z_{s,opt}$ 与实现最大功率传输的源阻抗(基于阻抗共轭匹配)不同。所以,最佳噪声匹配意味着牺牲回波损耗。因此自然而然地产生了什么是最佳匹配的问题。一般而言,如果我们期望最大功率传输,就不能实现噪声匹配。好的输入匹配一般比低噪声还要重要。

在许多应用中,我们倾向于使噪声系数略大于 F_{min} 以满足回波损耗的要求。另外,尤其是在带宽外,满足 F_{min} 的条件一般不能满足稳定性需求。在这种情况下,我们可以在同一个 Smith 圆图中画出一系列等噪声系数圆和等增益圆来达到回波损耗与噪声系数之间的对立统一,并基于此设计符合稳定条件的匹配网络。

实践中,F 与 F_{min} 之间是差距一般是非常小的,约 0.1~0.2dB。由于 LNA 前面是噪声系数较大的(例如 4dB)有噪无源元件(R_L 较大),例如双工器、滤波器、开关,这点差距并不重要。可是有的应用中,严格需要小的噪声系数(例如 $F \leqslant 1.5$dB),如蜂窝基站中,哪怕 0.2dB 的增量也是天大的事。在这样的应用中,差分 LNA 或许是一种良好的选择。

7.2.3 LNA 的拓扑结构

MOSFET 的输入端呈电抗性能(容性负载)。为了避免输入端的反射波,使信号电平最大化,出现了多种不同的 LNA 拓扑结构使输入阻抗接近源阻抗(一般为 50Ω)以获得良好的功率增益。本书将讨论四种单端结构,分别是输入端并联电阻的共源结构、共栅放大结构、并联-串联反馈放大结构、源简并电感结构。

7.2.3.1 输入端并联电阻的共源结构

在本结构中,共源放大器的栅极连了一个等于 R_{sig}(或者称为 Z_0,即连接 LNA 的传输线的特征阻抗)的纯电阻 R,如图 7.14 所示。这种结构能提供宽带上的匹配,但很显然,这种情况下噪声系数将大于 F_{min},这是因为 $R \neq Z_{s,opt}$,而且 R 本身也带来了噪声。这种结构的 LNA 的噪声系数为:

$$F = 2 + \frac{\gamma}{\alpha} \cdot \frac{4}{g_m R} \tag{7.17}$$

式中 $\alpha = g_m / g_{do}$,一般可以取 $\alpha \approx 1$。保守估计 $\gamma \approx 1$,$\alpha \approx 1$,得到的 $F = 9$(8dB)远高于 MOSFET 的 F_{min}($F_{min} = 0.5 \sim 1.0$dB)

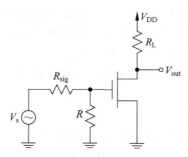

图 7.14 输入端并联电阻的 LNA

7.2.3.2　并联-串联反馈结构

这种结构也能在宽带上提供共轭匹配。图 7.15 为一个基于并联-串联反馈结构的 LNA。此结构中用到了一个较大的反馈电阻，根据 Miller 效应，输入电阻被减小到了期望的值，即 50Ω。而且，由于 R_F 较大，噪声电流可被减小，也就是说，这种结构比图 7.14 的输入端并联电阻结构在噪声性能上有进步。但是，额外的电阻终究会带来额外的噪声。这种结构的噪声系数为：

$$F = 1 + \frac{R_F}{R_S} + \frac{R_S}{R_L} + \frac{R_S}{R} + \gamma g_{do} R_S \tag{7.18}$$

可以通过选取恰当的 R_F、R_L 和 g_m 来降低噪声系数。

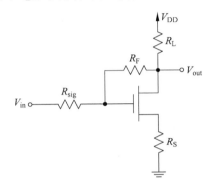

图 7.15　并联-串联结构 LNA

7.2.3.3　共栅结构

共栅结构是另一种实现纯阻性低输入阻抗的方式。共栅放大器的输入电阻较小（从晶体管源极看进去），为 $1/g_m$。所以，通过选择合适的偏置电流，我们能达到输入阻抗的设计需求，即 50Ω。相对于 F_{min} 来说，这种结构的噪声系数依旧是较高的（$F > 3$）。如图 7.16 所示为一个基于共栅结构的 LNA，其噪声系数为：

$$F = 1 + \gamma \frac{g_{do}}{g_m} + \frac{1 + g_m R_S}{g_m R_L} \tag{7.19}$$

根据式(4.28)可知，增加跨导(g_m)可以减少噪声系数。但由于受到输入匹配的限制，g_m 不能被无限制地增加。当 $\gamma \approx 1$，$\alpha \approx 1$ 时，噪声系数大于 3dB。这个估计相当保守，因为我们忽略了栅极噪声和闪烁噪声。虽然这个电路中没有电阻，但它的噪声系数依然不低。这是由于在共栅结构中，信号流过了晶体管嘈杂的沟道电阻区。

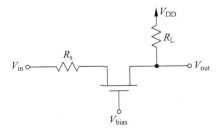

图 7.16　共栅结构 LNA

7.2.3.4 源简并电感的共源结构

我们先考虑一下一个被电感退化了的共源放大器的小信号模型，如图 7.17 所示。

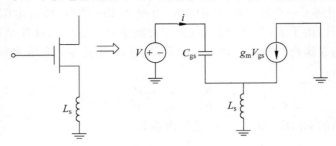

图 7.17 源简并电感结构及其小信号模型

易见，放大器的输入阻抗为：

$$Z_{in} = j\omega L_s + \frac{1}{j\omega C_{gs}} + \frac{g_m}{C_{gs}} L_s \tag{7.20}$$

从式中可以看出，在 MOSFET 源极连一个电感会给输入阻抗增加一个纯阻部分 $g_m L_s / C_{gs}$。因此在 C_{gs} 与 L_s 谐振的时候，输入阻抗的电抗部分相互抵消，输入阻抗变成一个纯电阻：

$$Z_{in}(\omega = \omega_{res}) = (g_m/C_{gs})L_s \approx \omega_T L_s$$

式中 ω_T 是晶体管的跨导截止频率，定义为 $\omega_T = \dfrac{g_m}{C_{gs} + C_{gd}}$，由于 $C_{gs} > C_{gd}$，可近似为 $\omega_T \approx g_m/C_{gs}$。

电感 L_s 的取值需满足匹配条件，亦即 $\omega_T L_s = R_{sig}$。为了同时实现输入匹配 $Z_{in} = Z_{sig}$ 和工作频率上谐振，我们需要另外一个自由度。可以通过在输入端（与晶体管栅极串联）添加一个电感 L_g 来实现，因此：

$$Z_{in} = j\omega(L_s + L_g) + \frac{1}{j\omega C_{gs}} + \frac{g_m}{C_{gs}} L_s \tag{7.21}$$

这样一来，我们可以根据输入阻抗确定 L_s，根据谐振频率确定 L_g 的取值。

由于在谐振点，电容（和电感）上的电压是输入电压的 Q_{in} 倍，即 $V_{gs} = Q_{in} V_{in}$，LNA 输入端的串联谐振回路带来了较大的有效跨导 $G_m = Q_{in} g_m$。其中 Q_{in} 是输入端串联谐振回路的品质因数：

$$Q_{in} = \frac{1}{\omega_0 C_{gs}(R_{sig} + \omega_T L_s)}$$

代入可得：

$$G_m = \frac{g_m}{\omega_0 C_{gs}(R_{sig} + \omega_T L_s)}$$

代入匹配条件 $R_{sig} = \omega_T L_s$，可得：

$$G_m = \frac{g_m}{2\omega_0 C_{gs} R_{sig}} \approx \frac{\omega_T}{2\omega_0 R_{sig}} \tag{7.22}$$

式(7.22)说明 G_m 近似独立于 g_m。

作为一个谐振系统，这种结构是一个窄带 LNA，但在很多场合下足以令人满意。况且还有一些展宽频带的方法。

考虑晶体管的输出电阻 r_o,式(4.31)中的输入阻抗被改写为:

$$Z_{in} = j\omega(L_s + L_g) + \frac{1}{j\omega C_{gs}} + \frac{g_m L_s}{C_{gs}}\left(\frac{r_o}{r_o + Z_L + j\omega L_s}\right) \qquad (7.23)$$

式中 Z_L 是负载阻抗,式(4.33)说明输入阻抗受到负载经输出电阻的控制。如果 r_o 较小,则输入端会产生失配,谐振频率也会偏移。

这个 LNA 的噪声性能怎么样?

在这个结构中,与 MOSFET 相连的只有电抗元件。如果这些元件是无损的,晶体管 F_{min} 不会受到影响。与电阻退化相反,电感退化不会严重影响噪声性能,因为式(7.21)中没有电阻项对应的噪声。因此,源极电感的作用只是使输入阻抗更接近 $Z_{s,opt}$,以保持 F_{min} 和较小的回波损耗。

如果负载发生谐振(谐振时 Z_L 较大)输入阻抗的实部会被减小。感性负载 L_D 通过在没有电压降的情况下提供较大的偏置电流来使增益取得最大值。C_L 的存在可以使 MOSFET 寄生电容忽略不计。

例子

本例讨论一个源简并电感 Cascode 结构,这是 LNA 设计中很普遍的选择。电路如图 7.18 所示。

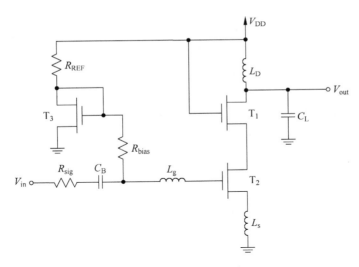

图 7.18　Cascode LNA

本结构不仅噪声系数小,而且增益高、稳定性好、低功耗、高线性。Cascode 结构提高 LNA 反向隔离能力。

高频下,源极电感可通过一小段微带线来实现,直接与 MOSFET 源极连接。典型设计为:特征阻抗 50Ω,电阻约 10Ω,长度 2mm。

7.3　滤波器

滤波器是一种频率响应经过设计的两端口网络,使某些频率的信号通过,某些频率的信号被阻挡。滤波器是射频收发机中重要的组成部分。在无线通信系统中,可以使用滤波器将期望的信号从干扰信号和噪声中取出。

滤波器可以是模拟的或者数字的。数字滤波器可以实现许多模拟滤波器无法实现的功能，可以用于数字通信系统或数字信号处理(DSP)中。

数字和模拟滤波器都能分为有源或无源的。本节只讨论模拟滤波器，它们被广泛应用于无线通信系统和测量设备中。

滤波器可以基于频率响应大致分为四个基本类别：低通滤波器(LPF)、高通滤波器(HPF)、带通滤波器(BPF)和带阻滤波器(BSF)。另外，滤波器也可以是全通的，通过的信号增益相等但相位响应不同。全通滤波器被用于相位的改变以及相位的一致性。如图 7.19 所示为四种基本理想滤波器的幅频响应。

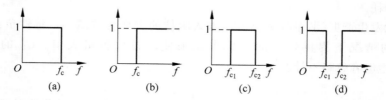

图 7.19　理想滤波器的幅频响应：(a)LPF，(b)HPF，(c)BPF，(d)BSF

对于滤波器进一步的分类可以基于它们的实现方法，例如 LC 滤波器、晶体滤波器、声表面波(Surface Acoustic Wave, SAW)滤波器、陶瓷滤波器和空腔滤波器。LC 滤波器(也称集总元件滤波器)是最简单的技术，它们的设计和实现相对成熟与简单。但是，如果响应的元件 Q 值低，LC 滤波器就只可用于 VHF 和 UHF 频段(高至几百 MHz)。

实际滤波器的频率响应与图 7.19 中的理想模型不同。竖直的通带边缘是不可能实现的。例如，图 7.20 是现实世界中 LPF 的传递函数。

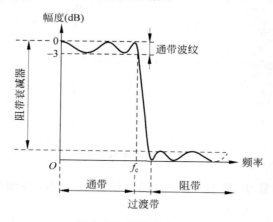

图 7.20　幅频响应(dB)

如图 7.20 所示，现实滤波器的传递函数包括三部分：通带、阻带和过渡带。

通带是输入信号可以不受任何影响而顺利通过的频率范围。在 LPF 中，通带从 DC 延伸到 f_c。阻带是信号被大量衰减的频率范围。过渡带是通带与阻带之间的频率范围。

滤波器最重要的参数是带宽、截止频率、插入损耗、回波损耗、通带波纹、品质因数、群延时和形状因数。

理想的滤波器没有插入损耗,通带没有波动,没有回波损耗,阻带衰减无穷大,相频响应为线性。

滤波器的截止频率(-3dB 点频率)是滤波器通过的能量为通带一半的频率点。滤波器带宽一般定义为传递函数模降低到最高点的一定比例(通常为 3dB)的频率间的距离。

插入损耗(IL)指滤波器通带的损耗。通常将滤波器两端接上特征阻抗(一般是 50Ω)进行测试。回波损耗(RL)的测试是在通带中对滤波器反射回的输入信号的功率的测试,它是由于失配形成的。滤波器的通带起伏是通带幅频响应的变化。定义为 IL 在通带的最大值与最小值之比。

在实际的滤波器中,理想模型竖直的上升频率和截止频率被一段倾斜的过渡带所取代。滤波器的形状因数(Shape Factor,SF)定量地描述了滤波器过渡带频率响应陡峭的程度。定义为通带与过渡带之和与过渡带的比值。亦即通带与过渡带之和 $BW_{PB}+BW_{tr}$ 与 BW_{PB} 之比,或者说 $SF=(BW_{PB}+BW_{tr})/BW_{PB}\geqslant1$。对于带阻滤波器而言,形状因数相反地定义为 $SF=BW_{PB}/(BW_{PB}+BW_{tr})$。HPF 没有 SF 的定义,因为通带一直延伸。SF 值较小意味着滤波器频率响应陡峭。在某些场合,SF 定义为滤波器的 60dB 带宽和 3dB 带宽之比。

增益之外,滤波器相位-频率传递函数也会对其性能造成很大的影响。

经过滤波器后,一个信号的相位会被移动相位 ϕ(即,它的参数)。这个相位的变化称为滤波器的相位延迟,其来源是滤波电路中的电抗部分。相位延迟定义为 $t_p=\phi/\omega$。滤波器造成的相位变化与频率相关。如果滤波器的相位-频率响应为线性,我们称它是线性相位滤波器。在这种情况下通过滤波器的信号仅仅只有延迟而不会失真。相对而言,非线性的相位-频率响应可以使滤波器的输出失真。例如,通过非线性相位滤波器的方波会产生过冲。

相位延迟对 ω 的导数是滤波器的群延迟,$t_d=-\mathrm{d}\phi/\mathrm{d}\omega$。滤波器群延迟表示有限时长信号通过滤波器的时间。对于线性相位滤波器(理想情况)而言群延迟是定值,因此信号不同频率的组成部分均可在相同时间通过滤波器,没有相位失真。如果信号不同频率的部分受到不同延迟,此信号将失真。与线性相位的差称为差分群延迟,即滤波器在不同频率的群延迟与理想滤波器之差。

品质因数 Q 是描述滤波器损耗的主要参数。低的 Q 值代表此滤波高损耗高、衰减平坦,不适用于窄带滤波器。当滤波器带宽和灵敏度上升的时候,插入损耗也会增加。

滤波器另外一个重要的设计参数是它的阶数,亦即一个等于滤波器层次数量的一个整数。它决定了滤波器过渡带陡峭程度(单位 dB/decade)。滤波器阶数越高,其变化越陡峭,越接近理想滤波器。但是,随着滤波器阶数增加,电路变得越复杂,延迟越大。

7.3.1　滤波器设计

滤波器设计的挑战在于多种多样需求之间的权衡,例如低通带插入损耗、低通带回波损耗、低波纹、高功率容限、高选择性、指定的截止频率、固定的群延迟等。

无论从低频段还是到几 GHz,有两种综合无源滤波器的方法:图像参数法和插入损耗法。

图像参数法基于将简单的电路部分(两端口网络)级联来满足滤波器的设计需求。这种方法效率高,设计过程简单,但是只适用于简单的滤波器设计。其主要的缺点在于设计不是基于目标频率响应,因此需要通过迭代设计以达到最优的频率响应。

插入损耗法基于网络分析技术。可以针对需求频率响应进行设计,产生集总参数进行电路的组建。由于它的灵活性和高精准性,这种方法被广泛使用(利用仿真工具)。在这种方法中,人类首先设计一个实现特定频率响应的 LPF 的标准协议。协议所引用的无源元件的值可以通过计算或查表得到。这些值将被非归一化到特定频率,阻抗将被通过频率缩放和阻抗变换到特定的截止频率。下一步则是用 LPF 设计特定的滤波器类别(HP、BP 或 BS)。而利用其他变换(如 Richard 变换和黑田恒等式),可以得到其他实现方式,例如微带线或传输线滤波器,这基于的是一小段传输线对电容或电感的等效。

7.3.2 滤波器系列

理想滤波器的响应可以近似为一个有理函数,也就是低通滤波器的数学传递函数。理想滤波器的传递函数从通带到截止频率的变化必须是非常慢的(理想恒定),在截止频率后必须有非常陡峭的跳变。有多种表现出如此行为的多项式。根据上述多项式,滤波器可基于其特点进行分析并能被分类为不同系列。设计滤波器时,我们通常先选择最能逼近我们所要的参数的最合适的传递函数所对应的滤波器系列。主要考虑的折中参数是通带波纹、过渡带斜率和群延迟。

最负盛名的滤波器系列有如下几类。

7.3.2.1 Butterworth 滤波器

Butterworth 滤波器也叫作最大平伏滤波器。它拥有最平坦的通带和一个相对缓和的过渡带。对于一阶 Butterworth LPF 而言,滚降斜率为 -20dB/decade;对于二阶 Butterworth LPF 而言,滚降斜率增加到了 -40dB/decade;阶数的继续增加,则以此类推。它的相频响应是好的,因此过冲较少。由于它通带平坦,可被用于高质量音频应用中。由于其尖峰和过冲小,可被用于控制系统中。

Butterworth LPF 的平方频率响应可表示为两种不同的形式:

$$| H(\omega) |^2 = \frac{1}{1 + \epsilon^2 \left(\frac{\omega}{\omega_p} \right)^{2N}} \quad \text{或者} \quad | H(\omega) |^2 = \frac{1}{1 + \left(\frac{\omega}{\omega_c} \right)^{2N}} \tag{7.24}$$

式中 N 是滤波器阶数,等于滤波元件的数量,ω_c 是截止(-3dB)频率,ω_p 是通带边缘频率,ϵ 是通带衰减系数。通带最大插入损耗($\omega = \omega_p$ 时发生)为 $IL = 1 + \epsilon^2$。

7.3.2.2 Chebyshev 滤波器

Chebyshev 滤波器也叫等纹波滤波器,与同阶 Butterworth 相比过渡带更加陡峭,但是通带的波动导致其不适用于音频系统和一些其他应用。它被广泛地应用于 RF 应用中,因为其中需要高选择性的滤波器来区分不同频带。

有两种 Chebyshev 滤波器:第 I 类和第 II 类。第 I 类滤波器在通带中有纹波,第 II 类在阻带有纹波。但第 I 类滤波器滚降更陡峭,因此应用更广泛。

第 I 类 Chebyshev LPF 的平方频率响应为:

$$| H(\omega) |^2 = \frac{1}{1 + \epsilon^2 T_N^2 (\omega/\omega_c)^{2N}} \tag{7.25}$$

式中 N 是滤波器阶数,$\varepsilon<1$ 是纹波系数,描述通带纹波,ω_c 是截止($-3\mathrm{dB}$)频率。

$T_N(\omega/\omega_c)$ 是 N 阶 Chebyshev 多项式:

$T_N(\omega/\omega_c)=\cos(N\cos^{-1}(\omega/\omega_c))$,当 $0\leqslant\omega/\omega_c\leqslant1$

$T_N(\omega/\omega_c)=\cosh(N\cosh^{-1}(\omega/\omega_c))$,当 $\omega/\omega_c>1$

在通带中 $T_N(\omega/\omega_c)$ 的变化慢因此传递函数满足 $1/(1+\varepsilon^2)\leqslant|H(\omega)|^2\leqslant1$,但是在通带外 $T_N(\omega/\omega_c)$ 变得很快(接近指数关系)。

Butterworth 和 Chebyshev 滤波器的流行是因为其设计流程是基于广为人知的详细表格。另外,其他有些多项式的一些缺点也使它俩在特定领域更合适。

7.3.2.3　椭圆滤波器

椭圆滤波器也可称为 Cauer 或 Zolotarev 滤波器,是一种流行却复杂的滤波器,广泛用于高质量 RF 滤波。它的滚降最陡峭,选择性高。但是,通带和阻带中的纹波都很大。纹波系数与滚降斜率是成反比的。另外,其通带相频响应不是线性的。它还有阻带衰减较少的缺点。椭圆滤波器可以通过两种基本拓扑结构来实现:串联谐振和并联谐振。

7.3.2.4　Bessel 滤波器

Bessel 滤波器的主要优点是其几乎线性的相频响应,可以使相位失真变得最小。这能带来平坦的群延迟(传播延迟是定值)。随着阶数增加,此滤波器相位线性性增加。

它另外一个优点是通带平坦(和 Butterworth 滤波器类似)。但是,与 Chebyshev 和 Butterworth 滤波器相比,它的过渡带斜率较小。

7.3.3　滤波器类型

7.3.3.1　前置滤波器

前置滤波器是一个高 Q 值无源带通滤波器,安置在接收机输入处,靠近天线的地方。它在接收机前决定了输入带宽,使之被限制在包含所有信号的频带内,滤除天线接收到的干扰信号。它提供的选择性却较小,总的选择性是由 IF 滤波器提供的。前置滤波器插入损耗必须很小,以降低噪声系数。

7.3.3.2　双工器

双工器是在 FDD 收发机中的一个滤波器(或者说是一组滤波器),它能让发射与接收在同一根天线上完成。它的目的是防止大功率的发射信号将接收机输入堵塞。发射与接收的信号必须在不同频段,且隔开较远,这样双工器才能正常工作。双工器也能用来在同一根天线上发射(或接收)不同频道的信号。双工器是基于陡峭的谐振滤波器,以此提供发射与接收之间的高水平隔离。双工器可以通过一组滤波器来实现,通常采用的是 Butterworth 滤波器组,例如 LPF-HPF 或 BPF-BSF。

7.3.3.3　IF 滤波器

中频或者 IF 滤波器安置在接收机 IF 级,在第一级混频器后。这个滤波器在很大程度上决定了接收机的灵敏度。因为实践中在 IF 段实现高的选择性比 RF 段容易。IF 滤波器通常是一个带通滤波器(有时候是 LPF)，使接收机收到某特定的窄带信号，例如，从其他频道的信号与带外干扰中(包括混频器非线性造成的)取出某个频道的信号。

有的应用中需要中心频率可调的 IF 滤波器来实现频道的实时调谐。

7.3.3.4 谐波滤波器

谐波滤波器是一个 LPF，其目的在于除去谐波失真，例如，发射机中功放负载非线性造成的失真。在发射机中，最好在功放后面放一个此滤波器，以防止谐波失真对后级造成影响。可调谐谐波滤波器可以通过与功放并联一个 LC 谐振回路来实现。其谐振频率等于需要消除的谐波的频率，因此谐波可以被旁路到地。

谐波滤波器常常用来使谐波满足监管规范。该谐波是由发射机功放非线性导致的。在功放输出到天线之前安装一个 LPF 可以削弱谐波水平。

7.3.4 滤波器技术

7.3.4.1 晶体滤波器

晶体(石英)滤波器是很高质量的滤波器，这是由于它们谐振频率非常稳定，且品质因数非常高。石英晶体是一种机电元件，基于压电效应可以得到清晰、(机械)稳定的谐振频率。其品质因数 Q 很高。

基于石英晶体的滤波器于 1922 年发明的时候只采用了一个晶体，所以带宽非常窄。现在，推荐在 FDM(频分复用)中使用梯子状和格子状的多晶体滤波器。可以用作带通或带阻滤波器。

由于它们的 Q 值高，可以用来实现高选择性的滤波器，亦即：窄的通频带和陡峭的过渡带。

它们被广泛用于通信系统，尤其是在高性能接收机中作为带通 RF 滤波器。具有低成本、小体积、可用在从低至音频到高至 VHF 的频率范围的优点。晶体滤波器温度稳定性和长期稳定性都很好。

7.3.4.2 声表面波滤波器

声表面波(SAW)滤波器是一种基于压电效应的分立元件。压电晶体可以将电能(EM波)转化成声学的机械能(机械振动)，反之也可。SAW 滤波器的制备是将两个叉指换能器(IDT)印刷在压电基材上。IDT 是一种交叉的金属电极(称为手指)。输入的 RF 信号通过输入端 IDT 进入滤波器，产生沿着基材表面传播的声波，向输出端 IDT 传播，并转变回 RF信号。基于这种方式，可以产生品质因数极高的驻波，也就实现了高选择性的滤波器。

IDT 的几何结构决定了滤波器的传递函数。例如，电极的间隔决定中心频率。SAW滤波器除了高选择性，还有低插入损耗、小带宽的特点，但也能将其打造成宽带滤波器。其主要缺点是相频响应分散，对外部共振敏感。将大量 SAW 滤波器制备在一个晶圆上，是一种低成本大批量生产的途径。经过恰当设计的 SAW 换能器具有独立谐振的特征，与石英晶体振荡器相似。通过将上述谐振器按梯子状或格子状级联可以得到带通滤波器。

SAW 滤波器在手机和其他无线电应用中被广泛应用,无论基于的是 GSM、Wi-Fi、蓝牙、LTE 或其他标准。它可被用作 RF 滤波器、IF 滤波器,可用在 RF 接收机或双工器中,理所当然地拥有小的插入损耗、高选择性和极小的体积。虽然陶瓷或微带线滤波器也有小的插入阻抗,也一般被用于手机中,但是微型 SAW 滤波器更适合用于紧凑的便携设备中。

练习 7.3.1

设计一个 Butterworth LPF 来把 30MHz 信号的二次谐波衰减至少 20dB。在 30MHz 时插入损耗必须小于 0.6dB。

解答

简单地说,我们有两个设计需求。信号频率上的插损要求:

$$10\log\left[1 + \left(\frac{30}{f_c}\right)^{2N}\right] = 0.6\text{dB}$$

二次谐波上的 20dB 衰减:

$$10\log\left[1 + \left(\frac{60}{f_c}\right)^{2N}\right] = 20\text{dB}$$

从中可以得出:

$$1.48N - N\log f_c = -0.415$$
$$1.78N - N\log f_c = 0.998$$

求解 N 可以得到 $N = 4.71$,因此取 $N = 5$,所以截止频率是 36.56MHz。

练习 7.3.2

我们需要截止频率 $f_c = 200\text{MHz}$,阻带边缘 $f_s = 500\text{MHz}$ 衰减 55dB 的低通滤波器。基于以下两种情况来设计滤波器阶数:

(1) Butterworth 滤波器,最大通带衰减 3dB。

(2) Chebyshev 滤波器,纹波系数 $\varepsilon = 0.2\text{dB}$。

解答

(1) 对于 Butterworth 近似,通带 $\text{IL} = 10\log(1 + \varepsilon^2) = 3\text{dB}$,因此 $\varepsilon^2 = 1$

$$N = \frac{1}{2}\frac{\log\left[10^{L/10} - 1\right]}{\log\left(\frac{\omega_s}{\omega_c}\right) + \log\varepsilon^2} = \frac{1}{2}\frac{\log\left[10^{55/10} - 1\right]}{\log\left(\frac{500}{200}\right) + \log 1} = 6.91$$

于是需要 $N = 7$ 来实现 Butterworth 滤波器。

(2) 对于 Chebyshev 滤波器而言,N 的计算过程是:

$$N = \frac{\cosh^{-1}\left[10^{55/10} - 1\right]}{\cosh^{-1}\frac{500}{200}} = 4.46$$

因此,Chebyshev 近似需要 $N = 5$。正如大家所预料的,Chebyshev 滤波器阶数较低。

7.4　功率放大器

功率放大器(PA)是在无线通信系统中非常重要的功能性模块。正如在 7.3 节看到的,在低噪声放大器,即一个小信号放大器的设计过程中,我们最关心的是获得高增益、高线性度、低噪声系数以及良好的匹配条件(小驻波比)。在这些放大器中,信号电压和电流很小因此功率效率并不是关心的重点。

另一方面,对于功率放大器(也被叫作大信号放大器)而言,最重要的规格和设计难点是获得高线性度和高效率,而一般高线性度会导致低效率。另一个重要的因素是功率处理的能力,也即功率放大器的输出功率峰值(典型的可以达到几十瓦)。功率峰值的大小决定了无线通信中的通信距离。例如在蜂窝手机中,1km 的距离需要大约1W 的峰值功率。因为负载电流很大,所以功率放大器的有源器件必须能处理大电流和高额定功率。通过晶体管的大电流导致很多功率以热量的形式散失,因此设计高效率的功率放大器十分重要。

功率放大器的功率效率的定义有一些不同。功率放大器的漏端(或者集电极)效率被定义为传输到负载的射频功率与直流电源消耗功率的比值。

另一个常见的衡量效率的是附加功率效率(Power-Added Efficiency,PAE),衡量功率放大器把电源电压转化成增加到输入 RF 功率的 RF 功率。

7.4.1　放大器分类

功率放大器一般可以分成两部分:高线性度和高效率的功率放大器,在线性功率放大器中,有源器件作为电流源工作,信号的幅度和相位(因此信号的形状)被保留下来;在非线性的功率放大器中,晶体管作为开关,在信号幅度和相位上的信息没有被保留下来。A 类、B 类、AB 类、C 类都是线性功率放大器。

功率放大器通常根据其导通角来区分:在一个周期中驱动晶体管导通的时间。

A 类放大器是线性度最高的结构,有着 $360°$ 的导通角,所以驱动晶体管在整个输入周期中都使电流导通。在 B 类中,导通角是 $180°$,在 AB 类中导通角在 $180°\sim360°$ 之间。C 类放大器的导通角在 $0°\sim180°$ 之间。

非线性(开关类型)的 RF 放大器也有很多,比如说 D 类、E 类和 F 类。开关类的功率放大器的效率可以达到 100%,这些功率放大器大多适用于需要大功率的卫星应用。

这里只讨论线性功率放大器。线性功率放大器通常应用于无线移动通信,尤其是在使用非恒包络调制和多载波信号的时候。

7.4.1.1　A 类

A 类放大器是最常见的功率放大器。在这种结构中:

(1) 驱动晶体管是一直导通的(ON 状态),因此导通角是 $360°$。

(2) 输出信号与输入信号保持一致。

高线性度伴随着对功率效率的牺牲。直流偏置(静态工作点)被设在负载线的中点,所以能不失真地达到最大的电压和电流摆幅。直流偏置大使得功率损失也大,即使是在没有输入信号的时候。如果输入 RF 信号有高的峰值平均功率比(大多数现代调制方案中都是如此),器件消耗了大部分提供的直流功率。所以一般而言 A 类放大器的效率很低。

有阻性负载的 A 类功率放大器理论上最大的效率只有 25%,实际上一般在 20% 左右。然而利用变压器耦合放大器(将负载通过变压器耦合到输出端),理论上的效率可以提高到 50%。在射频应用中,电感耦合的 A 类功率放大器更为常用。如图 7.21 所示,其中漏端电阻被一个射频扼流圈取代(RFC)。RFC 是一个大的射频扼流圈,所以只有直流电流从电压源流入。RFC 和电容使得漏端电压的摆幅是直流电压源 V_{DD} 的(大约)两倍。所以理论上效率可以提高到 50%。谐振电路可以用来去除输出电压中的谐波分量,匹配网络可以使最大功率传输到负载。输出电压的基波分量是输入电压的线性函数,最大幅度是 V_{DD}。

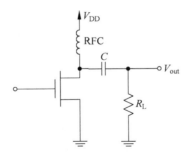

图 7.21　电感耦合功率放大器

7.4.1.2　B 类

B 类功放的导通角是 180°,显然输出信号并不与输入信号保持一致。B 类功放有着和 A 类相同的电路,但是没有偏置(即晶体管在截断点偏置)。所以晶体管只有在加上输入信号的时候才导通,所以在没有输入信号的时候没有功率耗散。B 类功放最大的理论效率是 78.5%。

因为晶体管只有在输入信号的半个周期内导通,B 类功放产生高度失真的输出信号。图 7.22 显示了 B 类功放的 I-V 特性以及输入信号和晶体管电流的波形。

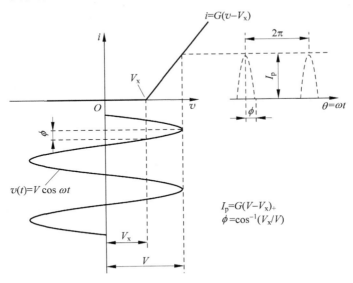

图 7.22　B/AB/C 类功率放大器 i-v 导通角

把两个 B 类放大器通过互补的方式连接在一起,即推挽电路,能够减少失真以及获得一个完整周期的输出信号。在这种情况下,电路的每一半都在半个周期内导通,它们互补地产生了 360°的信号。输出电压中的谐波被谐振电路除去。基波分量是输入信号的线性函数。输出信号的最大幅度是 VDD,和 A 类相似。

应该注意到，推挽式放大器也可以在其他类的功放中实现，比如说 A 类、AB 类和 C 类。

因为 B 类功放有为零的直流偏置，驱动晶体管只有在输入信号比它的(有限的)导通电压(无论是 BJT 或者是 MOS 管)大的时候才导通。换句话说，两个晶体管之间的过渡并不在零交越点的地方出现，在输出信号中引入了"盲区"。结果输入信号比导通电压更低的部分没有被放大，导致了信号失真，也即交越失真。应该注意到，由于盲区的存在 180°导通角的真实 B 类功放是不可能实现的。

7.4.1.3 AB 类

在效率没有很大损失的情况下提高 B 类功放的线性度的一个方法是在 A 类和 B 类的结构之间折中，实现 AB 类功放。AB 类功放的效率在 A 类和 B 类之间，也即 25% 和 78.5% 之间。

为了消除 B 类功放的交越失真，AB 类功放使驱动晶体管偏置(例如，在 BJT 放大器的情况下通过匹配的二极管)在比截止点略微高一点的地方，以便它们在没有输入信号的情况下也略微导通。然而静态电流(没有输入信号)比 A 类功放的电流要小得多，使得效率得以提高。为了得到全周期的输出电压，AB 类功放必须使用推挽式结构。

B 类和 AB 类功放都可以通过一个晶体管实现，即使用一个 RF 滤波器去消除半周期输出信号中的高阶(二阶及以上)谐波。

7.4.1.4 C 类

C 类功放偏置在驱动晶体管的导通电压之下，所以导通角比 180°小得多。输入信号使得驱动晶体管在少于 50% 的时间内导通，所以输出信号是被放大的输入信号的一小部分(一个残缺的副本)，显然这导致了很大的失真，所以 C 类功放在以上提到线性功放中有着最差的线性度。

在窄带射频信号的情况下，C 类功放可以在晶体管输出端使用调谐电路(LC 谐振回路)来产生信号的基波分量并消除高次谐波。因此 C 类放大器适用于窄带信号和使用恒定包络调制的应用，比如 FSK。它不适用于音频放大。

不像开关功率放大器那样输出电流和电压并不重叠以达到满值效率，C 类功放的理论最大效率并不是 100%。然而，C 类功放中的交叠区比 A 类、B 类和 AB 类情况下要小得多，所以它的效率可以更高。

C 类功放的效率取决于导通角。减小导通角可以提高效率，但同时减小了负载功率。当导通角达到零的极端情况下，效率达到 100%，而负载功率减少到零。

7.4.2 设计

功率放大器本质上是非线性器件，受制于增益压缩，谐波的产生和互调，以及相移。一般功率晶体管的输出阻抗是复杂的，随着负载电压和电流变化，而负载电阻(例如，天线阻抗)通常是固定的。功率放大器的特性高度依赖于负载匹配。在一定的振幅范围内，为了使效率、功率能力和线性度达到所需的功率放大器性能，恰当的匹配以及向有源器件提供最优负载是十分重要的。

不匹配可能造成低效率、低输出功率、失真，并给有源晶体管产生很大负担。

功率匹配和效率是互相矛盾的,因此为了最大功率传输而做的常规匹配(连接到一个线性负载比如说 50Ω)会引起效率降低。

优选的和最广泛使用的方法是匹配大信号,一种叫作负载牵引方法。这种技术包括(通过测量)找到驱动晶体管(在史密斯图上的)产生与传输到负载的功率相同时阻抗的轨迹。正如图 7.23 所示,最大(最优)负载功率是只有一个点,而次优功率的轨迹是一些围线。因而每一条围线对应某一特定的输出功率。测出的负载牵引阻抗是偏置依赖的。为了画出负载功率在史密斯图上等输出功率围线,应该根据需要改变连接到功率放大器电路的负载的幅度和相位。负载功率在每个阻抗点被测量。由于高功率晶体管的非线性,负载牵引围线并不是圆(与等增益线不同)。

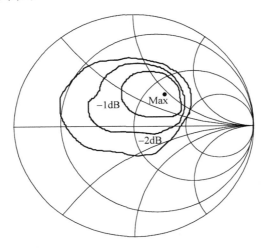

图 7.23　等输出功率围线(负载牵引技术)

大信号阻抗可以由设计者测得,或者从制造商处得知。利用负载牵引优化技术,输出功率可以提高 $1\sim3\mathrm{dB}$。

另一个技术是基于器件物理模型的负载线技术,我们将会通过本节中后面的练习来介绍这种方法。

PA 的稳定性也是一个设计的重要关注点。稳定性由有源器件、匹配网络和终端的 S 参数决定。

练习 7.4.1

在这个练习中,为了将在频率为 $10\mathrm{MHz}\pm1\mathrm{MHz}$ 的射频功率传输到直流隔离的 50Ω 负载,考虑一种基于 BJT 的 A 类 RF PA 设计,如图 7.24 所示。假设晶体管像电流源一样工作,并且在 RF 频率下,射频扼流圈(RFC)开路,而直流阻断电容 C_{block} 短路。

求解:

(1) 驱动晶体管的工作点。

(2) 电路的效率。

(3) 直流电源提供的功率。

(4) RF 电路额定峰值:集电极击穿电压和集电极峰值电流。

(5) 驱动晶体管上的功率耗散。

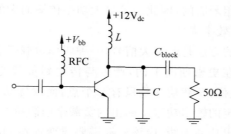

图 7.24　练习 7.4.1 的电路图

（6）求得最佳谐波抑制所需的 L 和 C 值。

在 AB 类 PA($V_{be}\approx0.7$V)和导通角 $\phi=\pi/4$ 的 C 类 PA 情况下分别再次求解上述问题

解答

A 类

在输出端的峰值电压摆幅

$$P_{ac}=\frac{1}{2}V_1 I_1=\frac{V_1^2}{2R_L}\Rightarrow V_1=\sqrt{2R_L P_{ac}}=\sqrt{2\cdot50\cdot1}=10\text{V}$$

在输出端的峰值交流电流

$$P_{ac}=\frac{I_1^2}{2}R_L\Rightarrow I_1=\sqrt{2P_{ac}/R_L}=\sqrt{2\cdot1/50}=0.2\text{A}$$

得到电流摆幅所需的峰值直流电流

$$I_{dc}=I_1=0.2\text{A}$$

直流功率

$$P_{dc}=V_{CC}I_{dc}=V_{CC}I_1=12\cdot0.2=2.4\text{W}$$

效率

$$\eta=\frac{P_{ac}}{P_{dc}}=\frac{1}{2.4}\approx41.7\%$$

设备额定值：

集电极峰值电压

$$V_{peak}=V_{CC}+V_1=12+10=22\text{V}$$

集电极峰值电流

$$I_{peak}=I_{dc}+I_1=0.2+0.2=0.4\text{A}$$

设备耗散

$$P_{device}=P_{dc}-P_{ac}=2.4-1=1.4\text{W}$$

输出品质因子

$$Q=f_0/\text{BW}=10/2=5$$

电容

$$Q=\omega_0 R_L C\Rightarrow C=\frac{5}{2\pi\cdot10^7\cdot50}\approx1.6\text{nF}$$

电感

$$\omega_0=\frac{1}{\sqrt{LC}}\Rightarrow L=\frac{1}{(2\pi\cdot10^7)^2 C}\approx0.16\mu\text{H}$$

AB 类

此时,$\phi = \pi/2, I_{dc} = I_p/\pi, I_1 = I_p/2$

输出端的电流摆幅峰值,像前面一样

$$P_{ac} = \frac{I_1^2}{2} R_L \Rightarrow I_1 = 0.2A$$

得到要求的交流电流时的直流电流

$$\frac{I_{dc}}{I_1} = \frac{2}{\pi} \Rightarrow I_{dc} = \frac{2 \cdot 0.2}{\pi} \approx 0.127A$$

峰值电压摆幅,像之前一样

$$P_{ac} = \frac{1}{2} V_1 I_1 \Rightarrow V_1 = 10V$$

直流功率峰值

$$P_{dc} = V_{CC} I_{dc} = 12 \cdot 0.127 \approx 1.52W$$

效率

$$\eta = \frac{P_{ac}}{P_{dc}} = \frac{1}{1.52} \approx 66\%$$

设备额定值:

集电极峰值电压,像之前一样

$$V_{peak} = V_{CC} + V_1 = 12 + 10 = 22V$$

集电极峰值电流

$$I_{peak} = I_{dc} + I_1 = 0.127 + 0.2 = 0.327A$$

设备耗散

$$P_{device} = P_{dc} - P_{ac} = 1.52 - 1 = 0.52W$$

输出匹配,像之前一样。

C 类

此时 $\phi = \pi/4$。

输出端的电流摆幅峰值,像前面一样

$$P_{ac} = \frac{I_1^2}{2} R_L \Rightarrow I_1 = 0.2A$$

峰值电压摆幅,像之前一样

$$P_{ac} = \frac{1}{2} V_1 I_1 \Rightarrow V_1 = 10V$$

效率

$$\eta = \frac{P_{ac}}{P_{dc}} = \frac{1}{P_{dc}} \approx \frac{V_1}{V_{CC}}\left(1 - \frac{1}{10}\phi^2\right) = \frac{10}{12} \cdot 0.938 = 78.1\%$$

直流功率峰值

$$P_{dc} = \frac{P_{ac}}{\eta} = \frac{1}{0.78} \approx 1.28W$$

直流电流峰值

$$I_{dc} = \frac{P_{dc}}{V_{CC}} = \frac{1.28}{12} \approx 0.107A$$

设备额定值：

集电极峰值电压，像之前一样

$$V_{peak} = V_{CC} + V_1 = 12 + 10 = 22V$$

集电极峰值电流

$$I_{peak} = I_{dc} + I_1 = 0.107 + 0.2 = 0.307A$$

设备耗散

$$P_{device} = P_{dc} - P_{ac} = 1.28 - 1 = 0.28W$$

输出匹配，像之前一样。

练习 7.4.2

设计一种效率尽可能高的线性放大器输出电路，在 3V 的直流电源下使得能够在 $835 \pm 15MHz$ 的范围内传输 100mW 到 50Ω 的负载。直流电源能够传输最多 50mA。最后的晶体管的饱和电压为 0.2V。

解答

直流电源能传输最多 $P_{dc} = 50mA \times 3V = 150mW$，因此放大器的效率一定 $\eta \geqslant 100mW/150mW = 67\%$，因此不能使用 A 类。因为要求放大器是线性的，所以也不能使用 C 类。因此放大器只能是 AB 类的，AB 是线性的，而且其效率能达到 78.5%。从 AB/B 类的方程中可以得到

$$P_{dc} = \frac{I_p V_{CC}}{\pi} \Rightarrow I_p = \frac{150mW \cdot \pi}{3V} = 157mA$$

$$P_{ac} = \frac{I_p(V_{CC} - V_{sat})}{4} = \frac{0.157 \cdot (3 - 0.2)}{4} \approx 110mW$$

因此能够提供要求的 100mW，最佳效率可以达到

$$\eta_{max} = \frac{P_{ac}}{P_{dc}} = \frac{\pi}{4} \frac{V_{CC} - V_{sat}}{V_{CC}} = \frac{\pi}{4} \frac{2.8}{3} = 73.3\%$$

为了得到更高的效率，应该变换输出负载以便在最大电压摆幅的时候得到要求的功率。

$$V_1 = V_{CC} - V_{sat} = 2.8V, \quad P_{ac} = \frac{V_1^2}{2R_L} \Rightarrow R_L = \frac{(2.8V)^2}{2 \cdot 100mW} \approx 39\Omega$$

因此，必须在晶体管输出端把 50Ω 的负载转换成 39Ω。这可以通过单段 L 匹配低通网络实现。从相应的方程得到

$$G = \frac{1}{50}, \quad R = 39, \quad Q = \sqrt{\frac{1}{GR} - 1} = 0.53 \Rightarrow f_0 = 835MHz$$

$$X = QR \Rightarrow L = \frac{QR}{\omega_0} = 3.9nH, \quad B = QG \Rightarrow C = \frac{QG}{\omega_0} = 2pF$$

匹配带相当宽，因为

$$Q < 2.2 \Rightarrow \frac{\omega_2}{\omega_0} = \sqrt{1 + \frac{2\sqrt{Q^2 + 1}}{Q^2}} \approx 3$$

此外，必须插入一个谐振回路来消除在集电极端的谐波。

让我们来验证一下设计：从 AB/B 类的方程式得到

$$I_1 = \frac{V_1}{R_L} = \frac{2.8}{39} \approx 72mA, \quad I_{dc} = \frac{2I_1}{\pi} = 45.8mA$$

$$P_{dc} = 3V \cdot 45.8mA = 137mW, \quad P_{ac} = 100mW \Rightarrow \eta = \frac{100}{137} \approx 73\%$$

练习 7.4.3

在这个练习中,考虑图 7.21 中的 A 类 MOSFET 电感耦合 PA 的设计以及图 7.25 中所示的一个匹配电路。通过使用负载线技术,可以找到在没有电压源电压限制的条件下对于给定的晶体管所能达到的最大电压摆幅。

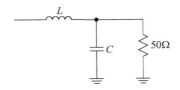

图 7.25　练习 7.4.3 的匹配网络

考虑一个有着最大电流 $I_{max} = 1A$ 以及最大电压 $V_{max} = 20V$ 的 MOSFET。为了简便起见,假设对于所有的 V_{GS} 而言,MOSFET 的导通电阻(在线性区)是 $R_{on} = 1.2\Omega$ 并且输出阻抗很大,即 $r_{DS} = \infty$。所以晶体管的 I-V 特性可以简化成图 7.26 所示。

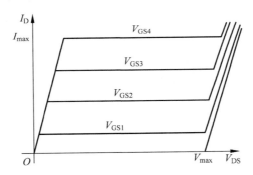

图 7.26　练习 7.4.3 中 MOSFET 的输出特性

(1) 最优负载和能传输到负载的最大 RF 功率是多少?

(2) 负载功率是它最大值 80% 的时候的负载阻抗是多少?

(3) 求问题(1)和问题(2)条件下各自的漏端效率。

(4) 如果电源电压固定在 $V_{DD} = 5V$ 时重复问题(1)。

解答

(1) 在晶体管漏端的 RFC 把静态工作点设置在了 V_{DD}。因此为了使电压幅度最大化,静态工作点(即 V_{DD})必须在 V_{DSmin} 和 V_{DSmax} 之间,其中前者由 $V_{DSmin} = I_{max}R_{on}$ 给出,后者由晶体管的击穿特性决定(所给晶体管的情况下是 20V)。

可以传输到负载的最大 RF 功率可以由下式得到

$$P_{L,max} = \frac{1}{2} \cdot \frac{1}{2}V_{ptp} \cdot \frac{1}{2}I_{ptp} = \frac{1}{8} \cdot (V_{max} - V_{min})(I_{max} - I_{min})$$

$$= \frac{1}{8} \cdot (20 - 1.2 \cdot 1) \cdot (1 - 0) = 2.35W$$

负载阻抗的最优值为

$$R_{\mathrm{L}} = \frac{\Delta V}{\Delta I} = \frac{20 - 1.2}{1} = 18.8\Omega$$

并且电源电压一定是

$$V_{\mathrm{DD}} = \frac{V_{\max} + V_{\min}}{2} = \frac{20 + 1.2}{2} = 10.6\mathrm{V}$$

（2）为了使 $P_{\mathrm{L}} = 0.8P_{\mathrm{L,max}} = 1.88$，$R_{\mathrm{L}}$ 的取值必须满足下列求解减小了的最大电流的方程式：

$$1.88 = \frac{1}{8}V_{\mathrm{ptp}} \cdot I_{\mathrm{ptp}} = \frac{1}{8}(V_{\max} - R_{\mathrm{on}}I'_{\max})I'_{\max} \Rightarrow I'_{\max} \approx 0.79\mathrm{A}$$

$$R_{\mathrm{L}} = \frac{\Delta V}{\Delta I} = \frac{20 - 1.2 \cdot 0.79}{0.79} = 24.1\Omega$$

电源电压一定为

$$V_{\mathrm{DD}} = \frac{V_{\max} + V_{\min}}{2} = \frac{20 + 1.2 \cdot 0.79}{2} = 10.47\mathrm{V}$$

（3）问题（1） $P_{L,\max}$ 时的漏极效率：

$$\eta = \frac{P_{\mathrm{L,out}}}{I_{\mathrm{Q}} \cdot V_{\mathrm{Q}}} = \frac{2.35}{0.5 \cdot 10.6} = 44.34\%$$

然后对于问题（2）

$$\eta = \frac{P_{\mathrm{L,out}}}{I_{\mathrm{Q}} \cdot V_{\mathrm{Q}}} = \frac{1.88}{0.79/2 \cdot 10.47} = 45.46\%$$

正如期望的一样，更低的输出电压使得效率增加了。

（4） $V_{\mathrm{DD}} = 5\mathrm{V}$ 为固定值，以及 $V_{\min} = 1.2\mathrm{V}$ 时，最大的允许的电压输出幅度减小到 $V_{\max} = 2V_{\mathrm{DD}} - V_{\min} = 2 \times 5 - 1.2 = 8.8\mathrm{V}$，而且

$$P_{\mathrm{L,max}} = \frac{(8.8 - 1.2)}{8} = 0.95\mathrm{W}$$

负载电阻的值为

$$R_{\mathrm{L}} = \frac{\Delta V}{\Delta I} = \frac{8.8 - 1.2}{1} = 7.6\Omega$$

7.5 混频器

混频器是混合不同(中心)频率 RF 信号(例如，频率变换)的非线性器件。混频既有上变频(例如，发射机)又有下变频(例如，接收机)。这里只考虑用于 RF 接收机的下变频混频器。下变频混频器的输入信号是一个频率为 ω_{RF} 的 RF 信号，以及有较低频率 ω_{LO} 的本地振荡(LO)信号。输出是频率为 $\omega_{\mathrm{IF}} = \omega_{\mathrm{RF}} - \omega_{\mathrm{LO}}$ 的中频信号。在 Rx 中，RF 信号是一个被接收机天线接收到的低功率信号(或者是在传输前被转换成 RF 信号的低电平基带信号)，而本振是本地合成器产生的大信号。

大部分混频器是基于两个输入信号相乘。相乘既可以通过乘法电路直接得到，又可以通过非线性电路间接得到。在后一个方法中，两个输入信号(RF 和 LO)被加到非线性器件上。在这个过程中，许多不需要的频率(被称为杂散)也产生了。这种方法在高频(mm 级波长)中尤为重要，因为此时用于乘法的开关是不可实现的。但是，非线性成分的使用会导致

许多杂散。

前一种方法,也即开关混频器模式,是基于控制 RF 信号在本振频率上开启关断。开关混频器是三端器件,其中 RF 和 LO 是输入端,第三个端口是 IF 信号的输出端。这种模式是在频率相对低(此时好的 CMOS 开关能够实现)的情况下的优选方法,因为它产生了更少的杂散。同 RF、LO 和 IF 端口在一定程度上隔离的三端口混频器相比,基于非线性器件的混频器隔离较差。如第 2 章所介绍的,在数字接收机中开关过程可以用抽样取代。

7.5.1 性能测量

混频器的性能通过这样几个参数衡量:转换增益(对于有源混频器而言)或者转换损耗(对于无源混频器而言)、噪声系数、线性度、回波损耗、端口之间的隔离以及功耗。

7.5.1.1 转换损耗/增益

除了混频之外,混频器还能产生增益或者衰减。转换损耗/增益被定义为输出 IF 输出功率与 RF 输入信号功率的比值。

7.5.1.2 噪声系数

混频器噪声系数以与类似一个两端口器件的方式被定义,RF 是输入,IF 是输出。由于混频的过程,不同频率下的噪声可能出现在 IF 输出信号。

混频器通常是噪声较大的设备,噪声系数可以达到 $10\sim15\mathrm{dB}$。由于镜像频率,噪声系数会变得复杂,因为有两个 RF 信号可以下变频到相同的 IF。由于镜像信号通常不包含信息,例如,在超外差式接收机中,只把在 RF 带中的噪声作为输入噪声,因此也被称为 SSB(单边带)噪声系数。在直接变频接收机(DCR)中,在 RF 带和镜像带的噪声都被认为是输入噪声,因此使用双边带(DSB)噪声系数更为妥当。在无源混频器中,噪声系数大约与插入损耗相当。

7.5.1.3 线性度

混频器本质上是非线性器件,但是其线性度与其借以实现频率变换的非线性度无关。混频器的线性度用 1dB 压缩点或者 RF 作为输入信号而 IF 作为输出信号时的 $\mathrm{IP_3}$。

7.5.1.4 隔离度

一个混频器的隔离度被定义为从一个端口泄漏到另一个的功率大小。信号可能通过不同的机制从一个端口泄漏到另一个端口。在 LO 和 IF 端口之间的馈通导致在 IF 级中放大器的灵敏度下降(在 SHR 中)。LO-RF 的馈通引起本振信号的辐射以及自混频。

7.5.1.5 杂散

杂散信号或简称杂散,是出现在混频器输出端 IF 带中不需要的频率。

7.5.2 混频器的种类

混频器可以分为有源的或者无源的,各有其优缺点。无源混频器没有增益,因此表现出转换损耗,但是有很好的线性度。大多数无源混频器利用肖特基管作为非线性器件(或者FET 作为无源开关工作)。一般来说,它们有很好的处理大信号的能力。

有源混频器是基于 FET 或者 BJT,通过跨导调制来实现混频。其在 LO 和 RF 端口之间有很高的隔离度。在有源混频器的设计中,一个重要目标是实现低的噪声系数,而其往往需要和增益折中。另一个优点是它们能够很好地和其他信号处理电路集成在一起。无源和有源混频器又可以各自分为三类:非平衡、单平衡以及双平衡。单平衡和双平衡减少了在混频器输出端的杂散,而其中又以双平衡为优。这些混频器通过差分放大器实现。

7.5.2.1 非平衡混频器

此类混频器是基于使用单个非线性元件的简单电路。两个输入都是单端输入。RF 和 LO 信号都出现在输出端:LO-IF 和 RF-IF 馈通。端口之间的隔离必须通过外部滤波器实现,如果 W_{LO} 与 W_{RF} 离得不够远,通过滤波器来抑制输出端的 LO 信号将会变得困难。RF 与 IF 之间的馈通使混频器的噪声系数变差。

7.5.2.2 单平衡混频器

在这些混频器中只有一个输入信号(通常是 RF)出现在输出端。这些混频器是基于两个非线性元件。电路由一个跨导级以及一个差分开关电路级实现,所以在输出端消除了输入信号之一。

7.5.2.3 双平衡混频器

这些混频器消除了输出端的所有输入信号,在一个四开关结构中使用四个非线性元件,其中跨导和开关级都是差分形式的。额外的差分开关电路能够消除(理论上)不需要的 RF-IF 馈通。

常用于 RF 应用的最普及的混频器之一是吉尔伯特混频器(以及它的变种),也被叫作吉尔伯特单元。它是一种双平衡混频器,特点是高转换增益、低噪声系数、高线性度以及良好的隔离性。

7.5.3 MOSFET 混频器

这里分析 MOSFET 混频器(见图 7.27),并且注意到 JFET 混频器有着类似的表现。MOSFET 器件的漏极电流在图 7.26 的等式中给出,其中 i_D 是漏极电流,v_{GS} 是栅源电压。I_s 是 $v_{GS} = 2V_T$ 时的漏极电流。电压 V_T 被称为阈值电压。当 $v_{GS} \leqslant V_T$ 时,晶体管截止。v_{GD} 是栅漏电压。

当 $v_{GD} < V_T$ 时,MOSFET 要么截止,要么出于一种叫作"饱和区"的常电流状态。该"饱和区"是 MOSFET 的有源区,不要被双极性晶体管的"饱和区"给迷惑了。

当 $v_{GD} \geqslant V_T$,MOSFET 进入了所谓的"线性区"或者"三极管区",它就表现得像一个电阻,上面的等式不再成立。MOSFET 的三极管区与双极性晶体管的"饱和区"相对应,通常是要避免的。

对于混频器的分析,假设元件不会离开饱和区,也不会截止,因此 $v_{GS}/V_T - 1 \geqslant 0$,等式永远成立。现在假设栅源电压包括直流偏置电压 V_{GS} 以及一个(小)的输入 RF 信号 $v_2(t)$ 和

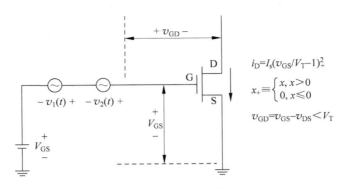

$$i_D = I_s(v_{GS}/V_T - 1)^2_+$$

$$x_+ \equiv \begin{cases} x, x > 0 \\ 0, x \leqslant 0 \end{cases}$$

$$v_{GD} = v_{GS} - v_{DS} < V_T$$

图 7.27 MOSFET 混频器

一个(大)的本地振荡信号 $v_1(t)$,然后

$$i_D = I_s(v_{GS}/V_T - 1)^2 = \frac{\beta}{2}(v_1(t) + v_2(t) + V_{GS} - V_T)^2$$

$$I_s = \frac{\beta}{2}V_T^2, \quad v_{GS} = v_1(t) + v_2(t) + V_{GS}$$

然后把漏极电流以下面的形式展开,

$$i_D = \beta\left\{v_1(t)v_2(t) + (V_{GS} - V_T)[v_1(t) + v_2(t)] + \frac{v_1^2(t)}{2} + \frac{v_2^2(t)}{2} + \frac{(V_{GS} - V_T)^2}{2}\right\}$$

设置

$$v_2(t) = v_s(t)\cos\omega_s t, \quad v_1(t) = V_1\cos\omega_0 t$$

用一个在 $\omega_{mix} = |\omega_0 \pm \omega_s|$ 附近的带通滤波器对输出进行滤波,我们能定义一个转换跨导 g_c 为输出电流 i_{mix} 在频率 ω_{mix} 的包络除以任何输入信号 $v_2(t)$ 对应的(非零)电压包络 $v_s(t)$ 即

$$i_{mix} = \frac{\beta}{2}V_1 v_s(t) \Rightarrow g_c = \frac{i_{mix}}{v_s(t)} = \frac{\beta}{2}V_1 = \frac{I_s V_1}{V_T^2}$$

让我们比较 MOSFET 混频器的转换跨导和它被用作线性放大器时的放大器跨导。小信号放大器的跨导由下式给出

$$g_m = \left.\frac{di_D}{dv_{GS}}\right|_{v_{GS}=V_{GS}} = \frac{2I_s}{V_T^2}(V_{GS} - V_T)$$

让我们也定义放大器的大信号跨导为输出电流 i_D 在频率 ω_s 的基波分量除以任何输入信号 $v_2(t)$ 对应的(非零)电压包络 $v_s(t)$。注意到只要保持在饱和区并避免截止,小信号跨导 g_m 和大信号跨导 G_m 对于 MOSFET 是相同的。通过假设工作在饱和区,并且为了不到达截止点,如果 RF 信号是小信号,限制条件则为

$$V_{GS} - V_1 \geqslant V_T \Rightarrow V_{GS} - V_T \geqslant V_1 \Rightarrow \frac{g_m}{g_c} \geqslant 2$$

或者换句话说,MOSFET 作为混频器的转移跨导小于它作为放大器的跨导的一半。注意 g_c 依赖于注入电压 V_1。

7.5.4 双极型混频器

计算图 7.28 中的双极型混频器的转换电压增益。根据 Clarke(1994)得到的双极型

等式

$$I_E = I_{dc}\left[1 + 2\sum_{n=1}^{\infty}\frac{I_n(x)}{I_0(x)}\cos(n\omega_{inj}t)\right]I_0(y)\left[1 + 2\sum_{m=1}^{\infty}\frac{I_m(y)}{I_0(y)}\cos(m\omega_0t)\right]$$

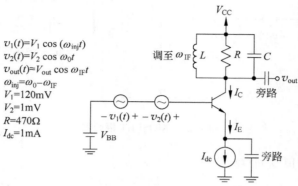

$v_1(t) = V_1\cos(\omega_{inj}t)$
$v_2(t) = V_2\cos\omega_0 t$
$v_{out}(t) = V_{out}\cos\omega_{IF}t$
$\omega_{inj} = \omega_0 - \omega_{IF}$
$V_1 = 120mV$
$V_2 = 1mV$
$R = 470\Omega$
$I_{dc} = 1mA$

图 7.28   双极性混频器

其中 $x = 120/26 \approx 4.6 \gg 1$, $y = 1/26 \approx 0.038 \ll 1$，然后

$$x \gg 1 \Rightarrow \frac{I_n(x)}{I_0(x)} \approx e^{-n^2/2x} \Rightarrow 2\frac{I_1(x)}{I_0(x)} \approx 2$$

$$y \ll 1 \Rightarrow I_n(y) \approx \frac{(y/2)^n}{n!}, \quad I_0(y) \approx 1 \Rightarrow 2\frac{I_1(y)}{I_0(y)} \approx y$$

因此，

$$i_{C_{mix}} \approx i_{E_{mix}} = I_E\mid_{\omega_{IF}} = I_{dc}y\cos\omega_{IF}t = (I_{dc}/V_T)V_2\cos\omega_{IF}t = g_m V_2\cos\omega_{IF}t$$

所以 $g_m = 1mA/26mV \approx 0.038$，并且

$$V_{out} = g_m RV_2 = 0.038 \cdot 470 \cdot V_2 \approx 18 \cdot V_2$$

从中可以得到

$$G_V = 20\log[V_{out}/V_2] \approx 25dB$$

参考文献

1 Bahl, I. J. (2009) *Fundamentals of RF and microwave transistor amplifiers*, John Wiley & Sons, Ltd, Chichester.

2 Balanis, C. A. (2005) *Antenna Theory: Analysis and Design*, 3rd edn, John Wiley & Sons, Ltd, Chichester.

3 Carusone, T. C., Johns, D. A., Martin, K. W. (2012) *Analog Integrated Circuit Design*, 2nd edn, John Wiley & Sons, Ltd, Chichester.

4 Clarke, K. K. (1994) *Communication Circuits: Analysis and Design*, 2nd edn, Krieger Publishing Company, New York.

5 Dal Fabbro, P. A., Maher, K. (2011) *Linear CMOS RF Power Amplifiers for Wireless Applications*, Springer, Heidelberg.

6 Gray, P. R., Hurst, P. J., Lewis, S. H., Meyer, R. G. (2009) *Analysis and Design of Analog Integrated Circuits*, 5th edn, John Wiley & Sons, Ltd, Chichester.

7 Kazimierczuk, M. K. (2014) *RF Power Amplifiers*, 2nd edn, John Wiley & Sons, Ltd, Chichester.

8　Kraus，J. D.，Marhefka，R. J.（2003）*Antennas for All Applications*，3rd edn，McGraw Hill，London.

9　Lee，T. L.（2004）*The Design of CMOS RF Integrated Circuits*，Cambridge University Press，Cambridge.

10　Paarmann，L. D.（2003）*Design and Analysis of Analog Filters*，Kluwer Academic Publishers，Dordrecht.

11　Razavi，B.（2001）*Design of Analog CMOS Integrated Circuits*，McGraw-Hill，New York. 12 Razavi，B.（2006）*RF Microelectronics*，Prentice Hall，New York.

13　Staric，P.，Margan，E.（2006）*Wideband Amplifiers*，Springer，Heidelberg.

14　Schaumann，R.，Xiao，H.，Valkenhurg，M. V.（2009）*Design of Analog Filters*，2nd edn，Oxford University Press，Oxford.

第8章

备　　注

　　本章是附录,包括几个相关基本背景主题的备注。虽然其中一些主题在前几章的具体框架内得到了解决,但是本章会以更完整的形式重新梳理这些主题,读者无须费力搜索主题来源,来帮助读者弥补知识漏洞,减轻理解负担。

8.1　射频信道

　　在第 1 章中我们曾简要讨论过射频信道,即将发射机与接收机分离的传输介质。我们指出,当通过传输介质传播时,射频信号强度会衰落。而事实上,当通过介质进行传输时,射频信号不仅变得更弱,而且还会受到多个失真和干扰,使得接收机难以正确地检测它。由射频信道引入的一些主要干扰将在下面讨论。

8.1.1　大尺度衰落和小尺度衰落

　　信号衰落可以分为两种类型:大尺度衰落和小尺度衰落。前者在传输距离很大时发生,后者在发射机/接收机(Tx/Rx)或信道中对象的位置发生小变化(变化达到波长的量级)时会出现。正如建筑物和其他大的障碍物下会产生阴影区,大尺度衰落时也会发生名为阴影的现象。在这样的区域中,接收信号经历深度衰落。接收信号功率随着具有对数正态分布的距离大小随机变化。

8.1.1.1　多径衰落

　　多路径(MP)衰落属于小尺度衰落现象:如果发射机/接收机(Tx/Rx)位置略微改变,比如大约半波长的数量级,信号强度就会显著波动。多径衰落引起的信号功率波动非常强烈,甚至远超大尺度衰落导致的路径损耗。

　　无线信道环境,特别是在地面通信系统中,通常包含很多不同的障碍物,例如建筑物、树木、地面和其他地形特征,这些障碍物会阻挡从发射机到接收机的直接路径(指视线可即的路径;LOS)。在这些条件下,发射信号受到反射、散射和衍射的影响,会通过不同的路径到达接收机。因此,接收机会接收到拥有不同延迟时间的多个发射信号的副本。这些经由不同长度的各种路径传播的信号副本被称为多路径分量,该信道被称为多路径信道。

由于延迟时间的差异(和频带),到达接收机的多路径分量叠加后得到的信号具有很大不确定性,信号可能被重建,也可能被完全损坏,叠加规律可能依赖于某种时间函数(其中接收机的位置固定,发射机或者发射信道里的反射物体的位置移动作为变量),也可能依赖于空间中接收机位置的改变。因此,接收信号在一小段时间内时而强化,时而衰落:即某些地方接收到高还原信号,但某些地方接收质量则很差。这种现象称为衰落。多路径衰落可能由发射机或接收机的位置改变或通道中的任何反射物体引起。多路径衰落以不同的方式导致无线电通信性能退化,退化程度取决于所发送信号和信道特性。这可能对链路可用性产生显著影响,在信号下降到阈值水平以下的深度衰落周期期间,误比特率(BER)增加,并且会发生链路中断。中断概率通常用来衡量无线通信系统的性能。减轻/最小化多路径现象的不利影响对无线通信系统的设计提出了巨大的挑战,除了信号强度的随机变化之外,多路径衰落可能导致信号失真和码间干扰(ISI),特别是当信号带宽比信道的相干带宽宽时(本章后面将定义)。

8.1.1.2　传播延迟

如上所述,在多路径信道中,每个信号可以采取从发射机到接收机的许多不同路径传播,其中每个路径与其自己的(特定的)传播延迟相关联并且具有一定的强度。每个信号的延迟时间相对于发射信号的第一副本的到达时间来测量,第一副本可以是直接路径分量或仅仅是一个多路径分量。延迟时间和与所发送的信号相关联的多路径分量的强度是多路径信道的基本特性之一。每个多路径分量沿着不同的路径传播,因此存在与每个多路径分量相关联的行进距离、衰落电平和延迟时间 τ。每个分量可以由其延迟时间表示。与每个发射信号的所有多路径分量相关联的到达时间的扩展是任何衰落信道的一个非常重要的参数。

8.1.1.3　延迟扩展

每个发射信号的多路径分量在一段时间内被接收机收集,时长由该物理信道的特性决定。多路径信道的时间延迟扩展被定义为信号的第一副本到达接收机的时间与该信号的最后(有效)副本的到达时间之间的差。然而,由于各个多路径分量的延迟时间和强度均不同,所以延迟扩展经常由其 rms 值 σ_τ 指定,其由延迟时间的标准偏差值给出,该延迟时间的标准偏差值由到达的多路径分量的能量成比例地加权得到。它从测量信道的功率-延迟分布导出,该分布描述接收的平均功率相对于延迟时间的变化。rms 延迟扩展的典型值在室外信道中为 $1\sim10\mu s$,在室内信道中为 10s。与信号持续时间相比具有小延迟扩展的信道(例如,信号持续时间比延迟扩展长 10 倍)不会有码间干扰。因此,可以通过使用长信号周期(即小的波特率)来避免码间干扰。

8.1.1.4　相干带宽

衰落信道的相干带宽(B_C)是保持信道传递函数近似不变的带宽,即其增益和相位在这段带宽范围内是近似恒定的。相干带宽内的频率分量受信道影响几乎相同。B_C 与信道的延迟扩展成反比。作为经验法则,$B_C = 1/(5\sigma_\tau)$。当信号带宽比信道的相干带宽宽时,码间干扰就会发生。

8.1.2　衰落余量

无线信道里的多路径小尺度衰落可能会导致大约 30dB 的信号衰落水平。因此,衰落信道中的接收机可能遇到深度衰落的时段,在此期间接收功率如果下降到某个阈值水平以下,则会导致中断事件。这种衰落效应可以通过在链路预算中涵盖衰落余量来补偿。衰落余量是指与没有衰落的情况相比,在衰落信道中提供可接受的通信性能(即在一定百分比的时间内保持最小信噪比)所需的发射功率损失。换句话说,衰落余量是为了克服由衰落现象引入的附加路径损耗而增加的额外发送功率,使得即使在深度衰落时也能有效避免中断。事实上,中断概率没有完全消失,而是被降低到低于某个可接受的值。衰落余量由未衰落信号的发射功率和衰落后的差计算得到。

8.1.3　衰落分类

(小尺度)衰落信道的影响取决于信道特性以及发射信号的特性。它分为两个类别:时间色散和频率色散。前者是由多径现象引起的,而后者是由于发射机、接收机或传播路径沿途物体的运动引起的多普勒频移。时间色散来自多径现象,这可能导致两种不同的极端情况,即平坦衰落和频率选择性衰落。另一方面,频率分散意味着发射信号在频域中扩展。当各个路径中的发射机、接收机或不同路径的沿途物体以不同速度在不同方向上相对运动时,接收信号将经历不同的频率偏移(即,其带宽变宽),其程度被称为多普勒扩展 B_D(稍后讨论)。静态衰落信道没有频率色散,在时域中,频率分散意味着由信道相干时间 T_c 表征的时间选择性衰落。相干时间是指信道行为几乎恒定的持续时间。多普勒扩展和相干时间成反比。值得注意的是,多路径衰落参数(B_c 和 σ_τ)不是指衰落信道的时变特性,并且独立于 B_D 和 T_c。根据发送信号持续时间 T_s 和信道相干时间之间的关系,信道可以被分为两种类型:慢衰落或快衰落信道。慢衰落和快衰落不应与涉及描述传播路径损耗模型的小尺度和大尺度衰落混淆。

8.1.3.1　平坦衰落

平坦衰落发生在信道的相干带宽 B_c 与发射信号的(基带)带宽相比较大时。在时域中,当信号持续时间大于信道延迟扩展时,平坦衰落条件得到满足。在这种情况下,码间干扰是可忽略的,此时信道脉冲响应近似为单个 delta 函数。

8.1.3.2　频率选择性衰落

当发送信号(基带)带宽 B_{sig} 大于信道相干带宽,或者在时域的表示方法中,信道延迟扩展与信号持续时间相比较大时,频率选择性衰落发生。在这些条件下,信号的多路径分量干扰(下一个)相邻信号,导致码间干扰。

8.1.3.3　慢衰落

慢通道概念出现在 $T_s \ll T_c$(或频域中的 $B_D \ll B_{sig}$)的情况中。在这种情况下,信道在几个连续时段内近似呈现静态,即信道与所发送的信号相比,信道的变化可忽略不计,并且信号带宽远大于信道多普勒扩展。因此,当在接收机处理应用均衡器时,其参数可以在几个信号(相干时间)持续期间保持恒定。

8.1.3.4 快衰落

快速衰落发生在 $T_s > T_c$ 时。在这种情况下,信道行为在一个信号持续时间期间显著变化,并且每个多路径分量的参数变化比发射信号快。事实上,快速衰落仅在数据传输速率非常低的时候发生。随着多普勒扩展的增加,信号由于快速衰落会有更大的失真。

8.1.3.5 瑞利衰落

在具有大量多路径分量且没有直接路径分量(或任何主要多路径分量)的多路径信道中,接收信号可由同相分量 $I(t)$ 和正交相分量 $Q(t)$ 表示: $r(t) = I(t)\cos \omega_c t - Q(t)\sin \omega_c t$。对于足够大数量的多路径分量,可以假定 $I(t)$ 和 $Q(t)$ 拥有独立且相同的分布(i.i.d.),具有零均值高斯分布。信号的包络 $r = |r(t)|$ 具有瑞利分布:

$$f_r(r) = \frac{r}{\bar{p}_r} e^{-r^2/2\bar{p}_r}, \quad r \geq 0 \tag{8.1}$$

信号的相位函数 $\varphi(t) = \tan^{-1}[Q(t)/I(t)]$ 拥有均匀分布:

$$f_\phi(\varphi) = \frac{1}{2\pi}, \quad 0 \leq \varphi \leq 2\pi \tag{8.2}$$

并且该信道被称为瑞利信道。这种情况下的接收功率服从指数分布:

$$f_p(p) = \frac{1}{2\bar{p}_r}^{-p/2\bar{p}_r}, \quad p \geq 0 \tag{8.3}$$

其中 $\bar{p}_r$ 是平均接收功率。瑞利传播模型适用于各个路径分量从不同方向到达接收机、且不通过直接路径或其他显著的非衰落路径的平坦衰落信道。瑞利衰落模型通常用于无线通信系统的分析和设计,例如在具有大量反射表面的城市环境中的蜂窝网络。

8.1.3.6 莱斯衰落

在莱斯信道中,除了从各个方向到达的其他分量之外,存在强多路径分量(例如,直接路径信号)。在这种情况下,莱斯衰落因子 K 定义为直接路径信号功率与所有多路径分量的总功率的比值。在这种情况下,接收信号的包络 $|r(t)|$ 服从莱斯分布:

$$f_R(r) = \frac{2r}{\bar{p}_r} I_0\left(\frac{2rD}{\bar{p}_r}\right) \exp\left(-\frac{r^2 + D^2}{\bar{p}_r}\right), \quad r \geq 0 \tag{8.4}$$

其中 D^2 是直接路径分量的功率, $\bar{p}_r$ 是所有非直接路径分量的平均功率, $I_0(x)$ 是零阶的修正贝塞尔函数。莱斯衰落对应于 $K = 0$ 的情况。应当注意,即使信道被指定为快速或慢衰落信道,也并不确定信道满足平坦衰落还是频率选择性衰落。

8.1.4 多普勒效应

多普勒效应(或移位)是由于发射机和观测点之间的相对运动而导致的发射信号的频率变化。在与固定基站的移动通信中,移动单元或在发射机和接收机之间的路径中反射物体的移动会引起接收信号的频率的偏移。多普勒频率由下式给出:

$$f_d = \frac{v}{\lambda}\cos\theta \qquad (8.5)$$

其中 v 是发射机和接收机之间的相对速度，λ 是信号的波长，θ 是运动方向和信号传输路径之间的角度。如果接收机向发射机移动(即变得更接近)，则多普勒偏移量为正；否则，多普勒偏移量为负。无线电信道中的发射机/接收机/物体的运动都会诱发 v 和 θ 的随机时间变化。所以，时变的多普勒频移使得每个路径中的接收信号随机受到频率调制。例如，考虑以400km/h 的速度朝向控制塔飞行的飞行器，其在以 $16°$ 的仰角移动同时与控制塔通信，载波频率为 700MHz。其多普勒频移为

$$f_d = \frac{400/3.6}{3 \cdot 10^8/700 \cdot 10^6}\cos16° = 249.2\text{Hz} \qquad (8.6)$$

对于窄带信号(带宽远小于载波频率)，多普勒效应主要表现为载波频移漂移。在这种情况下，可以通过调整接收机前端中的本地振荡器的频率来减轻多普勒效应。另一方面，对于宽带信号，由于各个信号的频率分量经历不同的多普勒频移，导致信道的多普勒扩展。

多普勒扩展是用来衡量由信道的时变性质引起的频谱展宽的程度的。由于多普勒扩展导致的衰落效应由移动速度和信号带宽以及中心频率决定。信道的变化率由信号传输速度 v 和(最大)多普勒频率下的载波频率 f_c 指定。由移动速度和信号带宽可以确定信号是经历快衰落还是慢衰落。可以通过移动速度和信号带宽确定信号是经历快衰落还是慢衰落。发射机和接收机之间的相对运动引起多普勒频移从而发生随机频率调制，而且不同的多路径分量还可以具有不同的频移。在周边环境中移动的对象也具有相同的效果。多普勒扩展导致频率色散和信号失真。移动单元的速度则能确定多普勒扩展。如上所述，依据传输的基带信号与信道的变化速率有多大的差别，可以把信道分类为快衰落或慢衰落信道。

8.2 噪声

噪声问题已在本书的前几个章节中多次讨论过。这里提供一个可供自主讨论的主题。

8.2.1 热噪声

电路中的热噪声由诸如电阻这样的元件内部的电荷载流子(电子)的随机运动引起，且会导致电压的随机波动。在高于绝对零度的温度下，它存在于任何导电介质中，即使在没有电流的情况下也存在。它是具有零均值高斯分布的白噪声。对于大多数电子系统，热噪声是广义稳定的。具有电阻 R 的电阻的噪声功率可以分别由串联电压源或并联电流源描述，

$$\overline{V_n^2} = 4kTBR \quad \text{或者} \quad \overline{i_n^2} = 4kTB/R$$

其中 k 是玻尔兹曼常数，T 是温度(开尔文)，B 是观测的带宽。热噪声的功率谱密度(PSD)在非常高的频率范围内(在室温下高于 100GHz)都保持平坦。RF 电路通常是阻抗匹配的，并且满足常见的发电机可用功率。输入阻抗满足与源阻抗的共轭匹配。电阻器的可用噪声功率由 $P_{\text{available}} = kTB$ 给出，与其电阻值无关。取玻尔兹曼常数 $k = 1.38 \times 10^{-23}$(J/K)，室温下 $T_0 = 290$K 时电阻的可用噪声功率为：

$$P_a = -174 \mid_{\text{dBm/Hz}} + 10\log B \mid_{\text{Hz}} (\text{dBm}) \qquad (8.7)$$

这个表达式是 RF 电路中噪声功率计算的基础。

8.2.2　信噪比

信噪比(SNR 或 S/N)在任何测量中都起到关键作用。在(模拟和数字)通信系统中,SNR 是衡量系统性能的要素中最重要的。信噪比是信号功率与噪声功率的比值。有时,我们也把带内干扰涵盖在噪声(分母)中。SNR 通常以分贝(dB)为单位。我们通常用信噪比来衡量接收机灵敏度。如果噪声的频率范围很宽,意味着如果增加接收机带宽,就会导致噪声功率增加,信噪比降低。在通信系统中,接收机输出的信噪比由发射功率、路径损耗、发射机和接收机天线的增益以及接收机处附加的噪声确定。很显然,我们设计系统的目标是使得信噪比最大化。

8.2.3　噪声因子和噪声系数

无线通信接收机检测和处理弱信号的能力常常被来自不同源的叠加噪声弱化。两端口网络的输出信噪比取决于输入信噪比和两端口内部噪声。处理信号的诸如晶体管、放大器和混频器等设备(例如,两端口网络)将其自身的噪声添加到输入噪声,这将使设备输出端的信噪比变差。

根据定义,指定输入频率处的噪声因子 F,是在输入端输入标准噪声功率时在输出端得到的单位带宽的总噪声功率,比上由该频率处的输入噪声产生的输出噪声部分得到的值。

根据定义,噪声系数(NF)只是把噪声因子用单位 dB 得到的形式。

利用两端口网络的噪声系数(NF)来衡量在信号通过该网络时网络附加在信号上的噪声大小。它是一个可测 FOM(Figure of Merit)值的元件、模块和系统性能。如上所述,对于标准输入噪声功率,F 被定义为在标准温度 $T_0 = 290\text{K}$ 下,在一个匹配电阻上由热噪声表示的,可获得的热噪声功率。噪声因子可以由以下关系表示:

$$F = \frac{\text{SNR}_{\text{std, in}}}{\text{SNR}_{\text{out}}} \qquad (8.8)$$

这意味着:

$$F = \frac{\text{总输出噪声}}{\text{由输入噪声产生的输出噪声}} = \frac{\text{GP}_{\text{noise,std}} + \text{GP}_{\text{noise,nw}}}{\text{GP}_{\text{noise,std}}} \qquad (8.9)$$

其中 G 是网络可用(功率)增益,$P_{\text{noise,nw}}$ 是网络的等效输入噪声功率,$P_{\text{std,noise}} = k\,T_0 B$ 是由周围温度为 T_0 的电阻器的可用噪声功率给出的标准噪声功率。在无噪声接收机的理想情况下,$F = 1$,且 NF $= 0\text{dB}$。

无源组件(如电缆、滤波器和衰落器)的噪声系数等于它们的损耗。噪声系数是设计人员通常用于系统级、电路和组件设计以及性能分析的一个易理解的概念。

8.2.3.1　级联级的噪声系数

一旦噪声被添加到信号中,就没有办法能够去除它。比方说,如果你通过放大器把信号功率放大数倍,那么噪声功率也会被放大至少相同的倍数。然而,通过适当地设计系统组件和架构,可以在一定程度上控制系统、模块或电路的总体噪声系数。一条设备链路(有源和无源)的噪声系数总和依赖于各个设备的噪声系数和增益。如图 8.1 所示的两个设备级联的情况，输出端的总噪声功率如下式：

$$P_{\text{noise,out}} = G_1 G_2 (F_1 k T_0 B) + G_2 (F_2 - 1)(k T_0 B) \tag{8.10}$$

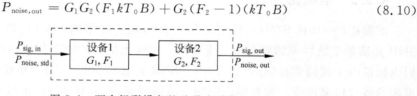

图 8.1　两个级联设备的总噪声系数

从式(8.9)给出的任何两端口网络的 $P_{\text{noise,std}} = (F-1)(kT_0 B)$ 可得，总噪声系数 F_{OA} 可推导为：

$$F_{\text{OA}} = \frac{P_{\text{sig,in}}/P_{\text{noise,std}}}{P_{\text{sig,out}}/P_{\text{noise,out}}} = \frac{P_{\text{sig,in}}/kT_0 B}{(G_1 G_2 P_{\text{sig,in}})/[G_1 G_2 (F_1 k T_0 B) + G_2 (F_2 - 1)kT_0 B]}$$

$$= \frac{G_1 G_2 F_1 + G_2 (F_2 - 1)}{G_1 G_2} = F_1 + \frac{F_2 - 1}{G_1} \tag{8.11}$$

最后一个方程可以扩展到适用于 N 级级联分量的通用公式，如下：

$$F_{\text{OA}} = F_1 + \frac{F_2 - 1}{G_1} + \frac{F_3 - 1}{G_1 G_2} + \cdots + \frac{F_N - 1}{G_1 G_2 \cdots G_{N-1}} \tag{8.12}$$

从这个方程可以看出，级联系统中的第一级分量对总噪声系数具有最显著的影响。因此，我们通常在无线接收机的最前端使用高增益的低噪声放大器。

8.2.3.2　本底噪声

射频无线接收机的输出噪声功率取决于天线接收的噪声、接收机增益和接收机的总噪声系数 F_{OA}。噪声底数表示接收机的背景噪声电平。接收机的输入噪声本底由接收机的接收噪声和总输入参考噪声之和给出：

$$P_{\text{nf,in}} = kTBF_{\text{OA}} [\text{W}] \tag{8.13}$$

$$P_{\text{nf,in}} = -174 + 10\log B + NF_{\text{OA}} [\text{dBm}] \tag{8.14}$$

通常，本底噪声表示可以检测的最弱信号。在通信系统中，最小可检测信号(MDS)被定义为能在接收机输出处产生最小所需信噪比的输入信号功率。

8.3　传输

8.3.1　对数标度

在 RF 通信中，许多参数具有非常大的动态范围。因此，我们通常使用对数单位来计量。分贝(dB)是用对数刻度表示的功率比的单位，这样在功率计算中就能通过加法和减法代替乘法和除法来进行计算。它是一个无量纲的伪单位，利用该单位可以在同一坐标轴上方便地表示出非常大和非常小的功率电平。描述功率比的分贝单位(或者其他与功率有关的物理量)都能通过以 10 为底对功率电平取对数再乘上 10 倍因子计算得到。对于诸如电压和电流这些物理量则要乘上 20 这个因子。例如，对于 $\text{SNR} = 50$，转换为分贝单位是 $10\log 50 \approx 17\text{dB}$，而功率电平 $P = 20\text{dBm}$ 转换为功率通用单位则是 $P = 10^{20/10} = 100\text{mW}$。假设以功率电平 $1\text{mW}(1\text{mW}$ 为 $0\text{dBm})$ 作功率比的分母，则可以用单位 dBm 测量功率电平

（dB）。在天线领域中，我们以 dBi 来作为天线增益的单位，参考量是其与各向同性天线的增益的比率。

8.3.2　Friis 公式

Friis 传输公式用于确定直接路径传输和负载匹配条件下与发射天线在同一轴上的接收天线的位置。它是确定传输线路时进行预推算的基础。Friis 公式是针对位于自由空间（没有障碍物）的一对发射/接收天线导出的，它们间的距离为 d。假设天线在相同方向上对准，它们是极化匹配的，并且它们的间隔 d 足够大，使得它们不受彼此的场的影响。在满足这些条件的情况下，连接到接收天线的匹配负载中的接收功率 P_r 由下式给出

$$P_r = P_t G_t G_r \left(\frac{\lambda}{4\pi d}\right)^2 \tag{8.15}$$

其中 λ 是波长，G_t 和 G_r 分别是发射和接收天线增益，P_t 是发射功率。因子 $(4\pi d/\lambda)^2$ 被称为自由空间损耗（FSL）因子，也可写作 $(4\pi d f/c)^2$，其中 c 是光速，f 是频率，可以看出 FSL 呈现对频率和距离的抛物线函数依赖关系。乘积 $G_t P_t$ 称为有效各向同性辐射功率（EIRP）。

8.3.3　双径模型

双径模型是指，除了直接路径（LOS）传输之外，一个信号的副本会通过诸如海面或地面的物体反射而创建的另一路径到达接收机。考虑在自由空间中通信，其中发射机-接收机距离为 d。如果发送信号为 $x(t)$，则接收信号将为 $\alpha_0 x(t-\tau_0)$，其中 α_0 是由 Friis 方程计算得到的信道增益，$\tau_0 = d/c$ 是与距离 d 相关的时间延迟，c 是光速。现在，假设信道包含产生从发射机到接收机的另一条路径的固定反射器，使得有两个信号（"光线"）到达接收机：刚刚提及的 LOS 信号和非 LOS（NLOS）信号，即通过反射器的反射复制发射的信号，如图 8.2 所示。

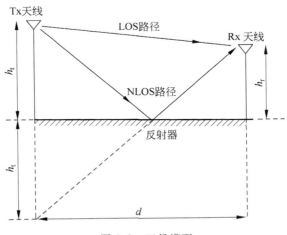

图 8.2　双径模型

NLOS 信号是 $\alpha_1 x(t-\tau_1)$，其中 α_1 和 τ_1 分别是 NLOS 信号的信道增益和延迟时间。使用沿着反射光线路径的自由空间路径损耗模型来计算 α_1。接收信号 $x_r(t)$ 由叠加给出：$x_r(t) = \alpha_0 x(t-\tau_0) + \alpha_1 x(t-\tau_1)$。可以看出，在该信道模型中，假设接地处的反射系数为 -1

并且发射-接收机的距离远大于天线的高度h_t和h_r，则接收信号功率$p_r(d)$随距离减小为d^{-4}。接收信号功率由下式给出：

$$P_r(d) = P_t G_t G_r \frac{h_t^2 h_r^2}{d^4} \qquad (8.16)$$

因此，两个接收信号叠加后，双径信道中的功率损耗比没有反射器的自由空间信道(单射线信道)快得多。根本原因在于信号的电场在从地面(或海面)反射时会发生改变，导致两个场在接收端的破坏性叠加。值得注意的是，如果发射机和接收机之间的距离不够长，则等式(8.16)不成立。

8.4 路径损耗

在沿直接路径传播的无线系统中，路径损耗即自由空间损耗(Free Space Loss，FSL)。从等式(8.15)可以看出，FSL 与发射机-接收机距离的平方成正比，与信号的频率也成正比：

$$\mathrm{FSL} = \left(\frac{4\pi d f}{c}\right)^2 \qquad (8.17)$$

我们基于理论分析和实验探究得到了很多射频传播模型，来明确在大尺度衰落情况下接收信号功率和到发射机的距离之间的关系。这里给出一个简化的路径损耗(PL)模型，适用于路径损耗主要来自反射/散射的情况。在这种情况下，我们建模得到路径损耗为接收功率P_r的指数衰落，如下：

$$P_r = P_t k \left(\frac{d_0}{d}\right)^n \qquad (8.18)$$

其中$n \geqslant 2$是经验确定的路径损耗指数，d_0是经验确定的参考距离，k是比例常数。等式(8.18)只在距离超过d_0时有效。在自由空间中，接收功率以$1/d^2$下降，即$n=2$。在双径信道中，功率以$1/d^4$下降，即$n=4$。在城市地区n会是 6 或更高。方程(8.18)意味着大尺度衰落时的路径损耗可化简成下式：

$$\mathrm{PL}(d) = \frac{P_r}{P_t} \propto \left(\frac{d_0}{d}\right)^n \qquad (8.19)$$

8.5 调制

8.5.1 幅度调制

幅度调制(AM)即通过调制高频载波(即正弦波)来传播信息和发送信号，是一种直接简单的调制方式。幅度调制是一种线性调制方案，我们把携带信息的信号(即调制信号)$m(t)$叠加在载波的幅度上，使得载波幅度(或包络)根据信号的瞬时强度而改变。在频域中，幅度调制将调制信号双侧的频谱(正负频率)搬移到载波频率上。幅度调制从 20 世纪初就开始用于商业广播和电视广播中。AM 的优点是实现简单、成本低廉和调节带宽小。然而，幅度调制的噪声性能很差，而且容易发生振幅失真。我们通常采用将调制信号和载波输送到如混频器类非线性装置来实现幅度调制，输出端就能得到 AM 信号。幅度解调可以通过两种方法实现：相干检测（或同步检测）和非相干检测（或包络检测）。在相干检测中，接收信号和具有与发射机中的载波同步（两者频率和相位相同）的本地载波相乘。这需要在接收信号中包含载波分量。包络检测更简单，通过由二极管、电阻器和电容器组成的简单电路即可实现。

实际存在多种幅度调制方案，包括 DSB-TC（即 AM）、DSB-SC（简称 DSB）、SSB 和 VSB。标准"简单"幅度调制指的就是双边带调制载波，调制信号可表达成：

$$x_{\text{AM}}(t) = A_c[1 + m(t)]\cos\omega_c t \tag{8.20}$$

其中$|m(t)| \leqslant 1$，避免过度调制带来信号失真。

幅度调制信号一个重要的特征是信号中包括载波分量，且其相对于$m(t)$的幅度大小能确定调制深度。完全调制对应$m(t)=1$，而$m(t)>1$时为过调制，会导致失真。幅度调制信号的频谱包含一个在载波频率处的脉冲，其周围是彼此为镜像的两个边带：上边带 USB 和下边带 LSB。信号的频谱完整地保存在两个边带中。幅度调制信号的传输带宽B_T（信道带宽）是调制信号的带宽B的两倍。该方法常用于商业 AM 广播，因为它只需一个简单而且低成本的接收机，接收装置内通常还需包含一个名为 TC 的包络检波器。接收机接收的载波分量可以用于相干检测。

DSB-SC（通常被称为 DSB）是双边带抑制载波的意思。除了不传输载波，在其他方面 DSB 调幅都类似于 AM 调幅，正因如此，它避免了由于传输离散载波分量而导致的功率浪费。它是通过调制信号和载波直接相乘得到的。

$$x_{\text{DSB}}(t) = A_c m(t)\cos\omega_c t \tag{8.21}$$

与 AM 调制一样，DSB 调制中信号传输的带宽也是$B_T = 2B$。由于 DSB 信号缺少载波分量（因此称为 SC），所以它们只能进行相干检测：将接收的信号与发射载波信号同步的本地载波相乘，因此 DSB 接收机结构更为复杂。DSB 的优点主要在于发射功率更低和发射机更简单。DSB 广泛用于不同的应用，例如，模拟电视中的颜色信息传输、FM 无线电广播（VHF）中立体声信息的传输以及一些点对点通信系统。

SSB 幅度调制是指单边带幅度调制，它能将传输带宽减小一半：仅传输上边带或下边带，并且$B_T = B$。SSB 信号可以通过滤波或相位法得到。第一种方法，将 DSB 幅度调制信号的边带之一用整形滚降滤波器去除；后一种方法基于希尔伯特变换。SSB 调制具有很高的频谱效率和功率效率，但是产生和检测信号的过程都非常复杂。SSB 幅度调制常用于双向无线电。

VSB 幅度调制代表残留边带幅度调制。VSB 可以被认为是 DSB 和 SSB 之间的折中：与 DSB 相比，它的传输带宽较小，但与 SSB 相比对滤波的要求又没有那么高。VSB 的频谱由一个边带（USB 或 LSB）和另一边带的痕迹（vestige）组成。VSB 信号是在标准 AM 或 DSB 调制后，再将调制信号通过边带整形滤波器得到的，相比 SSB 更简单。

VSB 解调比 AM 更复杂。根据载波分量是否包含在传输量中，VSB 信号可以被解调为标准 AM（包络检测器）或 DSB 信号。VSB AM 常用于模拟 TV（基带带宽$B=4\text{MHz}$）来节省射频频谱，其中接收机的结构主要是基于包络检测器。

8.5.2 频率调制

频率调制（FM）是一种非线性（指数）调制方案，是 Edwin H. Armstrong 在 1933 年发明的。它在噪声性能和信号质量方面相比 AM 方面具有更为卓越的性能。虽然它的优势在开始时是未知的，但如今在许多无线电通信应用中它已经超越了幅度调制。频率调制实际是根据信号强度调节高频载波的频率实现的：

$$x_{\text{FM}}(t) = A_c \cos\left[\omega_c t + 2\pi k \int_{-\infty}^{t} m(\tau)\,\mathrm{d}\tau\right] \tag{8.22}$$

其中 $m(t)$ 是调制信号，k 是具有单位 Hz/V 的频率灵敏度(或频率偏差常数)，A_c 是载波幅度。如果 $m(t)$ 是数字信号，则所得到的 FM 信号是频移键控信号(FSK)。如等式(8.22)所示，FM 信号具有恒定的幅度，并且其瞬时频率与待调制信号强度成正比，随时间变化。由于 FM 信号具有恒定的幅度，因此非线性 C 类功率放大器可用于信号放大。频率变化的程度是 FM 信号的重要参数。它被称为峰值频率偏差，表示为 ΔF。FM 信号的关键参数是调制指数 β，其定义为 $\beta = \Delta F/B$。该参数确定 FM 信号带宽。由于 FM 是非线性调制，与 AM 信号(线性调制)的情况相比，其频谱是非常复杂的。单音 FM 信号的频谱(即，当待调制信号是单音时)由无限数量的线(脉冲)组成，其频谱间隔等于音调频率，并且幅度由具有不同阶数的贝塞尔函数(具有自变量 β)给出，其中载波频率处的脉冲幅度由 $J_0(\beta)$ 给出。因此，对于某些 β 值，载波频率的幅度可以为零。由于 FM 频谱延伸到无穷大，所以其带宽实际上通过信号频谱的有效部分近似来估计。我们广泛应用的经验法则是卡森规则，根据该规则，FM 带宽 B_T 由调制指数和待调制信号带宽确定

$$B_T = 2(B + \Delta F) = 2(1 + \beta)B \tag{8.23}$$

该频率范围包含大于 98% 的信号功率(注意，98% 不是一个绝对的标准)。商业 FM 广播使用的 $\beta = 5$，并且对于 $B = 15\text{kHz}$ 的信号带宽，可以得到 $B_T = 2 \cdot 15(1+5) = 180\text{kHz}$。这是原信号的 AM 调制信号带宽($B_{T,\text{AM}} = 2B = 30\text{kHz}$)的 6 倍。根据卡森规则，很明显对于小的峰值频率偏差值，信号带宽很小，接近 $2B$，调制产生窄带 FM(NBFM)。一方面，当调制指数低于 0.5 时，频率调制信号被认为是窄带 FM，使得仅载波和第一边带具有显著的功率。另一方面，当 $\beta > 0.5$ 时调制获得宽带 FM(WBFM)，这种情况下 ΔF 较大，并且如果 β 足够大，则 $B_T \approx 2\Delta F$。当对频谱效率的要求很高时，例如在商业和公共服务通信中的短距离通信线路中，我们使用窄带 FM。相比之下，宽带 FM 是以牺牲较大带宽为代价实现更好的噪声性能和信号质量。通常信号带宽越宽，FM 接收机输出的噪声电平越低。当然宽带 FM 也有许多应用，包括高保真无线电传输以及空间和卫星通信系统。

8.5.2.1　FM 发射机

频率调制通常需要给频率转换器提供一个线性电压。我们可以通过直接或间接的方式获得这个电压。

直接 FM 相当简单，只需一个压控振荡器(VCO)即可：VCO 是一个 FM 调制器。如果 VCO 的本征频率设置为 f_c，并且把待调制信号施加到其控制输入端，则得到的输出信号频率将是 $m(t)$ 的线性函数。

在间接 FM 方法中，首先通过简单的线性电路获得窄带 FM 信号。如上所述，以小的 k 值获得窄带 FM。在这种情况下，调制信号可以近似为：

$$x_{\text{FM}}(t) = A_c \cos\left[\omega_c t + 2\pi k \int_{-\infty}^{t} m(\tau)\,\mathrm{d}\tau\right]$$

$$\approx A_c \cos\omega_c t - A_c \left(2\pi k \int_{-\infty}^{t} m(\tau)\,\mathrm{d}\tau\right)\sin\omega_c t \tag{8.24}$$

这类似于 AM 信号,但是其中载波和边带分量的相位差 90°。其中一个重要的结论是,根据公式(8.24),窄带 FM 信号可以很容易地通过混频器实现,图 8.3 也印证了这点。同时,可以使用倍频器(有时也是混频器,以将载波频率偏移到期望值),将所得的窄带 FM 信号转换为具有期望带宽的宽带 FM。

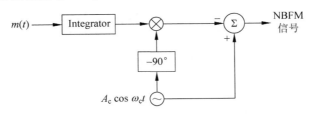

图 8.3 窄带频率调制解调装置

8.5.2.2 FM 接收机

线性调制(例如,AM)是由信号的频率上变换实现的,因此解调过程相当简单,即频率下转换。但 FM 解调则相对复杂:FM 检波器必须从载波信号的频率中提取信号。现今开发的几种 FM 解调技术都具有自己各自的优点和缺点。主要技术有:FM 到 AM 转换、锁相鉴别、过零检测和正交检测。FM 到 AM 的转换是通过所接收的 FM 信号的微分来实现的,随后将(在微分器输出端)所得到的 AM 信号馈送到包络检测器以提取原信号。其中,可以通过斜率检测器来完成微分操作,主要利用的是调谐电路频率响应的上升半部分(线性部分)。

锁相鉴别是由锁相环(PLL)电路完成的。在这种方式下,VCO 的频率锁定在输入信号上,并且最终由 VCO 输入处的控制电压传送原信号。

在过零检测方法中,通过测量其过零率来检测输入信号的瞬时频率。我们实际使用单稳态脉冲发生器来产生固定幅度和宽度的脉冲串,然后通过低通滤波器产生原信号。

正交(或相移)检测器产生输入信号相移(90°)后的输出。使用相位检测器,比较输入信号的相位及其相移后的输出,这样得到的相位检测器输出与原信号成正比。

通常,(宽带)FM 比 AM 更能免受噪声影响,这主要是因为它在载波相位而不是在其幅度中传送信息。在某些 FM 接收机中,可以通过分别在发射机和接收机中使用预加重(PE)和去加重(DE)滤波器来进一步改善 FM 噪声性能。这些都是发射机和接收机中的简单滤波器(即一阶低通滤波器和高通滤波器),并且能显著改善接收机输出处的信噪比。

8.5.3 建模载波相位噪声为窄带 FM

相位噪声是周期信号相位中的随机扰动:从周期到周期的相位变化。假设有一个幅度为 A_c、频率为 f_c、相位扰动为 $\phi_n(t)$ 的载波信号,

$$x(t) = A_c\cos[\omega_c t + \phi_n(t)] \tag{8.25}$$

因为通常,$|\phi_n(t)| \ll 1$,所以式(8.25)相当于窄带 FM 信号。如等式(8.24)所示,对于窄带 FM,等式(8.25)可以近似为:

$$x(t) \approx A_c\cos\omega_c t - A_c\phi_n(t)\sin\omega_c t \tag{8.26}$$

因此，一个有噪声的振荡器的频谱由一个在中心频率 f_c 处的脉冲和被转换为 f_c 的 $\phi_n(t)$ 频谱的两个噪声边带（称为"边缘"）组成，如图 8.4 所示。

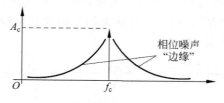

图 8.4 与载波有关的相位噪声

8.6 多输入和多输出

多输入多输出（MIMO）是过去几十年间的一项重要技术创新，该发明是为了提供更大的数据传输速率，以满足在无线电通信系统中不断增加的速率需求。MIMO 通过在发射端和接收端设置彼此间隔相干距离的多个天线（以确保独立衰落）实现了空间复用。也就是说，在发射机和接收机之间创建多个分隔并且独立的单输入单输出的信号路径（SISO 信道），可供多个数据流同时传输，如图 8.5 所示。MIMO 被认为是一个同时跨越时间和空间的通信方案，因为它不仅能与时间维度通信（在传统通信系统中使用）兼用并且互补，它还利用了空间维度上的通信来进行调制和解调处理。

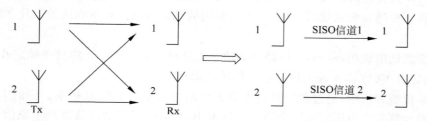

图 8.5 空间通道

MIMO 与多样性方法不同。相比后者利用单独的天线来收集来自不相关的衰落路径的信号，以便减轻衰落的不利影响，改善信噪比，MIMO 使用空间复用来提供更高的容量和更高的频谱效率。换句话说，发射机和接收机之间的原本会自然导致干扰和衰落效应的各种路径，现在反而可以用来同时传送多个数据流。因此，为了使 MIMO 发扬其长处，我们需要一个可供多路径传播的环境。

实践表明，除了更高的数据速率，MIMO 还能提供更好的传输质量、更高的可靠性和更大的覆盖范围。这些是通过额外增加系统复杂性（更多的天线和信号处理步骤）来实现的，但是发射功率和带宽并没有增加。MIMO 系统的操作是基于矩阵数学方法。假设现有一个平坦衰落的信道（信号带宽与信道相干带宽相比足够窄），如图 8.6 所示，MIMO 是一个通用的多输入多输出系统，图中有 M 个发射天线和 N 个接收天线。则发送信号向量 $\underline{X}$（维度 $M\times1$）和接收信号向量 $\underline{Y}$（维度 $N\times1$）之间的关系可以写为：

$$\underline{Y} = \boldsymbol{H}\underline{X} + \underline{n} \tag{8.27}$$

其中 $\boldsymbol{H}$ 是大小为 $M \times N$ 的信道矩阵，$\underline{n}$ 是接收到的（白高斯）噪声向量（维度为 $N \times 1$）。元素 $h_{ij}(i=1,2,\cdots,N; j=1,2,\cdots,M)$ 表示从发射天线 j 到接收天线 i 的每个路径中的信道增益。

$$\boldsymbol{H} = \begin{bmatrix} h_{11} & h_{12} & \cdots & h_{1N} \\ h_{21} & h_{22} & \cdots & h_{2N} \\ \vdots & \vdots & & \vdots \\ h_{M1} & h_{M2} & \cdots & h_{MN} \end{bmatrix} \tag{8.28}$$

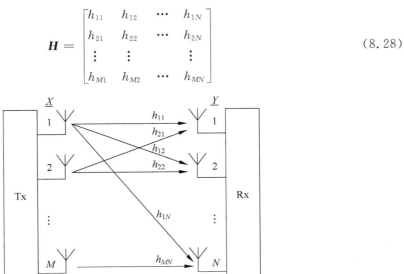

图 8.6　MIMO 系统结构

8.6.1　可能有多少独立数据流

我们通常通过将 MIMO 信道分解成一组并行的独立子信道来找到其信道的容量。为了找到可允许的子信道的数目，应首先找到信道矩阵 $\boldsymbol{H}$ 的奇异值分解（SVD）。

$$\boldsymbol{H} = \boldsymbol{U}\boldsymbol{\Sigma}\boldsymbol{V}^{\mathrm{H}} \tag{8.29}$$

其中 $\boldsymbol{U}$ 和 $\boldsymbol{V}$ 是分别具有维度 $N \times N$ 和 $M \times M$ 的单位矩阵，$\boldsymbol{\Sigma}$ 是具有 r 个非负对角分量的 $N \times M$ 对角矩阵

$$\boldsymbol{\Sigma} = \mathrm{diag}(\sigma_1, \sigma_2, \cdots, \sigma_r) \tag{8.30}$$

其中 $\sigma_1, \sigma_2, \cdots, \sigma_r$ 是矩阵 $\boldsymbol{H}$ 的有序正奇异值。非零奇异值的数量等于 $\boldsymbol{H}$ 矩阵秩 r，其中 $r \leqslant \min(M, N)$。数据经由独立的数据流发送，其数量总是小于或等于 $\min(M, N)$。$\boldsymbol{H}$ 的秩以及它允许的独立数据流的数量取决于多径传输信道的特性。在一个丰富的散射环境可以产生满秩 $r = \min(M, N)$。另一方面，如果各个分量 h_{ij}（即信道增益）之间高度相关，则 $r = 1$。也就是说，信道此时为单输入单输出信道，并且不允许空间复用。如果想把 MIMO 信道分解成并行和独立的 SISO 信道，则需要对发送到 MIMO 信道中之前的输入数据流和信道输出处的接收数据流进行线性变换。即通过输入信号的预处理（称为预编码）和接收信号的后处理（称为整形）来实现对角信道矩阵。我们通过将输入信号 $\underline{X}$ 乘以向量 $\boldsymbol{V}$ 来进行预编码，以及将接收到的信号 $\underline{Y}$ 乘以矩阵 $\boldsymbol{U}^{\boldsymbol{H}}$ 来进行整形。理论上，容量 C 随数据流 M 的数量线性增加。但值得注意的是，MIMO 不会破坏香农的容量定律，反而能够增加数据速率直至超过 SISO 系统经典情况的限额。我们如今已经开发出多种 MIMO 的检测方法。其中最优方法

是最大相似(ML)检测器。然而,在该技术中,接收机必须考虑所有可能的信号来做出决定,因此其需要极高的运算复杂度。其他方法诸如迫零(ZF)、球形解码(SD)和最小均方误差(MMSE)也能提供次优但可接受的性能,与此同时还能显著降低复杂度。

参考文献

1 Carlson, A. B. (2010) *Communication Systems*, 5th edn, McGraw-Hill, New York.

2 Couch, L. W. (2013) *Digital and Analog Communication Systems*, 8th edn, Prentice-Hall, New York.

3 Goldsmith, A. (2005) *Wireless Communications*, Cambridge University Press, Cambridge.

4 Hampton, J. R. (2013) *Introduction to MIMO Communications*, Cambridge University Press, Cambridge.

5 Oestges, C., Clerckx, B. (2013) *MIMO Wireless Networks*, 2nd edn, Academic Press/Elsevier, London.

6 Proakis, G. (2007) *Digital Communications*, 5th edn, McGraw-Hill, New York.

7 Rappaport, T. S. (2001) *Wireless Communications*, 2nd edn, Prentice Hall, New York.

8 Sibille, A., Oestges, C., Zanella, A. (2010) *MIMO: from Theory to Implementation*, Elsevier, New York.

9 Sklar, B. (2001) *Digital Communications*, *Fundamentals and Applications*, 2nd edn, Prentice-Hall, New York.

10 Tse, D., Viswanath, P. (2005) *Fundamentals of Wireless Communication*, Cambridge University Press, Cambridge.

附 加 测 试

　　本附录包括示例性的两小时考试,采用日常测试实际使用的格式,并且四年级工程学生能够成功应对。

测试 1

问题 1

(a)(10%)简要解释如下概念:(每个概念限两行文字)

(1)有效三阶互调失真比。

(2)半中频抑制。

(3)同信道抑制。

(b)图 A1.1 给出了超外差接收机的示意图,如果缺少任何参数值,则假设丢失值的理想行为。该接收机是无线调制解调器的一部分。只要基带采样器输入端的信噪比优于14dB,调制解调器的数字处理器即执行适当的信号检测。

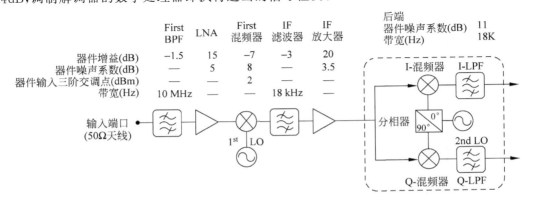

	First BPF	LNA	First 混频器	IF 滤波器	IF 放大器	后端
						器件噪声系数(dB) 11
						带宽(Hz) 18K
器件增益(dB)	−1.5	15	−7	−3	20	
器件噪声系数(dB)	—	5	8	−3	3.5	
器件输入三阶交调点(dBm)	—	—	2			
带宽(Hz)	10 MHz	—	—	18 kHz	—	

图 A1.1　问题 1(b)中的超外差接收机

(1)（20%）计算该接收机的灵敏度

（答案：≈−110dBm）

(2)（10%）计算接收机的三阶互调失真比。解释计算中的每一个步骤。

（答案：≈61dB）

(3)（10%）估算接收机有效的最低中频频率,阐释你的思路。

（答案：$f_{IF}>20MHz$ 来保持半中频抑制超出预选器）

提示：在上述问题1的 b(2)小问中,需要考虑第一个混频器前的增益。

问题 2

（a）（25%）实验室测量得到了射频功放的 N 阶互调失真,输入信号 S1 和 S2 功率相同,为 p(dBm)。图 A1.2 是该功放的输出频谱。已知：

图 A1.2　问题 2(a)中功率放大器的输出频谱

- 该功放具有三阶主导行为。
- 该功放的 1dB 压缩点为 $p_{1dB}=30dBm$。

估算该功放的五阶输入截点 IP5i。

提示：首先,从给出的数据中推算输入功率 p 的大小。

（答案：观察图 A1.2,IMD3≈20dB,其中因为三阶主导行为发生在 p_{1dB},所以 $p≈p_{1dB}=30dBm$。再利用 IMD5=30dB=4(IP5i−p)可得 IP5i=37.5dBm）。

（b）（25%）分数 N 频率综合器要求中心频率在 2.1MHz 的基准振荡器,并且可能达到的最小分辨率为 1250Hz。综合器被锁定在 816.0125MHz。

计算可编程计算器的输入值 N 和 M。

$$
\left[
\begin{array}{l}
\text{答案：} 1.25kHz=\dfrac{f_R}{D}=\dfrac{2.1MHz}{D} \Rightarrow D=\dfrac{2.1}{1.25}\times10^3=1680。\\[2mm]
\text{故 } M=\left(\dfrac{816.0125}{2.1}-388\right)\times1680=970, N=\left[\dfrac{816.0125}{2.1}\right]=388。
\end{array}
\right]
$$

测试 2

问题 1（答案见第 3 章练习 12）

（a）（10%）简要解释如下概念：（每个概念限两行文字）

- 半中频抑制。
- 选择性。

- 参考杂散。

（b）该超外差接收机的规格要求如下：

- 信道间隔＝25kHz。
- 灵敏度＝－117dBm。
- 选择性＝65dB。
- 三阶互调失真＝75dB。

（1）（20％）接收机连接到一个实验室测量装置，并调谐到接收频率 f_1＝928.5125MHz。首先，接收机的天线端口连接到功率 p_1＝－117dBm，频率为 f_1 的信号 S_1。使用此设置，接收机可以正确检测信号 S_1，具有灵敏度级性能。接下来，功率 p_2＝－50dBm 和中心频率 f_2＝928.4125MHz 的附加（干扰）信号 S_2 连同 S_1 一起连接到天线端口。请问接收机是否能正确地检测信号 S_1。

- 如果你的答案是肯定的，估测 S_2 信号功率最小为多少时，接收机无法检测到 S_1 信号。
- 如果你的答案是否定的，定量解释什么机制导致了检测的误差。

（2）在上述问题 1［b(1)］的测量实验室设置中，撤销 S_2，而 S_1 保持。接收机依旧能正确地检测信号 S_1 并且具有灵敏度级性能。紧接着将两个附加（干扰）信号 S_3 和 S_4 连同 S_1 一起连接到天线端口。S_3 和 S_4 具有相同的功率电平 p。S_3 处于中心频率 f_3＝928.5375MHz，而 S_4 处于中心频率 f_4＝928.5625MHz。起初，功率 p 设置得非常低，此时接收机仍然正确地检测 S_1。然后，S_3 和 S_4 的功率 p 同时增加，直到接收机对 S_1 的检测无效。

估测将导致 S_1 的检测无效的最小功率 p（以 dBm 为单位）。简要解释导致检测无效的机制。

提示：你必须考虑所有给出的数据，题目没有给出冗余数字。

问题 2

（a）（30％）首先在实验室设置中测量 RF PA 的增益。测量结果如表 A2.1 所示。

表 A2.1　该射频功放的实验测量结果

p_{out}（dBm）	p_{in}（dBm）
22.0	12
26.0	16
29.9	20
33.8	24
35.6	26
37.4	28
39.0	30
40.5	32
41.5	34

- p_{in}（dBm）是馈送到功放输入端的功率电平。
- p_{out}（dBm）是传送到 PA 输出端负载的功率电平。

接下来，为了测量三阶互调失真，将一对拥有相同功率 p 的音调同时馈送到功放的输入端。

开始时将功率 p 设置为一个较小的值，随后不断增加功率并在功放输出端的频谱上持续观测三阶互调失真，估算输出 IMD3＝27dB 的功率电平 p(以 dBm 为单位)。

(答案：见练习 4.2.2.1)

提示：

(1) 无须计算出系数序列 $\{c_k\}$;

(2) 注意，功放增益随着 p_{in} 增加而单调减小。

(b) (10％)根据相关方程解释为什么如果振荡器的有效分量的增益随着振荡幅度的增加而单调减小，并且振荡幅度最终稳定为固定值。假设小信号增益的绝对值足够大使得振荡器开始振荡。

(c) (10％)两个振荡器的不同之处如下：1 号振荡器的负载 Q 值是 2 号振荡器的负载 Q 值的两倍。两个振荡器以相同的振荡幅度电平工作。基于 Leeson 方程解释两个振荡器的噪声谱的差异，并在同一张图上绘制两个频谱的定性图形。

术　语　表

Able-baker spurs

ACPR *see* Adjacent coupled power ratio(ACPR)　相邻耦合功率比

Adaptive array antenna　自适应阵列天线

ADC *see* Analog to digital converter（ADC）　模数转换器

Adjacent channel selectivity　相邻信道选择性

Adjacent coupled power（ACPR）　相邻耦合功率

ADSL *see* Asymmetric Digital Subscriber Line（ADSL）　非对称数字用户线路

Advanced Long Term Evolution（A-LTE）　先进长期演进技术

Advanced Mobile Phone System（AMPS）　先进移动电话系统

Alohanet　（一种无线分组交换网络的名称）

Amplifier transconductance　放大器跨导

Analog to digital converter（ADC）　模数转换器

Antenna

  arrays　天线阵列

  basic parameters of　基本参数

    antenna's input impedance　天线输入阻抗

     measurement of　测量

    beamwidth　波束宽度

    directivity　方向性

    effective area　有效面积

    efficiency　效率

    gain　增益

    input impedance and radiation

     resistance　输入阻抗和辐射电阻

    polarization　极化

    radiation pattern　辐射方向图

  electromagnetic waves　电磁波

  far-field zone　远场区

  Herzian dipole　赫兹偶极子

  near-field zone　近场区

  Poynting vector　坡印亭矢量

  reciprocity　互易性

  smart antennas　智能天线

  transmission/receiving mode　发送/接收模式

  types

    aperture antennas　孔径天线

    dipole antenna　偶极子天线

    isotropic antennas　各向同性天线

    microstrip/patch antenna　微带/贴片天线

PIFA 平面倒 F 天线

slot antennas 缝隙天线

whip antenna 鞭状天线

wire antennas 线天线

Asymmetric Digital Subscriber Line(ADSL) 非对称数字用户线路

Attack time 上升时间

Band-pass filters (BPF) 带通滤波器

Bandpass sampling theorem 带通采样定理

Band stop filter (BSF) 带阻滤波器

Barkhausen criterion 巴克豪森准则

Baseband (BB) sampler 基带采样器

Beamforming 波束成型

BER *see* Bit error rate (BER) 误码率

Bipolar transistor

amplifier 双极性晶体管放大器

Colpitts oscillator 科尔皮兹振荡器

equations 方程

saturation region 饱和区

Bit error rate (BER) 误码率

Blocking 阻塞

definition 定义

Doppler blocking 多普勒阻塞

DRFS receivers DRFS(直接射频采样)接收器

Blocking (cont'd)

free distance 阻塞自由距离

LO noise floor 本振噪声底数

measurement of 测量

mixer output 混频器输出

system killers 系统杀手

Bluetooth 蓝牙

applications of 应用

DLT 直接发射发射器

FHSS modulation method 跳频扩频调制方法

GFSK 高斯二进制频移键控

ISM 2.4GHz frequency band ISM 2.4GHz 频段

MAC 介质访问控制

master devices 主设备

piconet 皮可网

scatternet 散射网

slave device 从设备

special interest group (SIG) 专题学组

TDM 时分复用

transmitting power levels　发射功率电平

Boltzmann constant　玻尔兹曼常数

BPF *see* Band-pass filters（BPF）　带通滤波器

Butterworth band-pass filter　巴特沃斯带通滤波器

Carrier sense multiple access with collision avoidance（CSMA-CA）　带冲突避免的载波侦听多路访问

Cascode topology　级联拓扑

Cauer/Zolotarev filter *see* Elliptic filter　椭圆滤波器

CCR *see* Co-channel rejection（CCR）　同信道抑制

CDMA *see* Code division multiple access（CDMA）　码分多址

Cellular networks　蜂窝网络

　base stations，functions　基站，功能

　cell types

　cluster size　簇大小

　first generation　第一代

　fourth generation　第四代

　GSM systems　全球移动通信系统

　inter-cell interference　小区间干扰

　intra-cell interference　小区内干扰

　second and half generation　2.5G(第二代到第三代移动通信的过渡性技术方案)

　second generation　第二代

　third generation　第三代

Charge pump　电荷泵

Chebyshev filter　切比雪夫滤波器

Clapp oscillators　克拉泼振荡器

Co-channel interference（CCI）　同信道干扰

Co-channel rejection（CCR）　同信道抑制

　co-channel interferer　同信道干扰源

　definition　定义

　digital modulation，measurement with　数字调制，测量

Code division multiple access（CDMA）　码分多址

Colpitts oscillators　科尔皮兹振荡器

Complimentary code keying（CCK)modulation method　补码键控调制方法

Conversion transconductance　转换跨导

Cumulative distribution function（CDF）　累积分布函数

DCR *see* Direct conversion receiver（DCR）　直接变频接收器

DDS *see* Direct digital synthesizers（DDS）　直接数字综合器

Digital Enhanced Cordless Telecommunications（DECT）　数字增强无绳通信

Digital signal processors（DSP）　数字信号处理

Digital to analog converter（DAC）　数模转换器

　direct digital synthesizers　直接数字综合器

　ZOH mode　零级保持模式

Direct conversion receiver (DCR)　直接转换接收器

 advantages　优点

 disadvantages　缺点

 Doppler blocking　多普勒阻塞

 in-principle block diagram　原理框图

 for mid-tier broadband applications　用于中级带宽应用

 operation　操作

 second-order distortion　二阶失真

 simplex subscriber architecture　单工用户构架

 subsystem values for　子系统值

Direct digital synthesizers (DDS)　直接数字综合器

 advantages　优点

 architecture　构架

 DAC　数模转换器

 design equations　设计方程

 drawbacks　缺点

 frequency　频率

 hybrid integer-N/DDS synthesizer　混合整数 N/直接数字综合器

 limitations　限制

 noise and spurious levels　噪声和杂散电平

 properties of　属性

Directional radiation pattern　定向辐射方向图

Direct launch transmitter (DLT)　直接发射发射器

 advantages

 disadvantages　缺点

 injection locking　注入锁定

 in-principle architecture　原理结构

 operation　操作

 simplex subscriber architecture　单工用户架构

Direct RF sampling (DRFS)　直接射频采样(DRFS)

 receivers　接收器

  ADC noise factor　模数转换器(ADC)噪声系数

  ADC noise floor and noise figure　模数转换器(ADC)噪声底数和噪声系数

  ADC, RF signals　模数转换器(ADC),射频(RF)信号

  advantages　优点

  all-digital architecture　全数字结构

  analog components　模拟元件

  bandpass sampling theorem　带通采样定理

  bandwidth oversampling　带宽过采样

  blocking　阻塞

  challenges　挑战

  desired signal, spectrum of　期望信号,频谱

  digital signal processing techniques　数字信号处理技术

Fourier transform　傅里叶变换

frequency tolerance　频率容差

I and Q channels, recovery of　I 和 Q 通道, 恢复

IMR3　三阶互调失真比

in-principle block diagram of　原理框图

IP3i　输入三阶交调点

minimal sampling rate　最小采样率

narrowband signal　窄带信号

Nyquist rate sampling　奈奎斯特采样

preselector BPF, spectrum of　前置带通滤波器, 频谱

quantization noise　量化噪声

selectivity　选择性

sensitivity　灵敏度

SNR　信噪比

Transmitter　发射器

analog IF signal, spectrum of　模拟中频信号, 频谱

bandwidth oversampling　带宽过采样

DAC, ZOH mode　数模转换器(DAC), 零阶保持(ZOH)模型

filled shapes, shifted spectra　填充部分, 转移频谱(看后文中二者未连在一起)

Fourier transform　傅里叶变换

IF signal sampled, spectrum of　采样的中频信号, 频谱

in-principle architecture　原理结构

sampled signal, spectrum of　采样的信号, 频谱

Direct sequence spread spectrum (DSSS) modulation　直接序列扩展频谱(DSSS)调制

Direct sequence UWB (DS-UWB)　直接超宽带序列(DS-UWB)

DLT *see* Direct launch transmitter (DLT)　直接发射发射器(DLT)

Doppler blocking　多普勒阻塞

DR *see* Dynamic range (DR)　动态范围(DR)

DRFS *see* Direct RF sampling (DRFS)　直接射频采样(DRFS)

DSP *see* Digital signal processors (DSP)　数字信号处理器(DSP)

Duplex desense (DS)　双工灵敏度劣化(DS)

duplexer architecture　双工器结构

duplex sensitivity　双工灵敏度

measurement of　测量

T-R attenuation　T-R 衰减

Duplexers　双工器

antenna input-output port　天线输入-输出端口

band-pass type architecture　带通型结构

full duplex mode　全双工模式

half-duplex mode　半双工模式

isolation mechanism　隔离原理

noise attenuation mechanism　噪声衰减原理

notch type　凹口类型

receive port 接收端

required specifications 要求规格

subscriber radios 用户无线电

transmit port 传输端

Duplexing 双工

FDD 频分(FDD)

TDD 时分(TDD)

Duplex spurs 双工杂散

half-duplex frequency 半双工频率

image interference 镜像干扰

phantom duplex spur 伪双工杂散

Dynamic range (DR) 动态范围(DR)

definition of 定义

limitation 局限

measurement of 测量

RF communications 射频(RF)通信

Elliptic filter 椭圆滤波器

Energy conservation principle 节能原则

Enhanced Data rates for GSM Evolution(EDGE) 改进数据速率 GSM 服务(EDGE)

Envelope-tracking supply 包络跟踪电源

Equi-ripple filter *see* Chebyshev filter 等纹波滤波器见切比雪夫滤波器

Error vector magnitude (EVM) 误差向量幅度(EVM)

Fast Fourier Transform (FFT) 快速傅里叶变换(FFT)

FDD *see* Frequency division duplex (FDD) 频分(FDD)见双工频分

Feed-forward 前馈

in-principle implementation 实现原则

real-life implementation 实际实现

Filters 滤波器

analog filters 模拟滤波器

Bessel filter 贝塞尔滤波器

Butterworth LPF 巴特沃斯低通滤波器

Chebyshev filter 切比雪夫滤波器

design 设计

digital filters 数字滤波器

Elliptic filter 椭圆滤波器

filter order 滤波器阶数

frequency magnitude response 频率幅度响应

LC filters LC 滤波器

phase delay 相位延迟

shape factor 形状因子

technologies 技术

　　　　crystal/quartz filters　晶体/石英滤波器

　　　　SAW filters　声表面波滤波器

　　　types　类型

　　　　diplexer filter　双工滤波器

　　　　harmonic filter　谐波滤波器

　　　　intermediate frequency filter　中频滤波器

　　　　preselector filter　前置滤波器

First generation (1G) cellular networks　第一代(1G)蜂窝网络

First null beam width (FNBW)　零功率波瓣宽度(FNBW)

Flicker corner　闪烁噪声拐角

Flicker noise　闪烁噪声

Fourier transform　傅里叶变换

Fourth generation (4G) cellular networks　第四代(4G)蜂窝网络

Fractional-N synthesizers　分数 N 频率综合器

　　advantages　优点

　　binary counting pattern　二进制计数模式

　　drawbacks　缺点

　　in-principle block diagram　原理框图

　　lock time　锁定时间

　　sigma-delta modulator　sigma-delta(Σ-Δ)调制器

　　VCO frequency　压控振荡器(VCO)频率

Free space (FS) condition　自由空间(FS)环境

Frequency division duplex (FDD)　双工频分(FDD)

Frequency division multiple access (FDMA)　频分多址(FDMA)

Frequency-division-multiplex (FDM) systems　频分复用(FDM)系统

Frequency hopping mode　跳频模式

Frequency hopping spread spectrum (FHSS) modulation method　跳频扩频(FHSS)调制方法

Frequency modulation (FM)　调频(FM)

Frequency-shift keying signal (FSK)　频移键控信号

Friis formula　Friis 公式

Full-function device (FFD)　全功能设备(FFD)

Functional RF blocks　功能性射频模块

　　antenna *see* Antenna　天线见天线(部分)

　　filters *see* Filters　滤波器见滤波器(部分)

　　LNA *see* Low noise amplifier (LNA)　LNA 见低噪声放大器

　　Mixers　混频器

　　　bipolar mixer　二极管混频器

　　　local oscillator frequency　本地振荡频率

　　　MOSFET mixer　场效应管混频器

　　　performance measures　性能测量

　　　RF receivers　射频(RF)接收器

　　　unbalanced mixers　非平衡混频器

　　power amplifiers *see* Power amplifiers (PAs)　功率放大器见功率放大器(PAs)(部分)

Gaussian binary frequency shift keying(GFSK)　高斯二进制频移键控(GFSK)

Gaussian minimum shift keying (GMSK)　高斯最小频移键控(GMSK)

General Packet Radio Service (GPRS)　通用分组无线服务(GPRS)

Gilbert cell　吉尔伯特单元

Global system for mobile (GSM)communications　全球移动通信系统(GSM)

Gray code　格雷码

Ground reflection (GR) condition　地面反射(GR)环境

Half-IF rejection (HIFR)　半中频抑制(HIFR)

   attenuation　衰减

   frequency　频率

   lower-side injection SHR receiver　下边带注入超外差式接收机

   measurement of　测量

   second-order intercept point　二阶截点

   second-order product　二阶积

Half power beam width (HPBW)　半功率波束宽度(HPBW)

"Hard-clipping" mechanism　硬裁剪(Hard-clipping)原理

Hardware (HW) modules　硬件(HW)模块

Harmonic spurs　谐波杂散

Hertzian dipole　赫兹偶极子

HIFR *see* Half-IF rejection (HIFR)　HIFR 见半中频抑制(HIFR)(部分)

High pass filter (HPF)　高通滤波器(HPF)

High Speed Packet Access(HSPA)　高速分组接入(HSPA)

Hilbert transform　希尔伯特变换

ICI *see* Inter-cell interference (ICI)　小区间干扰(ICI)

Image noise　镜像噪声

Image rejection (IR)　镜像抑制

   desired frequency　期望频率

   front filter　前端滤波器

   identical mixer mechanism　相同混合机制

   lower-side injection SHR receiver　下边带注入的超外差式接收器

   measurement of　测量

IMDN *see* Intermodulation distortion of order N (IMDN)　N 阶互调失真(IMDN)

IMR3 *see* Third-order intermodulation rejection (IMR3)　三阶互调抑制

Insertion loss method　插入损耗法

Integer-N synthesizers　整数 N 频率合成器

   advantages　优点

   block diagram　框图

   control system　控制系统

   digital control　数字控制

   digital phase/frequency detector　数字相位/频率检测器

drawbacks　缺点

lock time　锁定时间

lock-up state　锁定状态

loop filter　环路滤波器

phase-frequency detector modes　相位频率检测模式

pre-integration capacitor　预积分电容器

reference oscillator　基准振荡器

reference spurs　参考杂散

second order phase-locked loop　二阶锁相环

signal　信号

voltage controlled oscillator *see* Voltage controlled oscillator（VCO）　压控振荡器（VCO）

waveforms　波形

Inter-cell interference（ICI）　小区间干扰（ICI）

Interdigital transducers（IDTs）　叉指换能器（IDT）

Intermediate frequency（IF）　中频（IF）

Intermodulation distortion of order N（IMDN）　N 阶互调失真（IMDN）

amplifier distortion　放大器失真

coefficient-based *vs.* SPICE simulation　基于系数的 SPICE 仿真

spectral re-growth　频谱再生

higher-order coefficients　高阶系数

laboratory measurement of　实验室测量

sidebands　边带

spectral re-growth　频谱再生

third- and fifth-order intermodulation distortion　三阶和五阶互调失真

two-tone test signal　双音测试信号

Intermodulation rejection *see* Third-order intermodulation rejection（IMR3）　三阶互调失真（IMR3）

International Telecommunication Union（ITU）　国际电信联盟（ITU）

Inter-symbol interference（ISI）　码间干扰（ISI）

IP3i *see* Third-order input intercept point（IP3i）　三阶输入截点（IP3i）

IR *see* Image rejection（IR）　镜像抑制（IR）

Isotropic radiation pattern　各向同性辐射图

LANs *see* Local area networks（LANs）　局域网（LAN）

Laplace transform　拉普拉斯变换

Large signal amplifiers *see* Power amplifiers（PAs）　大信号放大器也见功率放大器（PA）

Large signal transconductance　大信号跨导

Leeson's equation　莱森方程（Leeson 方程）

narrowband FM　窄带调频（窄带 FM）

parasitic phase modulation　寄生相位调制

Linearization techniques Cartesian feedback　笛卡儿反馈线性化技术

feed-forward　前馈

pre-distortion　预失真

Linear system theory　线性系统理论

Linear time invariant (LTI)　线性时不变系统(LTI)

LNA *see* Low noise amplifier (LNA)　低噪声放大器(LNA)

Load-line technique　负载线技术

Load-pull technique　负载牵引技术

Local area networks (LANs)　局域网(LAN)

Local oscillator (LO)　本地振荡器(LO)

　cellular transceivers　蜂窝收发器

　Doppler effects　多普勒效应

　noise floor　基底噪声

　selectivity　选择性

　　interferer power　干扰功率

　　low-side injection mode　下边带注入模式

　　mixer input　混频器输入

　　mixer output　混频器输出

　　phase modulation　相位调制

　　reference spurs　参考杂散

　signal　信号

Lock time　锁定时间

　fractional-N synthesizers　分数 N 频率合成器

　integer-N synthesizers　整数 N 频率合成器

Long Term Evolution (LTE)　长期演进(LTE)

Loop filter　环路滤波器

Lower-side injection (LSI)　下边带注入(LSI)

Low noise amplifier (LNA)　低噪声放大器(LNA)

　active device, selection of　有源器件,选择

　CMOS technology　CMOS(互补金属氧化物半导体)技术

　GaAs and BJT technologies　GaAs(砷化镓)和 BJT(双极型晶体管)技术

　noisy two-port network (classical approach)　噪声两端口网络(经典方法)

　　discrete transistors　分立晶体管

　　matching options　匹配选项

　　MOSFET data sheet　MOSFET 数据表

　　MOS transistor thermal noise　MOS 晶体管热噪声

　　source impedance　源阻抗

　　stability　稳定性

　RF receivers, noise performance of　射频接收机,噪声性能

　Topologies　拓扑

　　common gate LNA　共栅极低噪声放大器

　　inductive source degeneration　电感源级退化

　　noise performance　噪声性能

　　shunt resistor, resistor termination　分流电阻,电阻端

　　shunt-series feedback　串并联反馈

Low pass filter (LPF)　低通滤波器(LPF)

Low-power self-limiting oscillators　低功耗自限振荡器

carrier-wave (CW) form   载波(CW)形式

oscillator phase noise   振荡器相位噪声

practical circuits *see* Practical circuits, oscillators   也见实用电路

self-limiting oscillation mechanism   振荡器自限振荡机制

LTI *see* Linear time invariant (LTI)   也见线性时不变(LTI)

McLaurin series expansion   McLaurin 系列扩展

Medium Access Control (MAC)   媒体接入控制(MAC)

Metal Oxide Semiconductor Field Effect Transistor (MOSFET)   金属氧化物半导体场效应晶体管(MOSFET)

Miller effect   密勒效应

MIMO *see* Multiple input multiple output (MIMO)   多输入多输出(MIMO)

Minimum detectable signal (MDS)   最小可检测信号(MDS)

Modulation   调制

amplitude modulation   幅度调制

frequency modulation   频率调制

FM receiver   FM 接收机

FM transmitter   FM 发射机

modeling carrier phase noise as narrowband FM   将载波相位噪声建模为窄带频率调制

MOSFET *see* Metal Oxide Semiconductor Field Effect Transistor (MOSFET)   金属氧化物半导体场效应晶体管(MOSFET)

Multiband orthogonal frequency division multiplexing (MB-OFDM)   多频段正交频分复用(MB-OFDM)

Multipath (MP) fading   多路径(MP)衰落

Multiple access (MA) techniques   多址(MA)技术

CDMA   码分多址(CDMA)

FDMA   频分多址(FDMA)

spread spectrum techniques   扩频技术

TDMA   时分多址(TDMA)

Multiple input multiple output (MIMO)   多输入多输出(MIMO)

NAND gate-driven oscillator   与非门驱动振荡器

CMOS technology   CMOS 技术

Fourier series   傅里叶级数

open-drain type   开漏型

operational amplifier   运算放大器

parallel-serial bidirectional transformation   并行串行双向变换

voltage-buffered gate   电压缓冲门

Narrowband-FM   窄带调频

clock jitter, oscillator phase noise   时钟抖动,振荡器相位噪声

Leeson's model   莱森(Leeson)模型

modulation index β 调制指数 β

narrow band-pass filters   窄带带通滤波器

oscillator phase noise   振荡器相位噪声

trigonometric identities　三角恒等式

Noise

  noise factor and noise figure　噪声因子和噪声系数

    cascaded stages, noise figure of　级联,噪声系数

    noise floor　基底噪声

  signal to noise ratio　信噪比

  thermal noise　热噪声

Noise doubling approach　噪声加倍法

Noise figure (NF)　噪声系数(NF)

Nonharmonic spurs　非谐波杂散

Omnidirectional radiation pattern　全向辐射图

Orthogonal frequency division multiplexing(OFDM)　正交频分复用(OFDM)

Oscillator phase noise　振荡器相位噪声

Oscillators　振荡器

  design equations　设计公式

  general π-topology filter analysis　普通 π 型滤波器分析

  Leeson's equation　利森方程

    narrowband FM　窄带 FM

    parasitic phase modulation　寄生相位调制

  low-power self-limiting oscillators　低功耗自限振荡器

    carrier-wave (CW) form　载波(CW)形式

    oscillator phase noise　振荡器相位噪声

    practical circuits *see* Practical circuits, oscillators　实际电路见实际电路,振荡器

    self-limiting oscillation mechanism　自限振荡机制

    lumped components/piezoelectric crystals　集总元件/压电晶体

  PCB　印制电路板(PCB)

  reference oscillator　基准振荡器

  resonant transmission lines, lumped equivalent of　谐振传输线,集总等效

    attenuation constant　衰减常数

    electromagnetic theory　电磁理论

    low-loss resonant transmission line　低损耗谐振传输线

    open-ended $\lambda/4$ resonator　开路 $\lambda/4$ 谐振器

    short-ended $\lambda/4$ resonator　短路 $\lambda/4$ 谐振器

  resonator　谐振器

  transceiver systems　收发机系统

  voltage controlled oscillators　压控振荡器

Overshoot phenomenon　过冲现象

Packet error rate (PER)　误包率(PER)

Pattern multiplication principle　方向图乘法原理

PCB *see* Printed circuit board (PCB)　PCB 见印制电路板(PCB)

Peak to average power ratio (PAPR)　峰均比(PAPR)

quasi-static RF signals　准静态射频(RF)信号

transmitting systems　发射系统

  digital modulation schemes　数字调制方案

  measurement of　测量

  OFDM/QAM modulation schemes　正交频分复用(OFDM)／正交振幅调制(QAM)调制方案

  peak instantaneous power　峰值瞬时功率

  16 QAM constellation　16 正交振幅调制(QAM)星座图

  signal statistics　信号统计

  time domain symbol　时域符号

Peak windowing approach　峰值加窗法

Phantom duplex spur　伪双工杂散

Phased array antenna　相控阵天线

Phase-frequency detector　相频检测器

Phase-locked loop (PLL)　锁相环

Photo-etching process　照相蚀刻工艺

PicoNET　微微网

Pierce oscillator　皮尔斯振荡器

Piezoelectric crystals　压电晶体

Planar inverted-F antenna (PIFA)　平面倒 F 天线

PLL *see* Phase-locked loop (PLL)　PLL 见锁相环(PLL)

Power amplifiers (PAs)　功率放大器(PAs)

  amplifier classes　放大器种类

    class AB PAs　AB 类放大器

    class A PAs　A 类放大器

    class B PAs　B 类放大器

    class C PAs　C 类放大器

  design　设计

  high linearity and efficiency　高线性度和高效率

  high voltage and power ratings　高电压和高额定功率

  nonlinearity　非线性

    analytic models　分析模型

    characterization of　表征

    on digital modulation　数字调制

    spectral shape　频谱形状

  simulation methodology　仿真方法

    input signal　输入信号

    output signal　输出信号

    sampling theorem　采样定理

    signal processing theory　信号处理理论

    spectral pictures, FFT　频谱图, 快速傅里叶变换(FFT)

Practical circuits, oscillators　实际电路, 振荡器

  NAND gate-driven oscillator　与非(NAND)门驱动振荡器

  CMOS technology　CMOS 技术

Fourier series 傅里叶级数

open-drain type 开漏型

operational amplifier 运算放大器

parallel-serial bidirectional transformation 串并双向变换

voltage-buffered gate 电压缓冲门

phase-inverting resonator 倒相谐振器

π-topology oscillator π型振荡器

self-limiting amplitude 自限幅

self-stabilization 自稳定

transmission-line resonators 传输线谐振器

Pre-integration capacitor 预积分电容

Printed circuit board（PCB） 印制电路板(PCB)

Propagation 传输

Friis transmission formula 弗里斯传输公式

logarithmic scale 对数标度

Poynting vector 坡印廷矢量

two-ray model 两径模型

Pseudo-noise（PN） 伪噪声

Quadrature amplitude modulation（QAM） 正交幅度调制

Quantization noise 量化噪声

Radio frequency（RF）channel 射频(RF)信道

Doppler effect 多普勒效应

fade margin 衰落容限

fading classification 衰落分类

fast fading 快衰落

flat fading 平坦衰落

frequency dispersion 频率色散

frequency-selective fading 选频衰落

Rayleigh fading 瑞利衰落

Rice fading 莱斯衰落

slow fading 慢衰落

large and small scale fading 大尺度和小尺度衰落

coherence bandwidth 相干带宽

delay spread 时延扩展

multipath fading 多径衰落

propagation delay 传输延迟

transmission medium 传输介质

Radio frequency（RF）systems 射频(RF)系统

applications 应用

cellular architecture 蜂窝结构

        limited capacity　有限容量

        microprocessor components　微处理器组件

        principle of　原理

    components　组件

    frequency synthesizers　频率综合器

    one-way system　单向系统

    transceiver　收发机

    two-way system　双向系统

Rayleigh fading model　瑞利衰落模型

Received signal strength indicator (RSSI)　接收信号强度指示器

Receiver　接收机

    able-baker spurs　贝克能杂散

    blocking *see* Blocking　阻塞见阻塞

    co-channel rejection　同信道抑制

    direct conversion receiver　直接变频接收机

    DRFS *see* Direct RF sampling(DFRS)　DRFS 见直接射频采样(DRFS)

    functional blocks，HW/SW modules　功能模块，硬件/软件模块

    second-order distortion　二阶失真

    selectivity *see* Selectivity　选择性见选择性

    self quieters　自动降噪

    sensitivity *see* Sensitivity (Sens)　灵敏度见灵敏度(Sens)

    SHR *see* Super-heterodyne receiver (SHR)　超外差式接收机见超外差式接收机

    SNRd　探测器输入信噪比(SNRd)

    tiers，immunity　级别，抗干扰能力

Reduced-function device (RFD)　简化功能设备

Remote radios *see* Subscriber radios　远程无线电见用户无线电

Resonance wire antenna　谐振天线

Riemann-Lebesgue lemma　勒贝格-黎曼引理

Saleh model　萨利赫模型

Schottky diode　肖特基二极管

Second generation (2G) cellular networks　第二代(2G)蜂窝网络

Second-order distortion　二阶失真

Second-order intercept point (IP2i)　二阶截点(IP2i)

Selectivity　选择性

    adjacent channel selectivity　相邻信道选择性

    DCR selectivity　直接变频接收机(DCR)选择性

    definition　定义

    DRFS receivers　直接射频采样(DRFS)接收机

    $L(\Delta f)$ estimation　$L(\Delta f)$估计

    local oscillator (LO)　本振

        interferer power　干扰功率

        low-side injection mode　下边带注入模式

　　　　mixer input　混频器输入

　　　　mixer output　混频器输出

　　　　phase modulation　相位调制

　　　　reference spurs　参考杂散

　　measurement of　测量

　　oscillator phase noise　振荡器相位噪声

Self-limiting noisy oscillator　自限噪声振荡器

Self-limiting oscillation mechanism　自限振荡机制

　　Barkhausen criterion　巴克豪森准则

　　bipolar and MOSFET oscillators　双极型振荡器和 MOSFET 振荡器

　　circuit　电路

　　large-signal loop-gain　大信号环路增益

　　oscillator phase noise　振荡器相位噪声

　　small-signal transconductance　小信号跨导

　　transimpedance（current in，voltage out）　跨阻(电流输入，电压输出)

　　　　narrowband band-pass filter　窄带带通滤波器

Self quieters　自消音

Sensitivity（Sens）　灵敏度

　　cell phone range　手机范围

　　estimation of　估计

　　definition　定义

　　design strategy　设计方法

　　duplex　双工

　　flicker noise　闪烁噪声

　　FS and GR condition　自由空间条件和地面反射条件

　　interim sensitivity　中期灵敏度

　　　　cascaded noise factor　级联噪声系数

　　　　cascaded two-stage system　两级级联系统

　　　　composite single-stage equivalent　单级合成等效

　　　　linear circuit theory　线性电路理论

　　　　SHR sensitivity computation　超外差式接收机灵敏度计算

　　internal stages　中间级

　　IPNi　N 阶交截点

　　isotropic propagation　各向同性传播

　　matched conditions　匹配条件

　　measurement　测量

　　　　with digital modulation　数字调制

　　　　noise doubling approach　噪声加倍法

　　　　packet error rate　误包率

　　noise factor　噪声因子

　　noise figure　噪声系数(dB)

　　SFDR　无杂散动态范围

　　shot noise　散弹噪声

SNRo and SNRd　输出信噪比与探测输入端信噪比

thermal noise　热噪声

Shannon sampling theorem　香农采样定理

Shannon's law of capacity　信道容量

Shannon-Whittaker interpolation formula　香农-惠特克插值公式

Short message service（SMS）　短信服务

Shot noise　散弹噪声

SHR *see* Super-heterodyne receiver（SHR）　超外差式接收机

Sideband noise（SBN）　边带噪声

Sigma-delta modulator　Sigma-delta 调制器

Signal to noise ratio（SNR）　信噪比

Signal to noise ratio at detector（SNRd）　探测端信噪比

Signal to noise ratio at the output port，（SNRo）　输出端信噪比

Simplex radios　单工无线电

Small signal transconductance　小信号跨导

SNR *see* Signal to noise ratio（SNR）　信噪比

Software（SW）modules　软件模块

Space division multiple access（SDMA）　空分多址

Spatial channels　空间信道

Specific absorption rate（SAR）　吸收辐射率

Spectral bumps　频谱抖动

Spurious-free dynamic range（SFDR）　无杂散动态范围

Star network　星形网络

Steering voltage　控制电压

Stirling formula　斯特林公式

Subscriber radios　用户无线电

Super-heterodyne receiver（SHR）　超外差式接收机

　advantages　优势

　baseband level　基带电平

　spectral stages　频谱

　channel bandwidth　信道带宽

　channel spacing　信道间隔

　desired signal　有效信号

　disadvantages　缺点

　fixed amplitude　固定幅度

　fixed frequency　固定频率

　half-IF attenuation　半中频衰减

　high-tier SHR　高级超外差式接收机

　subsystem values for　子系统值

　I-channel mixer　同相信道混频器

　I-LPF and Q-LPF　同相低通滤波器和正交低通滤波器

　image rejection　镜像抑制

　IMR3 products　三阶互调积

in-band interferers　带内干扰

   rejection of　抑制

in-principle block diagram　原理框图

intermediate frequency　中频

   choosing of　选择

   spectral stages　频谱

mixer　混频器

operating band　工作频段

preselectors　预选器

low-noise amplifier　低噪声放大器

Q-channel mixer　正交信道混频器

RF level　射频电平

spectral stages　频谱

RF MODEM　射频调制解调器

sensitivity　灵敏度

upper-side/lower-side injection　上边带/下边带注入

Surface acoustic wave（SAW）filters　声表面滤波器

Switched beam antenna　波束切换天线

Synthesizers　综合器

  direct digital synthesizers　直接数字式频率综合器

    advantages　优点

    architecture　结构

    DAC　数模转换器

Synthesizers（cont'd）综合器

    design equations　设计方程

    drawbacks　缺点

    frequency　频率

    limitations　限制条件

    noise and spurious levels　噪声和杂散电平

    properties of　性质

  fractional-N　分数 N

    advantages　优点

    binary counting pattern　二进制计数模式

    drawbacks　缺点

    in-principle block diagram　原理框图

    lock time　锁定时间

    sigma-delta modulator　sigma-delta 调制器

    VCO frequency　压控振荡器频率

  frequency synthesizers　频率综合器

  integer-N　整数 N

    advantages　优点

    block diagram　框图

    charge pump　电荷泵

control system　控制系统

digital control　数字控制

digital phase/frequency detector　数字鉴相器

drawbacks　缺点

lock time　锁定时间

lock-up state　锁定状态

loop filter　环路滤波器

phase-frequency detector modes　相位-频率检测模式

pre-integration capacitor　预积分电容

reference oscillator　基准振荡器

reference spurs　参考杂散

second order phase-locked loop　二阶锁相环

signal　信号

voltage controlled oscillator *see* Voltage controlled oscillator（VCO）

waveforms　压控振荡器见压控振荡器

integer-N/DDS hybrid synthesizer　整数 N 与直接数字频率合成混合综合器

TDD *see* Time division duplex（TDD）　TDD 见时分双工

Thermal noise　热噪声

Third generation（3G）cellular networks　第三代(3G)蜂窝网络

Third-order input intercept point（IP3i）　三阶输入截点

Third-order intermodulation rejection(IMR3)　三阶互调抑制

definition　定义

digital modulation　数字调制

measurement with　测量

DRFS receivers　直接射频采样接收机

gain/loss　增益/损耗

effect of　效果

IP3i　三阶互调截点

SHR receiver　超外差式接收机

IMR3 products in　三阶互调失真比

transmitters　发射机

Threshold voltage　阈值电压

Time division duplex（TDD）　时分双工

Time division multiplexing（TDM）　时分复用

Transceiver　收发机

DCR/DLT simplex subscriber　直接转换接收机/直接型发射机单工型

duplexers　双工器

antenna input-output port　天线输入输出端口

full duplex mode　全双工模式

half-duplex mode　半双工模式

receive port　接收端口

subscriber radios　用户无线电

transmit port　发送端口

Transistor theory　晶体管理论

Transmitter　发射机

　ACPR　相邻耦合功率比

　backend　后端

　conducted spurs　传导杂散

　DLT　直接型发射机

　DRFS *see* Direct RF sampling（DRFS）　直接射频采样

　error vector magnitude　误差向量幅度

　exciter　激励器

　HW/SW modules　硬件/软件模块

　PA efficiency　功放效率

　power amplifier　功率放大

　radiated emission　辐射发射

　spectral mask　频谱遮蔽

　spurious power　杂散功率

　transmitter transients

　　attack time　增高时间,上升时间

　　keying operation　键控操作

　TSCT　两步转换发射机

Transmitting systems　传输系统

　carrier to interference ratio　载波干扰比

　PAPR　峰均比

　　digital modulation schemes　数字调制方案

　　measurement of　测量

　　OFDM/QAM modulation schemes　正交频分复用/正交幅度调制方案

　　peak instantaneous power　瞬时最大功率

　　16 QAM constellation　16 进制正交幅度调制（QAM）星座图

　　signal statistics　信号统计

　　time domain symbol　时域符号

　RF power amplifier, nonlinearity　射频（RF）功率放大器,非线性

　　designated channel　指定频道

　　distortion mechanism　失真原理

　　fifth-order dominated PA behavior　五阶非线性项为主的功放表现

　　FM-modulated transmitters　调频（FM）发射机

　　Fourier spectrum　傅里叶频谱

　　in-band spectral picture of PA output　PA 输出的带内频谱

　　in-channel noise impairing transmission　信道内噪声损害传递

　　N-th order input intercept point　N 阶输入交调点

　　N-th order intermodulation distortion *see* Intermodulation distortion of order N（IMDN）　N 阶互调失真,见 N 阶的互调失真（IMDN）

　　PA simulation methodology　PA 仿真方法

　　Saleh model　Saleh 模型

spurious components 杂散分量

Taylor series 泰勒级数

third-order dominated PA behavior 三阶非线性项为主的功放行为

SPICE simulation SPICE 仿真

unwanted emission 无用发射

VBA simulation VBA 仿真

Two ray ground reflection model 双线地面反射模型

Two step conversion transmitter（TSCT） 二步变频发射机（TSCT）

advantages 优点

amplification process 放大过程

backend level 后端电平

disadvantages 缺点

exciter level 激励器电平

in-principle architecture 原理结构框图

IQ modulator 正交（IQ）调制器

LO signal 本振（LO）信号

multiplicative proportionality constant 乘法比例常数

narrowband signal 窄带信号

offset mixer 偏差混频器

offset oscillator signal 偏差振荡信号

PA level PA 电平

phase-modulating signal 相位调制信号

RF power amplifier RF 功率放大器

USI/LSI modes 上/下边带注入（USI/LSI）模式

Ultra wide band（UWB）WPAN technology 超宽带（UWB）无线个人局域网（WPAN）技术

Universal Mobile Telecommunication System（UMTS） 通用移动通信系统（UMTS）

Upper-side injection（USI） 上边带注入（USI）

Varactor diode 变容二极管

Variable Spreading Factor - Orthogonal Frequency and Code Division Multiplexing（VSF-OFCDM） 可变扩频因子-正交频分复用（VSF-OFCDM）

Varicap 变容二级管

VCO *see* Voltage controlled oscillator（VCO） VCO,见压控振荡器（VCO）

Vector network analyzer（VNA） 矢量网络分析仪（VNA）

Vector Spectrum Analyzer（VSA） 矢量频谱分析仪（VSA）

Visual Basic for Application（VBA） Visual Basic 应用程序语言（VBA）

Voltage controlled oscillator（VCO） 压控振荡器（VCO）

charge pump 电荷泵

digital counter 数字计数器

frequency range 频率范围

lock-up state 锁定状态

lock-up time 锁定时间

loop filter　环路滤波器

phase-frequency detector　鉴相器

reference frequency　参考频率

reference spurs　参考杂散

sensitivity constant　灵敏度常数

steering line port　控制端

Voltage standing wave ratio（VSWR）　电压驻波比（VSWR）

Wi-Fi Direct　Wi-Fi 直连

Wi-Fi network　Wi-Fi 网络

WiMAX network　无线城域网（WiMAX）

Wireless Application Protocol（WAP）　无线应用协议（WAP）

Wireless communication systems/networks　无线通信系统/网络

　Categories　分类

　cellular systems *see* Cellular networks　蜂窝系统,见蜂窝网络

　design, challenges in　设计,其中的挑战

　development of　发展

　duplexing　双工

　　FDD　频分（FDD）

　　TDD　时分（TDD）

　electromagnetic waves　电磁波

Wireless communication systems/networks（cont'd）　无线通信系统/网络（续表）

　IEEE 802 standards　IEEE 802 标准

　multiple access techniques　多路接入技术

　　CDMA　码分多址（CDMA）

　　FDMA　频分多址（FDMA）

　　spread spectrum techniques　频谱扩展技术

　　TDMA　时分多址（TDMA）

　services, implementation of　服务,安装

　small and large networks　小型与大型网络

　spectrum allocation　频谱分配

　transmission regimes/modes　通信机制/模式

　　ADSL　非对称数字用户线路（ADSL）

　　full duplex mode　全双工

　　half-duplex mode　半双工

　　simplex mode　单工

　TV standards　电视（TV）标准

　WLAN　无线局域网（WLAN）

　WPAN *see* Wireless personal area network（WPAN）　WPAN,见无线个人局域网（WPAN）

　WWANs　无线广域网（WWANs）

Wireless local area network（WLAN）　无线局域网（WLAN）

　Alohanet　ALOHA 网络

　data rates　数据速率

DECT　数字加强无线通信系统(DECT)

IEEE 802.11 standards　IEEE 802.11 标准

medium-range wireless network　中程无线网

Wi-Fi　Wi-Fi

Wi-Fi Direct　Wi-Fi 直连

wired LAN technology, extension of　有线局域网技术,及其扩展

Wireless metropolitan area networks(WMANs)　无线城域网(WMANs)

Wireless personal area network(WPAN)　无线个人局域网(WPAN)

Bluetooth　蓝牙

data rate　数据速率

IEEE 802.15 standard group　IEEE 802.15 标准组

personal devices　个人设备

PicoNET　微微网(PicoNET)

point to point communication　点对点通信

small-scale wireless networks　小规模无线网

UWB　超宽带(UWB)

ZigBee　ZigBee

Wireless wide area networks(WWANs) *see also* Cellular networks 无线广域网(WWANs),也见可参考蜂窝网

WLAN *see* Wireless local area network(WLAN)　WLAN,见无线局域网(WLAN)

WPAN *see* Wireless personal area network(WPAN)　WPAN,见无线个人局域网(WPAN)

Zero-IF receiver *see* Direct conversion receiver(DCR)　零中频接收机,见直接变频接收机(DCR)

Zero order hold(ZOH) mode　零阶保持(ZOH)模式

ZigBee network　ZigBee 网络